TASCHENBUCH FÜR

DRUCKLUFT-BETRIEB

Ausgabe 1936 / 6. Auflage / Mit 350 Abbildungen

NEU BEARBEITET VON
CIVILINGENIEUR CHR. P. HANSEN
FRANKFURT AM MAIN

Herausgegeben von der
FMA / POKORNY
FRANKFURTER MASCHINENBAU AG
vorm. POKORNY & WITTEKIND
FRANKFURT AM MAIN

Im Buchhandel durch die Verlagsbuchhandlung Julius Springer, Berlin W 9

Stichwort-Verzeichnis am Schluß des Buches.

Druckfehlerberichtigung.

Es muß heißen:

Seite 30, Abb. 15, Durchmesser d Bohrung 10 statt 9,5

Seite 33, Tab. 6, bei G = 100 . . . . . 1,45 statt 2,45

Seite 92, letzte Zeile . . . . etwa statt etna

Seite 122, 1. Zeile . . . . 354 statt 345

Seite 124, 4. Zeile v. u. unangenehme statt angenehme

Seite 163, Abb. 142 . . . . H_3 statt H_2

Seite 168, Unterschrift . . . . K 30 S statt K 30 M

Seite 181, für die Abbildung . . . . . . Abb. 158

Seite 186, 34. Zeile . . . . 376 statt 576

Seite 187, 26. Zeile . . . . 328 statt 41

Seite 204, Die Leistungen der FMA-Meißelhämmer Type MH21—MH23 befinden sich Seite 210a.

Seite 231, Nr. 61 Seilwinde . . . . . Seite 244 statt 254
Die Seilwinden haben 4-Zylinder-Maschinen.

Seite 231, Nr. 21 . . . . Gewicht 1,5 kg
Seite 231, Nr. 22 . . . . Gewicht 3,2 kg
Seite 231, Nr. 23 . . . . Gewicht 6,8 kg
Seite 231, Nr. 24 . . . . Gewicht 7,6 kg
Gewichte ohne Schleifscheibe.
16 und 32 bezeichnen die Bohrung der Schleifscheiben.

Seite 232, Abb. 242 . . . . RB 50 statt 15

Seite 319, Zeile 2 . . . . Weg x Gewicht statt Gewicht.

ISBN-13: 978-3-642-98606-2 e-ISBN-13: 978-3-642-99421-0
DOI: 10.1007/ 978-3-642-99421-0

VORWORT.

Seit dem Jahre 1911 geben wir unser „Taschenbuch für Preßluftbetrieb" heraus. Die 5. Auflage erschien im Jahre 1925 und war bald vergriffen. Die in den Jahren 1928/29 vorbereitete neue Auflage mußten wir im Hinblick auf die bereits einsetzende Krise zurückstellen. Inzwischen haben sich die Verhältnisse völlig geändert, so daß wir im Jahre 1935, als wir an die Bearbeitung der 6. Auflage herantraten, eine Neubearbeitung von Grund auf vornehmen mußten.

Die Kennzeichen des Druckluftbetriebes: Einfachheit, Gefahrlosigkeit und Zweckmäßigkeit sind die gleichen geblieben und deshalb erobert die Druckluft sich Jahr für Jahr neue Arbeitsgebiete. Sie alle in einem „Taschenbuch für Preßluftbetrieb" zusammenzufassen, wäre unmöglich.

Bei der Neuauflage haben wir deshalb eine Gliederung so vorgesehen, daß die gegebenen Grundlagen aus Praxis und Theorie allgemein gültig sind, während ein anderer Teil sich im besonderen mit den Erzeugnissen unseres Werkes beschäftigt. Unsere Erfahrungen auf diesem Fachgebiet reichen bis in die Anfänge der Druckluft-Erzeugung und -Verwendung zurück. In den dazwischen liegenden 40 Jahren haben wir manche Pionierarbeit geleistet. Die traurigen Jahre der Krise standen wohl äußerlich unter dem Zeichen der Depression, im Werk selbst aber haben wir, im Vertrauen auf eine bessere Zukunft manches grundlegend Neue, welches sich in den Jahren des Wiederaufstieges bewährt hat, entwickelt. Wir hoffen deshalb, daß die 6. Auflage unseres Taschenbuches unseren alten Freunden manches Neue und viel Anregungen bieten wird, daß es auch dazu beitragen wird, uns neue Freunde zu werben.

FMA / POKORNY
FRANKFURTER MASCHINENBAU AG
vorm. POKORNY & WITTEKIND

I. Die technisch-theoretischen Grundlagen der Maschinen, Rohrleitungen und Werkzeuge für Druckluftanlagen

Die Druckluft und ihre Erzeugung

Seite

II. Die Anwendungsgebiete der Druckluft-Werkzeuge und -Maschinen

III. Die Einrichtung und der Betrieb von Druckluft-Anlagen

IV. Die Kompressoren und die druckluftbetriebenen Maschinen und Werkzeuge der Frankfurter Maschinenbau A. G.

V. Technische Tabellen und Vorschriften

* Diese Tabellen sind aus „Bosch Kraftfahrtechnisches Taschenbuch" entnommen.

I. Die Druckluft und ihre Erzeugung.

Druckluft ist ein Kraftträger, der in Maschinen (Gebläse, Kompressoren, Pumpen) durch Verdichtung der atmosphärischen Luft erzeugt wird. Sie dient zum Betrieb von Arbeitsmaschinen und zur Förderung von Gasen, Flüssigkeiten und geschichteten Massen. Außerdem findet Druckluft ausgedehnte Verwendung in der chemischen Industrie als Ausgangsstoff chemischer Prozesse, wie beispielsweise bei der Herstellung des Stickstoffes.

Man unterscheidet:

1. **Radgebläse:** Die Arbeitsweise dieser Maschinen beruht auf der Umwandlung von Geschwindigkeit in Druck. Hierzu gehören Ventilatoren, Turbogebläse und Turbokompressoren. Sie liefern Luft von der niedrigsten Spannung (Wind) bis etwa 9 atü und haben Saugleistungen bis 100 000 m³/h und darüber.
2. **Kompressoren mit umlaufenden Kolben:** Maschinen dieser Gattung ähneln äußerlich scheinbar den Radgebläsen, jedoch erzeugen sie den Druck durch unmittelbare Verkleinerung des Volumens. Sie werden ein- oder zweiachsig ausgeführt und in Kapselgebläse und Rotationskompressoren eingeteilt.
   Erstere erzeugen nur geringe Drücke, letztere arbeiten einstufig bis 4 atü, zweistufig bis 10 atü. Die Saugleistung beträgt bis zu 6000 m³/h.
3. **Kompressoren mit hin- und hergehenden Kolben:** Maschinen dieser Bauart erzeugen den Druck ebenfalls durch unmittelbare Volumenverminderung und werden für alle Saugleistungen bis zu 18 000 m³/h und alle Drücke bis zu 1000 atü gebaut.
4. **Hydraulische Kompressoren:** Sie nützen ein Wassergefälle aus, um Luft zu verdichten.
5. **Vakuumpumpen:** Diese sind Maschinen mit hin- und hergehenden oder mit rotierenden Kolben. Sie dienen zum Evakuieren von Behältern und verdichten dabei Luft oder Gas von sehr geringem Druck auf etwa atmosphärischen Druck.

Die Bedeutung der verwendeten technischen Ausdrücke.

Luftkompressoren sind Maschinen, die Luft von atmosphärischem Druck oder einer anderen Spannung ansaugen und auf einen beliebigen gewünschten Druck verdichten.

Gaskompressoren sind Maschinen, die Gase oder Gasgemische verdichten.

Einstufige Kompressoren verdichten in einer Stufe (also ohne Zwischenkühlung) auf den verlangten Enddruck.

Zweistufige oder mehrstufige Kompressoren verdichten in zwei oder mehr Stufen (also mit Zwischenkühlung) auf den geforderten Enddruck.

Zwischenkühlung ist die Abkühlung der verdichteten Luft zwischen den einzelnen Stufen bei zwei- oder mehrstufiger Kompression.

Nachkühlung ist die Abkühlung der auf den Enddruck verdichteten Luft.

Einzylinderkompressoren sind Maschinen, die nur einen Zylinder haben.

Zwei- oder Mehrzylinderkompressoren bestehen aus zwei oder mehreren Zylindern.
(Es ist durchaus möglich, daß ein Einzylinderkompressor zweistufig verdichtet. Ebenso gibt es Zwei- oder Mehrzylinderkompressoren, die als einstufige Kompressoren arbeiten.)

Hubvolumen in l/min, m^3/min oder m^3/h ist das Produkt aus Kolbenfläche mal Kolbenhub mal Umdrehungszahl.

Schädlicher Raum ist der Teil des Zylinders, aus dem der Kolben die Luft nicht verdrängen kann. (In v. H. vom Hubvolumen.) Um diesen Teil ist der Zylinderinnenraum größer als das Hubvolumen.

Rückexpansion bedeutet die Wiederausdehnung der im schädlichen Raum verbliebenen Druckluft zu Beginn des Saughubes.

Volumetrischer Wirkungsgrad $\eta_{vol.}$ ist bestimmt durch die Größe des schädlichen Raumes, die Höhe des Verdichtungsenddruckes und den Verlauf der Rückexpansion und gibt an, wieviel Teile v. H. des Hubvolumens vom Kompressor zum Ansaugen höchstens ausgenutzt werden können.

Saugleistung in l/min, m^3/min oder m^3/h ist die Luftmenge, die vom Kompressor angesaugt werden kann, und ist das Produkt von Hubvolumen mal volumetrischem Wirkungsgrad.

Liefergrad η_{lief} richtet sich nach dem Gütezustand des Kompressors und zeigt an, wieviel Teile v. H. der Saugleistung in die Druckleitung gefördert werden. Zu seiner Bestimmung muß die Druckluftmenge auf Temperatur und Spannung der Luft vor dem Ansaugstutzen umgerechnet werden.

Förderleistung oder Lieferleistung in l/min, m^3/min oder m^3/h ist die vom Kompressor in die Druckleitung ausgeschobene Luftmenge, bezogen auf Druck und Temperatur vor dem Ansaugstutzen.

Anfangstemperatur ist die Temperatur der Saugluft, gemessen am Saugstutzen des Zylinders.

Endtemperatur ist die Temperatur der verdichteten Luft, gemessen am Druckstutzen des Zylinders.

Anfangsdruck und **Enddruck** werden als absoluter (ata) oder als Überdruck (atü) gekennzeichnet (at bedeutet in diesen Ausführungen ata).
ata = absoluter Druck, ist der Druck in kg/cm^2, gemessen vom Nullpunkt des luftleeren Raumes ab.

atü = Überdruck ist absoluter Druck abzüglich einer absoluten Atmosphäre, oder atü gibt an, um wieviel kg/cm^2 der Druck in einem Raum größer ist als in seiner Umgebung.

Isothermische Kompression ist der Kompressionsvorgang ohne Temperaturänderung der Luft während des Kompressionsvorganges (also mit vollkommener Wärmeabführung während der Kompression).

Adiabatische Kompression ist der Kompressionsvorgang ohne Wärme-Zu- oder Abfuhr der Luft während der Kompression.

Kraftbedarf oder Leistungsbedarf ist die an der Kompressorwelle aufgenommene Leistung in PS oder KW.

Kühlung des Kompressors erfolgt entweder durch
Wasser-Durchlauf-Kühlung (Wasserleitung)
Wasser-Umlauf-Kühlung mit Wasser-Rückkühlung oder durch
Luft-Kühlung.

Unter den Luftverdichtern haben heute die Kolbenkompressoren die weitaus größte Bedeutung für die in diesem Buch behandelten Verwendungszwecke, deshalb werden in den nachstehenden Ausführungen nur Kolbenkompressoren behandelt.

Die Arbeitsweise des Kolbenkompressors.

Beim theoretischen Arbeitsvorgang des Kolbenkompressors wird gemäß Abb. 1 während des nutzbaren Teiles a—b des Saughubes Luft von atmosphärischer Spannung in den Zylinder gesaugt. Das Saugventil muß sich bei a öffnen und bei b schließen. Von b—c wird (infolge der Umkehrung des Kolbens) die angesaugte Luft verdichtet, dabei wird in c im Zylinder die Spannung der Druckleitung erreicht. Jetzt beginnt das Ausschieben der Luft durch das Druckventil in die Leitung, und im Punkt d, dem Ende des Ausschubes, schließt das Druckventil. Beim Rückgang des Kolbens expandiert die im schädlichen Raum des Zylinders verbliebene Druckluft, und wenn dabei in a der Druck auf atmosphärische Spannung gesunken ist, öffnet sich das Saugventil wieder, der Arbeitsvorgang beginnt von neuem. Die Punkte b und d bezeichnen die beiden Kolbentotlagen.

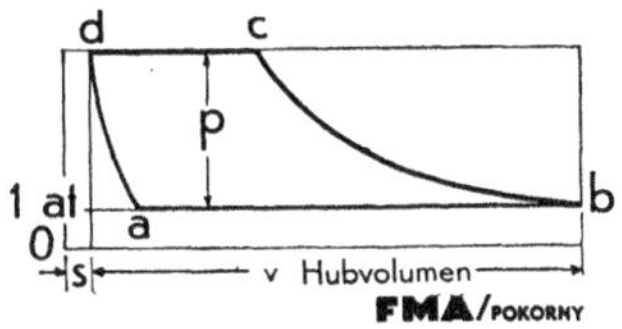

Abb. 1: Theoretisches Kompressordiagramm

Der schädliche Raum mit der aus ihm kommenden Rückexpansion bedingen den volumetrischen Wirkungsgrad. Er wird angegeben in v. H. des Hubvolumens und ist abhängig von der Größe des schädlichen Raumes, der Höhe des Verdichtungsenddruckes und vom Verlauf der Rückexpansion. Je größer der schädliche Raum ist, je höher verdichtet wird und je flacher die Expansionslinie verläuft, um so kleiner ist der volumetrische Wirkungsgrad.

Vielfach wird der volumetrische Wirkungsgrad mit dem Liefergrad verwechselt (siehe Erklärung Seite 6). Während der volumetrische Wirkungsgrad keine Verluste vom Kraftbedarf des Kompressors verursacht und kein Urteil über die Güte der Maschine abgibt, bedeutet der Liefergrad nur Verluste an Lieferleistung bzw. Arbeit und kennzeichnet den Gütezustand des Kompressors.

Der Kraftbedarf für die Verdichtung von 1 m^3 geförderter Luft ist bei 85 v. H. volumetrischem Wirkungsgrad genau so groß wie bei 95 v. H. Bei einem Kompressor mit einem Liefergrad von 85 v. H. ist dagegen der Kraftbedarf je 1 m³ geförderter Luft größer als bei der Maschine mit 95 v. H. Liefergrad; denn die durch Undichtheiten entweichende Luft hat vor dem Entweichen Arbeitsaufwand verursacht.

Für den Käufer ist daher der volumetrische Wirkungsgrad von keiner Bedeutung, dem Konstrukteur dient er zur Berechnung des nutzbaren Hubes, das ist derjenige Teil des Hubes, während dessen das Ansaugen erfolgt. Im übrigen kann in manchen Fällen durch Vergrößerung des schädlichen Raumes, das bedeutet Verringerung des volumetrischen Wirkungsgrades, infolge flacherer Lage der Rückexpansionslinie ein günstigerer Druckwechsel im Triebwerk erzielt werden. Hiermit ist günstiger Kraftverlauf und stoßfreier Gang des Kompressors verbunden. Die Linie b—c des Diagramms (Abb. 1) stellt die Kompressionslinie dar. Sie ist entweder eine Adiabate, eine Isotherme oder eine Linie, die zwischen beiden liegt. Letzteres ist beim praktischen Kompressorbetrieb der Fall, und zwar ist der theoretische Kraftbedarf um so geringer, je näher die Kompressionslinie bei der Isotherme liegt. Bei isothermischer Kompression erwärmt sich die Luft überhaupt nicht, sie hat also beim Enddruck in c dieselbe Temperatur wie am Anfang der Verdichtung in b. Da die Verdichtung nach der Isotherme den theoretisch möglichen Mindestaufwand an Verdichtungsarbeit darstellt, so liegt es nahe, die Wärme, die bei der Verdichtung entsteht, im Augenblick ihrer Entstehung, also während der Verdichtung selbst, abzuführen.

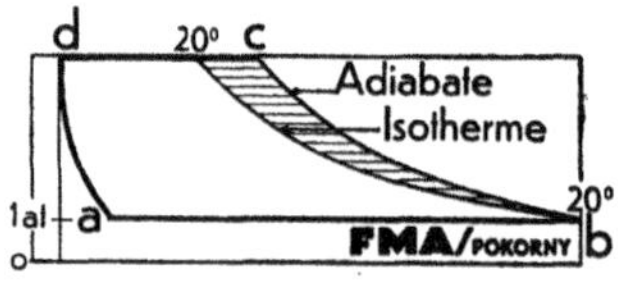

Abb. 2: Theoretisches Kompressordiagramm bei einstufiger Verdichtung

Die theoretische Forderung findet im Diagramm Abb. 2 ihren bildlichen Ausdruck durch die Einzeichnung der Isotherme, welche die Zustandsänderung bei der gleichbleibenden Temperatur des Ansaugezustandes von beispielsweise 20° C darstellt. Könnte ein solcher Verlauf der Verdichtung erreicht werden, so würde dies einen Minderleistungsbedarf bringen, der der schraffierten Fläche entspricht. Trotz aller Versuche und Bemühungen gibt es jedoch hierfür kein technisch durchführbares Mittel. Das Einsaugen von Wasser während der Saugperiode oder das Einspritzen von Wasser während der Druckperiode hat bislang keinen dauernden Erfolg gebracht und ist wegen des starken Wassergehaltes der Druckluft und des schnellen Verschleißes der Zylinder bald wieder aufgegeben worden.

Bei der adiabatischen Verdichtung steigt die Temperatur der Luft. Sie läßt sich berechnen nach der allgemeinen thermodynamischen Beziehung:

$$Te = Ta \times \left(\frac{pe}{pa}\right)^{\frac{k-1}{k}}$$

p_a = Anfangsdruck ata
p_e = Enddruck ata
T_a = Anfangstemperatur abs.
T_e = Endtemperatur abs.
k = 1,41.

In Tab. 1 sind die theoretischen Endtemperaturen in °C nach dieser Formel errechnet eingetragen. Es zeigt sich, daß die Temperatur um so höher steigt, je höher verdichtet wird.

(Bei der Berechnung wurde angenommen: $T_a = 273 + 20 = 293\,^{\circ}C$.)

Tab. 1 Endtemperaturen bei adiabatischer Verdichtung bei verschiedenen Drücken

	Adiabatische Verdichtung						
auf ata	2	3	4	5	6	7	8
Endtemperatur theor. in °C	85,4	130,3	164	195	220,6	243	263,5

Im praktischen Betrieb werden diese Temperaturen nicht erreicht, sie liegen vielmehr unter den von den behördlichen Vorschriften zugelassenen Werten. (Siehe Anhang Seite 336.)

Durch Kühlung der Verdichter wird erreicht, daß die verdichtete Luft diese Temperaturen nicht annimmt.

Der Unterschied zwischen theoretischer und praktischer Endtemperatur ist um so geringer, je größer die Zylinderabmessungen sind und um so weniger wirksam die Kühlung des Kompressors ist. Außerdem ist bei niederer Endtemperatur der Kraftbedarf für die Verdichtung geringer als bei hoher.

Die Stufenkompression.

Damit bei höheren Enddrücken und bei größeren Kompressoren unzulässig hohe Temperaturen vermieden und Verminderung des Kraftbedarfes erzielt werden, wendet man die Stufenkompression an.

Abb. 2 zeigt das theoretische Arbeitsdiagramm eines zweistufigen Kompressors für 8 ata. In der ersten Stufe wird von 1 ata nach der Adiabate a—b auf 2,83 ata verdichtet, hierbei steigt die Temperatur von 20 °C auf 124 °C, bleibt also unter der zulässigen Grenze. Das Volumen e—b wird dann in einen Zwischenkühler gedrückt, in welchem eine Abkühlung auf annähernd Ansaugtemperatur und infolgedessen eine Verringerung des Volumens auf g—e stattfindet.

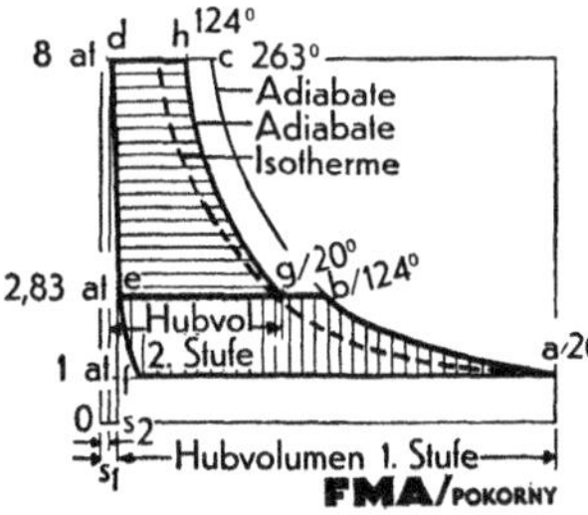

Abb. 3: Theoretisches Kompressordiagramm bei Stufenteilung

Eine zweite Stufe vollendet dann die Verdichtung nach der Adiabate g—h mit einem Verdichtungsverhältnis 8 : 2,83 = 2,83, so daß sich jetzt wieder die Temperatur um das gleiche Maß erhöht. Mit dieser Temperatur verläßt dann die Luft den Kompressor. Im Vergleich zur einstufigen Verdichtung nimmt die Luft eine um 263,5 — 124 = 139,5 niedrigere Temperatur an.

Es läßt sich beweisen, daß die Stufenteilung bezüglich der Arbeitsersparnis am günstigsten ist, wenn das Druckverhältnis in jeder Stufe gleich der

$$\sqrt[n]{\text{Enddruck at}}$$

ist, wobei n = Stufenzahl bedeutet (im obigen Beispiel $\sqrt[2]{8} = 2{,}83$). Die Stufenteilung geschieht aus verschiedenen Gründen nicht immer genau nach dem Wurzelwert, zumal Abweichungen innerhalb gewisser Grenzen nur von geringem Einfluß auf den Leistungsbedarf sind.

Aus dem Diagramm erkennt man die Arbeitsersparnis. Der Arbeitsaufwand bei zweistufiger Verdichtung ist durch die Summe der schraffierten Flächen in Abb. 3 dargestellt, d. h. durch a, b, g, h, d, e, f, während für das gleiche Anfangsvolumen a—f bei einstufiger Verdichtung eine der Fläche a, b, c, d, e, f entsprechende Arbeit erforderlich wäre. Die Differenz beider Diagramme, also b, c, h, g, stellt die Arbeitsersparnis bei Stufenkompression dar.

Diese Arbeitsersparnis ist theoretisch recht erheblich, fällt aber praktisch nur bei Kompressoren für größere Saugleistung ins Gewicht. Bei kleineren Maschinen wird der Gewinn durch vermehrte Reibung und Widerstände beinahe wieder aufgehoben, außerdem würde eine Stufenkompression kleinere Maschinen verhältnismäßig so verteuern, daß ein wirtschaftlicher Vorteil gegenüber der einstufigen Maschine nicht mehr vorhanden wäre.

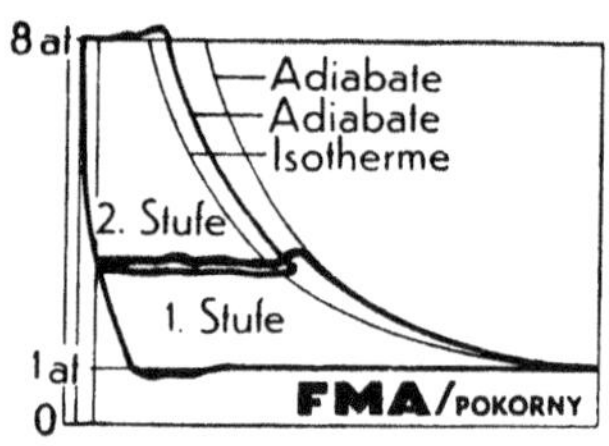

Abb. 4: Praktisches Kompressordiagramm bei Stufenteilung

In Abb. 4 erkennt man aus dem praktischen Kompressordiagramm die inneren Widerstände bei Stufenkompression gegenüber dem theoretischen Diagramm Abb. 3 ohne Widerstände. Kleinere und mittlere Kompressoren baut man deshalb bis zu etwa 7 at einstufig, um so mehr, als hierbei wegen der Kühlung des Kompressors die Endtemperatur der verdichteten Luft noch unter dem zulässigen Höchstwert von 200 °C liegt.

Die Kühlung der Kompressoren.

Die Außenkühlung der Kompressorzylinder und Ventilköpfe hat keinen großen Einfluß auf den Leistungsbedarf. Wichtig ist ihr Einfluß auf den Zustand der Luft während des Ansaugens und auf die Betriebssicherheit infolge Vermeidens von unzulässig hohen Temperaturen aller Kompressorteile. Sie führt die Reibungswärme der aufeinandergleitenden Teile ab und verhindert schädliche Erwärmung des Schmieröles.

Berechnung der Kompressoren.

Für die Berechnung von Kompressoren, soweit sie sich auf die Saugleistung und den Leistungsbedarf beziehen, dienen folgende Angaben:

Bezeichnet

V die Ansaugemenge oder Saugleistung vom Anfangszustand, d. h. von der Ansaugetemperatur und vom Ansaugedruck in $l/min = dm^3/min$

D den Durchmesser des Ansaugezylinders in dm

s den ganzen Hub in dm

n die minutliche Umdrehungszahl,

η_{vol} den volumetrischen Wirkungsgrad in v. H.,

so gilt

$$V = \frac{\pi \cdot D^2}{4} \cdot s \cdot n \cdot \eta_{vol.}$$

Nach dieser Formel lassen sich für eine gewünschte Saugleistung die Abmessungen des Kompressors bestimmen. Umgekehrt kann aus den an einer vorhandenen Maschine ermittelten Größenabmessungen die Saugleistung errechnet werden.

Für die Berechnung des theoretischen Leistungsbedarfes benötigt man die Angabe von Saugleistung, Anfangsdruck und Enddruck.

Der praktische, an der Kompressorwelle gemessene Leistungsbedarf ist wegen der unvermeidlichen, aus dem Diagramm ersichtlichen Luftwiderstände der Ventile und Luftführungen und wegen der mechanischen Reibungsverluste höher als dieser theoretische Wert.

Im Mittel betragen die gesamten Verluste etwa 25 v. H. der praktisch an der Kompressorwelle einzubringenden Leistung. Wenn also der theoretische Leistungsbedarf beispielsweise zu 45 PS errechnet ist, so sind für den wirklichen Betrieb

$$\frac{45}{0.75} = 60 \text{ PS erforderlich.}$$

Aus den Tabellen 2, 3 und 4 läßt sich der praktisch an der Welle benötige Leistungsbedarf für die Verdichtung von x m^3/min angesaugte Luft auf einen bestimmten Enddruck unmittelbar entnehmen. Die angegebenen Werte berücksichtigen somit alle die obengenannten Verluste und geben bei unmittelbarem Antrieb die von der Antriebsmaschine abzugebende Leistung an.

Erfolgt der Antrieb jedoch mit Hilfe besonderer Kraftübertragungsmittel (wie Treibriemen, Zahnräder), so ist der Wirkungsgrad dieser Mittel noch zu berücksichtigen, d. h. die Antriebsmaschine muß die durch diese Mittel bedingten Verluste außerdem noch aufbringen.

Tab. 2: Saugleistung, Kraftbedarf und Abmessungen der einstufigen FMA-Kompressoren der Bauart K 30 M

Bauart K 30 M		E-110	E-212	E-313	E-415	E-416	E-418	Z-313	E-518	Z-415	Z-416	Z-418	Z-518	D-418	D-518	V-418	V-518	S-418	S-518	A-518
Hubv. l/min		865	1470	1930	2650	3015	3820	3860	4960	5300	6030	7640	9920	11460	14880	15280	19840	22920	29760	39680
Zyl. ∅ . mm		105	125	135	150	160	180	2.135	180	2.150	2.160	2.180	2.180	3.180	3.180	4.180	4.180	6.180	6.180	8.180
Hub . mm		100	120	135	150	150	150	135	195	150	150	150	195	150	195	150	195	150	195	195
Drehzahl/min		1000	1000	1000	1000	1000	1000	1000	1000	1000	1000	1000	1000	1000	1000	1000	1000	1000	1000	1000
Saugleistung in l/min	2	830	1410	1850	2530	2900	3625	3700	4695	5060	5800	7250	9390	10875	14085	14500	18780	21750	28170	37560
Kraftbedarf in PS	2	2,7	4,6	6	8	9,2	11,5	12	15	16	18	22,5	29,5	34	44	45	59	68	88	118
Saugleistung in l/min	3	800	1360	1780	2440	2800	3455	3560	4470	4880	5600	6910	8940	10365	13410	13820	17880	20730	26820	35760
Kraftbedarf in PS	3	3,6	5,6	7,8	10,5	12	15	15,5	19	21	24	29	38	43,5	57	58	76	87	114	152
Saugleistung in l/min	4	780	1330	1720	2360	2720	3325	3440	4290	4720	5440	6650	8580	9975	12870	13300	17160	19950	25740	34320
Kraftbedarf in PS	4	4,2	7,2	9,3	12,5	14,5	17,5	18,5	23	25	29	34,5	45	52	67	69	90	104	134	180
Saugleistung in l/min	5	755	1290	1670	2280	2640	3190	3340	4150	4560	5280	6380	8300	9570	12450	12760	16600	19140	24900	33200
Kraftbedarf in PS	5	4,8	8	10,5	14	16	19,5	20,5	25,5	28	32	38,5	50	58	75	77	100	116	150	200
Saugleistung in l/min	6	730	1240	1610	2190	2550	3030	3220	3895	4380	5100	6060	7790	9090	11685	12120	15580	18180	23370	31160
Kraftbedarf in PS	6	5,2	8,7	11,5	15	17,5	21	22	27	30	35	41	53	62	79	82	106	124	158	212
Saugleistung in l/min	7	705	1210	1550	2110	2470	2900	3110	3720	4220	4940	5800	7440	8700	11160	11600	14880	17400	22320	29760
Kraftbedarf in PS	7	5,4	9,2	12	16	18,5	21,5	23	27,5	32	37	42,5	55	64	82	85	110	128	164	220
Saugleistung in l/min	8	685	1170	1500	2040			3010		4080										
Kraftbedarf in PS bei at	8	5,6	9,5	12,5	16,5			24		33										

Tab. 3: Saugleistung, Kraftbedarf und Abmessungen der zweistufigen FMA-Kompressoren der Bauart K 30 S

Bauart K 30 S		Z-316	Z-418	D-316	D-418	V-418	S-418	D-523	A-418	D-633	S-523	V-633	S-633	A-633
Hubvolumen . . . l/min		2710	3820	5420	7640	11460	15280	16920	22920	25700	33840	38550	51400	77100
Zylinder ∅ . . . . . . mm		1.160 1.135	1.180 1.150	2.160 1.135	2.180 1.150	3.180 1.150	4.180 2.150	2.235 1.180	6.180 2.150	2.330 1.280	4.235 2.180	3.330 1.280	4.330 2.280	6.330 2.280
Hub . . . . mm		135	150	135	150	150	150	195	150	200	195	200	200	200
Drehzahl . . . . . mm		1000	1000	1000	1000	1000	1000	1000	1000	750	1000	750	750	750
Saugleistung in l/min		2390	3370	4780	6740	9400	13480	14400	18900	23150	28800	32850	46300	65700
Kraftbedarf in PS bei at	6	16	22,5	32	44,5	65	89	97	130	151	194	222	302	444
	7	17	23,5	33,5	47	68	94	102	136	159	204	233	318	466
	8	18	25	35,5	49,5	71	99	107	142	168	214	244	336	488
	9	19	26	37	52	75	104	112	150	175	224	256	350	512
	10	19,5	27	39	54	78	108	116	156	183	232	266	366	532
	11	20	28	40	56	81	112	121	162	190	242	277	380	554

Tab. 4: Förderleistung, Kraftbedarf und Abmessungen der FMA-Hochdruck-Kompressoren der Bauart K 30 H

Bauart K 30 H		H_2Z-113	H_2Z-215	H_2Z-316	H_2Z-418	H_2Z-110	H_2Z-212	H_2Z-313	H_2Z-415	H_3D-110	H_3D-113	H_3D-215	H_3D-316	H_3D-418	H_4V-110	H_4V-113	H_4V-215	H_4V-316	H_4V-418
Hubvol. . .	l/min	1430	2120	2720	3820	865	1470	1930	2650	865	1430	2120	2720	3820	865	1430	2120	2720	3820
Zylinder . ∅	I	135	150	160	180	105	125	135	150	105	135	150	160	180	105	135	150	160	180
	II	60	65	70	80	40	45	50	55	45	60	65	70	80	55	70	80	85	95
	III									20	25	28	30	35	28	35	40	45	50
	IV														16	18	20	22	25
Hub	mm	100	120	135	150	100	120	135	150	100	100	120	135	150	100	100	120	135	150
Drehzahl .	min	1000	1000	1000	1000	1000	1000	1000	1000	1000	1000	1000	1000	1000	1000	1000	1000	1000	1000
Förderleistung in l/min und Kraftbedarf in PS bei at Enddruck	30	1040 18	1520 26	1980 34	2700 46														
	60					570 12	970 20	1270 26,5	1750 36										
	150									590 14	970 23	1440 34	1850 44	2520 60					
	250														590 15	970 24,5	1440 37	1850 47	2520 64

Ermittlung der Saugleistung von Kompressoren für den Betrieb von Druckluftwerkzeugen in größeren Höhen.

Für den Betrieb eines Druckluftwerkzeuges in Meeresspiegelhöhe (normal Null = NN), also bei 1 ata Luftdruck der Umgebung, benötigt das Werkzeug zur Leistung einer bestimmten Arbeit beispielsweise einen Betriebsdruck von 7 ata. Um in 3000 m Höhe über NN dieselbe Arbeit zu verrichten, benötigt das Werkzeug nur einen Druck von 6,71 ata, da der auf den Kolben des Werkzeugs lastende Gegendruck, d. h. der atmosphärische Luftdruck, um 0,29 at von 1 auf 0,71 ata gesunken ist.
Im ersten Fall verbraucht das Werkzeug bei beispielsweise 100 l/min Bedarf an Druckluft ein Luftvolumen von

$$\frac{100 \cdot 7}{1} = 700 \text{ l/min von 1 ata Spannung.}$$

In 3000 m Höhe nimmt das Werkzeug auch 100 l/min Druckluft auf, jedoch ergibt diese Menge auf den Druck von 0,71 ata der Umgebung umgerechnet ein Volumen von

$$\frac{100 \cdot 6{,}71}{0{,}71} = 945 \text{ l/min.}$$

Im zweiten Fall ist das Volumen von geringerem Druck nach der Expansion im Werkzeug um 35 v. H. größer. Arbeitet der die Druckluft liefernde Kompressor in der gleichen Höhenlage wie das Werkzeug, so muß er naturgemäß den Mehrbedarf von 35 v. H. decken, da er mit demselben absoluten Druck ansaugt, auf den die Luft im Werkzeug expandiert. Der Kompressor muß daher um 35 v. H. größer bemessen werden, als er sein müßte, um die erforderliche Luft für das in 1 ata Außendruck arbeitende Werkzeug zu verdichten.
Der Leistungsbedarf für die Verdichtung von 1 m^3/min angesaugte Luft von 1 ata auf 7 ata beträgt etwa 7,5 PS. Für die Verdichtung von 1 m^3/min angesaugte Luft von 0,71 ata auf 6,71 ata sind nur 5,95 PS erforderlich. Das ist ein Minderbedarf von 17,3 v. H., da jedoch 35 v. H. mehr Luft angesaugt werden muß, hat der hierfür vorzusehende Kompressor einen um $1{,}35 \cdot 0{,}793 = 10{,}7$ v. H. höheren Leistungsbedarf als der erforderliche kleinere Kompressor für den Betrieb in Meereshöhe.
Auch bei Berechnungen von Kompressorleistungen bei größerem Ansaugedruck als 1 ata bei Tiefen unter Meeresspiegelhöhe ist der durch die Tiefe bedingte höhere Atmosphärendruck zu berücksichtigen.
Tabelle 5 gibt den mittleren atmosphärischen Druck bei verschiedenen Höhen und Tiefen an.

Tab. 5. Mittlerer Atmosphärendruck in

1000	800	600	400	200	NN	200	400	600	800	1000	1500	2000	3000
m unter NN						m über NN							
1,17	1,14	1,11	1,08	1,06	1,03	1,00	0,98	0,96	0,93	0,91	0,86	0,80	0,71

Die vorstehenden Ausführungen sind von besonderer Bedeutung für den Betrieb von Kompressoren, die in größeren Höhen mit Verbrennungsmotoren angetrieben werden (fahrbare Drucklufterzeuger!). In solchen Fällen ist zu berücksichtigen, daß die Leistung des Motors mit zunehmender Höhe abnimmt.

Die Abb. 5 zeigt, wieviel Hundertteile die Leistung des Motors in verschiedenen Höhenlagen von der Leistung in normaler Höhenlage beträgt. Um dieser Tatsache zu entsprechen, ergeben sich für den Betrieb von fahrbaren Drucklufterzeugern in größeren Höhenlagen in der Hauptsache folgende Möglichkeiten:

1. Der fahrbare Drucklufterzeuger erhält von vornherein einen Antriebsmotor, der so stark ist, daß er in der gewünschten Betriebshöhe noch ausreicht.
   Beim Betrieb in normaler Höhe hat dann dieser Motor eine große Reserve.
   Diesem Fall müssen die vorstehenden Berechnungen zu Grunde gelegt werden.

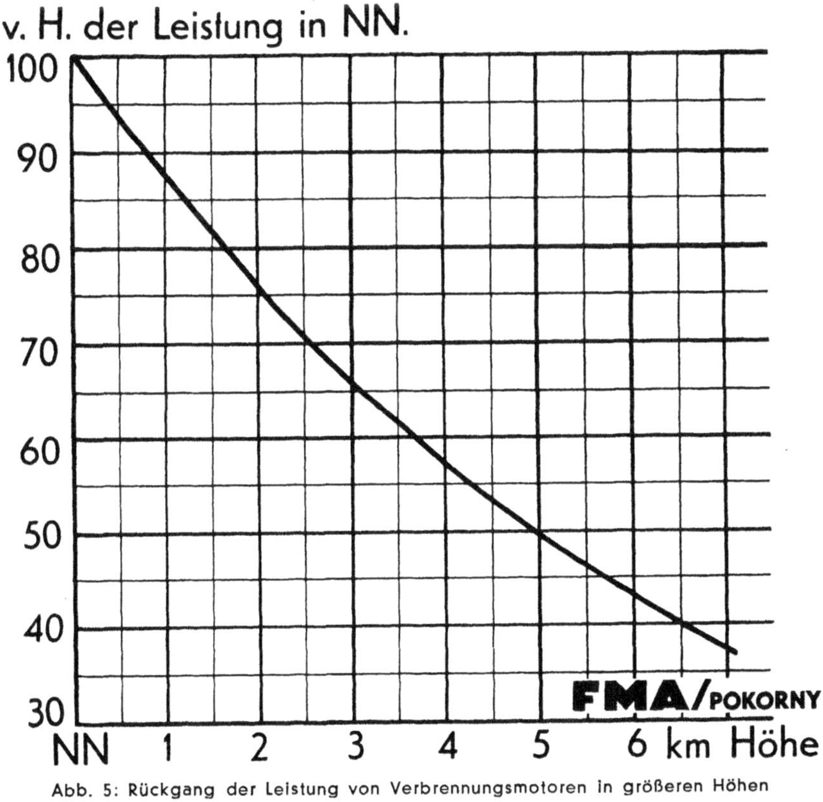

Abb. 5: Rückgang der Leistung von Verbrennungsmotoren in größeren Höhen

2. Die Anpassung kann dadurch erreicht werden, daß der schädliche Raum des Kompressors einen Zuschaltraum erhält, der eine Vergrößerung des schädlichen Raums ergibt, so daß der Kompressor weniger Luft ansaugt und einen dementsprechend kleineren Kraftbedarf hat. Es lassen sich weniger Werkzeuge damit betreiben.

3. Bei fahrbaren Drucklufterzeugern mit zwei oder mehreren Kompressorzylindern kann man einen oder mehrere davon außer Tätigkeit setzen, so daß der Kraftbedarf der noch arbeitenden Zylinder der Motorleistung in der gewünschten Betriebshöhe entspricht.
   Es lassen sich auch hier weniger Werkzeuge damit betreiben.
4. In bereits vorhandenen fahrbaren Drucklufterzeugern wird ein kleinerer Kompressor eingebaut, dessen Kraftbedarf mindestens um den Betrag kleiner ist als die Leistung des Motors in der gewünschten Betriebshöhe nachläßt.
   Mit diesem kleineren Kompressor kann eine entsprechend kleinere Anzahl Werkzeuge betrieben werden.
5. Der Antriebsmotor, der dem Kompressor für Betrieb in normaler Höhe entspricht, wird zum Betrieb in größeren Höhen mit einem entsprechenden Ladegebläse ausgerüstet, um in der größeren Höhe die erforderliche Leistung zu besitzen.
   Es können auch in diesem Falle weniger Werkzeuge betrieben werden.

Die Möglichkeit 1 gestattet die Neuanfertigung eines fahrbaren Drucklufterzeugers, der gemäß der vorstehenden Berechnung eine bestimmte Anzahl Werkzeuge in größeren Höhen einwandfrei betreiben soll.

In den Möglichkeiten 2—5 ist das Vorhandensein einer beliebigen Anlage vorausgesetzt. Wenn auch in diesen Fällen in den größeren Höhenlagen stets auch weniger Werkzeuge betrieben werden können, so ist bei der Ermittlung der Leistungsänderung des Motors zu berücksichtigen, daß der Kraftbedarf des Kompressors in größeren Höhenlagen an und für sich erheblich zurückgeht.

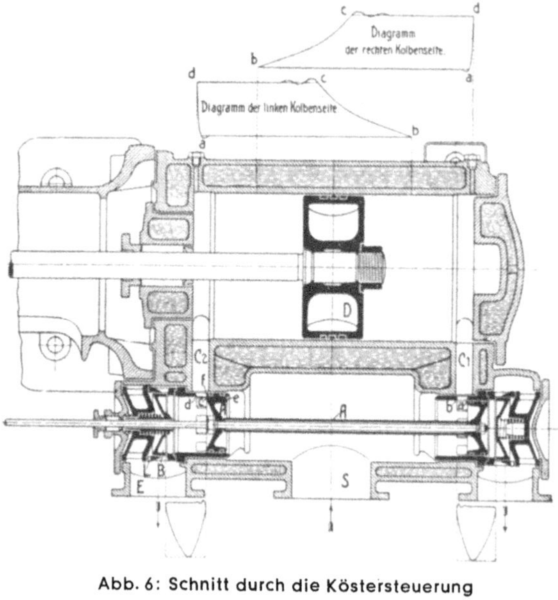

Abb. 6: Schnitt durch die Köstersteuerung

Nach der obigen Berechnung ist in 3000 m Höhe der Kraftbedarf für die Verdichtung von 1 m^3/min unter Beachtung des praktisch erforderlichen Enddruckes nur noch 79,3 v. H. erforderlich (5,95 : 7,5 x 100 = 79,3).

Gemäß der Abb. 5 geht in 3000 m Höhe die Motorleistung auf 66 v. H. zurück. Die Maßnahmen der Möglichkeiten 2—5 brauchen daher nur den Unterschied zwischen dem Rückgang des Kraftbedarfs des Kompressors und der Leistung des Motors zu beachten bei der Bestimmung der Kompressoransaugleistung bzw. der Motorleistung.

Steuerung und Regelung der Kompressoren.

Gemäß den Ausführungen Seite 7 fällt der Steuerung die Aufgabe zu, Anfang und Ende des Ein- und Austritts der Luft im richtigen Zeitpunkt vorzunehmen.

Die Steuerung erfolgt entweder zwangsläufig oder selbsttätig. Es werden auch beide Arten miteinander verbunden.

Bei der zwangsläufigen Steuerung werden die Abschlußteile von der Kurbelwelle aus mechanisch oder hydraulisch betätigt, bei der selbsttätigen werden die Abschlußteile nur vom Luftdruck geöffnet. Je nach der Art des Kompressors und der Steuerung kann das Schließen der Absperrteile bei den zwangsläufigen Steuerungen ohne oder mit Feder bewirkt werden, während bei den selbsttätigen Steuerungen das Schließen nur durch Federkraft bewirkt wird.

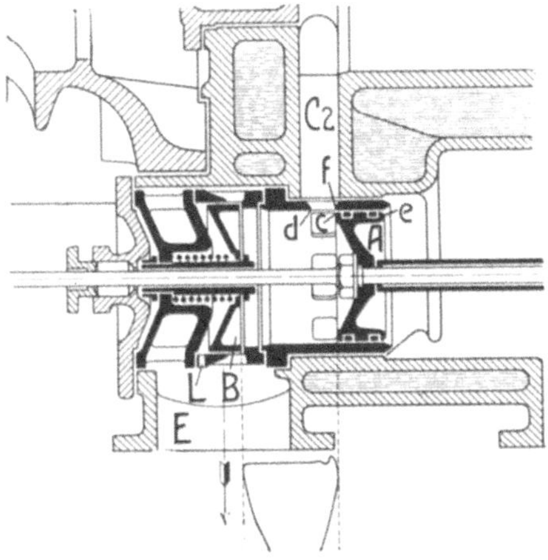

Abb. 7: Das Kösterventil

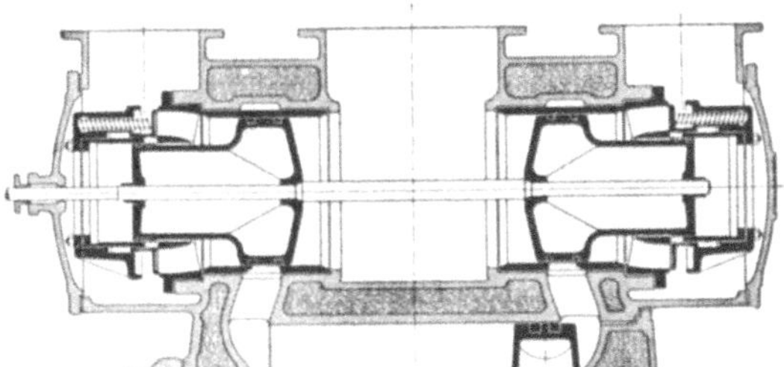
Abb. 8: Köstersteuerung für größte Leistung

Die bekannteste Ausführungsform einer zwangsläufigen Steuerung, die allen Anforderungen an eine exakte Steuerung gerecht wird, ist die K ö s t e r - Steuerung. Infolge ihrer unbedingten Betriebssicherheit, ihres ruhigen Ganges und ihrer wirtschaftlichen Arbeitsweise ist sie die gegebene Steuerung für Großkompressoren.

Abb. 6 zeigt einen Schnitt durch Zylinder und Steuerung eines liegenden FMA-Kompressors mit K ö s t e r - Steuerung; im besonderen zeigt Abb. 7 das diese Steuerung kennzeichnende Köster-Ventil. Eine Köster-Steuerung für größte Leistung ist in Abb. 8 dargestellt. Anhand der Abb. 6 und 7 ist nachstehend eine Erläuterung der Arbeitsweise der Köster-Steuerung gegeben:

Wenn der Kolben D nach links bewegt wird, tritt Luft von atmosphärischer Spannung aus dem Saugraum S durch den Kanal C_1 in den rechten Zylinderraum. Wesentlich ist, daß in dieser Mittelstellung des Kolbens der Kanal C_1 durch den Schieber in seiner ganzen Breite geöffnet wird, so daß selbst bei der höchsten Kolbengeschwindigkeit die Luft ohne Drosselung in den Zylinder gelangen kann.

Im linken Zylinderraum wird gleichzeitig die beim vorhergehenden Kolbenhub angesaugte Luft verdichtet. Sobald der Druck im linken Zylinderraum die Spannung in der Druckleitung E erreicht hat, öffnet sich das Kösterventil B selbsttätig, und der Kolben schiebt die Luft durch den vollständig geöffneten Kanal C_2 in die Druckleitung E. Während dieser Periode bewegt sich der Schieber A nach links und schließt mit seiner Kante c die Kanalkante d auf der linken Seite genau in der Kolbentotlage ab.

Auf der rechten Seite ist gleichzeitig die Saugperiode vollendet. Deshalb schließt auch die Kante a des Schiebers zu der genau gleichen Zeit die Kante b des Kanals ab und trennt den Zylinderraum von der Saugleitung. Bei der Kolbenumkehrung nach rechts geht der Schieber weiter nach links und verbindet die linke Kolbenseite mit dem Saugraum in dem Augenblick, in dem die Restluft des Zylinders auf die Atmosphäre expandiert ist. Es stehen dann die rechte Kante e des Schiebers und die rechte Kante f des Kanals C_2 senkrecht übereinander. Nach der Umkehr des Schiebers bewegen sich der Kolben und die Steuerung im gleichen Sinne nach rechts, bis dann wieder in der rechten Kolbentotlage die rechte Kante e des Schiebers die rechte Kante f des Kanals C_2 absperrt und der umkehrende Kolben die Verdichtung beginnt.

Zur Kennzeichnung der günstigen Arbeitsweise der Köstersteuerung soll das Verhalten des Kösterventils (Abb. 7) besonders besprochen werden. Bei Beginn des Ausschubes im Punkt c des Diagramms Abb. 1 wird dieses Ventil durch einen geringen Überdruck der Spannung im Zylinder über die Spannung in der Druckleitung geöffnet. Obwohl diese Bewegung rasch erfolgt und die Austrittsquerschnitte nach E hin in ihrer reichlichen Bemessung augenblicklich freigegeben werden, tritt ein hartes Anschlagen an den Fänger, wie es bei freigängigen Ventilen der Fall ist, nicht auf. Das Kösterventil ist zum Unterschied von diesen, wenn auch nicht kraftschlüssig durch Hebel oder dgl., so doch durch geringe Über- und Unterdruckwirkungen zwangsläufig gesteuert. Die Luft hinter dem Kösterventil entweicht zunächst durch die Bohrung L. Kurz vor der Hubbegrenzung wird diese Bohrung jedoch durch das Ventil selbst überschritten und geschlossen, so daß der Ventilteller durch einen sicher wirkenden Luftpuffer aufgefangen und vor jeder Beschädigung durch heftigen Anprall geschützt wird. Ebenso sanft erfolgt der Schluß des Ventils.

Hat der Schieber in der Totlage des Kompressorkolbens den Druckluftkanal an der Kante d mit seiner linken Kante c abgeschlossen, so befindet er sich ungefähr auf der Mitte seines Hubes; er bewegt sich also noch weiter nach links und schiebt dabei die zwischen ihm und dem Ventil befindliche Druckluft dem Ventil als Luftkissen entgegen und in die Leitung.

Diese Luftmenge ist jedoch sehr gering, und ihre Spannung wird sehr rasch derjenigen in der Druckleitung völlig gleich sein. Dann steht aber das Kösterventil wegen der Gleichheit der Spannungen, die auf seine Vorder- und Rückseite wirken, nur unter dem Einfluß einer schwachen

Feder, die seinen Schluß ganz allmählich einleitet und bis auf Bruchteile des Ventilhubes herbeiführt. Sobald dann der Steuerschieber in seine rückläufige Bewegung übergeht, folgt ihm das Ventil und schließt vollständig ab. Aber auch das kann nicht rascher erfolgen als die langsame Bewegung des Schiebers es zuläßt. Dem Ventil steht also zum vollkommenen Schluß die Dauer eines ganzen Hubes zur Verfügung, und es wird außerdem noch durch einen Luftpuffer zwischen ihm und dem Steuerschieber aufgefangen.

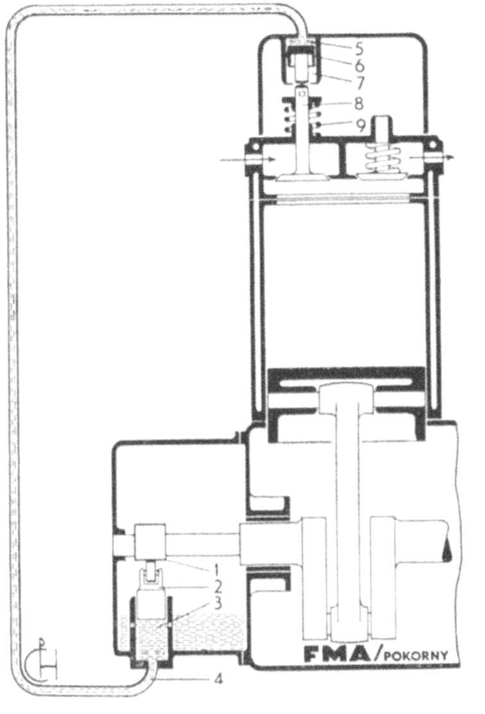

Abb. 9. Saugventilsteuerung eines FMA-Kompressors Type K 30 durch Öldruckübertragung (Arbeitsbild).

Für Kompressoren kleinerer und mittlerer Leistung, die mit hoher Drehzahl (über 750 min) arbeiten, haben sich die selbsttätige Steuerung mit freigängigen Plattenventilen und die zwangsläufige Steuerung mit Pilzventilen als zweckmäßiger erwiesen.

Beide Steuerungsarten werden in den FMA-Kompressoren Type K 30 verwendet, zumal sie sich bereits bei den Typen SS und S (Seite 144), die mit Drehzahlen bis zu 500 min arbeiteten, bewährt haben.

Bei den freigängigen Ventilen erfolgt das Öffnen der Ventile durch den Luftunterdruck bzw. Luftüberdruck im Zylinder. Beim Ansaugen öffnet der im Zylinder entstehende Unterdruck das Saugventil. Wenn der Zylinder mit Luft von etwa der Spannung im Saugstutzen gefüllt ist, schließt die Ventilfeder das Ventil wieder. Zu Beginn des Ausschiebens öffnet ein kleiner Überdruck im Zylinderinnern gegenüber dem auf dem Druckventil von außen lastenden Windkesseldruck das Ventil. Am Ende des Ausschiebens schließt die Ventilfeder das Ventil.

Die zwangsläufige FMA-Steuerung der Ventile bei den Typen K 30 wird nur für die Saugventile angewendet. Das Abschlußorgan ist ein Pilzventil (wie im Motorenbau üblich), welches Bestandteil einer Öldrucksteuerung ist, die in Abb. 9 dargestellt ist (DRP. 523611, System Elze.)

In Abb. 9 ist 1 ein Nocken, der in Abhängigkeit von der Kompressorkurbelwelle umläuft. Er drückt den Kolben 2 in den Zylinder 3. Dadurch wird das im Zylinderraum befindliche Öl in die Leitung 4 geschoben, und aus dieser tritt das Öl in den Zylinder 5. Diese Ölfüllung wirkt genau

wie eine starre Verbindung, und der Kolben 6 wird aus dem Zylinder 7 herausgedrückt. Da dieser mit dem Schaft des Pilzventils 8 in Berührung ist, drückt er dieses auf. Die Form des Nockens 1 ist so durchgebildet, daß das Ventil bis zum Ende des Saughubes offen gehalten wird. Das Schließen des Saugventils wird durch die Druckfeder 9 vorgenommen. Wenn der Nocken 1 sich soweit gedreht hat, daß der Kolben 2 wieder im Zylinder nach außen geschoben werden kann, dann drückt die Ventilfeder 9 auch den Kolben 6 in seinen Zylinder wieder hinein und gleichzeitig das Ventil auf seinen Sitz.
Die Bedeutung dieser zwangsläufigen Öldrucksteuerung liegt darin, daß sie in Verbindung mit Regelorganen eine sehr feine Regelung der Kompressoren ermöglicht.

Die Regelung der Kompressoren hat die Aufgabe, die Förderleistung der jeweiligen Druckluftabnahme anzugleichen und hierbei den Enddruck möglichst unveränderlich, bzw. die Druckänderung innerhalb gewisser Grenzen zu halten.

Im allgemeinen wird der Luftbedarf eines Betriebes geringer sein als die größte Leistung des vorhandenen Kompressors, und dieser Umstand ist bei den nachstehend beschriebenen Regelungsarten vorausgesetzt.
Da sich nun eine Schwankung in der Luftabnahme zunächst in einer Druckänderung (und wenn sie noch so klein ist) bemerkbar macht, so benutzt man diese Druckänderung zur Betätigung der Regelorgane.
Eine Mehrentnahme an Luft macht sich als Druckabfall, eine geringere Entnahme als Drucksteigerung bemerkbar.
Man unterscheidet vier Arten der Regelung:

1. **Drehzahlregelung,** d. h. Regelung durch Veränderung der Drehzahl bei gleichbleibender Füllung.
2. **Leerlaufregelung,** d. h. Regelung durch vollkommenen Leerlauf bei gleichbleibender Drehzahl,
3. **Füllungsregelung,** d. h. Regelung durch Veränderung der Füllung bei gleichbleibender Drehzahl,
4. **Aussetzregelung,** d. h. Regelung durch Stillsetzen des Kompressors.

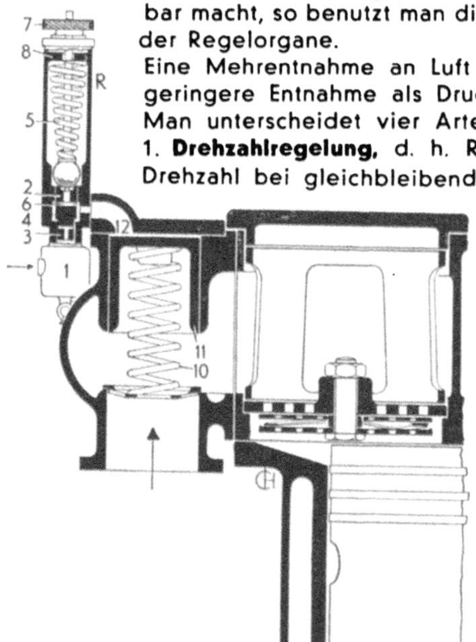

Abb. 10. Leerlaufregelung eines FMA-Kompressors Type K 30 mit Umschaltventil (Arbeitsbild).

1. **Die Drehzahlregelung** kann verwendet werden, wenn als Antriebsmaschine ein regelbarer Gleichstrommotor, eine Dampfmaschine oder ein Verbrennungsmotor benutzt wird. Meistens wird diese Regelungsart verwendet bei Kompressoren größerer Leistung, die mit zwangs-

läufiger Steuerung ausgerüstet sind (Köster-Steuerung). Da regelbare Elektromotoren und Dampfmaschinen bei den Kompressoren K 30 im allgemeinen nicht Verwendung finden, und da bei Antrieb durch Verbrennungsmotoren die Leerlaufregelung bevorzugt wird, wird auf diese Regelungsart hier nicht näher eingegangen.

2. **Die Leerlaufregelung.** Diese Regelungsart ist die einfachste und billigste und hat auch die größte Verbreitung gefunden bei kleineren und mittleren Kompressoren, weil sie den Anforderungen des Betriebes von Druckluftwerkzeugen genügt.

Während der Leerlaufzeit ist nur die den mechanischen Widerständen des Kompressors und den Verlusten der Antriebsmaschine entsprechende Leistung aufzubringen.

Die Leerlaufregelung kann auf zwei Arten bewerkstelligt werden, entweder durch Abschließen der Saugleitung oder durch Offenhaltung der Saugventile. In beiden Fällen ist ein selbsttätig arbeitendes Hilfsventil — das Relais — erforderlich.

In Abb. 10 bezeichnet R dieses Relais. Am Relais ist ein durch eine Rohrleitung mit dem Windkessel verbundener Abscheidekessel 1, in welchem die Druckluft gereinigt wird, ehe sie in das Relais gelangt.

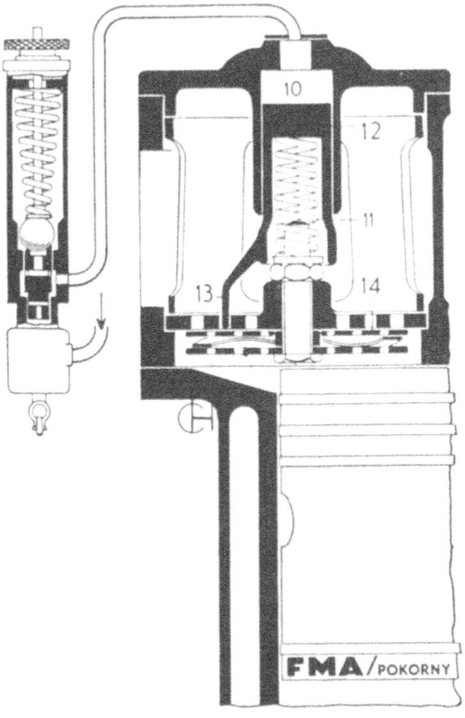

Abb. 11: Leerlaufregelung eines FMA-Kompressors Type K 30 durch Offenhalten der Saugventile (Arbeitsbild).

Die wesentlichen Bestandteile des Relais sind zwei Zylinder 2 und 3 von verschiedenem Durchmesser; in diesen kann sich der Stufenkolben 4 bewegen. Auf die eine Seite des Kolbens drückt die Feder 5, und auf der anderen Seite lastet der vom Windkessel herrührende Druck. Die Abbildung stellt das Relais in der Stellung dar, die es innehat, solange der Luftbedarf größer ist als die Förderleistung des Kompressors, d. h. solange der Betriebsdruck unter dem zugelassenen Höchstwert bleibt. Steigt dagegen der Druck über das Höchstmaß, dann wird der Kolben unter Überwindung der Federkraft angehoben, und die Druckluft kann durch die untere Bohrung des Kolbens zur Reguliervorrichtung gelangen und Leerlauf hervorrufen.

Da der obere Teil des Kolbens einen etwas größeren Durchmesser hat als der untere Teil, und der jetzt auf der größeren Fläche ruhende

Windkesseldruck die Federkraft vollständig überwindet, so bleibt der Kolben in der oberen Lage. Erst wenn der Windkesseldruck auf den Wert gefallen ist, der mit der Fläche des oberen Kolbens multipliziert mit der Federkraft in der oberen Lage das Gleichgewicht hält, wird bei weiter fallendem Luftdruck die Feder wirksam und drückt den Kolben in die untere Lage. Hierbei entweicht durch die Bohrung 6 im oberen Teil des Kolbens 4 die in der Reguliervorrichtung befindliche Druckluft ins Freie.

Der Unterschied zwischen den beiden Durchmessern des Kolbens ist so gewählt, daß der Druckabfall des Windkessels während des Leerlaufs etwa 10 v. H. des mittleren Betriebsdruckes beträgt.

Will man aus irgendeinem Grunde Leerlauf absichtlich hervorrufen, auch wenn im Windkessel der Betriebsdruck noch nicht vorhanden ist, so wird durch Linksdrehung an dem gerändelten Knopf 7 die Feder 5 gespannt, so daß auch ein geringerer Luftdruck den Kolben anheben und zur Reguliervorrichtung gelangen kann.

Von dieser Möglichkeit wird vorteilhafterweise dann Gebrauch gemacht, wenn man den Kompressor in Betrieb nehmen will, während im Windkessel noch Druckluft vorhanden ist, denn im allgemeinen wird der Antriebsmotor gegen Druck nicht durchziehen.

Es sei noch darauf aufmerksam gemacht, daß durch Änderung der Spannung der Feder 5 im Relais — dies geschieht durch Auf- oder Niederschrauben des Federtellers 8 — der Luftenddruck eingestellt werden kann, bei dem die Anlage leer laufen soll. Bei schwacher Federspannung (also hochgeschraubtem Federteller) schaltet die Anlage früher um, bei starker Federspannung (also niedergeschraubter Feder) dagegen später.

Bei der ersten Art der Leerlaufregelung wird der Leerlauf durch ein Umschaltventil hervorgerufen, wie in Abb. 10 dargestellt. Solange der Kompressor fördert, drückt die Feder 10 den Kolben 11 nach oben gegen einen Anschlag, und die Saugluft kann das Ventil ohne jeden Widerstand durchströmen. Tritt nun infolge Drucksteigerung im Windkessel das oben beschriebene Relais in Tätigkeit, so gelangt Druckluft in den Raum 12 des Ventilgehäuses und drückt den Kolben unter Überwindung der Federspannung auf seinen unteren Sitz. Dadurch wird die Saugleitung vollkommen abgeschlossen, und der Kompressor läuft leer, d. h. im Zylinder des Kompressors bildet sich und verschwindet bei jeder Umdrehung ohne nennenswerte Verluste ein Vakuum.

Die Leerlaufregelung mittels Umschaltventil wird bei den Kompressoren K 30 nur in einzelnen bestimmten Fällen angewendet.

Bei der zweiten Regelungsart nach Abb. 11, die bei den Kompressoren K 30 im allgemeinen Verwendung findet, wird der Leerlauf bewirkt durch zwangsweises Offenhalten der Saugventile. Beim Überschreiten des zugelassenen Höchstdruckes gelangt über das oben beschriebene Relais Druckluft aus dem Windkessel in den Zylinder 10. Unter Überwindung der Spannung der Feder 11 wird der Kolben 12 mit seinen fingerartigen Ansätzen 13 nach unten gedrückt. Diese Ansätze 13, die in die Kanäle des Saugventils hineinragen, drücken dabei die Ventilplatte 14 von ihrem Sitz ab und halten so das Ventil offen, d. h. dieses ist verhindert, entsprechend dem Diagramm Abb. 1 zu arbeiten. Der Kompressor saugt zwar an, aber er schiebt die gesamte Luft durch das offengehaltene Saugventil unverdichtet wieder hinaus. Erst, wenn das Relais, wie oben beschrieben, die Druckluft über dem Kolben 12 hat entweichen lassen, drückt die Feder 11 den Kolben mit seinen Ansätzen nach oben gegen seinen Anschlag. Jetzt kann das Saugventil wieder normal arbeiten. Dieses Hin- und Herschieben der Luft geschieht ohne nennenswerten Leistungsbedarf.

Bei den zwei- und mehrstufigen (Hochdruck-) Kompressoren K 30 werden während der Leerlaufzeit die Saugventile sämtlicher Stufen offengehalten, außerdem haben die Zwischenkühler Entlastungsventile, damit während der Leerlaufzeit in den Zwischenkühlern kein Druck vorhanden ist.

3. **Die Füllungsregelung** besteht darin, daß bei gleichbleibender Drehzahl die Ansaugmenge dadurch verringert wird, daß das Saugventil über das Ende des Saughubes hinaus länger oder kürzer offen gehalten wird. Dadurch wird mehr oder weniger der angesaugten Luft unverdichtet wieder in die Saugleitung zurückgeschoben und die Kompression fängt später an.

In Abb. 12 entspricht die Strecke a—b dem größtmöglichen Saugvolumen (siehe auch Abb. 1). Von der Umkehr des Kolbens im Totpunkt b bis zum Punkt b_1 bleibt das Saugventil noch geöffnet, und der Kolben schiebt während des der Strecke b—b_1 entsprechenden Hubweges das unverdichtete Hubvolumen b—b_1 ins Freie und verläuft nach der Linie b_1—c_1. Um denselben Betrag, um den die wirklich angesaugte Luftmenge verringert worden ist, ist auch die verdichtete Luft weniger geworden.

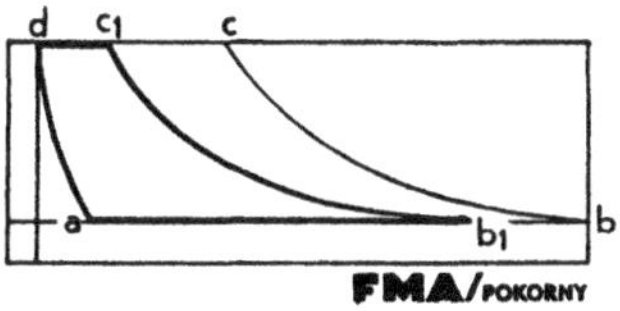

FMA/POKORNY

Abb. 12: Theoretisches Kompressordiagramm bei Füllungsregelung

Diese Regelung findet Verwendung bei den Kompressoren K 30, die mit Öldrucksteuerung ausgeführt sind; sie schließt gleichzeitig eine Leerlaufregelung ein.

Es bestehen zwei Ausführungsarten:

a) Die Füllungsregelung wird von Hand zeitlich beliebig vorgenommen, während nur der vollkommene Leerlauf selbsttätig arbeitet, und es entspricht hier die Einstellung auf Nullfüllung der vollkommenen Leerlaufregelung. (Abb. 13.)

   Um eine Regelung zu ermöglichen, muß der in Abb. 9 dargestellte Nocken 1 als Schrägnocken mit verschieden langen Erhebungskurven ausgeführt werden, wie er in Abb. 13 dargestellt ist.

   Mittels der Schraube 14 kann über das Gestänge 10 der Schrägnocken nach links oder rechts auf seiner Welle verschoben werden. Dadurch kann erreicht werden, daß das Saugventil nach Beendigung des Saughubes kürzere oder längere Zeit offen gehalten wird.

Wird der Nocken ganz nach links geschoben, dann schließt das Ventil genau nach Beendigung des Saughubes (= Vollfüllung); wird er ganz nach rechts geschoben, dann kann das Saugventil überhaupt nicht mehr schließen (= Nullfüllung). Diese letzte Stellung, welche dasselbe wie vollkommener Leerlauf ist, wird auch selbsttätig eingestellt, wenn der vorgesehene Enddruck im Windkessel um ein zugelassenes Maß überschritten wird. Hierbei läßt das gleiche wie bei der Leerlaufregelung beschriebene Relais Druckluft vom Windkessel in den Zylinder 11 gelangen, diese schiebt den Kolben 12 unter Überwindung des Druckes der Feder 13 nach rechts. Der Schrägnocken 1 wird dadurch über das Gestänge 10 ebenfalls nach rechts geschoben (wie bei der Einstellung der Nullfüllung von Hand). Der Kompressor schiebt jetzt die gesamte angesaugte Luftmenge unverdichtet durch das dauernd offen gehaltene Saugventil wieder aus. Erst wenn infolge des abgefallenen Windkesseldruckes das Relais Druckluft aus dem Zylinder 11 hat entweichen lassen, schiebt die Feder 13 den Kolben 12 mit Gestänge 10 und somit den Schrägnocken 1 in seine ursprüngliche, von Hand eingestellte Arbeitslage zurück.

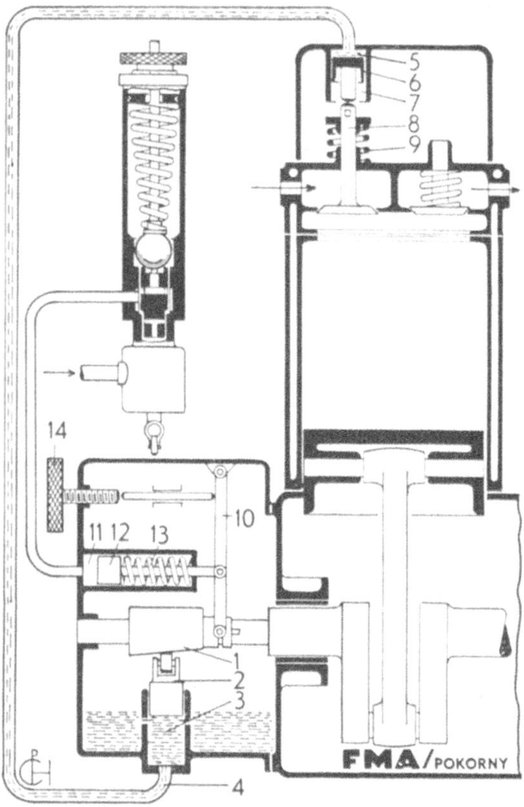

Abb. 13: Füllungsregelung eines FMA-Kompressors Type K 30 mit Öldrucksteuerung und Einstellung der Saugleistung von Hand (Arbeitsbild).

Bei dieser Bauart der Regelung ist eine selbsttätige Einstellung irgendeiner Mittelstellung zwischen Voll- und Nullfüllung nicht möglich. Eine solche Mittelstellung kann, wie beschrieben, nur von Hand erreicht werden, und man kann vorteilhafterweise von Anfang an den Kompressor auf eine notwendige, mittlere Saugleistung einstellen.

b) Die Füllungsregelung bis zur Nullfüllung, d. h. auch der vollkommene Leerlauf erfolgen selbsttätig in Abhängigkeit von der durch die wechselnde Luftentnahme verursachten Druckschwankung. Die Durchbildung dieser Regelungsart ermöglicht es, die notwendige Druckschwankung ganz gering zu halten; so genügt beispielsweise schon eine Druckänderung von ± 1 v. H., um die Regelung in Tätigkeit zu setzen.

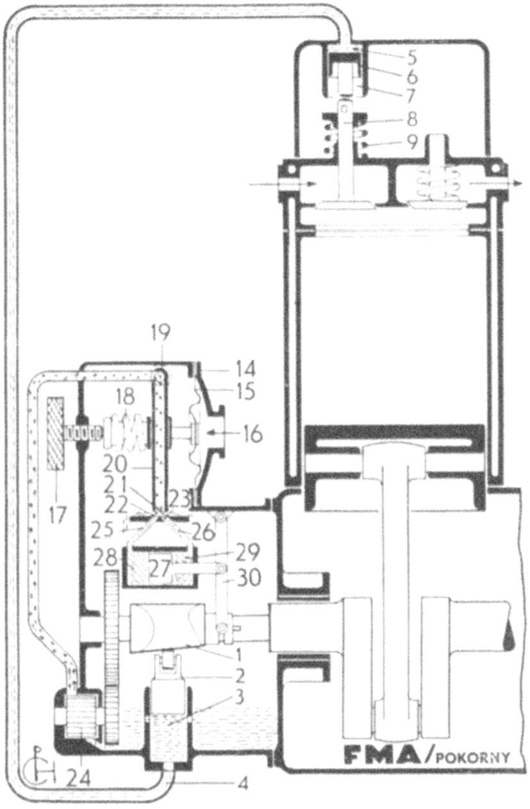

Abb. 14: Selbsttätige Füllungsregelung eines FMA-Kompressors Type K 30 mit Öldrucksteuerung (Arbeitsbild) *

Abb. 14 zeigt das Prinzip dieser selbsttätigen Regelung. Wie bei der vorher beschriebenen Regelung bewirkt der verschiebbare Schrägnocken 1 das mehr oder weniger lange Offenhalten des Saugventils nach vollendetem Saughub. Die Verschiebung des Schrägnockens geht folgendermaßen vor sich: In einem Gehäuse 14 ist eine Membran 15 eingespannt. Der Raum 16 steht durch eine Rohrleitung mit dem Windkessel in Verbindung. Der in diesem vorhandene Luftdruck lastet auf der Membran. Bei dieser Druckbelastung ist durch die Schraube 17 über die Feder 18 die Membran so eingestellt, daß das mit ihr verbundene, im Punkt 19 pendelnd aufgehängte Strahlrohr 20 sich in seiner Mittellage befindet. Die Mittellage ist dann vorhanden, wenn die Ausflußmündung 21 des Rohres 20 von den beiden Öffnungen 22 und 23 gleich weit entfernt ist. Aus dieser Mündung fließt Drucköl, welches von einer Ölpumpe 24 gefördert wird. Durch die Öffnungen 22 und 23 und die anschließenden Rohrleitungen 25 und 26 gelangt auf die beiden Seiten des Kolbens 27 in die Zylinderräume 28 und 29 Öl, welches auf beiden Seiten den gleichen Druck hat.

* Das Membran-Druckrohr-Relais bestehend aus den Teilen 14—26 ist System Askania-Werke A.-G., Berlin-Friedenau.

Das Gestänge 30, durch welches der Kolben 27 mit dem Schrägnocken 1 gekuppelt ist, ist so eingestellt, daß der Schrägnocken die der gewünschten Saugleistung entsprechende Lage zum Kolben 2 einnimmt.

Wird nun im Vergleich zur normalen Druckluftentnahme mehr oder weniger Druckluft entnommen, so entsteht eine Änderung des Betriebsdruckes im Windkessel, und schon eine Änderung von $\pm$ 1 v. H. des Betriebsdruckes verändert die Lage der Membran 15. Zwangsläufig ändert hiermit das Strahlrohr 20 seine Lage gegenüber der Mittellage. Bei Druckabfall nähert sich die Mündung 21 der Öffnung 23, so daß mehr Öl gegen diese gedrückt wird. Im Zylinderraum 29 entsteht dadurch ein höherer Druck, während im Zylinderraum 28 der Öldruck abfällt. Durch diesen Druckunterschied wird der Kolben nach links geschoben und mit ihm der Schrägnocken 1. Dadurch steigt die Förderleistung.

Bei Drucksteigerung findet in der Regelvorrichtung der umgekehrte Vorgang statt, der Nocken 1 wird nach rechts verschoben, und dadurch fällt die Förderleistung des Kompressors.

Wird keine Luft entnommen, dann wird der Nocken 1 soweit nach rechts geschoben, bis Nullfüllung, d. h. Leerlauf erreicht ist.

Hat der Kolben 2 und mit ihm der Schrägnocken 1 die dem Luftbedarf entsprechende Lage eingenommen, dann geht das Strahlrohr in seine Mittellage zurück, da der Betriebsdruck wieder erreicht wurde, und es herrscht nun der gleiche Druck wieder auf beiden Seiten des Kolbens (sonst würde der Kolben sich bis in die jeweilige Endlage verschieben).

Da diese Regelungsart sehr feinfühlig ist, entspricht sie den höchsten Anforderungen der Einhaltung eines gleichbleibenden Betriebsdruckes bei wechselnder Druckluftentnahme, wie es zum Beispiel in der chemischen Industrie verlangt wird.

4. **Die Aussetzregelung** wird fast ausschließlich verwendet bei Kompressoren, mit elektrischem Antrieb und bringt dann einen besonderen Vorteil, wenn während größerer Zeitabschnitte (z. B. 15 min) keine Druckluft benötigt wird.

   Bei dieser Regelungsart wird in Abhängigkeit vom Luftdruck die ganze Kompressoranlage, also auch der Antriebsmotor, stillgesetzt. Meistens ist die hierzu erforderliche Einrichtung so durchgebildet, daß der Betrieb der Anlage auch von der Kühlwasserdurchflußmenge abhängig ist.

   Eine solche Anlage kann dann erst in Betrieb genommen werden oder selbsttätig anlaufen, wenn das Kühlwasser fließt.

   Bei Anlagen ohne Rückschlagventil zwischen Kompressor und Windkessel muß die Schaltung so vorgenommen sein, daß bereits vor Stillstand der Anlage die Saugventile offen gehalten werden. (Wie bei der Leerlaufregelung beschrieben.)

   Bei Stufenkompressoren müssen auch die Zwischenkühler entlastet werden.

Die Verfahren zur Bestimmung der Saug- und Förderleistung von Kompressoren.

Von den Verfahren zur Bestimmung der Saug- und Förderleistung sollen die vier gebräuchlichsten hier beschrieben werden.

1. **Das Düsenmeßverfahren** mittels besonders ausgebildeter Düsen oder mittels Staurand. Bei diesem Verfahren kann entweder die Saugleistung gemessen werden, indem die Meßvorrichtung in die Saugleitung eingebaut wird, oder es wird die Förderleistung gemessen, indem die Meßvorrichtung in die Druckleitung eingebaut wird. Dieses Meßverfahren eignet sich und wird verwendet bei allen Arten von Luftverdichtern und ist bis in die kleinsten Einzelheiten festgelegt in:

   Regeln für die Durchflußmessung mit genormten Düsen und Blenden, VDI, Durchflußmeßregeln, DIN 1952.

   Es findet hauptsächlich bei Messung von großen Einheiten Verwendung.

2. **Das Auffüllverfahren.** Mittels dieses Verfahrens wird die Förderleistung gemessen, indem man die verdichtete Luft in einen geschlossenen Behälter drückt, d. h. einen Windkessel auffüllt.
   Das Verfahren ist verhältnismäßig einfach und wird viel angewandt. Bei dieser Meßmethode ist es nicht notwendig, daß der Windkessel am Anfang keine Druckluft enthält, es kann vielmehr bei einem beliebigen Druck angefangen werden und bei einem beliebigen höheren Druck die Messung beendet werden. Die Messung ist um so genauer, je näher diese beiden Drücke um den Enddruck liegen, für den die Leistung des Kompressors bestimmt werden soll. Die Ursache hierfür ist der verschiedene Verlauf der Rückexpansion bei verschiedenen Enddrücken.

   Hat die Druckluft im Winkelkessel nicht dieselbe Temperatur wie die Saugluft vor dem Kompressor, so muß dieser Temperaturunterschied noch berücksichtigt werden.

   Das Meßverfahren ist hinreichend genau und sehr verbreitet für die Leistungsmessung von Kolbenkompressoren.

   Beispiel: Ein Kompressor fördert Druckluft in einen Windkessel von 3 m^3 Inhalt. (In diesen 3 m^3 ist der Inhalt der Druckleitung zwischen Kompressor und Windkessel einbegriffen, und es ist angenommen, daß hinter dem Windkessel sich ein geschlossenes Absperrventil befindet.)

   Es soll die Leistung bei 7 at Enddruck bestimmt werden. Am zweckmäßigsten wird die Messung bei 6 at begonnen und bei 8 at beendet. Bei 6 at sind im Windkessel 3 m^3 Druckluft $= 6 \cdot 3 =$ 18 m^3 Luft auf atm. Spannung umgerechnet, und bei 8 at befindet sich 3 m^3 Druckluft $= 8 \cdot 3 = 24$ m^3 Luft auf atm. Spannung umgerechnet. Es sind also $24 - 18$ m^3 $= 6$ m^3 Luft von atm. Spannung gefördert worden. Die Druckdifferenz bei der Förderung betrug $8 - 6 = 2$ at. Multipliziert man den Windkesselinhalt in m^3 mit dieser Druckdifferenz, so erhält man die geförderte Luftmenge auf atm. Spannung umgerechnet in m³. Um den Windkessel von 6 auf 8 at aufzufüllen, braucht der Kompressor eine Zeit von 129 Sek., er hat somit eine Förderleistung von $\frac{6 \cdot 60}{129} = 2{,}8$ m³/min.

Diese Förderleistung bezieht sich auf den atm. Druck am Ansaugstutzen des Kompressors und auf die durchschnittliche Temperatur der Druckluft im Windkessel. Soll die Leistung auf die Temperatur der Saugluft umgerechnet werden, dann bedient man sich der allgemeinen Beziehung, daß die Volumina sich umgekehrt verhalten wie die absoluten Temperaturen.

War die Temperatur am Ansaugestutzen 20° C und die mittlere Temperatur im Windkessel 55° C, so ist das auf Ansaugezustand umgerechnete Fördervolumen des

$$\text{Kompressors } 2{,}8 \cdot \frac{273 + 20}{273 + 55} = 2{,}5 \text{ m}^3/\text{min}.$$

Zur Bestimmung der mittleren Temperatur der Druckluft im Windkessel ist es vorteilhaft, mehrere Thermometer an diesem anzubringen, von welchen die Hälfte tiefer in den Windkessel hineinragen sollen. Die genaue Bestimmung der mittleren Temperatur ist von Bedeutung für die Genauigkeit des Resultats.

3. **Das Überström-Meßverfahren.** Mit Hilfe dieses Verfahrens bestimmt man die Förderleistung und lehnt sich dabei an das unter 2 beschriebene Verfahren an. Man hat zwei Windkessel, in den einen fördert der Kompressor, und man läßt aus diesem Windkessel in den zweiten die Druckluft derart überströmen, daß der Druck im ersten stets gleichbleibt. Wie unter 2 beschrieben, mißt man dann für eine bestimmte Druckdifferenz im zweiten Windkessel die Auffüllzeit für den Inhalt dieses zweiten Kessels und die mittlere Drucklufttemperatur in diesem Kessel.

   Die Genauigkeit dieses Verfahrens ist nur abhängig von der Bestimmung der mittleren Temperatur, da die verschiedene Rückexpansion während der Drucksteigerung von 6 auf 8 at vom Meßverfahren unter 2 in Wegfall kommt. (Der Kompressor fördert ja auf den im ersten Kessel konstant gehaltenen Druck.)

   Dieses Meßverfahren ist nur möglich, wenn die Druckleitung zwei Windkessel besitzt.

4. **Das Düsen-Ausström-Meßverfahren.** Dieses Verfahren ist das einfachste und gestattet ebenfalls die Messung der Förderleistung mit praktisch genügender Genauigkeit. Es eignet sich vorzüglich für die Leistungsbestimmung kleinerer und mittlerer Kompressoren.

   Die Düse besteht aus einer kleinen Scheibe mit einem sauber gearbeiteten Mittelloch. Sie muß vor der Benutzung geeicht werden, d. h. es muß festgelegt werden, wieviel Luft in einer gewissen Zeit (am besten in 1 min) und bei einem gewissen konstanten Druck durch die Düse in die freie Luft strömt.

Man kann sich mehrere Düsen mit verschiedenem Durchmesser anfertigen, jede für verschiedene Drücke eichen und sich hierfür eine Tabelle aufstellen.

Am vorteilhaftesten bedient man sich der in Abb. 15 angegebenen graphischen Darstellung, deren Grundlage eine Düse von 10 mm Dicke ist, also von 10 mm Länge des Mittelloches. Dieses Mittelloch muß sauber und glatt sein und scharfe, rechtwinklige Kanten haben. Die Düse befestigt man in einem Halter, der sich an irgendeiner Stelle am Windkessel anbringen läßt. Zwischen Windkessel und Halter ist ein Ventil oder ein Hahn von möglichst großem Durchmesser anzuordnen.

Düsen, die in ihrer Ausführung der Abb. 15 entsprechen, brauchen nicht mehr geeicht zu werden, da die Kennlinien der Darstellung die Eichwerte der Düsen wiedergeben.

Zur Ermittlung der Förderleistung verfährt man wie folgt:

Es sei die Förderleistung eines Kompressors bei einem Enddruck von 7 at zu messen. Man weiß, daß die Förderleistung etwa 2—3 m^3/min betragen wird. In Abb. 15 geht man auf der waagerechten Linie, die dem Wert von 3 m^3/min entspricht, bis sie die mit 7 at bezeichnete Schräglinie schneidet. Dann ermittelt man die diesem Schnittpunkt am nächsten liegende senkrechte, gestrichelte Linie, man verfolgt diese Linie nach unten und liest hier den Durchmesser der Meßdüse ab. Eine Düse mit diesem Durchmesser des Mittelloches wird an den Windkessel angeschlossen und das Ventil zwischen Düse und Windkessel geöffnet, während der Kompressor fördert. Im übrigen darf keinerlei Druckluft aus dem Windkessel entnommen werden.

Man beobachtet das Manometer und stellt beispielsweise fest, daß der Druck abfällt, bzw. 7 at nicht erreicht wird, d. h., die Düse ist zu groß. Man wählt daher eine kleinere Düse und wird sehr schnell die Düse gefunden haben, bei welcher das Manometer unveränderlich den Druck von 7 at anzeigt.

Bei dieser Feststellung ist es notwendig, daß man die Luft aus der Düse etwa 3—5 min ausströmen läßt, da an der Gleichgewichtsgrenze zwischen Luftförderung durch den Kompressor und Ausströmen durch die Düse, die Zeigerstellung des Manometers sich nur sehr langsam verändert, wenn der Windkessel im Verhältnis zur Leistung des Kompressors sehr groß ist.

Hat man die passende Düse gefunden, so wird in Abb. 15 umgekehrt verfahren, d. h., man sucht den Schnittpunkt der dem Düsendurchmesser entsprechenden, senkrechten, gestrichelten Linie mit der Drucklinie von 7 at. Von diesem Schnittpunkt aus geht man waagerecht nach links und liest die geförderte Luftmenge in m^3/min ab. Die Angaben der Tabelle sind hierbei bereits auf Luftmenge von atmosphärischer Spannung umgerechnet.

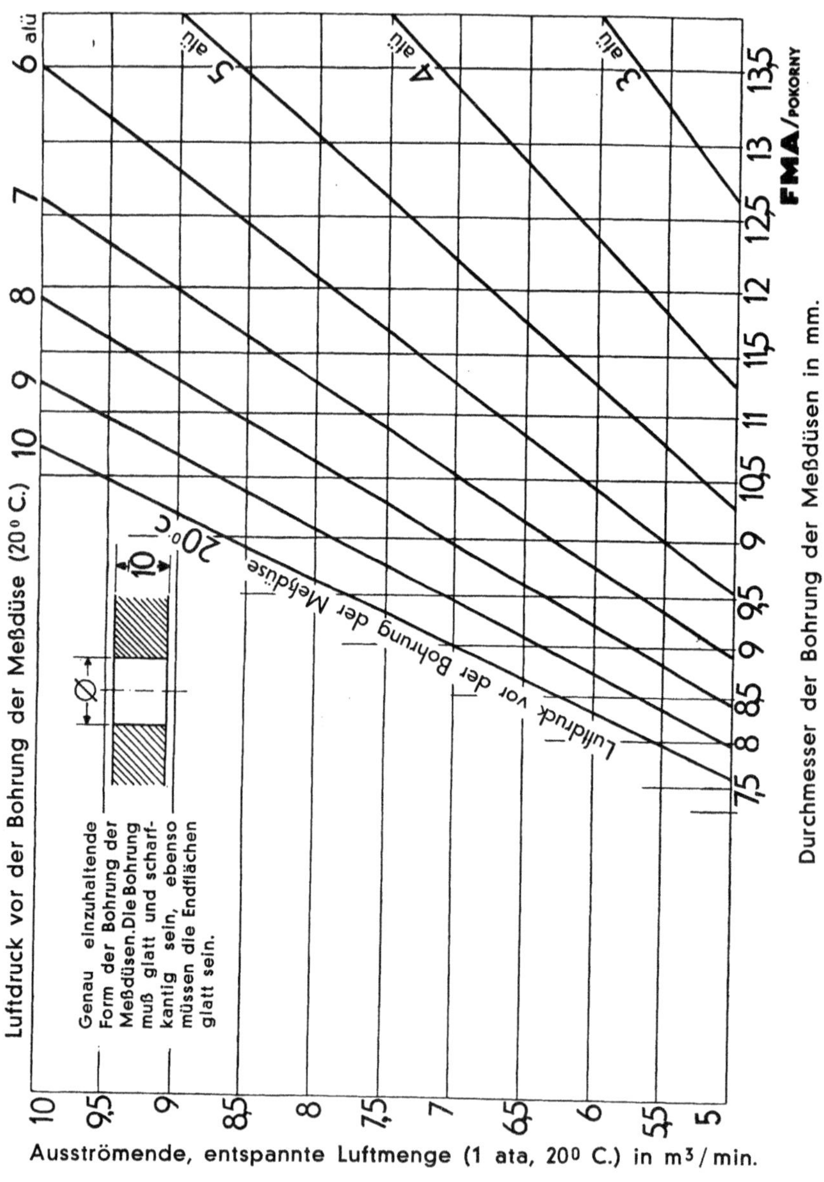

Abb. 15. Schaubild zur Ermittlung ausströmender Druckluft-

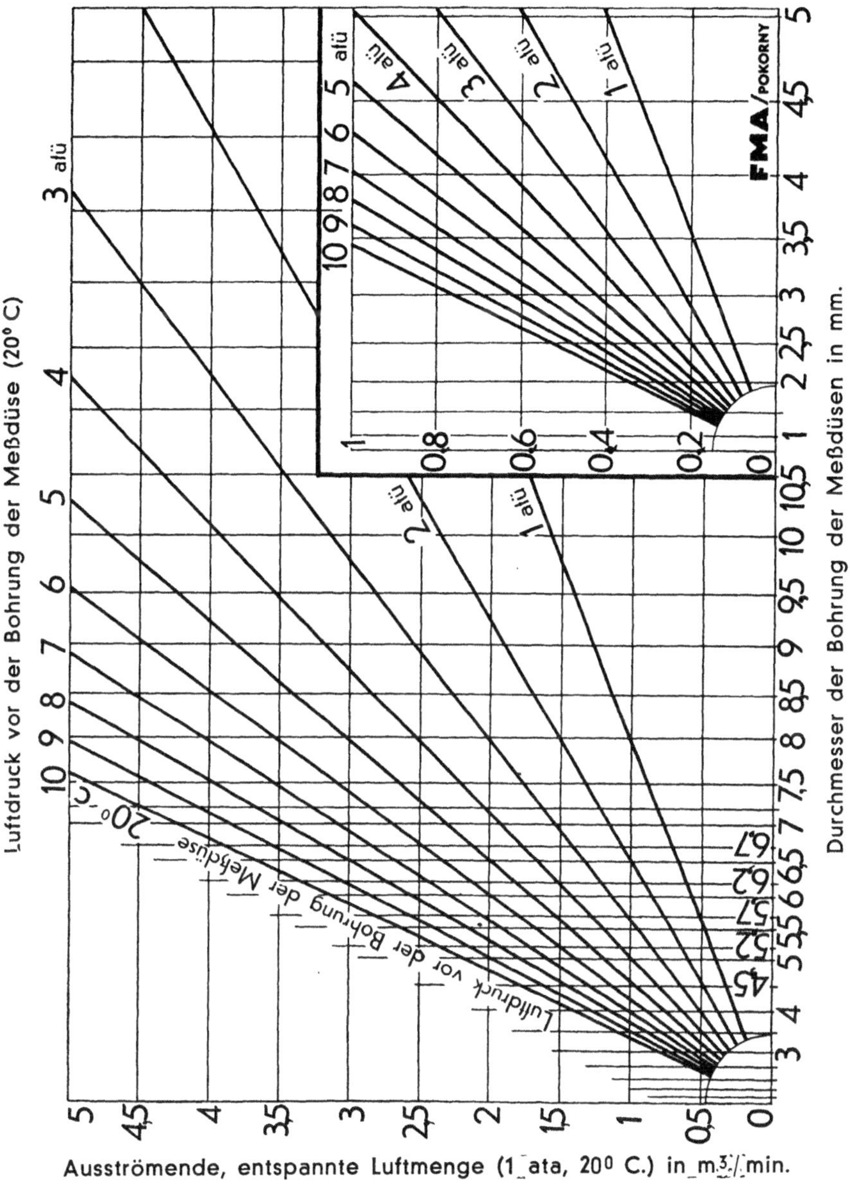

-mengen bei verschiedenen Drücken und Düsendurchmessern.

Der Eichtabelle liegt eine Temperatur der Druckluft vor der Düse von 20° C zu Grunde. Ist bei der Messung die Temperatur eine andere, so ist dies zu berücksichtigen, falls die Förderleistung auf die Temperatur der Saugluft (mit 20° C als Mittelwert) bezogen werden soll.

Das ermittelte Resultat ist mit $\sqrt{\frac{293}{273 + t}}$ (t = Temperatur der Druckluft vor der Meßdüse) zu multiplizieren, und man erhält die Förderleistung in m³/min bezogen auf Druck und Temperatur am Saugstutzen. Bringt man die Meßdüse an eine vom Windkessel entferntere Entnahmestelle in der Druckleitung an, so wird an dieser Stelle die Druckluft im allgemeinen eine Temperatur von 20° C haben, es erübrigt sich dann die weitere Umrechnung.

Dieses Verfahren eignet sich besonders für kleinere und mittlere Kompressoren, da es mit einfachen Mitteln und geringem Zeitaufwand durchgeführt werden kann. Es gestattet außerdem den schnellen und einwandfreien Vergleich von Kompressoren von ungefähr gleicher Leistung.

Die Rohrleitungen für Druckluft.

Nachdem die vom Kompressor herrührenden Luftstöße im Windkessel vollkommen ausgeglichen sind, strömt die Druckluft aus dem als Speicher dienenden Windkessel mit gleichförmiger Geschwindigkeit durch die anschließende Rohrleitung den Verbrauchsstellen zu.

Zur genaueren Berechnung dieser Rohrleitungen ist es wichtig, den in der Leitung entstehenden Druckabfall zu berücksichtigen. Druckabfälle entstehen sowohl im geraden Rohr wie in den Zwischenstücken. Rauhigkeitsgrad, Durchflußgeschwindigkeit und die Dichte der Luft bestimmen den Druckabfall.

1. **Druckabfall im geraden Rohr** wird berechnet nach der Formel

$$\Delta p_1 = \beta \frac{\gamma}{10000} v^2 \frac{l}{d}$$

Δp_1 = Druckabfall in at

β = Widerstandszahl bei mittlerem Rauhigkeitsgrad, die abhängig ist von dem durchfließenden Druckluftgewicht

γ = Gewicht von 1 m^3 Druckluft (bei 7 at etwa 8,4 kg)

v = Durchflußgeschwindigkeit in m/sek

d = Lichter Durchmesser des Rohres in mm

l = Länge der Rohrleitung in m

Tab. 6. Widerstandszahlen β für G kg stdl. durchfließendes Druckluftgewicht

G	β	G	β	G	β	G	β
10	2,03	100	1,45	1000	1,03	10000	0,73
15	1,92	150	1,36	1500	0,97	15000	0,69
25	1,78	250	1,26	2500	0,90	25000	0,64
40	1,66	400	1,18	4000	0,84	40000	0,595
65	1,54	650	1,10	6500	0,78	65000	0,555
100	2,45	1000	1,03	10000	0,75	100000	0,520

Die zeichnerische Darstellung in Abb. 16 erspart umständliche Berechnungen nach der vorstehenden Formel. Sie gilt für Druckluft von 7 at und einen Druckabfall von 0,1 at.

Beispiel für die Anwendungsmöglichkeit der Abb. 16:

a) 10 200 l Luft bei atmosphärischem Druck von 7 at Betriebsdruck erfordern bei 640 m glatter Rohrlänge und 0,1 at Druckabfall 88 mm lichte Rohrweite.

b) Für jeden als zulässig erachteten größeren oder kleineren Druckabfall finden sich die erforderlichen Rohrdurchmesser unter den im gleichen Verhältnis kleineren oder größeren Längen, also für:

$0{,}1 \times 2 = 0{,}2$ at Druckabfall: unter der halben Länge,
$0{,}1 \times {}^1\!/_2 = 0{,}05$ at Druckabfall: unter der doppelten Länge,
$0{,}1 \times {}^1\!/_5 = 0{,}02$ at Druckabfall: unter der 5-fachen Länge.

c) Ist bei gleichem Rohrdurchmesser ein größerer oder nur ein kleinerer Druckabfall statthaft, so ist die zulässige Länge der Leitung im gleichen Verhältnis des Druckabfalls größer oder kleiner, als es die Tabelle angibt.

Für $0{,}1 \times 3 = 0{,}3$ at Druckabfall darf also, gleichen Rohrdurchmesser vorausgesetzt, die Rohrlänge dreimal so lang sein, wie es die Tabelle angibt.

d) Für jeden anderen Luftdruck von x at, für den die Tabelle ja nicht unmittelbar berechnet ist, erhält man den Druckabfall vorhandener Leitungen durch Multiplikation des Tabellenwertes von 0,1 at Druckabfall mit 7 : x. Bei 10 at wird z. B. der Druckabfall $= \frac{0{,}1 \times 7}{10} = 0{,}07$ at.

e) Für jede größere oder kürzere Länge der Leitung, als sie der Tabelle entspricht, ist der Druckabfall in gleichem Verhältnis größer oder kleiner. Er beträgt bei der dreifachen, vierfachen Rohrlänge $3 \times 0{,}1 = 0{,}3$ at oder $4 \times 0{,}1 = 0{,}4$ at.

2. **Druckabfall in Zwischenstücken.** Kniestücke, Krümmer, Abzweigungen, Kupplungen, Absperrorgane usw. bedingen einen Druckabfall, der bei normalen Leitungen etwa 0,01 bis 0,02 at je Zwischenstück beträgt. Bei der genauen Berechnung des Druckabfalls müssen wie bei geraden Rohren die Form, der Rauhigkeitsgrad, die Durchflußgeschwindigkeit und die Dichte der Luft berücksichtigt werden.

Die Widerstandszahlen für die verschiedenen am meisten vorkommenden Zwischenstücke werden der Zusammenstellung Abb. 18 entnommen. Wie bei den geraden Rohrleitungen kann man für Zwischenstücke den Druckabfall nach der zeichnerischen Darstellung Abb. 17 bestimmen. Diese Tabelle gilt ebenfalls für Druckluft von 7 at und Durchflußgeschwindigkeiten von 2,5 bis 80 m/sek.

$$\Delta p_2 = \xi \frac{\gamma}{10000} \cdot \frac{v^2}{2g}$$

p_2 = Druckabfall in at
γ = Gewicht von 1 m³ Druckluft (bei 7 at etwa 8.4 kg)
v = Durchflußgeschwindigkeit in m/s
g = Fallbeschleunigung = 9,81 m/s²
ξ = Widerstandszahl des Zwischenstückes.

Im Teil III, Seite 100 sind einfachere Rechnungsmethoden erläutert.

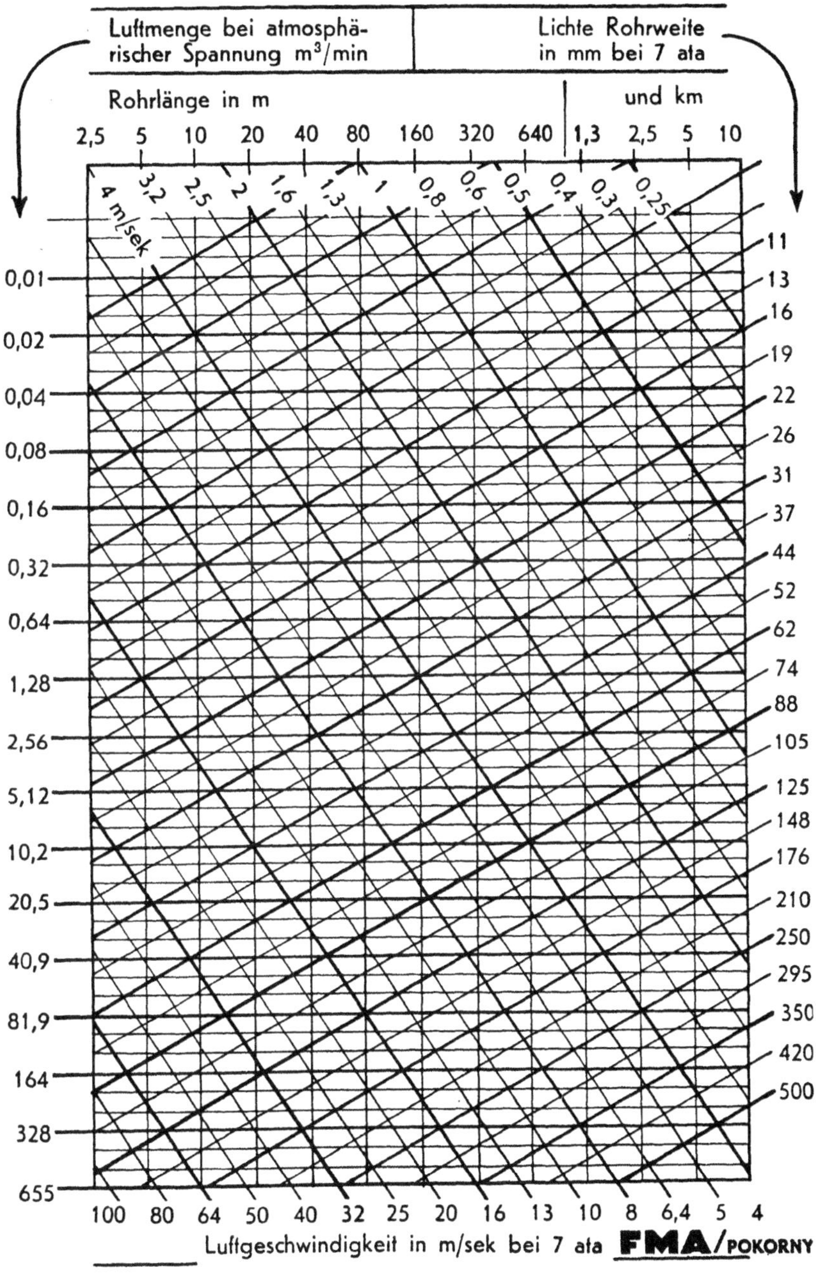

Abb. 16: Schaubild zur Bestimmung von Druckluft-Rohrleitungen bei 0,1 at Druckabfall bei 7 ata.

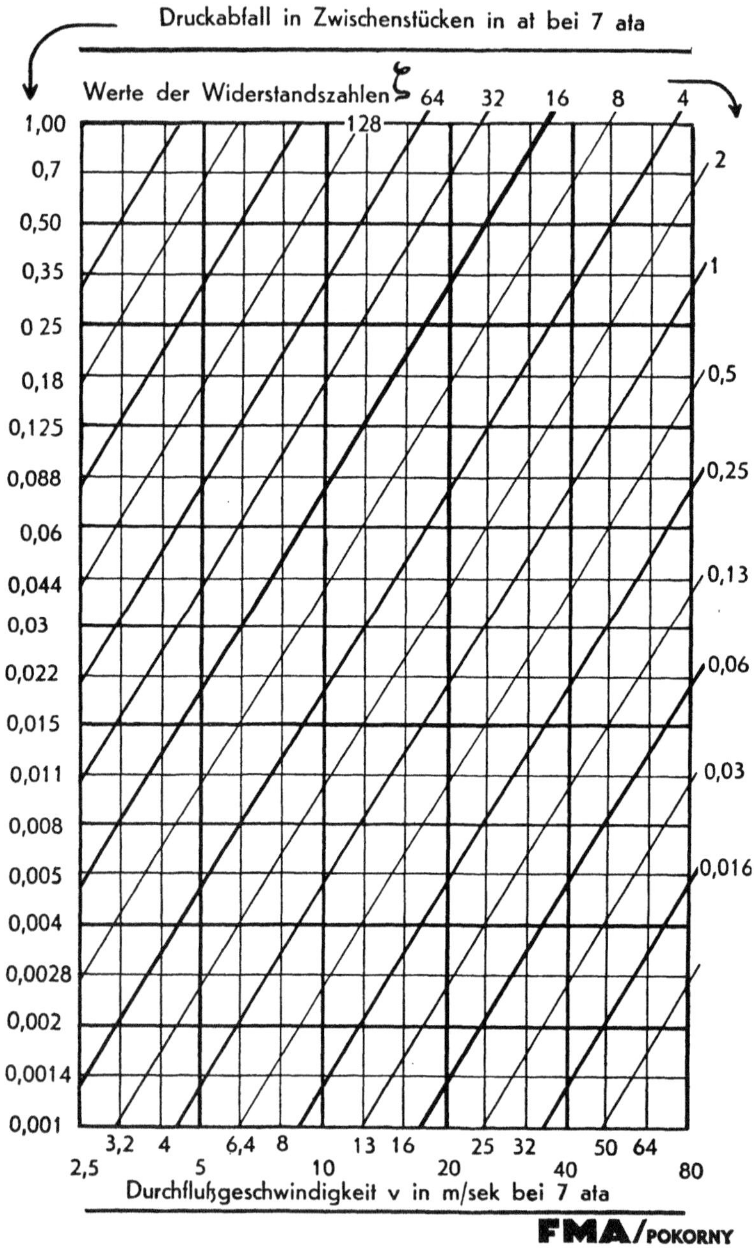

Abb. 17: Schaubild zur Bestimmung des Druckabfalls in Zwischenstücken von Druckluftrohrleitungen

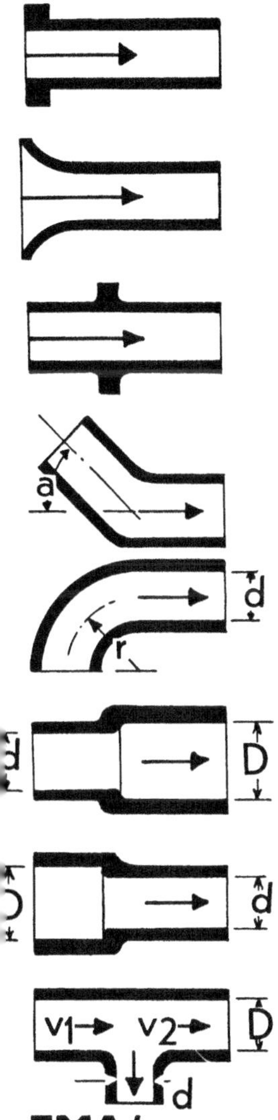

Einlaufstücke:
bei scharfer Einlaufkante .... $\zeta = 0{,}50$
bei gebrochener „ .... $\zeta = 0{,}25$

Einlaufstücke:
je nach Güte der Wandung .... $\zeta = 0{,}06$
bis $\zeta = 0{,}01$

Einlaufstücke:
bei stumpfer Einlaufkante .... $\zeta = 0{,}56$
bei messerscharfer „ .... $\zeta = 1{,}30$

Kniestücke:

bei a =	20°	40°	60°	80°	90°	100°	120°
ist ζ =	0,03	0,14	0,37	0,75	1,00	1,25	1,87

Bogenstücke:

bei r:d =	2,5	1,7	1,2	1,0
ist ζ =	0,14	0,16	0,2	0,3

ζ bleibt unabhängig von der Länge des Bogens, solange r unverändert bleibt

Zentrale Erweiterungen:

bei D:d =	1,1	1,25	1,5	1,75	2
ist ζ =	0,04	0,3	1,5	4	9

Zentrale Verengungen:

bei d:D =	0,1	0,5	0,75	0,9
ist ζ =	0,5 *	0,4	0,28	0,15

* siehe Einlaufstücke

Abzweigungen:

bei d:D =	0,5	0,75	0,9
ist ζ =	1,4	1,28	0,15

dies gilt nur für v_2 unter 4 m/sek. Bei 8 m/sek. sind die Werte für ζ etwa doppelt so hoch zu nehmen.

Absperrventile: normal $\zeta =$ 4—10
Eckventile .... $\zeta =$ 2—3
Absperrschieber .... $\zeta =$ 0,3—1
Hähne .... $\zeta =$ 0,0—1

Schlauchkuppelungen
mit Gummidichtungen . $\zeta =$ 2—3
mit Metalldichtungen . $\zeta =$ 1,5—2
Schlauchverschraubung. $\zeta =$ 1,5—2
Verbindungsstücke .... $\zeta =$ 0,5—1

Abb. 18 zur Bestimmung der Widerstandszahlen von Zwischenstücken für Druckluftrohrleitungen.

Die Verwendung von Druckluft zur Betätigung von Werkzeugen.

Die durch die Verdichtung in der Druckluft aufgespeicherte Energie wird in den Druckluftwerkzeugen unter Ausnützung der Druckwirkung und des Druckgefälles in Arbeit umgewandelt.

Ein Druckluftwerkzeug ist entweder eine Maschine mit einem Zylinder, in welchem das Druckgefälle der verdichteten Luft auf einen Kolben wirkt, oder eine Vorrichtung, in welcher die Strömungsgeschwindigkeit eines Druckgefälles zur Wirkung kommt.

Das Maß des Druckgefälles oder die Größe der Wiederausdehnung (Expansion) der Druckluft während der Arbeitsleistung muß, da sie mit starker Abkühlung verbunden ist, in bestimmten Grenzen gehalten werden, denn die in der Druckluft enthaltenen Wasser- und Ölmengen würden bei zu großer Abkühlung im Werkzeug vereisen.

Das Wiederausdehnungsverhältnis darf, wie die Erfahrung lehrt, bis höchstens 30 v. H. betragen.

Je nach Wirkungsart und Verwendungszweck unterscheidet man:

1. Werkzeuge, deren Kolben im Zylinder freifliegend, ohne mechanische Verbindung mit anderen Maschinenteilen angeordnet ist. Die Energie des Druckgefälles wird in lebendige Kraft des hin- und herfliegenden Kolbens umgesetzt, der diese Kraft durch Schläge auf das eigentliche Werkzeug (Döpper, Meißel u. ä.) wieder abgibt: **Schlagwerkzeuge.**

   1.A. Zu dieser Art Werkzeuge gehören auch diejenigen, deren Kolben zur Arbeitsverrichtung gegen ein Werkzeug (Döpper o. a.) gedrückt wird, um einen bestimmten Druck zu erzeugen: **Gegenhalter.**

   1.B. Werkzeuge wie unter 1, bei welchen außer der schlagenden Wirkung eine Drehbewegung (Umsetzung) des Werkzeuges stattfindet: **Bohrhämmer** u. ä.

2. Werkzeuge, deren Kolben mit anderen Maschinenteilen mechanisch verbunden sind. Die Energie des Druckgefälles wird auf Kolben übertragen, die zwangsläufig ihre Eigenbewegung in Drehbewegung umsetzen zur Betätigung von drehenden Werkzeugen (Bohrer, Reibahle, Schleifscheiben, Gewindeschneider u. ä.): **Bohrmaschinen** und sonstige Maschinen für Werkzeuge mit drehender Bewegung.

   Nach diesem Prinzip arbeiten auch die **Druckluftmotoren,** welche durch Kraftabgabe verschiedene Arbeiten ausführen können.

3. Werkzeuge oder Vorrichtungen, welche die Strömungsgeschwindigkeit des Druckgefälles ausnützen. Durch geeignete Düsen wird eine Strahlwirkung erzeugt, die zur Ausführung einer Reihe von Arbeiten verwendet werden: **Strahlapparate.**

1. **Schlagwerkzeuge.** Die Beherrschung der Bewegungsverhältnisse eines frei liegenden Kolbens ist mit keinem anderen Treibmittel in gleich günstiger Weise wie mit verdichteter Luft durchführbar.

Die hin- und hergehende Bewegung des Kolbens wird durch geregelte Zuführung (Steuerung) von Druckluft und Abführung der expandierten Luft in die und aus den Zylinderräumen vor und hinter dem Kolben erreicht. Diese geregelte Zu- und Abführung der Luft kann auf dreierlei Arten ausgeführt werden:

a) durch Freigeben und Überdecken der Lufteintritts- und Austrittsöffnungen in der Zylinderwand durch den hin- und hergehenden Arbeitskolben: **Ventillose Hämmer;**

b) Öffnen und Schließen der Lufteintrittsöffnungen mittels eines besonderen Steuerorgans (das Ventil), während die Austrittsöffnungen für die verbrauchte Luft in der Zylinderwand durch den hin- und hergehenden Kolben überdeckt und freigegeben werden: **Ventilhämmer mit Einlaß-Steuerung** durch das Ventil;

c) durch Öffnen und Schließen der Lufteintritts- und Austritts-Öffnungen mittels eines besonderen Steuerorgans, das Ventil: **Ventilhämmer mit Ein- und Auslaß-Steuerung** durch das Ventil.

a) **Ventillose Hämmer.** Der in Abb. 19 dargestellte Klopfer zeigt die Wirkungsweise eines ventillosen Hammers. Die Druckluft tritt bei der Bohrung 1 in den Zylinderraum 2 ein und treibt den Kolben 3 rückwärts (also von der Arbeitsstelle ab) bis die Kolbenkante 4 die Bohrung 5 freigibt. Die in dem Zylinderraum 6 befindliche Luft entweicht bei der Rückwärtsbewegung des Kolbens 3 durch die Bohrung 7 ins Freie, solange die Kolbenkante 8 die Bohrung 7 noch nicht überschritten hat. Um die nach der Überschreitung beginnende Verdichtung im Zylinderraum 6 bis zur Öffnung der Bohrung 5 durch die Kolbenkante 4 nicht zu hoch werden zu lassen, wird die Verbindungsbohrung 9 entsprechend bemessen. Wenn nun die Druckluft durch die Bohrungen 5, 9 und 10 in den Zylinderraum 6 eintritt, wird der Kolben 3 infolge des Unterschiedes der beiden Kolbenflächen 11 und 12 vorwärts getrieben (also gegen die Arbeitsstelle). Da die Kolbenfläche 11 größer ist, geschieht die Vorwärtsbewegung des Kolbens entsprechend kraftvoller.

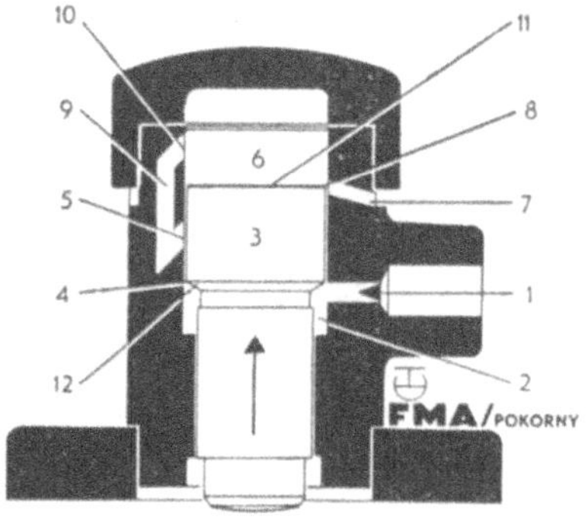

Abb. 19: Die Steuerung eines ventillosen FMA-Hammers

Sobald die Kolbenkante 8 bei dieser Vorwärtsbewegung die Bohrung 7 überschritten hat, entweicht die Druckluft aus dem Zylinderraum 6 und den Bohrungen 10, 9, 5 ins Freie. Dadurch ist der Druck auf der Kolbenfläche 12 imstande, den Kolben wieder rückwärts zu treiben.

Die außerordentliche Einfachheit, Unempfindlichkeit und Betriebssicherheit der ventillosen Hämmer kennzeichnen ihre besonderen Vorzüge. Während hohe Schlagzahlen erreicht werden können, ist die Schlagkraft begrenzt, da der Kolbenhub an die Kolbenlänge gebunden ist.

b) **Ventilhämmer mit Einlaß-Steuerung** durch das Ventil. Da die Schlagarbeit durch die Größe $m \frac{v^2}{2}$ bestimmt wird, ist es vorteilhaft, die Geschwindigkeit (v) zu steigern und die Kolbenmasse (m) dem zulässigen Hammergewicht entsprechend zu bemessen.

Die Steigerung der Geschwindigkeit (Beschleunigung) bis zum Aufschlag ist aber nur durch Verlängerung des Kolbenhubes möglich, so daß eine ventillose Steuerung durch ihre Gebundenheit an die Kolbenabmessungen nicht mehr durchführbar ist.

Es ist also notwendig, daß die Steuerung der Luft von anderen Organen übernommen wird.

Die Abbildungen 20—22 zeigen solche Steuerungen, bei welchen die Einlaßöffnungen durch ein Steuerorgan, das Ventil, geöffnet und geschlossen werden, während der Luftaustritt von den Kolbenkanten des Schlagkolbens gesteuert wird.

Die Bewegung des Ventils erfolgt bei allen diesen Ausführungen durch Unterschiede der auf den Flächen des Ventils ruhenden Drücke.

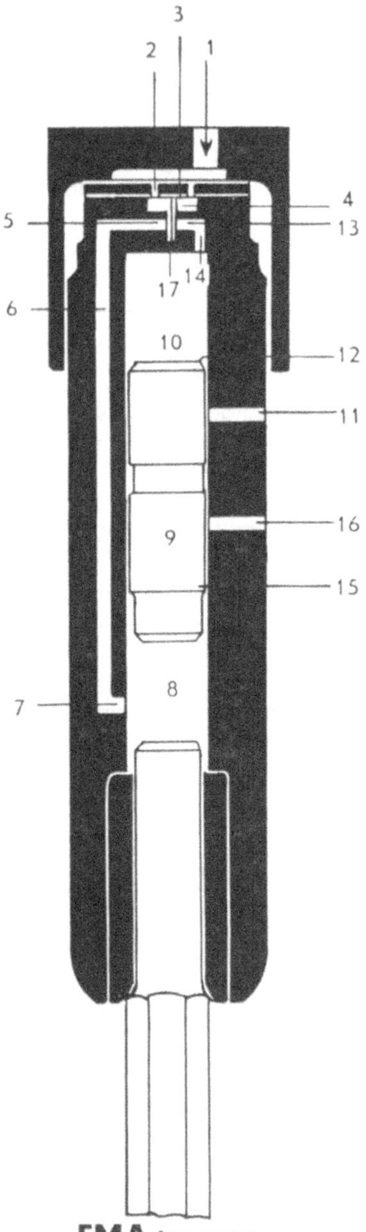

Abb. 20: Die Steuerung eines FMA-Ventilhammers mit Flatterventil

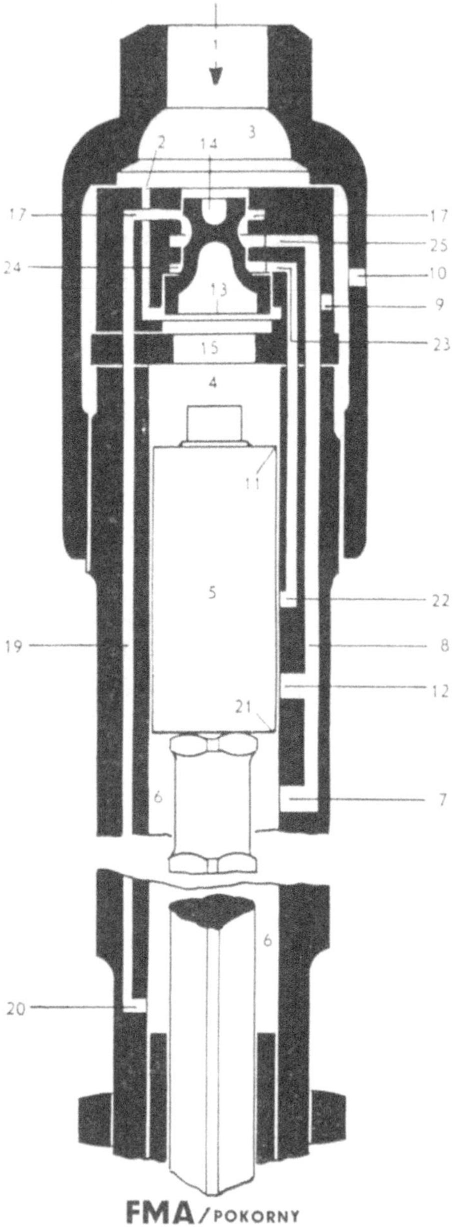

Abb. 21: Die Steuerung eines FMA-Stampfers mit Vollschieberventil

Die Flattersteuerung.

Abb. 20 zeigt die einfachste Art einer Ventilsteuerung (Flattersteuerung). Die Luft tritt bei 1 ein und gelangt durch die Bohrungen 2 in den Raum 3, in welchen das Steuerplättchen 4 hineinragt. Die Luft strömt in der dargestellten Stellung des Plättchens 4 an diesem vorbei und gelangt durch die Bohrungen 5, 6, 7 in den Zylinderraum 8 und treibt den Kolben 9 rückwärts (also von der Arbeitsstelle ab). Der Kolben 9 schiebt bei dieser Bewegung die in dem Zylinderraum 10 befindliche Luft durch die Bohrung 11 ins Freie. Sobald die Kolbenkante 12 die Bohrung 11 verschließt, wird die Luft im Zylinderraum 10 und den Bohrungen 13, 14 durch die Weiterbewegung des Kolbens verdichtet, und dieser Druck wirkt auf das Plättchen 4. Wenn die Kolbenkante 15 die Austrittsöffnung 16 freigibt, so genügt eine ganz geringe Expansion der Druckluft im Zylinderraum 8 und den Bohrungen 7, 6, 5, um, bei gleichzeitiger Verdichtung auf der anderen Plättchenseite, diese um seine Kippachse 17 in die zweite Kippstellung zu bringen. Nun tritt die Druckluft durch die Bohrungen 13, 14 in den Zylinderraum 10 und drückt den Kolben nach vorwärts (also gegen die Arbeitsstelle). Die Luft im Zylinderraum 8 entweicht, solange die Kolbenkante 15 die Bohrung 16 offen läßt, durch diese ins Freie. Nach Abschließung dieser Bohrung wird die Luft im Zylinderraum 8 und den Bohrungen 7, 6, 5 verdichtet, so daß nach Erreichen einer bestimmten Verdichtung der Druck auf dem Plättchen durch die Bohrung 5 höher geworden ist als auf der Gegenseite, auf welchem ein geringerer Druck herrscht, nachdem die Kolbenkante 12 die Bohrung 11 freigegeben hat. Dieser Druckunterschied kippt das Plättchen um, so daß nunmehr wieder Druckluft in den Zylinderraum 8 gelangen kann.

Die Vollventilsteuerung.

Abb. 21 zeigt eine Ventilsteuerung mit Vollventil. Die Luft tritt bei 1 ein und gelangt über den Raum 3 durch die Bohrung 2 in den Zylinderraum 4 und treibt den Kolben vorwärts. Die vor dem Kolben 5 im Zylinderraum 6 befindliche Luft strömt durch die Bohrungen 7, 8, 9 und 10, später durch 20, 19, 17, 25, 9 und 10 ins Freie. Sobald die Kolbenkante 11 die Bohrung 22 freigibt, strömt die Druckluft in den Ringraum 23 und belastet die mittlere Ringfläche 24 des Schiebers, so daß dieser Druck zusammen mit dem auf der oberen Fläche 14 ruhenden Druck, denselben Gesamtdruck ergibt wie der Druck aus dem Zylinderraum 4 auf der unteren Schieberfläche 13. Nach Freigabe der Bohrung 12 durch die Kolbenkante 11 entweicht die Druckluft aus dem Zylinderraum 4 durch die Bohrungen 12, 8, 9 und 10 ins Freie, und es genügt der geringste Druckabfall auf Fläche 13, um den Schieber nach unten zu drücken, bis er auf dem Zwischenring 15 aufliegt. In dieser Stellung ist die Luftzuführung zu dem Zylinderraum 4 abgeschlossen, während die Druckluft jetzt durch die Bohrungen 17, 19 und 20 in den Zylinderraum 6 gelangt und den Kolben nach oben drückt. Beim Rückgang des Kolbens wird die Luft aus dem Zylinderraum 4 durch die Bohrungen 7, 12, 8, 9 und 10 ins Freie gedrückt. Nach dem Abschließen der Bohrung 12 durch die Kolbenkante 11 kann die Luft noch durch die Boh-

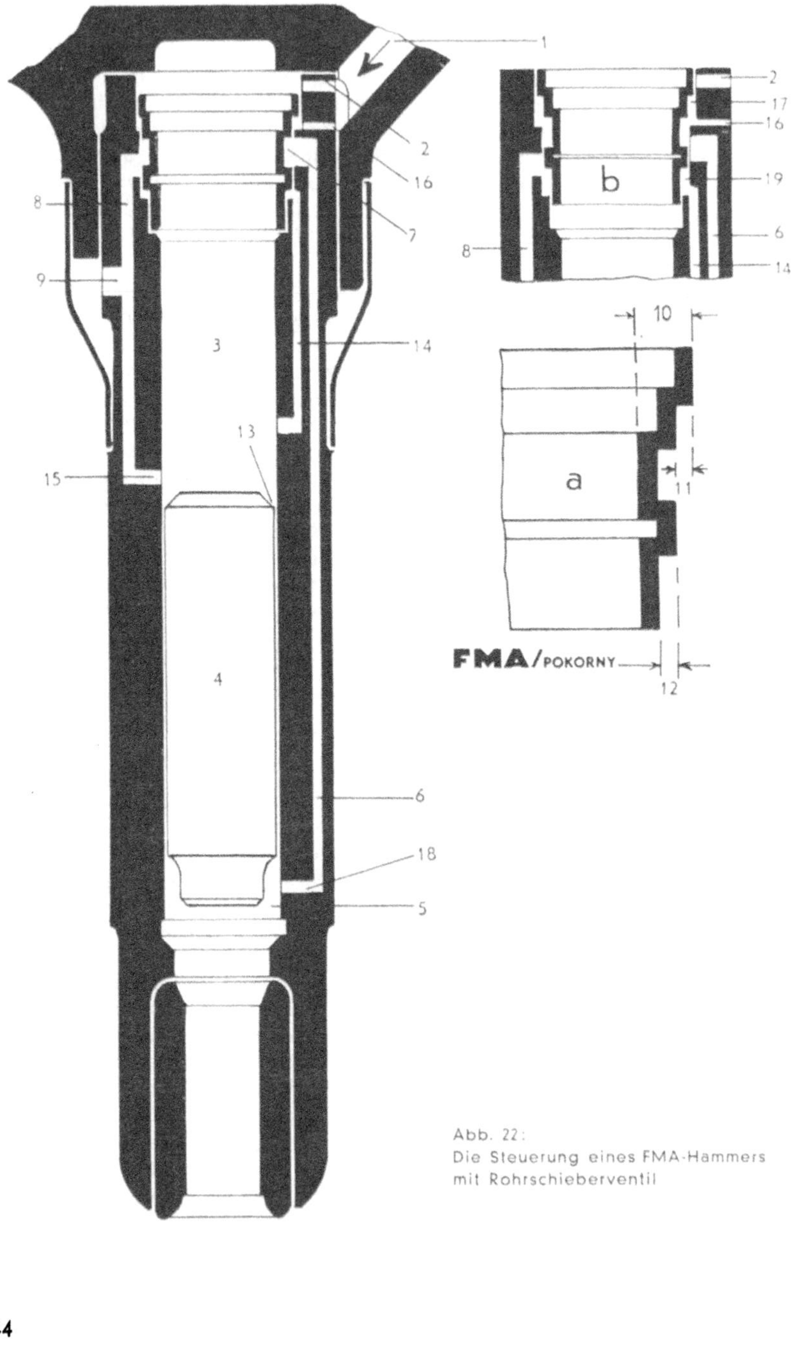

Abb. 22:
Die Steuerung eines FMA-Hammers
mit Rohrschieberventil

rungen 22 und 23 über den Schieberraum durch die Bohrungen 25, 9 und 10 ins Freie entweichen. Sobald die Kolbenkante 21 die Bohrung 7 freigibt, entweicht die Luft aus dem Zylinderraum 6 über die Bohrungen 7, 8, 9, 10 ins Freie. Nachdem die Kolbenkante 11 die Bohrung 22 überschritten hat, wird die Luft im Zylinderraum 4 verdichtet, und sobald dieser Verdichtungsdruck auf Schieberfläche 13 dem Druck auf der Schieberfläche 14 überwiegt, wird der Schieber in seine Ausgangsstellung zurückgedrückt, so daß nunmehr wieder Druckluft in den Zylinderraum 4 gelangen kann.

Die Rohrschiebersteuerung.

Abb. 22 zeigt eine Ventilsteuerung, bei welcher das Ventil als Rohrschieber ausgebildet ist, durch welchen der Kolben hindurchgehen kann, dadurch erreicht man eine größere Hublänge ohne Verlängerung des Werkzeugs.

Die Luft tritt durch die Kanäle 1 und 2 in den Zylinderraum 3 und treibt den Kolben 4 nach vorwärts. Die vor dem Kolben im Zylinderraum 5 befindliche Luft entweicht durch die Kanäle 18, 6, den Ringraum 7, die Kanäle 8 und 9 ins Freie. Die Schieberflächen 10 und 11 (siehe auch Abb. 22a) stehen unter Betriebsdruck. Da die Fläche 10 größer ist als 11, wird der Schieber in der Schlaghubstellung festgehalten. Sobald die Kolbenkante 13 den Kanal 14 freigibt, strömt die Druckluft auch auf die Schieberfläche 12. Da der Betriebsdruck auf der Schieberfläche 11 immer gleich bleibt, während der Druck auf der Schieberfläche 10 mit zunehmender Expansion im Zylinderraum 3 abnimmt, beginnt der Schieber unter Einwirkung der Druckunterschiede auf den drei Schieberflächen 10, 11 und 12 sich nach rückwärts zu bewegen. Wenn nun die Kolbenkante 13 den Kanal 15 freigibt, dann entweicht die Luft aus dem Zylinderraum 3 ins Freie und der Schieber wird durch den eintretenden Druckabfall auf der Schieberfläche 10 vollständig umgesteuert.

Diese Schieberstellung ist in der Abb. 22b ersichtlich. Der Eintrittskanal 2 ist abgeschlossen, und die Luft tritt durch den Kanal 16, über den Schieberringraum 17, die Kanäle 6 und 18 in den Zylinderraum 5 und treibt den Kolben nach rückwärts. Aus dem Zylinderraum 3 entweicht nun die Luft zuerst durch den Kanal 15 ins Freie, später durch den Kanal 14 über den Schieberringraum 19 und den Kanal 8 ins Freie. Sobald die Kolbenkante 13 den Kanal 14 abschließt, wird die Luft in dem Zylinderraum 3 verdichtet. Dieser Druck beginnt auf die Schieberfläche 10 zu wirken. Ist dieser Druck größer geworden als der Gegendruck auf der Schieberfläche 11, so wird der Schieber in die Schlaghubstellung zurückgedrückt, und das Spiel fängt von vorne an.

Im Unterschied zu der ventillosen Steuerung entsteht im letzten Teil des Schlaghubes im Zylinderraum vor dem Kolben bei Ventilsteuerung des Lufteinlasses nur eine geringe Verdichtung, welche bei der zuletzt beschriebenen Steuerung am geringsten ist. Dadurch ist die Ausnützung der lebendigen Kraft des Kolbens günstiger.

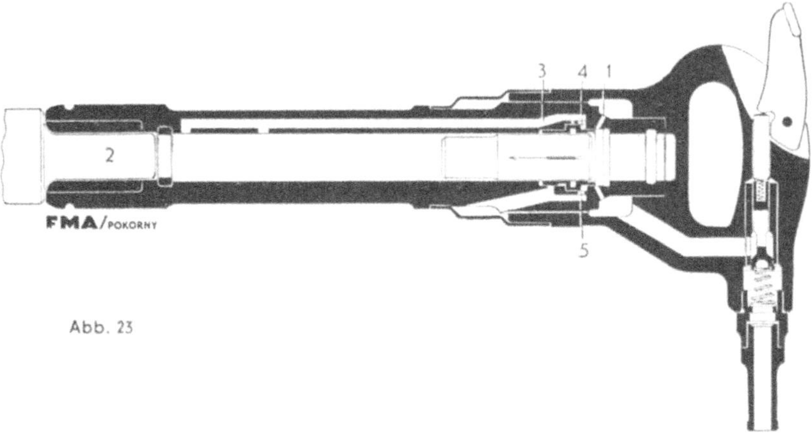

Abb. 23

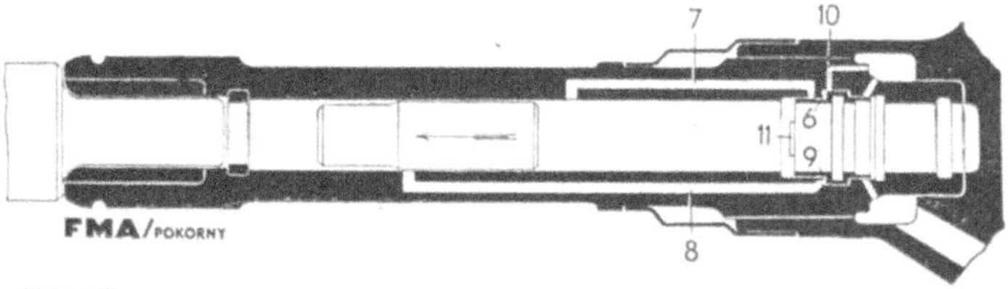

Abb. 24

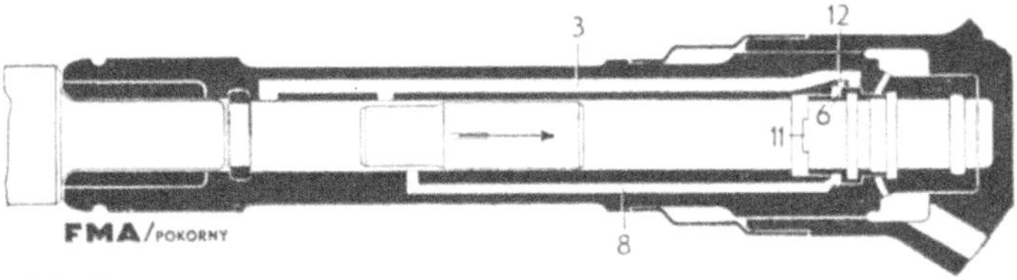

Abb. 25

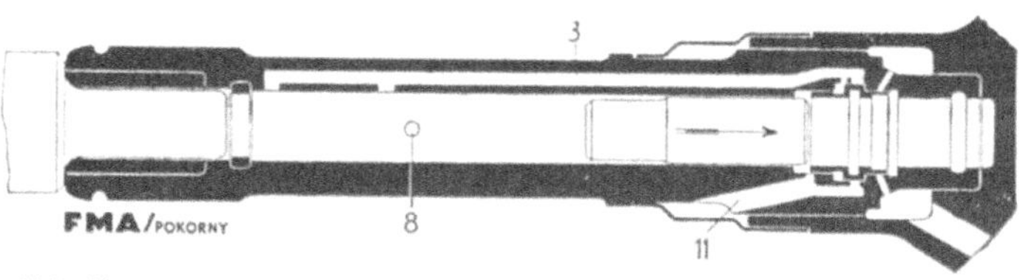

Abb. 26

Abb. 23—26: Die Steuerung eines FMA-Hammers mit Wechselstrom-Rohrschieber (DRP).

c) Ventilhämmer mit Ein- und Auslaß-Steuerung durch das Ventil.

Der Nachteil der Ventilhämmer, bei welchen das Ventil nur den Einlaß steuert, ist die Trennung der Steuerorgane für den Luftein- und -auslaß, wodurch eine Verschiebung der Steuerphasen möglich ist, so daß Druckluft unmittelbar, ohne Arbeit zu leisten, ins Freie gelangen kann.

Durch das Vereinigen der Ein- und Auslaß-Steuerung in einem Ventil werden die Steuerphasen zwangsläufig von einander abhängig festgelegt. Aus diesem Grunde arbeiten solche Steuerungen mit sehr geringem Luftverbrauch.

Wechselstrom-Rohrschieber-Steuerung.

Während bei Hämmern mit Einlaß-Steuerung durch das Ventil die Luftführung in gleicher Stromrichtung (Gleichstrom) vor sich geht, wird beim Wechselstromhammer die Stromrichtung der Luft bei den verschiedenen Arbeitsphasen gewechselt.

Abb. 23—26 zeigen einen Schnitt durch einen Drucklufthammer; Abb. 23 mit dem Hammer im Anfang seines Arbeitshubes. Die Druckluft strömt durch die vom Ventil freigegebenen Einlaßöffnungen 1 und treibt den Kolben gegen das Einsteckwerkzeug 2. Die Luft unter dem Kolben entweicht durch den Kanal 3 und den vom Rohrschieber freigegebenen Ringraum 4 und durch den Kanal 5 ins Freie. Aus dem Schnitt (Abb. 24) werden zwei andere Kanäle sichtbar, die mit der Steuerfläche 6 des Rohrschiebers Verbindung haben. Hat der Kolben auf seinem Arbeitshub den Kanal 7 freigelegt, so kann Druckluft aus dem Zylinder über Kanal 7, Ringnut 9 auf die Steuerfläche 6 gelangen und den Rohrschieber nach rechts verschieben, nachdem der vom Kolben verschlossene Kanal 8 mit verbrauchter Arbeitsluft gefüllt ist. Dabei wird ungefähr auf halbem Schieberweg die obere Querbohrung des Kanals 7 verschlossen und die Schieberfläche 6 vom Kanal 7 und dem Zylinderinnern getrennt. Gleichzeitig öffnet die äußere Kante der Steuerfläche 6 die Frischluftzuführung 10. Die einströmende Druckluft steuert den Schieber vollständig um, staut sich im Kanal 8 und unter der Steuerfläche 6 zu einem höheren Druck an, der den Rohrschieber in seiner rechten Lage bis zur nächsten Umsteuerung sicher hält. Die untere Kante des Rohrschiebers hat dabei die Auspuffschlitze 11 freigelegt, durch die die Luft über dem Kolben ins Freie entweichen kann. Am Ende dieser Rohrschieberstellung (Abb. 25) ist von der Außenkante der Steuerfläche 6 der kleine Kanal 12 geöffnet. Dieser hat Verbindung mit dem unter dem Kolben führenden Kanal 3. Es kann nun durch Kanal 12 und 3 Druckluft unter den Kolben fließen, die in Verbindung mit dem Rückprall den Kolben in die gezeichnete Stellung bringt. Dabei wird vom Kolben die untere Bohrung des Kanals 8 geöffnet, durch den nun ungehindert die für den Rückhub durch Kanal 10 abgestimmte Preßluftmenge abfließen kann. Da der Druck unter dem Kolben bedeutend niedriger ist als der unter der Steuerfläche 6, so sinkt auch der angestaute Druck im Kanal 8 und unter der Steuerfläche 6 auf den niedrigen Druck der Rückhubluft, wodurch eine Entlastung der Schieberfläche 6 eintritt und somit die nächste Umsteuerung vorbereitet wird. Die für die Entlastung abströmende Druckluft geht aber nicht verloren, sie leistet für den Rückhub Arbeit.

Sobald der Kolben bei seinem Rückhub (Abb. 26) den Auspuff 11 schließt und in den Rohrschieber eintritt, wird die vor ihm befindliche Luft komprimiert. Diese Kompression kommt einerseits auf die hintere Ringfläche des nur noch mit geringem Druck in seiner Lage gehaltenen Rohrschiebers zur Wirkung und drückt den Rohrschieber in seine Anfangsstellung zurück. Andererseits dient die komprimierte Luft als Polster für den Kolben.

Wie aus der Beschreibung hervorgeht, übernimmt der Rohrschieber in seiner zweckmäßigen und einfachen Gestaltung die Regelung aller Steuerphasen. Die Zwangsläufigkeit dieser Steuerungsart verleiht dem Hammer eine außerordentlich gute Arbeitsweise, einen sehr guten Anschlag und eine gute Regulierung.

Die Steuerung wird beherrscht von den Betriebsdrücken, die sich über und unter dem Kolben selbst bilden. Dadurch sind Verluste, die bei anderen Steuerungsarten für die Umstellung des Steuerschiebers auftreten, vermieden. Es leistet somit die gesamte dem Hammer zugeführte Druckluft Nutzarbeit, was sich in einer außerordentlich hohen Schlagleistung bei geringstem Luftverbrauch auswirkt.

Diese Steuerungsart, System Ernst Rehfeld, ist durch ein Haupt- und zwei Zusatzpatente geschützt.

Zusammenfassend kann gesagt werden, daß jede der beschriebenen Steuerungsarten ihr besonderes Anwendungsgebiet hat.

Die ventillosen Hämmer werden für Arbeiten verwendet, bei welchen es auf hohe Schlagzahl, aber geringere Schlagkraft ankommt (Kesselsteinabklopfer, Vibratoren u. a.)

Die einfachen Flattersteuerungen werden in solchen Werkzeugen eingebaut, die bei großer Betriebssicherheit und bei einfacher Bauart kräftige Schläge ausführen können (Bohrhämmer, Abbauhämmer, kleine Meißelhämmer u. a.). Ein Vorteil dieser Steuerungsart ist, daß der Kolben durch die Verdichtung vor dem Kolben bei Leerschlägen abgefangen werden kann, so daß keine Beschädigung des Hammers eintritt.

Die Vollventilsteuerungen und die Rohrschiebersteuerungen werden da angewendet, wo es vor allem auf sehr kräftige Schläge ankommt (Niethämmer, Meißelhämmer, Aufbruchhämmer u. a.). Die beim Arbeitshub vor dem Kolben befindliche Luft wird durch besondere Kanäle abgeführt, so daß große Schlagleistungen erzielt werden. Dabei führte der Wunsch nach größeren Schlagleistungen von der Vollventilsteuerung zur Rohrschiebersteuerung, bei welcher der Kolben durch den Rohrschieber hindurchgehen kann. Der Hammer mit Rohrschiebersteuerung ist in seinem Aufbau außerordentlich einfach, da es durch die Rohrschieberausführung möglich ist, das Steuergehäuse mit dem Zylinder in einem Werkstück zu vereinigen.

Die vorstehend beschriebenen Vollventil- und Rohrschiebersteuerungen waren der FMA durch Patent Nr. 212 600 geschützt. Dieses war richtunggebend für das wirtschaftliche Arbeiten von Drucklufthämmern solcher Art. Ihre große Verbreitung und die Vorzüge dieser Steuerung gaben Veranlassung, daß sie nach Ablauf der Patente von fast allen Druckluftwerkzeuge bauenden Firmen angewendet wurde.

Die Steuerung dieser Hämmer regelt in exakter Weise alle Steuerungsphasen für die Bewegung des Kolbens. Durch eine sinnreiche Luftführung wird die zur Umsteuerung des Ventils benötigte Luft für den Rückhub ausgenutzt, so daß die gesamte, dem Hammer zugeführte Luft Nutzarbeit leistet. Dies tritt durch eine hohe Schlagleistung und sehr geringen Luftverbrauch in Erscheinung.

Schlagwerkzeuge mit Drehbewegung des Werkzeughalters.

Für manche Verwendungszwecke ist es erforderlich, daß bei einem schlagenden Arbeitsvorgang das Werkzeug auch eine Drehbewegung durchführt, wie z. B. bei Gesteinshämmern, Stehbolzenhämmern usw.

Bei den meisten Ausführungen derartiger Preßluftwerkzeuge wird die hin- und hergehende Bewegung des Schlagkolbens für die Umsetzung des Werkzeuges benutzt. Abb. 27 zeigt die Umsatzvorrichtung eines Gesteinsbohrhammers. Das Bohrwerkzeug, welches ein Vierkant- oder Sechskant-Einsteckende besitzt, steckt mit diesem Ende in dem Bohrerhalter 1, der eine dem Einsteckende des Bohrers entsprechende untere Öffnung besitzt. Das andere Ende des Bohrerhalters hat gerade Führungsnuten 2, in welchen gegengleiche Längsnuten 3 des Kolbens 4 gleiten. Der Kolben 4 besitzt eine Bohrung 5, in welche eine Drallspindel 6 hineinragt und in welcher weiter eine Drallmutter 7 eingeschraubt ist. Die Drallspindel 6 ist in ihrem oberen Teil 8 zu einer Sperrvorrichtung ausgebildet, welche eine Drehung der Drallspindel in nur einem Drehsinn zuläßt. Die Sperrklinken 9 werden durch Federn 10 in den Sperrring 11 gedrückt, welcher durch einen Arretierstift 12 in seiner Lage gehalten wird. Bewegt sich der Kolben 4 nach vorwärts, führt er also den Schlaghub aus, so ist die Drallspindel 6 durch die Sperrvorrichtung freigegeben und diese wird durch die Drallzüge 13 der Drallspindel 6 und Drallmutter 7 gedreht, wobei die Sperrklinken 9 um einige Zähne weiterspringen. Kolben 4 und Bohrerhalter 1 führen keine Drehbewegung aus. Beim Rückgang des Kolbens 4 wird die Drallspindel 6 durch die Sperrung festgehalten und der Kolben dreht sich auf dem Drall 13 der Drallspindel 6 hinauf bei gleichzeitiger Mitnahme des Bohrerhalters 1 und des Gesteinsbohrers. Bei dem nun folgenden Kolbenschlag schlägt dieser eine neue Kerbe neben der vorhergehenden in das Gestein und keilt damit Gesteinspartien ab. Da Kolben, Spindel und Bohrer durchbohrt sind, kann der Bohrstelle Druckluft zugeführt werden, um den Bohrstaub wegzublasen.

Eine andere Art der Umsetzung des Werkzeuges ist die Drehung mittels eines eigenen Luftmotors, welcher unabhängig von der schlagenden Bewegung des Kolbens arbeitet. Dazu werden kleine Rundlaufmotoren verwendet, welche über ein Schneckengetriebe auf das Werkzeug wirken.

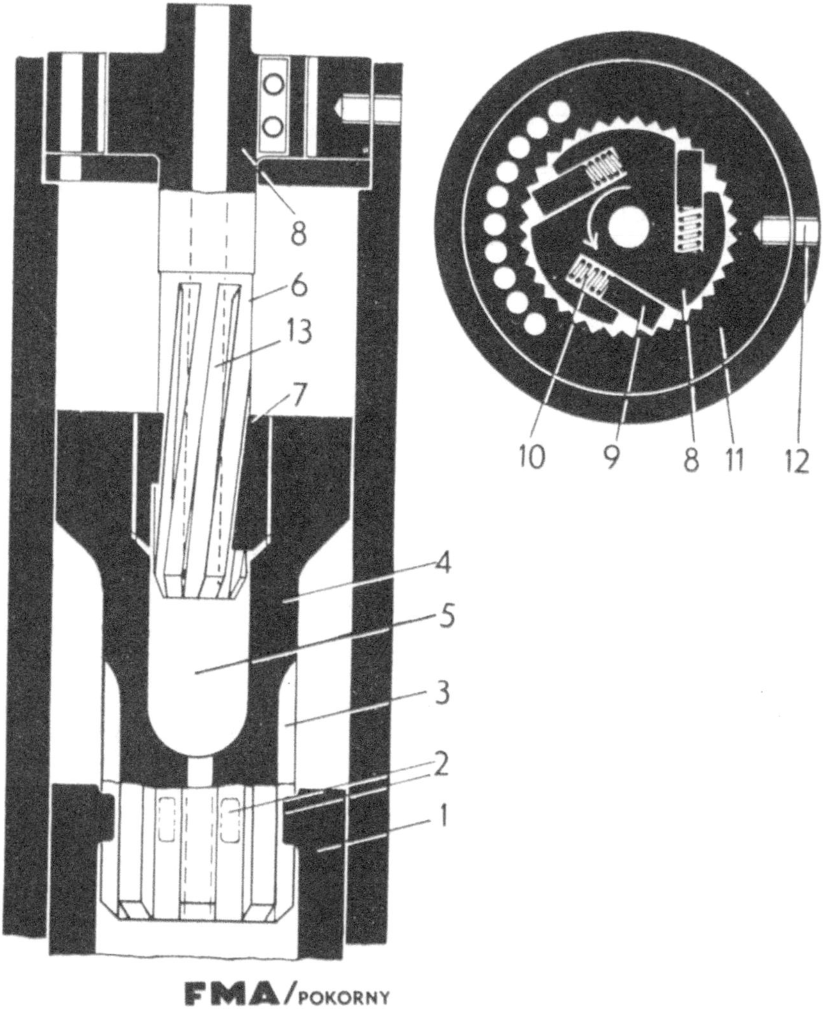

Abb. 27:
FMA-Bohrhammer Arbeitsbild der Drehbewegung

Abb. 28:
Schlagkraft-Prüfeinrichtung für Drucklufthämmer im Prüfraum der FMA.

Leistungs- und Luftverbrauchsmessungen an Drucklufthämmern.

Um sich über die Leistung von Drucklufthämmern zu vergewissern, gibt es verschiedene Meßmethoden. Die gebräuchlichste für die Praxis ist die Stauchung von Metallzylindern von bestimmten Abmessungen und Härteeigenschaften (Abb. 28). Diese Meßart ergibt keine absoluten Zahlen, liefert aber für die Praxis hinreichend genaue Daten. Will man jedoch einen Einblick in die Funktion der Hämmer und ihre Leistungen erhalten, so ist die sicherste Methode die Aufnahme von Zeit-Weg- und Zeit-Druck-Diagrammen. Aus dem Zeit-Weg-Diagramm kann man neben dem Verlauf der Kolbengeschwindigkeit während seines ganzen Hubes auch die Ausnützung des Kolbenhubes feststellen. Das Zeit-Druck-Diagramm hingegen gibt Aufschluß über die Drücke bei den jeweiligen Kolbenstellungen. Bei richtiger und gleichzeitiger Aufnahme beider Diagramme ist man in der Lage, aus den Aufzeichnungen das Druck-Weg-Diagramm (Indikator-Diagramm) zu bilden.

Die Aufnahme von Zeit-Weg-Diagrammen wird mit Schreibvorrichtungen durchgeführt, die im wesentlichen aus einem Schreibstift bestehen, welcher mit dem Schlagkolben des zu untersuchenden Hammers verbunden ist. Der Versuchshammer ist fest eingespannt, so daß er keine Eigenbewegungen durch Rückdruck oder Leerschläge ausführen kann. Der Schreibstift gleitet bei der Kolbenbewegung über eine mit Papier gespannte Trommel, welche sich während des Meßvorganges dreht. Um einen Zeitvergleich zu haben, läßt man einen zweiten Schreibstift die genau abgestimmten und bekannten Schwingungen je Sekunde einer Stimmgabel auf das Papier aufzeichnen. Beide Schreibstifte arbeiten zu gleicher Zeit. Bevor die Diagrammaufnahme begonnen wird, werden die beiden äußersten Hubbegrenzungen mit Hilfe des Schreibstiftes des Kolbens eingetragen, dann wird der Hammer kurz in Betrieb gesetzt und die Diagramme aufgenommen.

Zur Aufnahme der Zeit-Druck-Diagramme wird ein optischer Indikator verwendet. Er besteht aus einer Membran, mit der ein Spiegel verbunden ist. Derselbe muß den entsprechenden Bewegungen der Membrane bei verschiedenen Drücken folgen. Der Strahl einer starken Lichtquelle wird von dem Spiegel auf ein lichtempfindliches Papier zurückgeworfen. Dadurch entstehen auf diesem Papier die Druckkurven. Beide Trommeln müssen sich mit derselben Geschwindigkeit drehen, damit die Aufnahme der beiden Diagramme übereinstimmt.

Ein Druck-Weg-Diagramm (Indikator-Diagramm) läßt sich nun anhand der so gewonnenen Zeit-Weg- und Zeit-Druck-Diagramme zusammenstellen. (Abb. 29, IV und V.)

Abb. 29 zeigt ein Zeit-Weg- (II) und Zeit-Druck-Diagramm (I u. III), aus denen das Druck-Weg-Diagramm (IV u. V) entwickelt ist. Die Kurven der Diagramme lassen genau die Bewegungsverhältnisse des Kolbens erkennen und durch Anlegen einer Tangente kann in jedem Punkt die Geschwindigkeit des Kolbens bestimmt werden. Aus der so ermittelten Geschwindigkeit bei dem Aufschlag des Kolbens, läßt sich dann die Leistung pro Schlag errechnen, und weiter sind die genauen Schlagzahlen dem Diagramm zu entnehmen, so daß man auch die Leistung in PS auszudrücken vermag.

Erläuterungen zu den Diagramm-Aufnahmen nach Abb. 29:

I. Druck-Zeit-Diagramm, Druck hinter dem Kolben;

II. Zeit-Weg-Diagramm;

s = Kolbenhub = 226 mm,
z = möglicher Kolbenweg = 234 mm,
α = Tangentwinkel der Aufschlagstelle,
lo = Diagrammlänge = 324 mm, davon
a = Diagrammlänge für den Schlaghub = 106 mm,
b = Diagrammlänge für den Rückhub = 218 mm,
Stimmgabel-Schwingungszahl = 100 in der Sekunde,
λ = Länge einer Schwingung auf dem Diagramm = 47,3 mm.

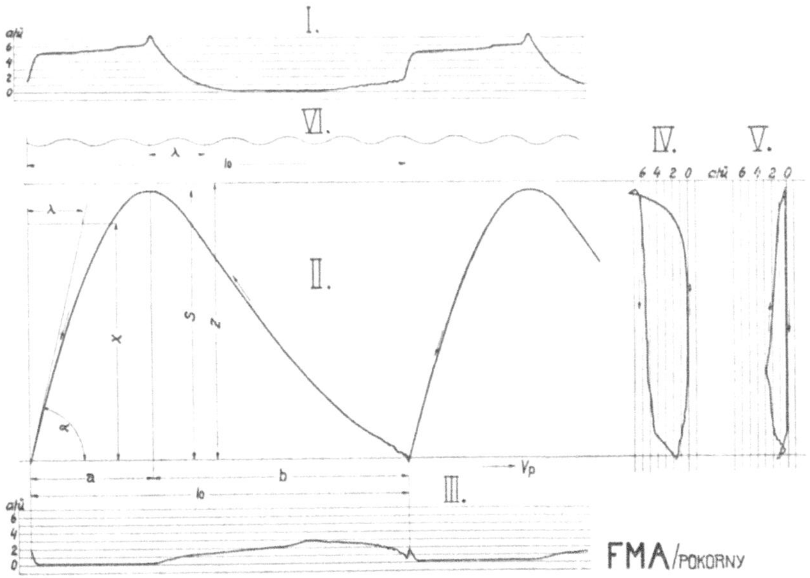

Abb. 29: Gleichzeitig aufgenommene Diagramme eines FMA-Drucklufthammers

Aus diesen Werten lassen sich errechnen:

Papiergeschwindigkeit $V_p = \lambda \,.\, 100 = 4{,}73$ m/s

Kolbenschläge in der Minute $n = \frac{v_p \,.\, 100 \,.\, 60}{324} = 878$

Aufschlaggeschwindigkeit $v_a = t_g\, \alpha \,.\, v_p = 19{,}9$ m/s

(Kolbengewicht = 0,522 kg)

Schlagarbeit $A = \frac{m \,.\, v^2a}{2} = \frac{0{,}477 \,.\, 19{,}9^2}{9{,}81 \,.\, 2} = 9{,}6$ mkg

Leistung $L = \frac{A \,.\, n}{60 \,.\, 75} = 1{,}87$ PS;

III. Druck-Zeit-Diagramm, Druck vor dem Kolben;
IV. Druck-Weg-Diagramm, Druck hinter dem Kolben;
V. Druck-Weg-Diagramm, Druck vor dem Kolben;
VI. Stimmgabelschwingungen 100 in der Sekunde.

Die hier errechneten Leistungswerte genügen für eine vollständige Beurteilung eines Werkzeuges nicht, da die zur Erreichung dieser Leistung erforderliche Druckluftmenge erst über die Güte des Werkzeuges entscheidet.

Die Messung des Luftverbrauches läßt sich am einfachsten durch eine Einrichtung wie in Abb. 31 dargestellt vornehmen. Zwei Meß-Windkessel von gleich großem Inhalt, nebeneinander aufgestellt, sind durch die Rohrleitung 1 miteinander verbunden, ferner sind beide Kessel durch einen Zweiweghahn 2, 3 miteinander und mit dem Drucklufterzeuger sowie mit dem zu messenden Druckluftwerkzeug verbunden. Beide Kessel enthalten Wasser, welches durch die Rohrverbindung 1 zwischen beiden Kesseln hin- und herfließen kann. Zur Luftverbrauchsmessung wird beispielsweise der Kessel 4 mit Druckluft gefüllt, dadurch wird das Wasser in den Kessel 5 gedrückt. Die Wasserstandshöhe kann in beiden Kesseln an einem Wasserstandsrohr 6 abgelesen werden. Die Zahlen der Meßskala geben den Inhalt in Litern an. Der Druck wird durch ein Druckregelventil 7 auf einer konstanten Größe gehalten. Wenn der Wasserstand im druckluftgefüllten Kessel 4 die niedrigste Marke erreicht hat, kann die Messung beginnen. Die Druckluft wird nun in den Kessel 5 geleitet, während die Druckluft aus dem Kessel 4 zu dem Werkzeug geleitet wird. Man läßt das Werkzeug einige Zeit arbeiten, bis der Wasserstand im Kessel 4 gestiegen ist. Auf der Skala kann man nun die verbrauchte Luftmenge ablesen, welche in der Zeit der Meßdauer abgenommen wurde. Daraus läßt sich dann der Luftbedarf je Zeiteinheit bestimmen.

Diese Meßmethode gibt die zuverlässigsten Resultate. Andere bekannte Meßmethoden, die auf dem Prinzip eines Schwimmers oder eines Flügelrades beruhen, sind mit bedeutenden Meß-Ungenauigkeiten und -Fehlern behaftet. Sie werden auch nur da angewendet, wo es sich um Betriebsmessungen von Werkzeugen handelt, wenn solche nur für Vergleichszwecke erforderlich sind.

Eine solche Meßeinrichtung mit Flügelrad, welches ein Zählwerk betreibt, ist in Abb. 30 wiedergegeben. Diese wird am Ende der Schlauchleitung vor dem Werkzeug eingebaut und zeigt die durchgeflossene Luftmenge an. Eine genaue Messung macht die Anbringung eines Druckmessers erforderlich, um den genauen Druck an der Meßstelle ablesen zu können und die erhaltenen Werte auf einen gemeinsamen Druck umrechnen zu können.

Abb. 30: Druckluftmesser

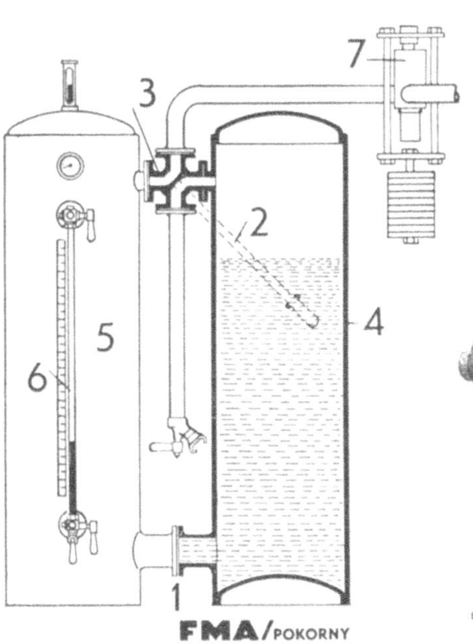

Abb. 31: Meßwindkessel

Abb. 33: Einzelteile einer FMA-Kolbenbohrmaschine

2. **Bohrmaschinen** und sonstige Maschinen für Werkzeuge mit drehender Bewegung.

Diese Maschinen sind Luftmotoren, mit welchen die in der Druckluft enthaltene Energie bei drehender Bewegung ausgenützt wird.

Im wesentlichen unterscheidet man drei verschiedene Systeme von Druckluftmotoren:

a) **Kolbenmotoren:** Die Druckluft wirkt auf hin- und hergehende Kolben, die mittels einer Kurbelwelle den Werkzeughalter oder die Arbeitswelle in drehende Bewegung versetzen (Abb. 32, 33).

b) **Rundlaufmotoren:** Die Druckluft wirkt auf einen sich drehenden Kolben mit veränderlichen Kolbenflächen, der seine Drehbewegung auf den Werkzeughalter oder die Arbeitswelle überträgt (Abb. 34).

c) **Zahnradmotoren:** Die Druckluft wirkt auf die Zahnflanken zweier in Eingriff stehender Zahnräder, die in drehende Bewegung versetzt werden, und von welchen das eine Zahnrad seine Drehbewegung auf den Werkzeughalter oder die Arbeitswelle überträgt (Abb. 35).

a) **Kolbenmaschinen:**

Die ersten Kolbenmaschinen wurden als Zweizylindermaschinen gebaut, aus welchen sich die Drei- und Vierzylindermaschinen entwickelten, denn erst diese gewähren durch die Mehrzahl der Zylinder, bei gleichbleibendem Gewicht einen stoßfreien Gang und eine höhere Leistung.

In Abb. 32 ist eine derartige Maschine in Schnittbildern gezeigt, das Zahnradgetriebe und der Werkzeughalter sind weggelassen, da sich diese Teile je nach erforderlicher Drehzahl ändern.

Die Druckluft tritt bei 1 in die Maschine ein und gelangt durch die Bohrungen 2, 3 und die Schlitze 4 des Drehschiebers 5 je nach dessen Stellung in die entsprechenden Zylinderräume 6 und wirkt auf die Kolben 7. Der Drehschieber ist mit der Kurbelwelle 8 durch feinverzahnte Zahnräder 9, 10 und 11 verbunden. Dabei ist eine Herabsetzung der Drehzahl auf 3:1 vorgesehen, damit mehrere Einströmschlitze 4, symmetrisch auf den Umfang verteilt, angeordnet werden können, und somit eine Entlastung des Drehschiebers erreicht wird.

Je zwei einfach wirkende Zylinder, die um 90° zueinander versetzt sind, arbeiten in zwei übereinander liegenden Ebenen auf die doppelt gekröpfte um 180° versetzte Kurbelwelle 8.

Die Einströmzeit wird durch die Breite der Einströmschlitze 4 des Rundschiebers 5 bestimmt, während der Auspuff 12 durch die Kolbenoberkante 13 geöffnet wird. Die Breite der Einströmschlitze ist so vorgesehen, daß während 60 v. H. des Hubes Druckluft eingelassen wird. Nach der unteren Umkehrung des Kolbens 7 und Abdeckung der Austrittsöffnung 12 wird die noch vor dem Kolben befindliche Luft durch die Schlitze 14

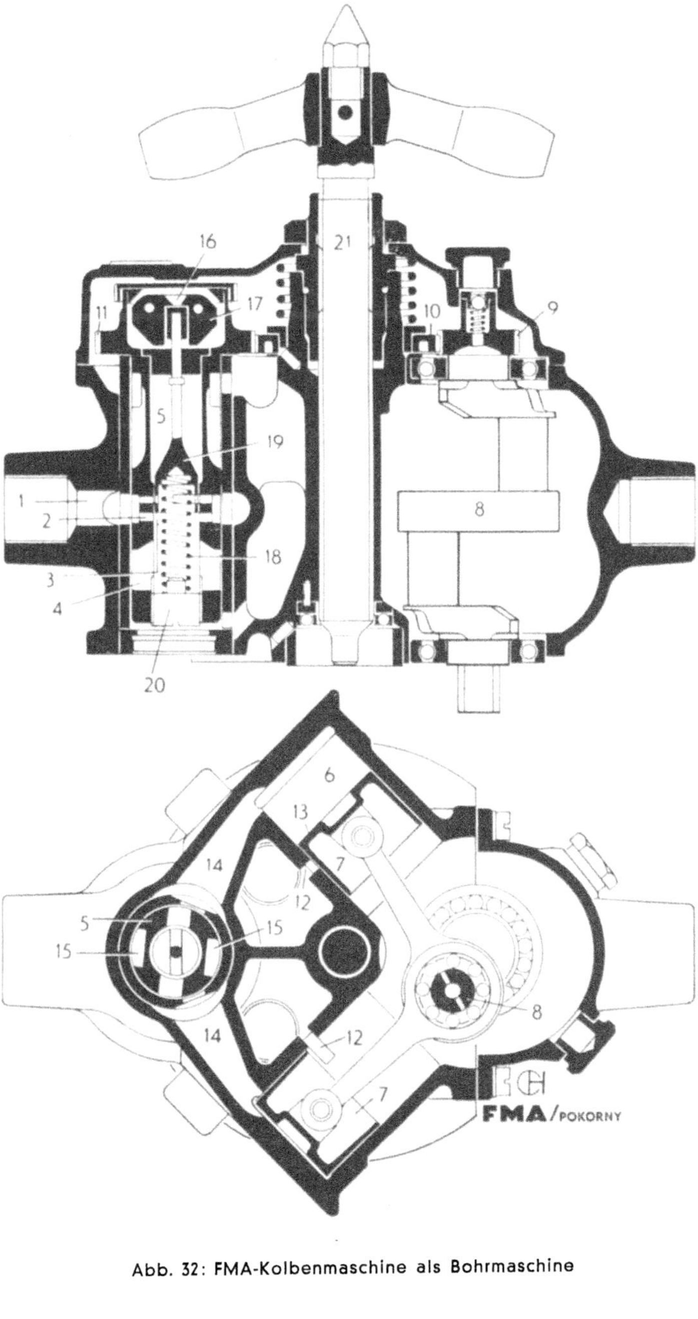

Abb. 32: FMA-Kolbenmaschine als Bohrmaschine

des Gehäuses und 15 des Rundschiebers in das Innere des Maschinengehäuses ausgestoßen, aus welchem sie dann ins Freie entweicht. Dadurch, daß nur ein ganz geringer Teil der verbrauchten Luft zurück über den Schieber geht, ist die Vereisungsgefahr auf das geringst Mögliche herabgesetzt.

Damit die Drehzahl bei Leerlauf nicht zu groß wird, ist ein Regler 16 angebracht, welcher sich mit dem Schieber dreht. Steigt die Drehzahl über ein zulässiges Maß, so wird durch die Fliehkraft der beiden Reglergewichte 17 der durch den Luftdruck und durch die Feder 18 belastete Schieber 19 heruntergedrückt und verkleinert die Drucklufteintrittsöffnungen 2 im Drehschieber 5, so daß die Drehzahl sinkt. Die Luftersparnis beträgt während des Leerlaufes 60 v. H. gegenüber den Maschinen ohne Regler. Wenn bei Belastung der Maschine die Drehzahl weiter heruntergeht, öffnet der Regler wieder die Eintrittsöffnung, so daß die Maschine wieder auf Betriebsdrehzahl kommt. Durch Spannung der Feder 18 mittels der Schraube 20 kann die Leerlaufdrehzahl eingestellt werden.

Zur Handhabung der Maschine dienen entweder zwei Handgriffe oder ein Faustgriff. Das Andrücken der Maschine kann entweder mittels einer Brustplatte, einer Druckschraube oder eines Druckluftkolbens erfolgen.

Die am meisten verwendete Vorrichtung ist die Nachstellspindel (21), die mit Flachgewinde und einem Handkreuz zum Nachstellen versehen ist und durch die ganze Maschine hindurchgeführt ist.

Abb. 33 zeigt eine zerlegte Bohrmaschine. Durch Lösen von einigen Schrauben, welche alle von außen zugänglich sind, kann die ganze Maschine auseinander genommen werden. Im Inneren der Maschine befindet sich keine Schraube, so daß eine sich lösende Schraube nicht in das Getriebe gelangen kann.

b) Rundlaufmaschinen:
Da in der Praxis die Nachfrage nach noch leichteren Maschinen mit möglichst größerer Leistung als bisher anhielt, hat die FMA den Bau von Rundlaufmaschinen aufgenommen und eine Typenreihe entsprechend der bestehenden Typenreihe der Kolbenmaschinen geschaffen.

Abb. 34 zeigt eine solche Rundlaufmaschine im Schnittbilde. Die Luft tritt bei 1 in die Maschine ein und gelangt durch die Bohrungen 2, 3 in den Lufteinströmschlitz 4. Der Rundlaufkolben 6, welcher exzentrisch zu seinem Zylindergehäuse 5 gelagert ist, besteht aus dem zylindrischen Kolben 6 und den radial gestellten Schiebewänden 8, welche in den Schlitzen 9 geführt sind. Durch die Fliehkraft werden diese Schiebewände nach außen geworfen und dichten durch die Anpressung an die Zylinderwand 5 die einzelnen Kolbenräume ab. Die Luft tritt bei 7 in den Zylinderraum ein, drückt auf die Schiebewand 8 und schiebt diese vorwärts. Auf der nachfolgenden Schiebewand 10 ruht ebenfalls der Luftdruck, da aber die freistehende Fläche kleiner ist als die der Schiebewand 8, bewegt sich der Kolben infolge des Druckunterschiedes im eingezeichneten Drehsinn. Wenn die Schiebewand 10 durch die

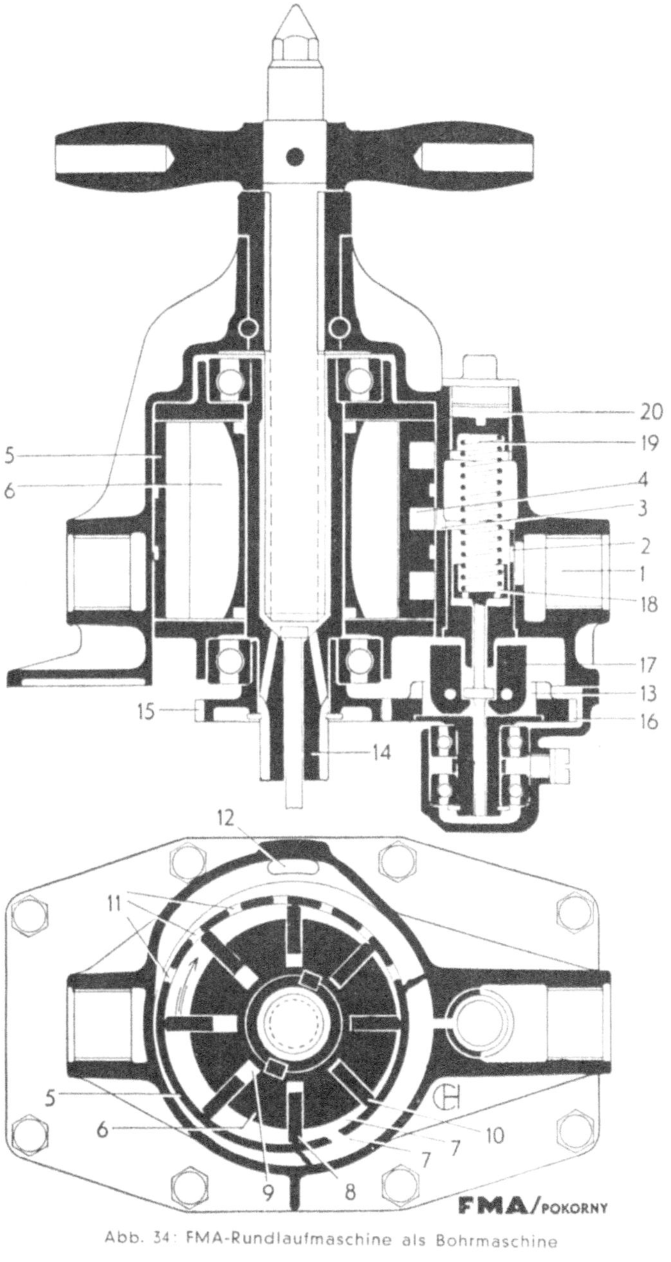

Abb. 34: FMA-Rundlaufmaschine als Bohrmaschine

Weiterbewegung die Einlaßöffnung 7 überschritten hat, so wirkt die jetzt expandierende Luft weiter auf die beiden Flächen 8 und 10 und gibt entsprechend der Flächenunterschiede 8 und 10 ihre Energie ab.

Die Druckluft arbeitet in diesen Maschinen mit etwas höherer Expansion als bei den Kolbenmaschinen, so daß der Wirkungsgrad den Kolbenmaschinen nicht nachsteht. Der Lufbedarf solcher Maschinen ist deshalb je Leistungseinheit etwa der gleiche wie bei den Kolbenmaschinen.

Der Austritt der verbrauchten Luft erfolgt durch die Bohrungen 11 und 12. Die Drehbewegung des Rundlaufkolbens wird durch die Verzahnung 14 auf den Werkzeughalter übertragen. Die Ubersetzungsverhältnisse werden je nach Verwendungszwecken gewählt.

Um eine unzulässige Steigerung der Drehzahl bei Leerlauf zu verhindern, ist ein Fliehkraftregler 13 angebracht, dessen Antrieb von der Kolbenwelle 14 aus über die Zahnräder 15 und 16 erfolgt. Steigt die Drehzahl über das zulässige Maß, so werden die beiden Gewichte 17 nach außen geschleudert und drücken den Reglerschieber 18 vor, so daß die Einlaßöffnung 2 verkleinert wird. Durch Spannung der Feder 19 mittels der Schraube 20, die von außen zugänglich ist, kann die Leerlaufdrehzahl eingestellt werden. Wenn bei Belastung der Maschine die Drehzahl weiter heruntergeht, öffnet der Regler wieder die Einlaßöffnung.

Die Handhabung erfolgt in der gleichen Weise wie bei den Kolbenmaschinen nach a). Bei kleinen Ausführungen werden Faustgriffe mit Daumendrücker verwendet, und die kleinsten Maschinen werden ganz mit der Hand umfaßt.

c) Zahnradmaschinen:

Für kleinere Leistungen bei geringem Gewicht und bei allereinfachster Bauart werden Zahnradmaschinen zur Erzeugung einer drehenden Bewegung verwendet.

Abb. 35 stellt eine solche Maschine dar. Die Luft tritt bei 1 in die Maschine ein und gelangt bei geöffnetem Ventil in den Raum 2. Zwei ineinandergreifende Zahnräder 3 und 4 bekommen dadurch auf die Zähne 5 und 6 Luftdruck und fangen an, sich in der angegebenen Richtung zu drehen Die in den Zahnlücken 7 und 8 sich befindliche Luft entweicht, wenn die Auspuffkanten erreicht werden.

Während das Zahnrad 4 frei läuft, ist das Zahnrad 3 auf seiner Welle 9 festgekeilt, welche über ein Zahnradgetriebe ihre Drehbewegung auf den Werkzeughalter überträgt.

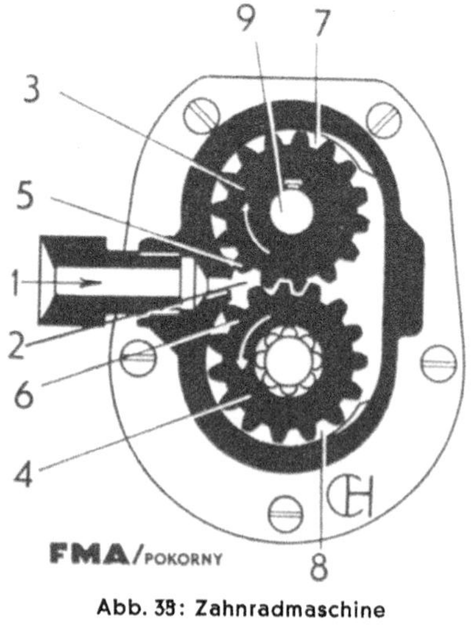

Abb. 35: Zahnradmaschine

Um eine bessere Expansionswirkung zu erzielen, werden die Zähne mit Pfeilverzahnung ausgeführt.

Druckluftmotoren:

Die besprochenen Konstruktionsarten von Druckluftmaschinen lassen sich auch als Antriebsmotoren verwenden, indem statt eines Werkzeughalters ein herausragender Wellenstumpf zur Kraftabnahme dient. Dieser kann durch Anflanschung, durch Übersetzungsgetriebe oder durch Riemenantrieb zum Antreiben beliebiger Maschinen verwendet werden.

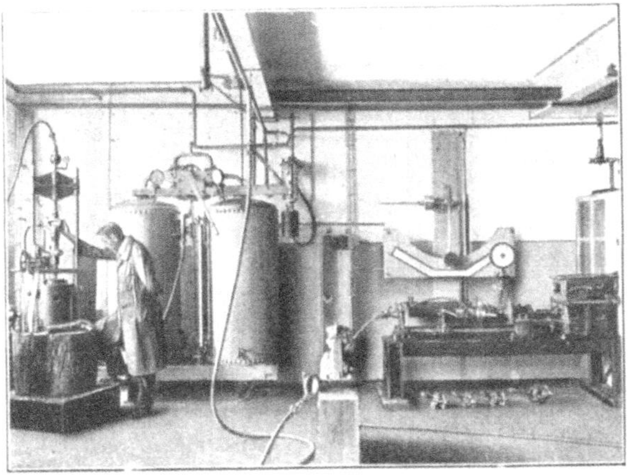

Abb. 36: Flügelrad-Bremsvorrichtung im Prüfraum der FMA

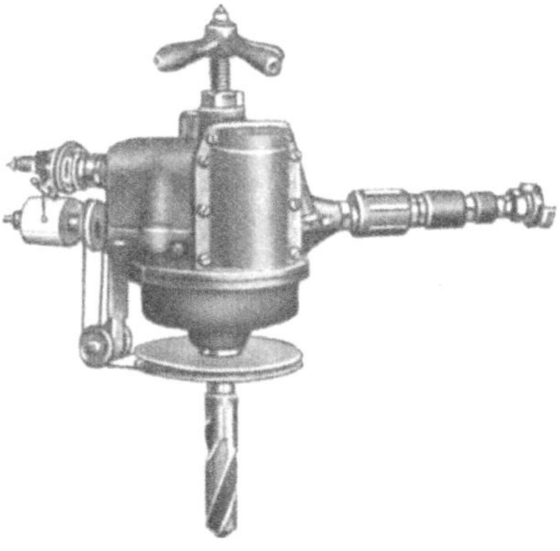

Abb. 37: Vorrichtung zum Indizieren einer Bohrmaschine im Prüfraum der FMA

Abb. 38: Anordnung zur Prüfung des Gleichförmigkeitsgrades von Bohrgetrieben im Prüfraum der FMA

Leistungs- und Luftverbrauchsmessungen an Maschinen für Werkzeuge mit drehender Bewegung.

Die Leistung dieser Maschinen wird durch Abbremsen gemessen, wie dies bei jedem Motor üblich ist. Man verwendet dazu die bekannten Abbremsvorrichtungen wie:

1. Flügelbremse,
2. Bremszaun (Prony),
3. Elektrische Abbremsung.

Abb. 39: *Diagramm einer Vierzylinder-Gleichstrom-Pressluft-Bohrmaschine.*

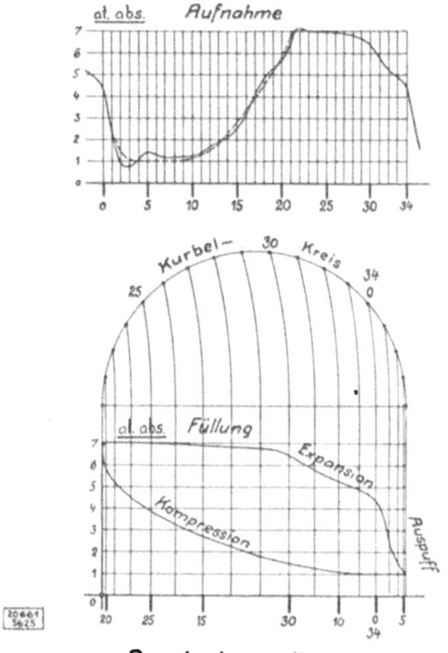

Druckvolumendiagramm.

Abb. 36 zeigt eine Flügelradbremse. Die abgebremste Leistung ist durch den Ausschlag eines Pendels unmittelbar in mkg ablesbar.

Der Luftverbrauch wird in der gleichen Weise, wie auf Seite 54 für Schlagwerkzeuge beschrieben, gemessen.

Um einen Einblick in die Bewegungs- und Druckverhältnisse während der Arbeit zu bekommen, hat die FMA auch ein Meßverfahren zur Herstellung von Indikatordiagrammen durchgebildet.

In der Abb. 37 ist eine solche Vorrichtung dargestellt. Abb. 38 zeigt eine Anordnung zur Prüfung des Gleichförmigkeitsgrades von Maschinen für Werkzeuge mit drehender Bewegung.

Die Indizierung ergibt in Zusammenhang mit Gleichförmigkeits- und Luftverbrauchsmessungen ein nach jeder Richtung abgeschlossenes wissenschaftliches Verfahren.

Das in Abb. 39 gezeigte Druckvolumendiagramm wurde aus der darüberstehenden Aufnahme eines Druckwegdiagrammes konstruiert. Man kann daraus den Füllungsgrad und den Expansionsgrad entnehmen. Die untere Kurve zeigt den Verlauf der Kompression.

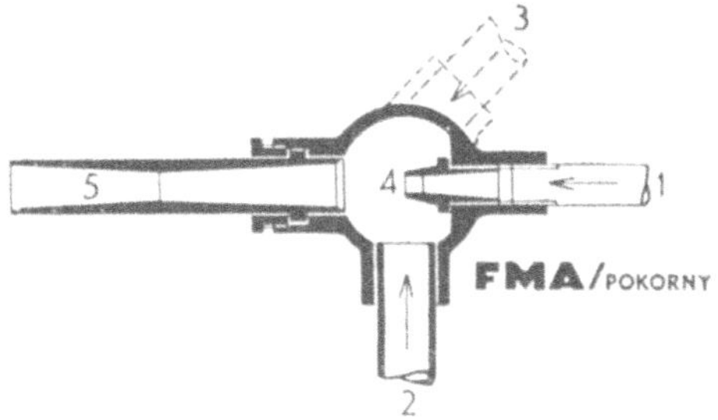

Abb. 40: Blasdüse für Sandstrahlgebläse

3. Strahlapparate

In Strahlapparaten wird der aus einer Düse ins Freie blasende Druckluftstrahl ausgenützt, um in

a) **Druckluft-Blasdüsen** das Aus- und Abblasen von Werkstücken und das Fortblasen von Spänen von Werkstücken und Werkzeugmaschinen sowie von Pflasterfugen und anderen zu reinigenden Stellen auszuführen, ferner zum Quirlen von Flüssigkeiten,

b) **Druckluft-Saugluft-Düsen** das Aus- und Abblasen von staubigen Gegenständen auszuführen und durch Bildung eines Vakuums den abgeblasenen Staub wieder abzusaugen,

c) **Farbstrahlgebläsen** das Auftragen von Farben u. ä. auszuführen,

d) **Sandstrahlgebläsen** das Anblasen von Sand auf Flächen, die dadurch gereinigt werden, auszuführen,

e) **Zementstrahlgebläsen** das Auftragen von Zement auf Flächen, die geschützt oder gestärkt werden sollen, auszuführen (Torkretverfahren).

a) **Druckluft-Blasdüsen.** Der Luftverbrauch ist bestimmt durch den Druck der Luft und die Größe der Bohrung, welche wiederum nach der vorliegenden Arbeit auszuführen ist.

b) **Druckluft-Saugluft-Düsen** finden Verwendung als Druckluft-Staubsauger. Die Druckluft bläst den Staub aus den Geweben und erzeugt gleichzeitig ein Vakuum, das die staubhaltige Luft absaugt und zu einem Sammelbehälter führt.

c) **Farbstrahlgebläse,** bekannt unter dem Namen „Farbspritzpistolen", arbeiten auch nach dem Druck-Saugsystem, indem durch die Saugwirkung Farbe angesaugt wird, um mit dem Druckluftstrahl auf die zu bearbeitende Fläche gespritzt zu werden.

d) **Sandstrahlgebläse.** Im Sandstrahlgebläse reißt die Druckluft Sand mit und schleudert ihn durch eine Blasdüse auf die zu bearbeitende Fläche.

Es gibt verschiedene Wirkungsweisen, die als Saug-, Schwerkraft- und Drucksystem bekannt sind.

Beim Saugsystem saugt die Druckluft (Abb. 40, 1) auf ihrem Weg durch die Mischdüse 4 aus einem senkrecht zur Strömungsrichtung stehenden Rohr 2 das zum tieferstehenden Sandbehälter führt, den Sand an und schleudert ihn durch die Blasdüse 5 auf die zu behandelnde Fläche.

Beim Schwerkraftsystem fällt der Sand aus einem höherstehenden Behälter in die Mischdüse 4 und wird vom Luftstrom mitgerissen. (Abb. 40, 3.)

Beim Drucksystem steht der Sandbehälter unter Druck, so daß der Sand schon vor der Blasdüse in die Druckluftleitung gelangen kann.

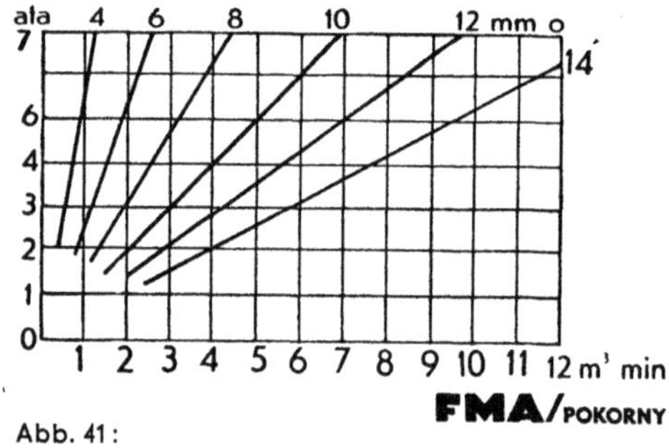

Abb. 41:
Luftverbrauch verschiedener Düsen für Sandstrahlgebläse

Die wirtschaftliche und zweckmäßige Verwendung von Sandstrahlgebläsen erfordert eingehende Kenntnisse und Erfahrungen. Je nach Art und Härte des zu behandelnden Materials müssen Luftdruck, Sandkörnung, Düsenabmessungen, Strahlungsabstand, Strahlungswinkel u. a. m. berücksichtigt werden.

Die Abb. 41 zeigt den mittleren Luftbedarf von Druckdüsen bei verschiedenen Drücken und Querschnitten für die Förderung eines Luft-Sand-Gemisches.

Ein Überdruck von 1 bis 3 at reicht für die meisten Aufgaben aus. Mit den höheren Drücken gehen ein stärkerer Verschleiß der Düsen und ein größerer Verlust an Sand durch Zerschlagen einher.

Die Körnung des Sandes kann für das Reinigen von Eisen- und Stahlgußteilen 1 bis 3 mm sein. Für die dickste und härteste Schicht nehme man die gröbste Körnung. Für die Entzunderung von Blechen wird vorteilhafter feinerer Sand genommen (0,1—1 mm).

Luftdruck und Körnung müssen so gewählt sein, daß nur die gewünschte Reinigungsarbeit ausgeführt wird, ohne das Material anzugreifen, da der hiermit verbundene Mehrkraftaufwand als Verlust anzusehen ist.

Düsenabmessungen, Strahlungsdruck, -Abstand und -Winkel richten sich nach der vorliegenden Aufgabe. Für die meisten Fälle gelten ein mittlerer Druck von 1 bis 3 atü, ein Strahlungsabstand von 200 bis 250 mm und ein Strahlungswinkel von 50° bis 70° als die günstigsten Werte.

Die Düsendurchmesser liegen zwischen 5 und 14 mm. Die Düsen sollen möglichst lang sein und in der Mitte die engste Stelle haben. (Abb. 40, 5.)

e) **Zementstrahlgebläse,** bekannt unter dem Namen „Zementkanonen", werden für das sogenannte Torkretverfahren verwendet, bei welchem Zement aus einer Düse auf die zu behandelnde Fläche geschleudert wird. Je nach Bedarf können dünnere Schutzüberzüge oder dickere Verstärkungsmassen aufgetragen werden. Der erforderliche Überdruck liegt zwischen 2,5 und 3,5 at. Der Luftbedarf beträgt je nach Arbeit 2—30 m^3/min bei Förderleistungen von 1—10 m^3/h loser Masse.

II. Die Anwendungsgebiete der Druckluftwerkzeuge und -Maschinen.

Die Anwendungsmöglichkeiten für Druckluftwerkzeuge und Maschinen sind außerordentlich groß und mannigfaltig.

Große Betriebssicherheit, einfachste Handhabung bei größter Zweckmäßigkeit und Gefahrlosigkeit sind die hauptsächlichsten Vorzüge bei Verwendung von Druckluft als Kraftübertragungsmittel bzw. Verwendung von Druckluftwerkzeugen und Maschinen.

Im Nachstehenden sollen die wichtigsten Arbeitsvorgänge, die mit Druckluftwerkzeugen und Maschinen ausgeführt werden können, zusammengestellt und kurz beschrieben werden.

Das Nieten.

(Abb. 42—47, 66, 67)

Eisenverbindungen bzw. die Vereinigung von Metallteilen zu Konstruktionen, Bauten oder Maschinen können durch Nietung oder Schweißung hergestellt werden. Dabei sind die Nietverbindungen nach wie vor die gebräuchlichste Bauweise. Je nach der Zugänglichkeit der Arbeitsstelle, der Größe der Nietverbindungen, der Nietstärke und der geforderten Leistung sind verschiedene Niethammer-Modelle ausgebildet worden. Bei der Auswahl ist nach diesen Gesichtspunkten vorzugehen. Bei jedem Nietvorgang müssen die Nieten durch einen Gegendruck gehalten werden. Hierfür verwendet man Druckluftgegenhalter, welche diese Arbeiten wesentlich erleichtern und gleichzeitig die Güte der Nietung bedeutend verbessern. Im Schiffbau, wo es auf Dichtnietung ankommt, werden für manche Zwecke sogar schlagende Gegenhalter verwendet (Spantennieten, Abb. 46).

Nietarbeiten werden in folgenden Industriezweigen durchgeführt:

- Eisenhochbau,
- Brückenbau,
- Eisen- und Stahlkonstruktionen,
- Kesselbau,
- Behälterbau,
- Lokomotivbau,
- Waggonbau,
- Maschinenbau,
- Schiffbau,
- Reparatur- und Hilfsbetriebe,
- Reichsbahn-Ausbesserungswerke,
- Flugzeugbau,
- Automobil- und Karrosseriebau,
- Landwirtschaftlicher Maschinenbau.

Das Meißeln und Stemmen.

(Abb. 48—59, 70, 71)

Bei der Verarbeitung bzw. Bearbeitung von hochwertigen Baustoffen wie Eisen, Gußstahl, Stahl, allen Metallegierungen und Leichtmetallen werden in steigendem Maße Meißel- und Stemmarbeiten mit Hilfe von Drucklufthämmern ausgeführt. Auch hier wurden entsprechend den auszuführenden Arbeiten, den örtlichen Verhältnissen, den gewünschten Arbeitsfortschritten und der größten Zweckmäßigkeit die verschiedensten Hammermodelle entworfen, und es ist bei der Auswahl des zweckentsprechenden Modelles auch nach obigen Gesichtspunkten vorzugehen.

Bei allen Nietarbeiten sind auch ständig Meißelarbeiten durchzuführen, wie Verstemmen von Nietköpfen und Nietnähten. Man benutzt auch entsprechend starke Meißelhämmer zum Abschlagen von Nietköpfen. Werden Meißelhämmer mit den entsprechenden Meißeln ausgerüstet, so können damit auch alle Schneidarbeiten in allen Metallen, Metallegierungen und Leichtmetallen ausgeführt werden, oder es können Rohrleitungen verstemmt und sonstige Arbeiten durchgeführt werden. Schwerere und sehr kräftige Hammerausführungen werden in Gießereien zum Gußputzen verwendet, während leichte und schnellschlagende Hämmer für die Bearbeitung von Leichtmetall vorgesehen sind.

Meißel- und Stemmarbeiten werden von folgenden Industriezweigen ausgeführt:

Eisenhochbau,
Brückenbau,
Eisen- und Stahlkonstruktionsbau,
Kesselbau,
Gießereien,
Lokomotivbau,
Waggonbau,
Maschinenbau,
Schiffbau,
Reparatur- und Hilfsbetriebe,
Reichsbahn-Ausbesserungswerke,
Behälterbau,
Automobil- und Karosseriebau,
Flugzeugbau,
Apparatebau,
Landwirtschaftlicher Maschinen- und Gerätebau

Das Bohren.

(Abb. 60—65, 68, 69)

Wenn man auch noch vor einigen Jahren glaubte, daß die Elektrizität als Energie-Übertragungsmittel wegen ihrer größeren Wirtschaftlichkeit bei Maschinen mit drehender Bewegung, die Druckluft ganz aus dem Felde schlagen würde, lehrte die Entwicklung, daß sowohl die Elektrizität wie die Druckluft ihre besonderen Arbeitsgebiete haben, auf welchen sie sich behaupten. Wenn es auf höchste Betriebssicherheit, äußerste Überlastbarkeit, leichtes und rasches Arbeiten und kräftiges Anziehen bei anlaufender Maschine ankommt, erwies sich der Druckluftantrieb als unersetzlich und hat sich vor allem durch die weitgehende Überlastbarkeit und wegen des kräftigen Anzugmomentes überall durchgesetzt. Ein weiterer großer Vorteil des Druckluftantriebes gegenüber der Elektrizität ist die Gefahrlosigkeit der Kraftübertragung.

Um den Ansprüchen der Praxis zu genügen, sind zum Bohren der verschiedenen Werkstoffe und Werkstücke im Laufe der Zeit eine Reihe von Bohrmaschinentypen entwickelt worden. Neben dem reinen Bohren dienen diese Maschinen ebenfalls noch zum Gewindeschneiden, Aufreiben, Rohreinwalzen, zum An- und Einziehen von Schrauben usw. Ferner werden die Motore der Bohrmaschinen zum Antrieb von Winden, Hebezeugen, Drehscheiben, Transportbändern, Pumpen usw. verwendet.

Die bisher übliche Ausführungsform der Bohrmaschinen mit Vierzylinder-Kolbenmotoren wird seit einigen Jahren in den meisten Anwendungsgebieten von den Rundlaufmotoren verdrängt. Diese haben bei gleicher Leistung und nicht höherem Luftverbrauch ein geringeres Gewicht und eine geringere Sperrigkeit der Bauweise als Vorteile aufzuweisen und zeichnen sich ferner aus durch Einfachheit und erschütterungsfreien Lauf.

Zum Bohren von Löchern an räumlich eng begrenzten Stellen sind die sogenannten Eckenbohrmaschinen (Abb. 65) entwickelt worden, die als Kolbenmaschinen umsteuerbar und neuerdings auch als Rundlaufmaschinen gebaut werden.

Mit Druckluftbohrmaschinen können Löcher von 1—120 mm Durchmesser gebohrt werden. Maßgebend für die Auswahl der geeigneten Bohrmaschine sind die Lochgröße, der Werkstoff, in welchem gebohrt werden soll, und die Arbeitsgeschwindigkeit, die man zu erreichen wünscht.

Bohrarbeiten mit Druckluftbohrmaschinen werden in folgenden Industriezweigen ausgeführt:

Eisenhochbau,
Brückenbau,
Eisen- und Stahlkonstruktionsbau,
Kesselbau,
Gießereien,
Lokomotivbau,
Waggonbau,
Maschinenbau,
Schiffsbau,
Reparatur- und Hilfsbetriebe,
Reichsbahn-Ausbesserungswerke,
Behälterbau,
Automobil- und Karosseriebau,
Fleugzeugbau,
Landwirtschaftliche Maschinen- und Gerätebau
Apparatebau.

Das schlagende Bohren.

(Abb. 87)

Das schlagende Bohren wird vor allem beim Gewinnen von Baustoffen, Kohlen, Mineralien und sonstigen Gesteinsarten verwendet. Da alle diese Stoffe keine große Zähigkeit besitzen, wird die Hauptarbeit durch abkeilende Schlagwirkung geleistet, und damit bei jedem Schlag neue Kerben geschlagen werden können, wird der Bohrmeißel mit der Bohrkrone nach jedem Schlag beim Rückgang des Kolbens um einen gewissen Winkel verdreht (Abb. 27). Da es außerordentlich viele Gesteinsarten, Mineralien und Kohlen gibt, und da gleichzeitig ganz verschiedene Abbaumethoden bzw. Bohrarbeiten durchgeführt werden müssen, so hat man auch hier eine große Zahl von verschiedenen schlagenden Bohrwerkzeugen entwickelt. Von den leichtesten Ausführungen von 8 kg für leichte Bohrarbeiten in nicht harten Gesteinen und Kohlen, für geringe Bohrlochtiefen, bis zu ganz schweren Bohrmaschinen bis zu 50 kg Gewicht, welche auf besonderen Vorrichtungen (Dreibock, Spannsäulen) montiert werden müssen, gibt es verschiedene Gewichtsklassen von schlagenden Bohrwerkzeugen. Die ganz schweren Bohrmaschinen bis zu 50 kg werden für schwere Bohrarbeiten in harten Gesteinen und für tiefe Bohrungen bis zu 15 m verwendet.

Bei der Auswahl von schlagenden Bohrwerkzeugen sind folgende Gesichtspunkte zu berücksichtigen:

Materialbeschaffenheit, Zweck der Bohrung (Abbau, mengenmäßig oder nach Stückgrößen, Stollenvortriebe, Bauzwecke), Tiefe der Bohrlöcher, Hauptrichtung der Bohrlöcher (nach abwärts, horizontal oder nach oben), Durchmesser der Bohrlöcher (Sprengstoffpatronen-Durchmesser), geforderte Leistung. Alle diese Gesichtspunkte sind bei der richtigen Auswahl des notwendigen Werkzeuges maßgebend. Es kommt aber nicht nur darauf an, die richtige Auswahl des schlagenden Werkzeuges zu treffen, sondern man muß entsprechend den oben angeführten Gesichtspunkten auch die Wahl des geeignetesten Bohrstahls, des geeignetesten Bohrereinsteckendes und der zweckmäßigsten Bohrerschneide treffen. Da diese Auswahl durch sehr viele Erfahrungswerte beeinflußt wird, so ist es zweckmäßig, die Betriebsverhältnisse genauestens zu schildern, damit die Auswahl der zweckmäßigsten Bohreinrichtung von einem Fachmann getroffen werden kann. In neuerer Zeit werden vor allem im Tief- und Bergbau schlagende Bohrwerkzeuge vorgezogen, bei denen die Entfernung des Bohrmehls nicht mehr durch Luft oder durch eine am Bohrer angebrachte Schlange erfolgt, sondern bei denen das Bohrmehl durch Wasser, Schaum oder ähnliche Hilfsmittel entfernt wird. Das Nachschärfen der stumpfen Bohrerschneiden wird mit Hilfe von Handgesenken oder auf besonderen Schärfmaschinen, welche auch durch Druckluft betrieben werden, ausgeführt. Auf solchen Maschinen können alle gebräuchlichen Schneiden wie: Einfachmeißel-, Doppelmeißel-, Kreuzmeißel-, X-Meißel- und Z-Meißel-Schneiden hergestellt und nachgeschärft werden. Das gleiche gilt von den gebräuchlichen Einsteckenden wie: Vierkant- oder Sechskant-Einsteckenden jeder Größe mit Bund. Schlagbohrarbeiten werden in folgenden Industriezweigen ausgeführt: Bergbau, Steinbruch, Straßenbau, Tiefbau, Wasserbau, Tunnel-Stollenbau und Abbruchunternehmungen.

Das Aufbrechen und Abbauen.

(Abb. 78—89)

Aufbrucharbeiten kommen vor allem im Straßenbau vor. Für diese Arbeiten, welche hauptsächlich im Abbrechen von Beton, Makadam und harten Straßendecken bestehen, werden Aufbruchhämmer mit einem Gewicht von 20—35 kg verwendet. Da es sich bei diesen Arbeiten um fliegende Baustellen handelt, muß die Drucklufterzeugungsanlage ortsbeweglich sein. Es ist zweckmäßig, wenn diese Anlage in ihren Dimensionen möglichst klein gehalten werden kann, und daraus ergibt sich, daß die Druckluftwerkzeuge bei höchster Leistung den geringsten Luftverbrauch aufweisen sollen. Je nach den zu bearbeitenden Materialien und der geforderten Leistung ist die Auswahl der Hammergröße zu treffen. Die Einsteckwerkzeuge der Hämmer können ausgewechselt werden, so daß man auch mit einem breiten Spaten arbeiten und so das Werkzeug als Spatenhammer benutzen kann. Durch Auswechseln des Hammer-Unterteils und Umtausch desselben in einen Rammfuß können diese Hämmer auch in Spundwandrammen umgewandelt werden (Abb. 83). Das Einrammen von hölzernen oder eisernen Spundwänden wird mit diesen Werkzeugen wesentlich erleichtert, während die Spundwanddielen außerordentlich geschont werden.

Für die leichteren Abbrucharbeiten im Mauerwerk bei Nacharbeiten im Tunnelbau, bei Abbrucharbeiten im Kohlen- und Erzbergbau werden leichtere Abbauwerkzeuge mit einem Gewicht von 5—12 kg benutzt. Diese schlagenden Werkzeuge erleichtern wesentlich das Losbrechen von Massen, welche man sonst mit Pickeisen abbauen müßte. Die Abbauhämmer haben eine außerordentliche Verbreitung gefunden, und die Auswahl des richtigen Hammers richtet sich nach dem abzubauenden Material, dessen Härte und Zähigkeit, der Abbau- oder Abbruchmethode, der Arbeitsfortschrittrichtung und nach der geforderten Leistung. Die Abbaumeißel sind auswechselbar und werden durch Haltekappen (Keilform) oder Haltefedern mit dem eigentlichen Hammer verbunden. Abbruch- und Abbauarbeiten werden in folgenden Industriezweigen durchgeführt:

Straßenbau,
Tiefbau,
Stollen- und Tunnelbau,
Hafenbau,
Brückenbau,
Abbruchunternehmungen,
Bergbau,
Hüttenindustrie, chemische und verwandte Industrien.

Das Lösen von erdigen Massen.

(Abb. 88)

Bei Arbeiten, bei denen erdige Masse gelöst werden muß, können Druckluft-Spatenhämmer mit Vorteil verwendet werden. Besonders günstig ist die Anwendung im Stollenvortriebe oder Abbau unter Tage und bei Ausschachtungsarbeiten, bei denen die örtlichen Verhältnisse sehr beengt sind, und wo man die gewünschte Leistung nicht durch Einsatz von neuen Arbeitskräften ermöglichen kann. Die Spatenhämmer werden für Stollenvortriebe mit einem Handgriff geliefert, während für Baugruben und Grabenarbeiten solche mit verlängertem Doppelhandgriff vorgezogen werden. Je nach der Materialbeschaffenheit werden die Spatenhämmer mit geraden oder gebogenen Spaten geliefert. Bei der Auswahl des entsprechenden Werkzeuges ist nach obigen Gesichtspunkten vorzugehen. Spatenhämmer werden in folgenden Industriezweigen verwendet:

Bergbau,
Hüttenindustrie,
Stollen- und Tunnelbau,
Bauindustrie,
Straßenbau,
Wasserbau und
Chemische Industrien.

Das Stampfen.

(Abb. 73, 81, 82)

Überall da, wo man die Erreichung eines größeren Festigkeitsgrades halbfeuchter Massen oder des Erdreichs und sonstiger Materialien wünscht, kann die Handstampfung sehr vorteilhaft durch Druckluftstampfung ersetzt werden. Je nach der Beschaffenheit der zu stampfenden Massen, des gewünschten Festigkeitsgrades und der geforderten Leistung, sowie der örtlichen Verhältnisse sind verschiedene Stampfergrößen entwickelt worden. Bei der Auswahl der zweckmäßigsten Type ist nach obigen Gesichtspunkten vorzugehen. Für leichte Stampfarbeiten, wie diese z. B. bei der

Anfertigung von kleinen Gußformen, von Zementröhren oder kleinen Betonformen, bei Stampfungen von Betonstollenverkleinerungen vorkommen, werden kleine Stampfer in möglichst leichter Ausführung bevorzugt. Sind größere Betonmengen oder erdige Massen bei Grabenarbeiten zu verfestigen, so wählt man Stampfergrößen, welche einen kräftigeren Schlag haben und dabei in stehender Haltung des Bedienungsmannes geführt werden können. Zu diesem Zwecke verlängert man den Lufteinlaß, so daß die Handhabung des Einlaßventiles in Brusthöhe vor sich gehen kann. Ein neueres Stampfgerät sind die Vibratoren, welche besonders für Beton-Stampfarbeiten Verwendung finden. Es sind dies: schnellschlagende Werkzeuge, die den Beton in Schwingungen versetzen und ein Verdichten (und damit Verfestigen) der Betonmasse bewirken. Stampfarbeiten werden in folgenden Industriezweigen ausgeführt:

Bauindustrie,
Hoch- und Tiefbau,
Brückenbau,
Hafenbau,
Wasserbau,
Gießereien,
chemische Industrien und
Hilfsbetrieben.

Die Steinbearbeitung.

(Abb. 90—95)

Die Steinbearbeitung mit ihren verschiedenen Arbeitsvorgängen außer der Gesteinsbohrung kann ebenfalls durch Druckluftwerkzeuge vorteilhaft durchgeführt werden. Keilarbeiten, das Behauen von Steinen, Stocken, Bossieren, Scharieren bis zu den feinsten Bildhauerarbeiten bedingen alle besondere Druckluftwerkzeuge. Je nach der Gesteinshärte, dem Gesteinsgefüge, der auszuführenden Arbeit und der gewünschten Leistung sind die Druckluftwerkzeuge auszusuchen. Für die Keilarbeiten und das Behauen der Steine, das Stocken, Bossieren und Scharieren werden Stemm- und Meißelhämmer schwerer und mittlerer Größe verwendet, die mit den entsprechenden Werkzeugen ausgerüstet werden. Für die feineren Bildhauerarbeiten sind kleine, schnellschlagende Meißelhämmer entwickelt worden, welche sehr handlich sind und mit großer Feinfühligkeit geführt werden können. Die Steinbearbeitung wird in folgenden Industriezweigen durchgeführt:

Steinbruchindustrie,
Bauindustrie (Hoch- und Tiefbau),
Brücken- und Hafenbau,
Monumentalbau,
Bildhauerhandwerk.

Das Schleifen.

(Abb. 76, 97)

Die sehr oft vorkommenden Schleifarbeiten, bei Bearbeitung von Eisen, Stahl, Metallegierungen und Leichtmetallbaustoffen, können durch Druckluft-Schleifmaschinen besonders zweckmäßig durchgeführt werden. Je nach dem Material und der geforderten Leistung sind verschiedene Größen entwickelt worden, und bei der Auswahl des zweckentsprechenden Typs sind besonders die Umfangsgeschwindigkeit der Scheibe, das Gewicht und die örtlichen Verhältnisse zu berücksichtigen. Die Schleifmaschinen sind neuerdings durchweg mit Rundlaufmotoren ausgerüstet, welche wegen ihres geringen Gewichtes und der handlichen Bauart für diesen Arbeitszweck sehr geeignet sind. Je nach dem Material, welches zu bearbeiten ist, werden die Schleifscheiben ausgesucht und können an den Schleifmaschinen sehr leicht ausgewechselt werden. Die Maschinen sind so gebaut, daß sie an zwei Handgriffen geführt werden können, von welchen einer gleichzeitig das Lufteinlaßventil enthält. Zum Abschleifen und Polieren von Flächen (Abb. 97) wurden Flächen-Schleif- und -Poliermaschinen geschaffen. Schleif- und Polierarbeiten werden in folgenden Industriezweigen durchgeführt:

Eisenkonstruktionsbau,
Maschinenbau,
Eisen- und Stahlindustrie,
Brückenbau,
Kesselbau,
Lokomotivbau,
Waggonbau,
Schiffbau,
Reparatur- und Hilfsbetriebe,
Reichsbahn-Ausbesserungswerke,
Flugzeugbau,
Automobil- und Karosseriebau
und der Bauindustrie.

Oberflächenbehandlung

(Abb. 96—101)

Das Sandstrahlgebläse dient zum **Entfernen** von:

Rost,
Farben,
Metallüberzügen,
Zunder,
Schmutz,

zum **Blankblasen** von Metallen

zum **Reinigen** von:

Kesseln,
Röhren,
Töpfen,
Heizkörpern,
gußeisernen Behältern,
Holzgefäßen,
Schiffswänden,
Brücken,
Hausfronten,
Grauguß,
Stahlguß

zum **Reinigen**
auch vor dem:

Emaillieren,
Streichen,
Galvanisieren,

zum **Verzieren** und **Beschriften** der Flächen von Gegenständen aus:

Glas,
Metall,
Zelluloid,
Horn,
Leder,
Holz,

zum **Prüfen** der Härte von Baustoffen.

Das Sandstrahlgebläse.

Das Sandstrahlgebläse dient dazu, fest anhaftende Fremdkörper wie Rost, Zunder, Farbe, Sand, Schmutz u. v. a. m. zu entfernen, und soll nicht allein die Handarbeit mit Stahlbürsten, Kratzern, Hämmern usw. ersetzen, sondern diese Art der Oberflächenbehandlung schont weitest gehend die Unterlage, d. h. den Träger der zu entfernenden Fremdstoffe.

Die Verwendung von Sandstrahlgebläsen bedeutet eine große Beschleunigung der Arbeit, eine größere Gründlichkeit und Sorgfältigkeit bei der Entfernung der Fremdstoffe und eine wesentliche Schonung des zu reinigenden Materials.

Über die Wirtschaftlichkeit des Arbeitens mit Sandstrahlgebläsen gibt die einschlägige Literatur einige Beispiele:

Das Reinigen von Eisen- und Stahlguß mit Sandstrahlgebläsen benötigt nur $^1/_4$ bis $^1/_7$ der Zeit, die bei Handreinigung erforderlich ist.

Mit einem Sandstrahlgebläse-Drehtisch von 2400 mm Durchmesser konnten in einer Stunde 2800 kg Bremsklötze gereinigt werden.

In einer Radiatorengießerei waren zur Reinigung von täglich 70 t Radiatoren 42 Mann erforderlich. Nach Aufstellung von zwei Sandstrahlgebläsen mit Sprossentisch konnte dieselbe Leistung mit neun Mann Bedienung erreicht werden.

Beim Entzundern von Blechen und Eisenteilen benötigt ein Sandstrahlgebläse nur die halbe Zeit.

Die wirtschaftliche und zweckmäßige Verwendung von Sandstrahlgebläsen erfordert eingehende Kenntnisse und Erfahrungen. Vor der Anschaffung solcher Geräte läßt man sich am besten von den Lieferanten für die vorliegenden Zwecke beraten.

Die Zementkanone.

Die Zementkanone dient zum Auftragen von Zement (Torkretverfahren) in großen Mengen auf Baukonstruktionen, Brücken und Gebäudekonstruktionen. Die aufgetragene Masse dient entweder als Schutz gegen Rost und Rauchgase und andererseits zur Verstärkung der behandelten Teile. Der Zementüberzug bildet gegen Witterungseinflüsse einen ausgezeichneten Schutz.

Die Druckfestigkeit von Spritzbeton ist 2,75 mal so groß als die von Stampfbeton.

Zur Wiederherstellung von Bauwerken lassen sich auch mit diesem Verfahren Sprünge und Witterungsschäden sorgfältigst ausbessern. Ebenfalls ist eine Verstärkung vorhandener Bauteile und Fundamente auf diese Weise möglich.

Bewegung und Förderung von geschichteten oder flüssigen Massen mittels Druckluft.

Das Fördern von Massen kann mittelbar durch Druckluftmaschinen oder unmittelbar durch die Druckluft ausgeführt werden. Im ersten Fall werden

Druckluftmotoren zum Antrieb von Förderbändern, Kratzbändern oder Pumpen für verschiedene Flüssigkeiten verwendet. Die Leistungen solcher Anlagen sind nicht groß, und man beschränkt sich auf die Erfassung der Bedarfsfälle mit kleinen Leistungen.

Unmittelbar können Flüssigkeiten wie Wasser und Öl durch Vermischung mit Druckluft gefördert werden. Die hierfür verwendeten Mammutpumpen dienen vor allem zur Förderung von Wasser und Öl aus tiefen Bohrlöchern. Zu diesem Zwecke wird in das Bohrloch ein Rohrsystem verlegt, bestehend aus einem Außenrohr, in welches ein dünneres Rohr für die Druckluft-Einführung eingeführt wird.

Bei der Berechnung solcher Anlagen ist es von Wichtigkeit, daß der Durchmesser der beiden Rohre und die Eintauchtiefe im richtigen Verhältnis zur Förderhöhe stehen. Selbstverständlich ist auch der richtige Druck der Luft von Wichtigkeit.

Da bei der Berechnung solcher Anlagen viele Erfahrungswerte mitbestimmend sind, ist es zweckmäßig, Fachleute zu Rate zu ziehen.

Trockene Güter, welche ein einheitlich gleichmäßiges Korn haben, können auch in Rohrleitungen mittels Druckluft verblasen werden. Auf diese Weise fördert man vornehmlich Zement, Getreide, Kohlenstaub, Sand, Kies u. ä.

Flüssigkeiten können mittels Druckluft aus Behältern gedrückt werden.

Noch zu erwähnen wäre die Verwendung der Druckluft, um untergegangene Schiffe zu heben, indem man unter Wasser das Schiff abdichtet und das eingedrungene Wasser solange hinausdrückt, bis das Schiff anfängt sich zu heben.

Die Druckluftdüsen

(Abb. 74, 98—101, 106—108, 111)

Ausgedehnte Verwendung als Blasdüsen für Luft, Luft-Sand- und Luft-Farbe-Gemische, um Werkstücke von Fremdkörpern zu befreien, rostige, zundrige oder sandige Oberflächen zu säubern und um Oberflächen mit Schutz-, Verstärkungs- oder Verschönerungsüberzügen aus Kalk, Farbe, Lack oder Zement zu versehen.

Die Luftblasdüsen.

In der Glasbläserei ersetzen die Druckluftblasdüsen die anstrengende Arbeit des Glasbläsers, so daß dieser sich mehr der eigentlichen Formung zuwenden kann.

Welche Bedeutung dies haben kann, geht schon daraus hervor, daß z. B. ein Tafelglasmacher in einer Arbeitsschicht durchschnittlich 60 Walzen, jede etwa 125 cm hoch und 50 cm im Durchmesser herstellen muß. Um diese Arbeitsleistung zu vollbringen muß er für jede Walze etwa 200 Liter Luft einblasen, in einer Schicht also etwa 12 000 Liter. Dazu kommt noch die mechanische Bearbeitung des nach und nach erstarrenden Glases durch Drehen, Bewegen und Schwenken. In der Spiegelglasbläserei sind die Anforderungen an die Bläser noch höher während der Flaschenmacher, der Flaschen von $^1/_4$ bis 1 Liter Inhalt bläst, in $7^1/_2$stündiger Arbeitszeit 500 bis 600 Stück herstellt, also täglich 500 Liter in das Glas einblasen muß. Hierbei muß aber der Druck bedeutend höher sein als beim Tafelglasblasen.

Die Verwendung von Druckluft in der Glasbläserei ist daher von außerordentlicher Bedeutung für die Gesundheit des Glasbläsers und erhöht seine Leistungsfähigkeit.

Das Entfernen von Bohr- und Drehspänen aus Werkstücken und Arbeitsplätzen geht entschieden schneller und zweckmäßiger vor sich mit Druckluft. Großzügig eingerichtete Werkzeugmaschinen und Arbeitsplätze sind mit Druckluftanschluß versehen.

Für das Quirlen von Flüssigkeiten findet Druckluft ausgedehnte Verwendung.

Die Farbspritzdüsen.

(Abb. 98, 99)

Das Auftragen von Schutzfarben auf große Flächen oder auf Massengegenstände durch Druckluft ermöglicht außerordentliche Ersparnisse an Farbe, Zeit und Arbeitslohn und gewährleistet eine viel gründlichere Auftragung als es mit Handarbeit möglich ist. Dadurch wird nicht allein der Anstrich billiger, sondern es wird durch das gründlichere Auftragen eine längere Lebensdauer der behandelten Flächen erzielt.

Aus der einschlägigen Literatur ist zu entnehmen, daß die Ersparnisse an Material und Zeit sehr groß sein können. So benötigt man z. B. beim Anstreichen von großen Öltanks beim Farbspritzen mit Druckluft gegenüber von Handarbeit 35 v. H. weniger Farbe und nur $^1/_{20}$ der Arbeitszeit.

Bei Mauerwerk kann man mit der Herabsetzung der Arbeitszeit auf die Hälfte rechnen, und bei Holzwänden sind nur $^1/_8$ der Zeit und $^2/_3$ Farbe erforderlich.

Für das Anstreichen von Brücken- und Baukonstruktionen gelten ähnliche Verhältnisse.

Weitere Verwendungsmöglichkeiten der Druckluft.

Um luftdichte Behälter zu prüfen und Schäden aufzufinden, werden solche Behälter mit Druckluft gefüllt. Unter Wasser gesetzt, steigt aus den schadhaften Stellen die entweichende Druckluft als Luftblasen zur Oberfläche und zeigt somit diese Stellen an.

Zur Beruhigung der Meeresoberfläche wird auch neuerdings Druckluft verwendet, wenn beim Bau von Hafenanlagen, Leuchttürmen und bei Arbeiten im offenen Meer die Arbeiten durch starke Wellenschläge gestört sind.

Druckluft-Hebezeuge zeichnen sich aus durch große Sicherheit und Genauigkeit ihrer Bewegungen und finden da Verwendung, wo es auf sorgfältiges Versetzen von Werkstücken ankommt.

Das Anlassen schwerer Verbrennungsmotoren erfolgt meistens mittels Druckluft.

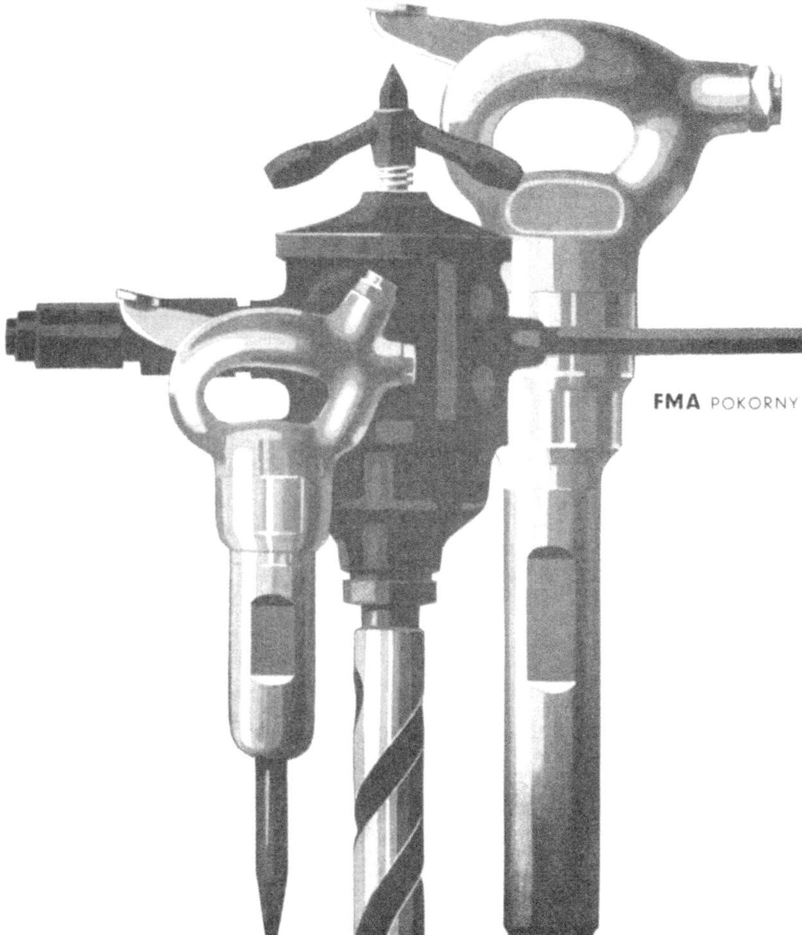
FMA POKORNY

Schwere Metallbearbeitung

Abb. 42
Nieten mit FMA-Niethammer
Tabelle 22 Nr. 1—24

Abb. 43
Nieten mit FMA-Niethammer
Tabelle 22 Nr. 1—24

Abb. 44
Nieten mit FMA-Niethammer
Tabelle 22 Nr. 1—24/51—55

Abb. 45
Spantennieten mit FMA-Eck-Niethammer
Tabelle 22 Nr. 17, 51—55

Abb. 46
Kesselnieten mit FMA-Spanten-Niethammer
Tabelle 22 Nr. 41—45/51—55

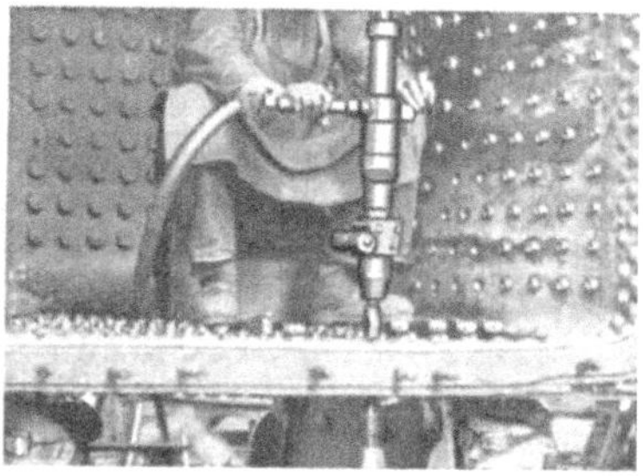

Abb. 47
Stehbolzennieten mit FMA-Niethammer

Schwere Metallbearbeitung

Abb. 48
Verstemmen mit FMA-Stemmhammer
Tabelle 23 Nr. 1—24

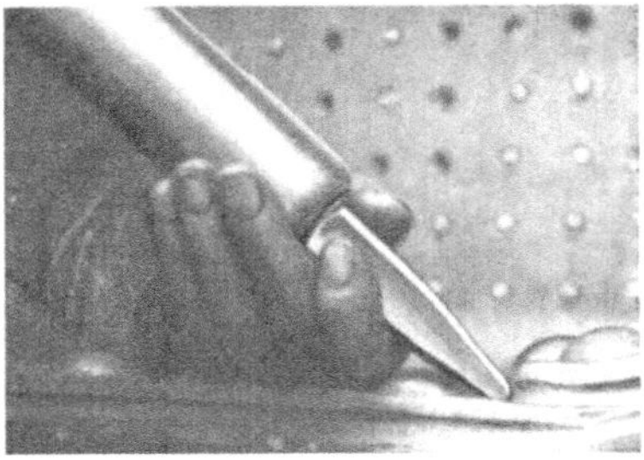

Abb. 49
Verstemmen mit FMA-Stemmhammer
Tabelle 23 Nr. 1—24

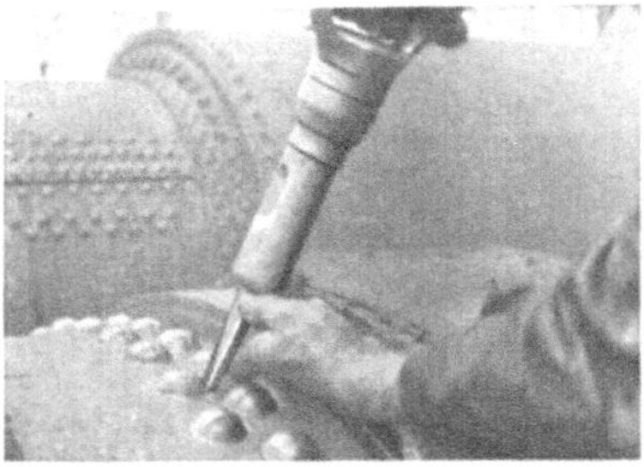

Abb. 50
Verstemmen mit FMA-Stemmhammer
Tabelle 23 Nr. 1—24

Abb. 51
Verstemmen mit FMA-Stemmhammer
Tabelle 23 Nr. 1—24

Abb. 52
Verstemmen mit FMA-Stemmhammer
Tabelle 23 Nr. 1—24

Abb. 53
Abscheren mit FMA-Stemmhammer
Tabelle 23 Nr. 1—24

Schwere Metallbearbeitung

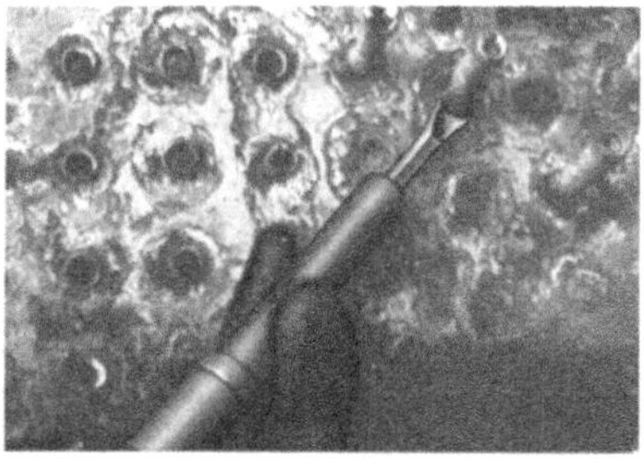

Abb. 54
Abmeißeln mit FMA-Meißelhammer
Tabelle 23 Nr. 1—24

Abb. 55
Abmeißeln mit FMA-Meißelhammer
Tabelle 23 Nr. 1—24

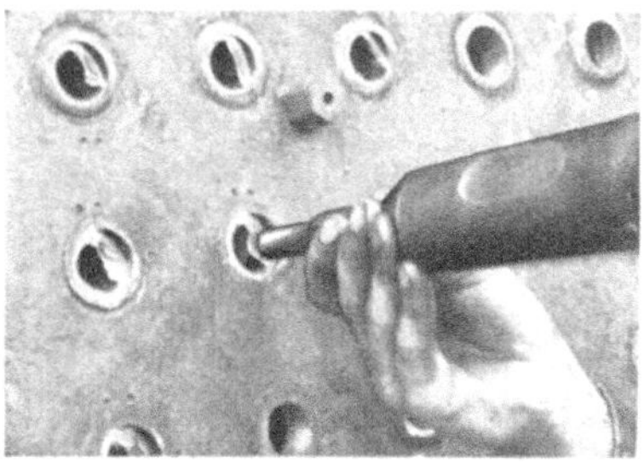

Abb. 56
Durchschlagen mit FMA-Meißelhammer
Tabelle 23 Nr. 1—24

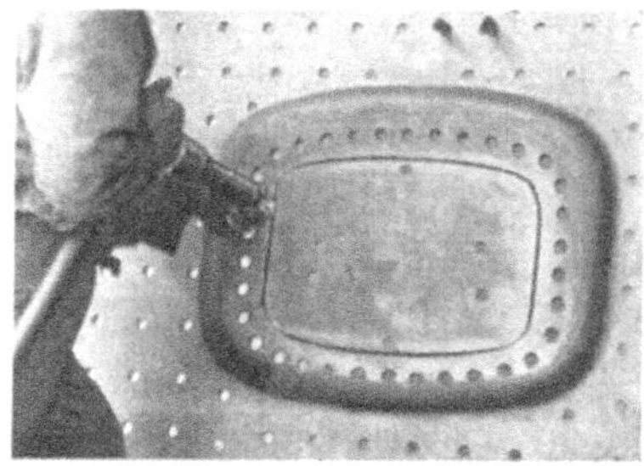

Abb. 57
Ausmeißeln mit FMA-Meißelhammer
Tabelle 23 Nr. 1—24

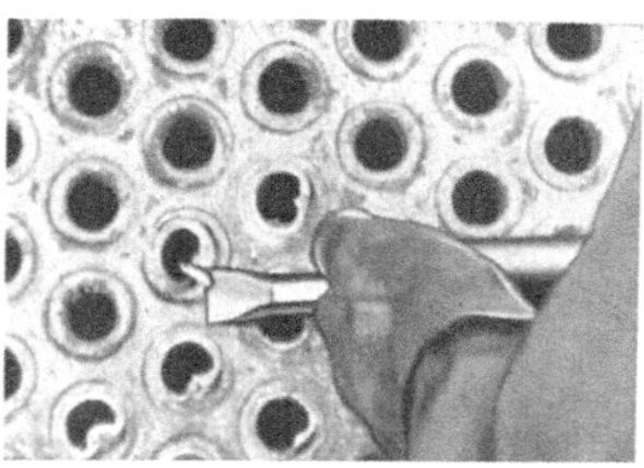

Abb. 58
Abmeißeln mit FMA-Meißelhammer
Tabelle 23 Nr. 1—24

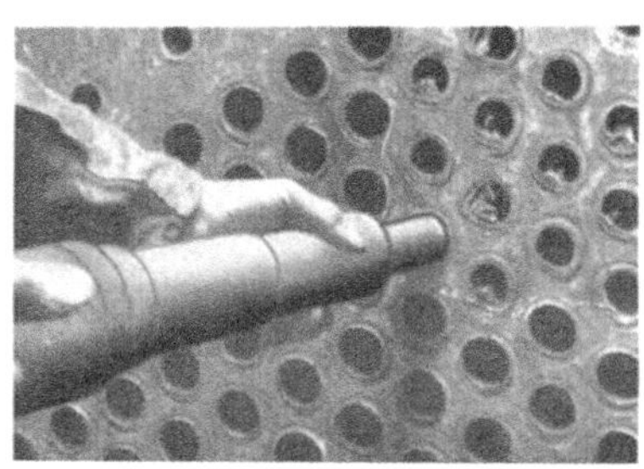

Abb. 59
Durchtreiben mit FMA-Meißelhammer
Tabelle 23 Nr. 1—24

Schwere Metallbearbeitung

Abb. 60
Bohren mit FMA-Bohrmaschine
Tabelle 26 Nr. 1—15/31—35

Abb. 61
Bohren mit FMA-Bohrmaschine
Tabelle 26 Nr. 1—15/31—35

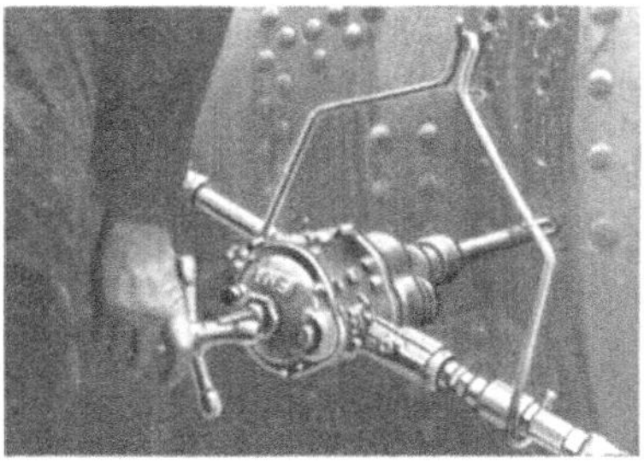

Abb. 62
Gewindeschneiden mit FMA-Bohrmaschine
Tabelle 26 Nr. 1—15/31—35

Abb. 63
Gewindeschneiden mit FMA-Bohrmaschine
Tabelle 26 Nr. 1—15/31—35

Abb. 64
Aufreiben mit FMA-Bohrmaschine
Tabelle 26 Nr. 1—15/31—35

Abb. 65
Bohren mit FMA-Eckenbohrmaschinen
Tabelle 26 Nr. 21/22/41—44

Leichte Metallbearbeitung

Abb. 66
Nieten mit FMA-Niethammer
Tabelle 22 Nr. 17—24

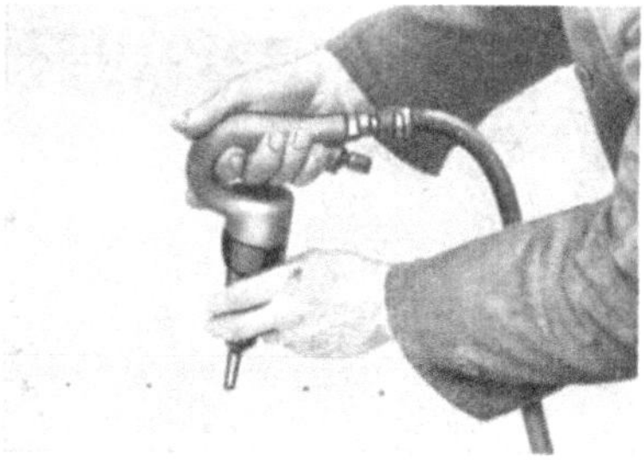

Abb. 67
Nieten mit FMA-Niethammer
Tabelle 22 Nr. 17—24

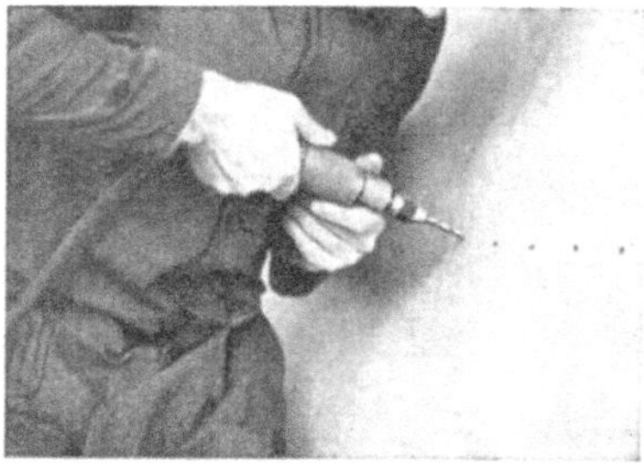

Abb. 68
Bohren mit FMA-Bohrmaschine
Tabelle 25 Nr. 61—65

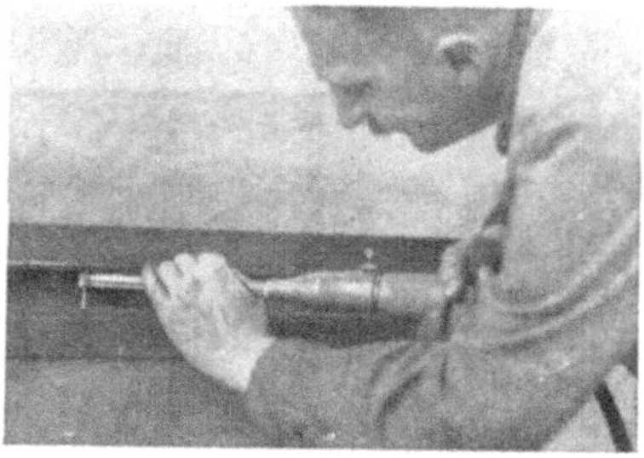

Abb. 69
Winkelbohren mit FMA-Bohrmaschine
Tabelle 25 Nr. 62

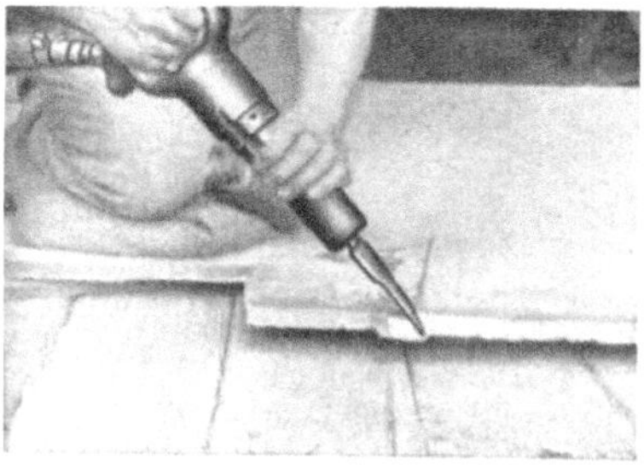

Abb. 70
Kupferschneiden mit FMA-Meißelhammer
Tabelle 23 Nr. 15—24

Abb. 71
Ausstemmen mit FMA-Meißelhammer
Tabelle 23 Nr. 15—24

Formen- und Gußbearbeitung

Abb. 72
Sandsieben mit FMA-Sandsiebmaschine
Seite 282

Abb. 73
Formenstampfen mit FMA-Stampfer
Tabelle 214 Nr. 41—48

Abb. 74
Formenausblasen mit FMA-Blasdüse
Seite 284

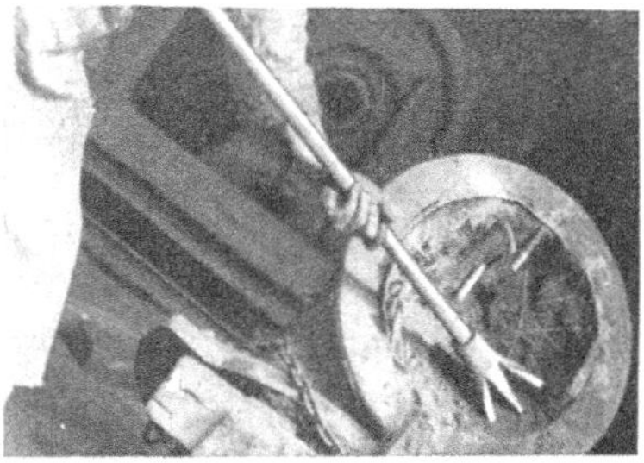

Abb. 75
Gußputzen mit FMA-Abbauhammer
Tabelle 24 Nr. 21—35

Abb. 76
Gußschleifen mit FMA-Schleifmaschine
Tabelle 25 Nr. 21—24

Abb. 77
Gußputzen mit FMA-Meißelhammer
Tabelle 23 Nr. 1—24

Bau- und Abbrucharbeiten

Abb. 78
Straßenbau mit fahrbarem FMA-Kompressor
Seite 176

Abb. 79
Betonstampfen mit FMA-Vibrator
Tabelle 24 Nr. 51—53

Abb. 80
Betonaufbrechen mit FMA-Aufbruchhammer
Tabelle 24 Nr. 1—3

Abb. 81
Böschungstampfen mit FMA-Stampfer
Tabelle 24 Nr. 4, 1—3

Abb. 82
Betonstampfen mit FMA-Stampfer
Tabelle 24 Nr. 41—48

Abb. 83
Spundwandrammen mit FMA-Ramme
Tabelle 24 Nr. 11

Bau- und Abbrucharbeiten

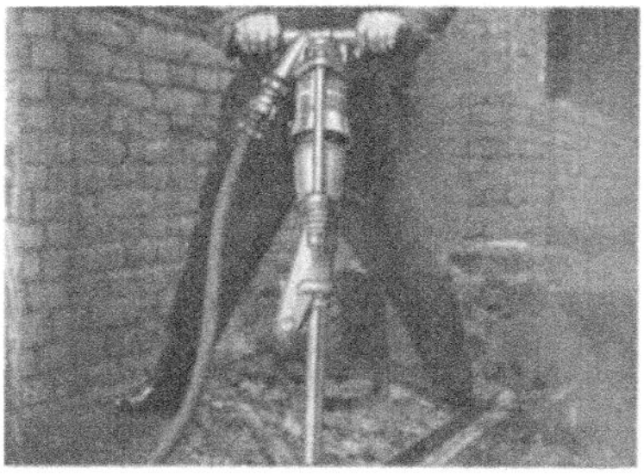

Abb. 84
Fundamentbrechen m. FMA-Aufbruchhammer
Tabelle 24 Nr. 1—3, 31—35

Abb. 85
Brückenabbruch mit FMA-Aufbruchhammer
Tabelle 24 Nr. 1—3, 31—35

Abb. 86
Fundamentaushub m. FMA-Aufbruchhammer
Tabelle 24 Nr. 1—3, 21—35

Abb. 87
Gesteinbohren mit FMA-Bohrhammer

Abb. 88
Grabenaushub mit FMA-Spatenhammer
Tabelle 24 Nr. 21/22

Abb. 89
Mauermeißeln mit FMA-Meißelhammer
Tabelle 23 Nr. 1—24

Steinbearbeitung

Abb. 90
Bildhauerarbeiten mit FMA-Meißelhammer
Tabelle 23 Nr. 19—24

Abb. 91
Stocken mit FMA-Stockhammer

Abb. 92
Keillochstemmen mit FMA-Keillochhammer
Tabelle 24 Nr. 61—76

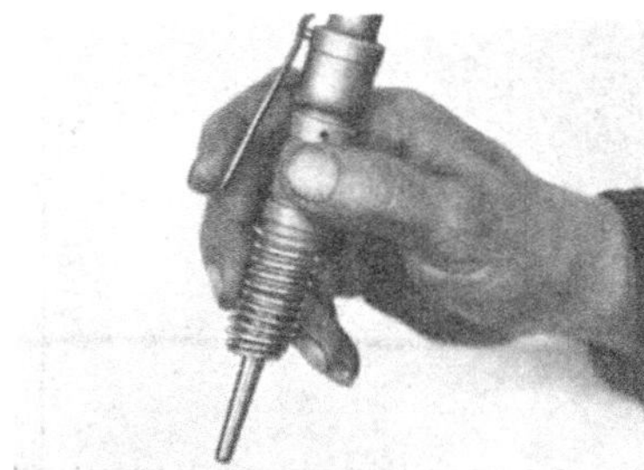

Abb. 93
Ziselieren mit FMA-Meißelhammer
Tabelle 23 Nr. 25

Abb. 94
Scharieren mit FMA-Scharierhammer

Abb. 95
Bildhauerarbeiten mit FMA-Meißelhammer
Tabelle 23 Nr. 17—24

Oberflächenbehandlung

Abb. 96
Rostabklopfen mit FMA-Abklopfer
Tabelle 23 Nr. 31—33

Abb. 97
Polieren mit FMA-Poliermaschine
Tabelle Nr. 41/42

Abb. 98
Farbspritzen mit Farbspritzpistole

Abb. 99
Farbspritzen mit Farbspritzpistole

Abb. 100
Ausblasen mit FMA-Blasdüse
Seite 284

Abb. 101
Reinigung mit FMA-Blasdüse
Seite 284

Weitere Verwendungszwecke

Abb. 102
Gleisstopfen

Abb. 103
Ventilschleifen

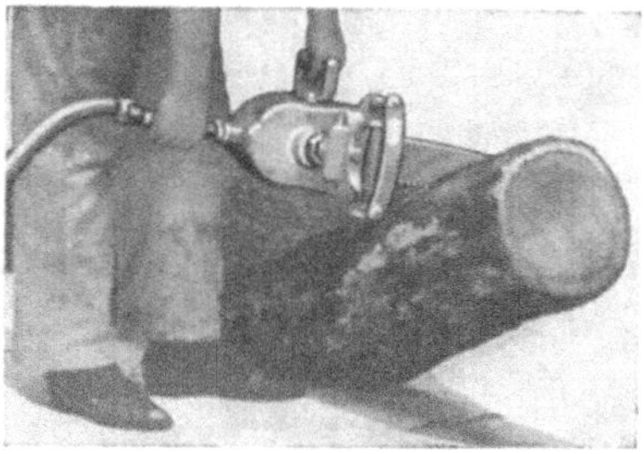

Abb. 104
Holzsägen

Abb. 105
Holzbohren
Tabelle 25 Nr. 65

Abb. 106
Torkretverfahren
Auftragen von Zement auf Flächen

Abb. 107
Torkretverfahren
Auftragen von Zement auf Mauerwerk

Weitere Verwendungszwecke

Abb. 108
Fugen ausblasen

Abb. 109
Reifen aufpumpen

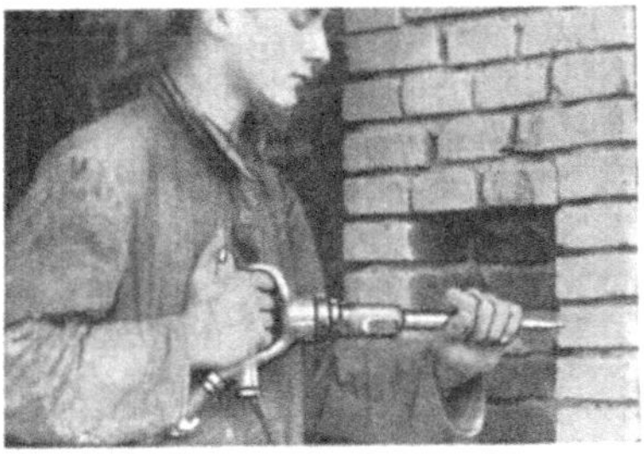

Abb. 110
Fugen stemmen
Tabelle 23 Nr. 1—20

Abb. 111
Holz bearbeiten

Abb. 112
Rohre verstemmen
Tabelle 23 Nr. 1—20

Abb. 113
Maschinen reinigen

Weitere Verwendungsgebiete

Abb. 114

Stehender FMA-Antriebsmotor mit freiem Wellenende

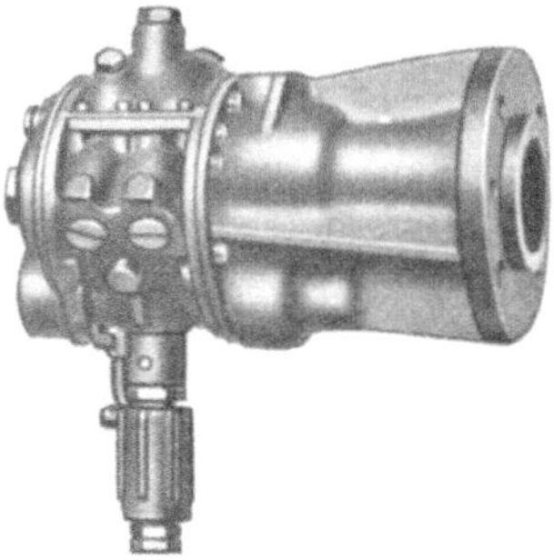

Abb. 115

FMA-Druckluftmotor mit Befestigungsflansch

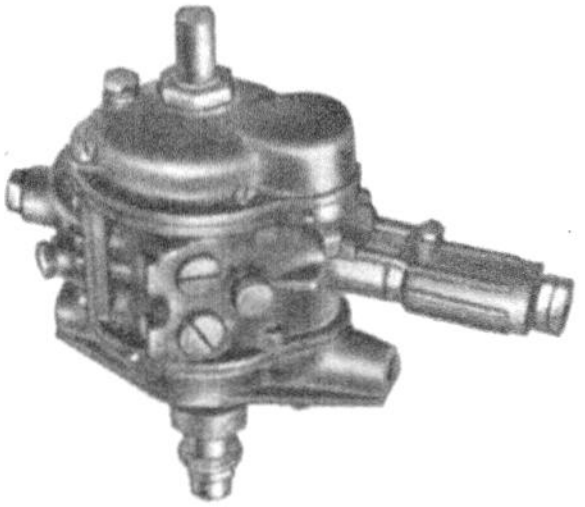

Abb. 116

FMA-Druckluftmotor mit freiem Wellenende

Abb. 117

FMA-Seilwinde mit angeflanschtem Druckluftmotor

Es war mit dieser Auswahl der Verwendungsgebiete der Druckluft-Werkzeuge und -Maschinen nicht möglich, auch nur einigermaßen erschöpfend alles zu bringen. Für alle Zweifelsfälle und Überlegungen bei Neueinrichtungen stehen die FMA-Fachingenieure unverbindlich und kostenlos mit ihren reichen Erfahrungen zur Verfügung.

III. Die Einrichtung und der Betrieb von Druckluftanlagen.

Im Abschnitt II — Anwendungsgebiete — ist dargestellt, wie groß die Möglichkeiten sind, Druckluft zur wirtschaftlichen Ausführung von Arbeiten heranzuziehen. Einen ungefähren Maßstab für die Wirtschaftlichkeit geben die folgenden aus der Erfahrung gewonnenen Beispiele:

1. Eine Druckluft-Niet-Kolonne (ein Nietwärmer, ein Nieter, ein Gegenhalter) leistet mit einem Niethammer annähernd doppelt so viel wie eine Handnietkolonne von 4—5 Männern.
2. Ein Arbeiter leistet mit einem Drucklufthammer etwa vier- bis sechsmal so viel wie beim Meißeln und Verstemmen von Hand.
3. Druckluftstampfer und Kesselsteinklopfer leisten in derselben Zeit etwa fünf- bis achtmal so viel wie die Handarbeit beträgt.
4. Mit einer Druckluft-Bohrmaschine kann ein Arbeiter je nach der Anordnung und der Tiefe der Löcher beim Bohren, Aufreiben oder Gewindeschneiden die zehn- bis dreißigfache Leistung gegenüber dem Betrieb mit Bohrknarren erzielen.
5. Mit einem schweren Aufbruchhammer für Beton, Asphalt usw. erreicht ein Mann die zehn- bis zwanzigfache Leistung gegenüber der Handarbeit.
6. Bei Gesteinsbohrungen mit einem Bohrhammer und einem Mann werden die mehrfachen Leistungen einer Handbohrkolonne von drei Mann erzielt.

Immer übertrifft die mit Druckluftwerkzeugen ausgeführte Arbeit die Handarbeit an Güte und Menge um ein Vielfaches!

Tab. 7

Die erfahrungsgemäße Belastung eines Kompressors in v. H. des Gesamtbedarfs bei:

vorhandenen Werkzeugen:	3	4	6	8	10	15	20	30	40	Stück
gleichzeitig in Betrieb:	90	85	80	75	70	65	60	55	50	v. H.

Nachstehend sei nun ein Anwendungsbeispiel für die Einrichtung einer vollständigen Druckluftanlage für den Betrieb von Druckluftwerkzeugen erläutert:

In einer Kesselschmiede sollen die Arbeiten mit Druckluft ausgeführt werden. An Hand der Angaben über die Leistung der Druckluftwerkzeuge auf den Seiten 195 bis 281 sind Art und Anzahl der Werkzeuge ermittelt, und zwar:

	Luftbedarf
3 Bohrmaschinen zum Bohren von Löchern bis 22 ⌀	3900 l/min
5 Hämmer zum Nieten von Nieten bis 22 ⌀	3050 l/min
2 Hämmer zum Meißeln und Stemmen	840 l/min
5 Gegenhalter	500 l/min
2 Nietfeuer	200 l/min
	Sa. 8490 l/min

Der Gesamtluftbedarf beträgt somit 8500 l/min, wenn alle Werkzeuge in Betrieb sind, da dies aber niemals der Fall sein wird, so können gemäß Tabelle 7 etwa 30 v. H. abgezogen werden, so daß nur noch $^{70}/_{100} \times 8500 = 6000$ l/min benötigt werden.

Die Erfahrung lehrt, daß es sich nach der Beschaffung einer Druckluftanlage sehr bald herausstellt, daß mit sehr viel Nutzen noch eine ganze Menge anderer Arbeiten mit Druckluftwerkzeugen ausgeführt werden können.

Im allgemeinen erweist es sich daher als vorteilhaft, den ermittelten Luftbedarf um etwa 50 v. H. zu erhöhen, um späteren Mehrbedarf decken zu können.

In unserem Fall müßte dann der Kompressor $1{,}5 \times 6000$ l/min $= 9000$ l/min Druckluft, auf atmosphärische Spannung umgerechnet, fördern.

Infolge der unvermeidlichen Luftverluste im Kompressor, Windkessel und Rohrleitungsnetz bis zur Verbrauchsstelle ist die Kompressorleistung um 10 v. H. größer zu wählen, so daß die endgültige Leistung nunmehr 10000 l/min betragen muß.

Dem vorläufigen sowie dem dauernd schwankenden Luftbedarf paßt sich der Kompressor mit Antriebsmaschine selbsttätig durch die Regelung an. (Siehe hierüber Seite 17.)

Die Betriebskosten bleiben nahezu die gleichen wie bei einem kleineren, genau dem Luftbedarf entsprechenden Kompressor; und die etwas höheren Anschaffungskosten spielen bei weitem nicht die Rolle, wie die abermalige Ausgabe für einen zweiten Kompressor mit Zubehör.

Da der Konstruktion und Leistung aller Druckluftwerkzeuge ein

Betriebsdruck von 7 ata

zugrunde liegt, muß der Kompressor für einen Enddruck von 7 ata vorgesehen sein.

Es kommt somit gemäß Tabelle 2 der FMA-Kompressor Bauart K 30 M/D-518 in Frage, der bei 1000/min eine Saugleistung von 11160 l/min bei einem Enddruck von 7 ata hat.

Wir nehmen an, daß der Kompressor mit einem Elektromotor angetrieben wird. In der Tabelle 2 ist der Kraftbedarf an der Welle des Kompressors mit 82 PS angegeben. Auf Grund praktischer Erfahrung und der zulässigen Abweichungen im Kraftbedarf des Kompressors und in der Leistung des Motors muß der Elektromotor 10—12 v. H. stärker gewählt werden.

Der für die ermittelte Saugleistung erforderliche Windkessel ergibt sich aus Tabelle 8 mit einem Inhalt von 8 m^3 (Etna $0{,}6 \times$ Saugleistung in m^3).

Für die Druckluftleitung zwischen Kompressor und Windkessel ist maßgebend der lichte Durchmesser des Druckstutzens am Kompressor, der aus der Tabelle 9 zu entnehmen ist. Er beträgt für unser Beispiel 150 mm.

Der Durchmesser der Druckleitung, die vom Windkessel zu den Arbeitsstätten führt, ergibt sich aus der Tabelle 8 für die gegebene Saugleistung von 11,16 m³/min mit 125 mm.

Es empfiehlt sich zur Schonung der Werkzeuge und Schläuche möglichst nahe an den Zapfstellen, also da wo die Luft am meisten abgekühlt ist, der Einbau eines Wasserabscheiders, der so zu bemessen ist, daß die lichte Weite seines Eintrittstutzen der Rohrleitung entspricht. Im allgemeinen genügt es, den Abscheider in die Druckleitung vor den Abzweigungen nach den einzelnen Werkstätten einzubauen.

Die erforderlichen Durchmesser für die Zuleitungsschläuche der verschiedenen Werkzeuge gehen aus den Tabellen im Teil IV hervor. Sie betragen bei 15 m Länge für unser Beispiel bei:

Bohrmaschinen	19 mm l. W.
Niethämmern	16 mm l. W.
Gegenhaltern	10 mm l. W.
Meißelhämmern	13 mm l. W.
Nietwärmern	10 mm l. W.

Abgesehen von den durch Druckluft betriebenen Werkzeugen und Maschinen, bzw. den Druckluft verarbeitenden Apparaturen, besteht eine Drucklufterzeugeranlage aus folgenden Hauptteilen:

1. Luftkompressor mit Antriebsmotor,
2. Windkessel,
3. Druckluftleitung zwischen Kompressor und Windkessel,
4. Druckluftleitung vom Windkessel zu den Verbrauchsstellen.

Abb. 118 zeigt eine vollständige Drucklufterzeugeranlage mittlerer Größe: 1 ist ein FMA-Kompressor Bauart K 30 M/V 418. Eine während des Stillstandes lösbare, nachgiebige S c h w u n g r a d k u p p l u n g 2 verbindet den Kompressor mit dem E l e k t r o m o t o r 3. Kompressor und Motor sind auf einer gemeinsamen Grundplatte 4 aufgebaut und müssen gut gegeneinander ausgerichtet sein.

Die Größe des Kompressors ist bestimmend für die Art des Fundaments. Bei der Platzwahl für den Maschinensatz ist zu berücksichtigen, daß um diesen herum so viel Platz vorhanden sein muß, daß alle Maschinenteile gut zugänglich sind. Außerdem ist Vorkehrung zu treffen, daß sperrige Stücke, wie etwa die Kurbelwelle, ausgebaut werden können.

Infolge ihres erschütterungsfreien Laufes können die Kompressoren K 30 bis zur Größe 418 in Stockwerken Aufstellung finden, vorausgesetzt, daß die erforderliche Tragfähigkeit der Decke vorhanden ist und die Gebäudeteile keine Resonanz zu den kleinen Restschwingungen der Maschine haben. Erforderlich ist jedoch ein kleines Fundament von 30 bis 50 cm Höhe, unter welchem der Einbau einer schwingungsdämpfenden Isolation (Korkplatten usw.) unter Umständen von Vorteil sein kann.

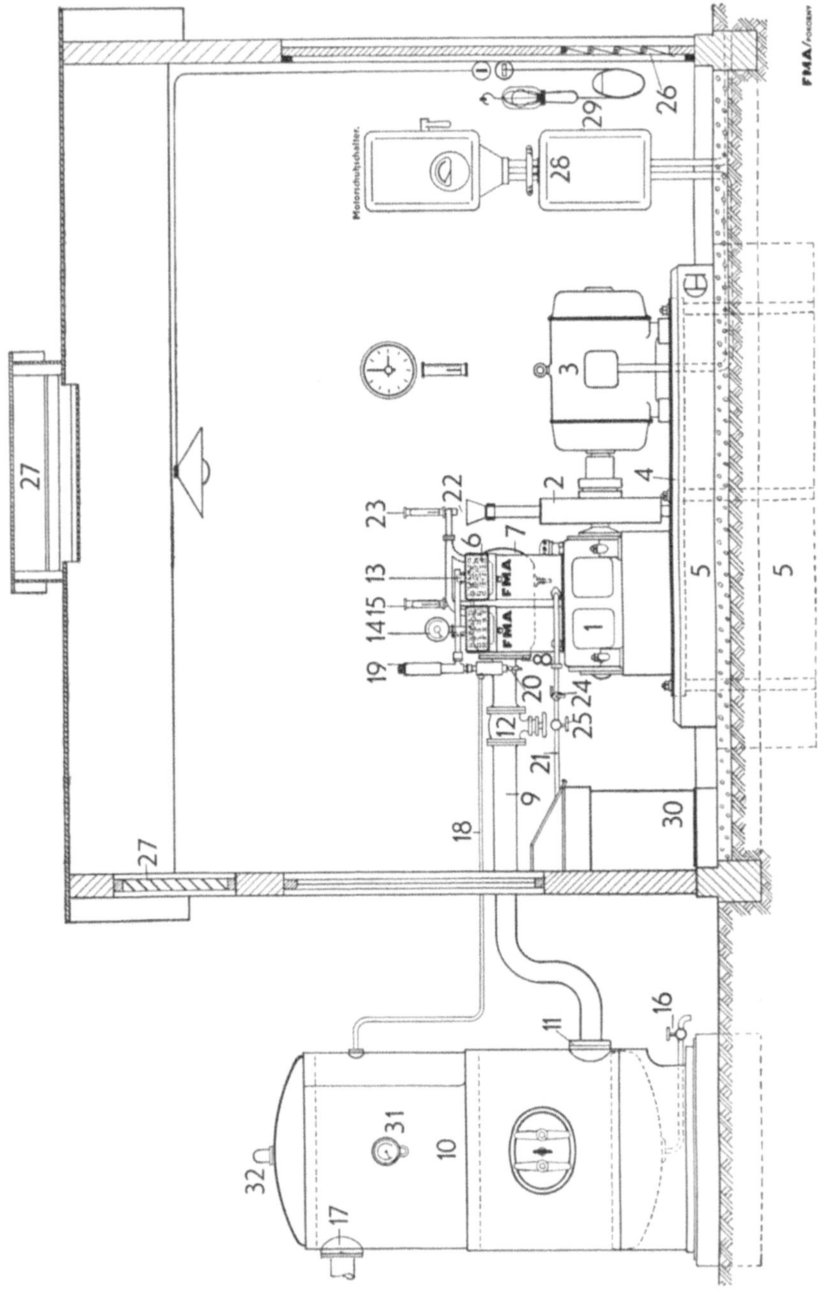
27
27
32
17
31
10
18
9
12
21
20
8
25
24
19
14
15
13
23
22
6
FMA
FMA
7
2
1
3
4
5
5
11
16
30
Motorschutzschalter.
28
29
26
FMA/POKORNY

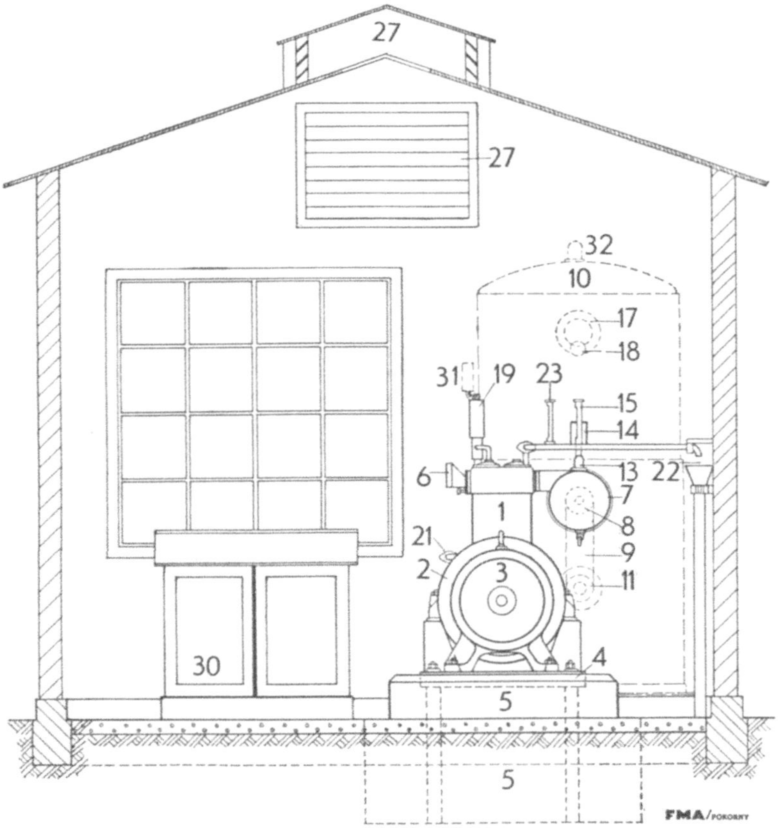

Abb.118 Ortsfeste Kompressoranlage

1 FMA-Kompressor
2 Kupplung und Schwungscheibe
3 Elektromotor
4 Grundplatte
5 Fundament
6 Luftfilter
7 Stoßwindkessel
8 Dämpfscheibe
9 Druckleitung
10 Windkessel
11 Dämpfscheibe
12 Absperrventil
13 Sicherheitsventil
14 Manometer
15 Thermometer für Druckluft
16 Ablaßhahn
17 Abgehende Druckleitung
18 Relaisleitung
19 Relais
20 Ablaßhahn
21 Kühlwasserzuleitung
22 Kühlwasserabfluß
23 Kühlwasser-Thermometer
24 Kühlwasser-Ablaßhahn
25 Kühlwasser-Absperrventil
26 Belüftungsklappen
27 Entlüftungsluken
28 Anlasser
29 Handlampe
30 Werkzeuge und Ersatzteile
31 Manometer am Windkessel
32 Sicherheitsventil am Windkessel

Tab. 8

Druckluftbehälter für 8 ata Betriebsdruck und 11.5 ata Probedruck

nach den Vorschriften der Berufsgenossenschaft / Material: Baublech I St 37.21

Maße in mm						Ein- und Aus- tritt	Ab- laß	Sich.- Ven- til	Ma- no- me- ter	Maße in mm								Gewicht mit Armaturen in kg		
m³	D	L	U	M	E					a	b	c	d	e	f	g	h		II	III
0,50	700	1300		5,5	7/9	40	13	25	1/2"	600	1150	250	400				100	250		
0,75	800	1500		6	7/9	40	13	25	1/2"	600	1300	250	400				100	330		
1,00	900	1450	350	6,5	8	50	20	25	1/2"	600	1300	275	400	175	350	400	175		424	474
1,25	900	1850	350	6,5	8	50	20	25	1/2"	700	1600	300	400	230	465	460	200		490	540
1,50	1000	1750	400	7	8,5	60	20	25	1/2"	700	1450	300	400	215	440	440	200		570	630
2	1000	2400	400	7	8,5	60	20	25	1/2"	900	1600	300	400	300	600	600	200		710	770
2,5	1000	3050	400	7	8,5	70	20	25	1/2"	1250	1700	500	400	385	760	760	200		840	900
3	1200	2450	400	8	10	70	20	30	1/2"	900	1600	300	400	305	610	620	200		970	1040
4	1200	3350	400	8	10	80	20	30	1/2"	1250	1800	450	400	415	840	840	200		1240	1310
5	1400	3000	500	9,5	11	90	20	30	1/2"	1250	1650	500	400	375	750	750	200		1560	1670
6	1400	3650	500	9,5	11	100	20	30	1/2"	1600	1500	600	400	455	910	920	200		1810	1920
8	1500	4250	500	10	12	125	25	40	1/2"	1750	1500	750	400	530	1060	1070	200		2355	2475
10	1600	4700	550	11	12	150	25	40	1/2"	1850	1700	750	400	585	1170	1190	200		2980	3125
12	1800	4400	600	12	14	175	25	40	1/2"	1850	1700	750	400	550	1100	1100	200		3660	3840
15	1800	5600	600	12	14	200	25	40	1/2"	1650	1700	900	400	700	1400	1400	200		4450	4630
20	2000	6000	600	13	15	250	25	40	1/2"	1700	1700	900	400	750	1500	1500	200		5740	5990
25	2000	7600	600	13	15	300	25	40	1/2"	1700	1700	900	400	950	1900	1900	200		6800	7050
30	2000	9300	600	13	15	350	25	40	1/2"	1700	1700	900	400	1160	2325	2330	200		8000	8250

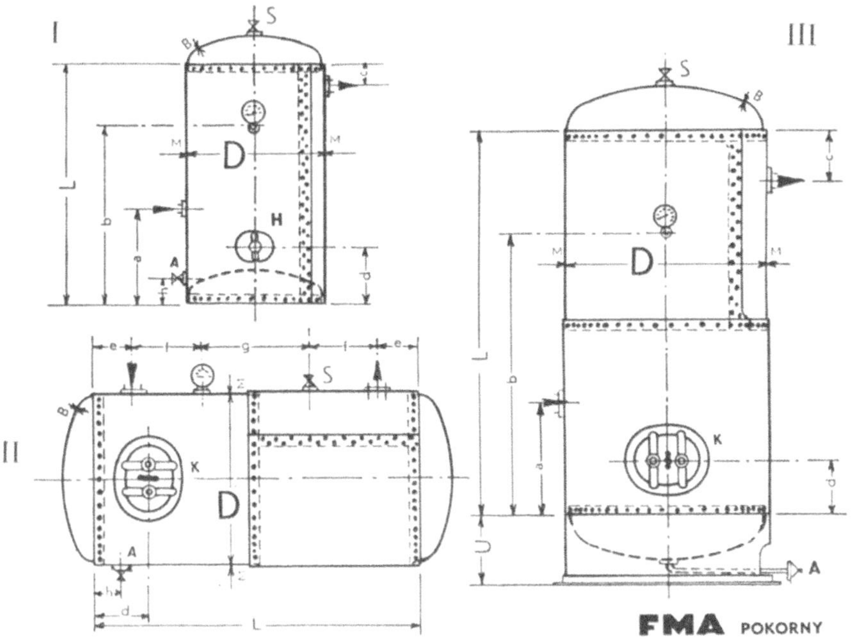

Abb. 119. Druckluftbehälter.

Im allgemeinen werden Kompressoren zur ebenen Erde Aufstellung finden, und es ist dann angebracht, das Fundament 5 bis auf festen Baugrund zu führen, damit Verlagerungen des Maschinensatzes mit Sicherheit vermieden werden. In kritischen Fällen, in welchen keinerlei Resonanzschwingungen mit ihren Folgen auftreten dürfen (z. B. in Krankenhäusern) ist die schwingungsdämpfende Isolation zweckmäßig.

In allen Fällen darf der Kompressor erst dann in Betrieb genommen werden, wenn das Fundament vollständig abgebunden hat (mindestens eine Woche). Es wird noch darauf hingewiesen, daß Fundamente niemals mit Öl in Berührung kommen dürfen, da dieses eine zersetzende Wirkung auf Zement ausübt.

An den Saugstutzen sind Luftfilter 6 zum Reinigen der Luft vor dem Eintritt in den Kompressor angebracht. Ist die Luft am Aufstellungsort des Kompressors besonders staubhaltig oder sehr warm, dann ist es ratsam, von den Saugstutzen eine gemeinsame Saugleitung ins Freie zu legen und ein reichlich bemessenes Filter, das gegen Witterungseinflüsse geschützt ist, im Freien vor der Saugleitung anzubringen.

Zur Vermeidung von Schwingungen und Geräuschen in der Saugleitung ist es notwendig, diese mit möglichst großem Querschnitt auszuführen. Zum mindesten ist der Querschnitt doppelt so groß zu wählen wie der Querschnitt eines Saugstutzens an der Maschine. Außerdem soll diese Saugleitung möglichst wenig Krümmungen haben und nur solche von großem Radius.

Tab. 9 Betriebsmerkmale d. einstufigen FMA-Kompressoren, Bauart K 30 M

Bauart K 30 M Größe		E 110	E 212	E 313	E 415	E 416	E 418	Z 313	E 518	Z 415	Z 416
Saugstutzen ∅ .. mm		50	65	65	80	80	80	80	110	125	125
Druckstutzen ∅ .. mm		50	65	65	80	80	80	80	110	125	125
Kühlwasser Ein- und Austritt ... (engl. Zoll)		R 3/8"	R 3/8"	R 1/2"	R 1/2"	R 1/2"	R 1/2"	R 1/2"	R 1/2"	R 1/2"	R 1/2"
Kühlwasser-Verbrauch bei 15° C Eintr.-Temp. 20° C Austr.-Temp. in l/min bei … at	2	0,4	0,7	0,9	1,2	1,4	1,8	1,8	2,3	2,5	2,9
	3	0,7	1,2	1,5	2,2	2,5	3,1	3,2	4,0	4,4	5,0
	4	0,9	1,6	2,1	2,8	3,4	4,1	4,3	5,3	5,9	6,8
	5	1,1	1,9	2,5	3,4	3,9	4,7	5,0	6,2	6,8	7,9
	6	1,2	2,1	2,7	3,7	4,3	5,1	5,4	6 6	7,4	8,6
	7	1,3	2,2	2,8	3,9	4,5	5,3	5,7	6,8	7,8	9,1
	8	1,3	2,3	3,0	4,1	4,8	5,5	6,0	7,1	8,1	9,6

Bauart K 30 M Größe		Z 418	Z 518	D 418	D 518	V 418	V 518	S 418	S 518	A 518
Saugstutzen ∅ .. mm		125	125	125	150	125	150	2x125	2x150	2x150
Druckstutzen ∅ .. mm		125	125	125	150	125	150	2x125	2x150	2x150
Kühlwasser Ein- und Austritt ... (engl. Zoll)		R 3/4"	R 3/4"	R 3/4"	R 3/4"	R 3/4"	R 3/4"	2x3/4"	2x3/4"	2x3/4"
Kühlwasser-Verbrauch bei 15° C Eintr.-Temp. 25° C Austr.-Temp. in l/min bei … at	2	3,6	4,6	5,4	7,0	7,2	9,3	10,8	14,0	18,7
	3	6,2	8,0	9,3	12,0	12,4	16,2	18,6	24,2	32,2
	4	8,3	10,7	12,2	16,2	16,6	21,4	24,9	32,2	42,8
	5	9,5	12,4	14,3	18,7	19,1	24,9	28,7	37,4	49,8
	6	10,3	13,2	15,4	19,9	20,6	26,4	30,8	39,7	53,0
	7	10,7	13,7	16,2	20,7	21,4	27,4	32,2	41,2	55,0
	8	11,1	14,2	16,6	21,3	22,2	28,4	33,0	42,6	56,9

Tab. 10 Betriebsmerkmale d. zweistufigen FMA-Kompressoren Bauart K 30 S

Bauart K 30 S Größe		Z 316	Z 418	D 316	D 418	V 418	S 418	D 523
Saugstutzen ∅ .... mm		80	80	80	125	125	2x125	150
Druckstutzen ∅ .... mm		65	80	65	80	80	2x125	110
Kühlw. Ein- u. Austritt (engl. Zoll)		R 1/2"	R 1/2"	R 1/2"	R 3/4"	R 3/4"	2x3/4"	R 1"
Kühlwasser-Verbrauch bei 15° C Eintr.-Temp. 25° C Austr.-Temp. in l/min bei … at	6	6,4	9,1	12,9	18,2	25,3	36,5	38,9
	7	7,2	10,1	14,3	20,2	28,2	40,5	43,2
	8	7,7	10,9	15,5	21,8	30,5	43,9	46,8
	9	8,4	11,8	16,7	23,5	32,9	47,2	50,0
	10	8,8	12,4	17,6	24,9	34,8	50,0	53,2
	11	9,2	12,9	18,4	25,9	36,2	52,0	55,5

Bauart K 30 S Größe		A 418	D 633	S 523	V 633	S 633	A 633
Saugstutzen ∅ .... mm		2x125	225	2x150	225	2x225	2x225
Druckstutzen ∅ bezw. □ mm		2x125	100x200	2x110	100x200	10 x200	2x100x200
Kühlw. Ein- u. Austritt (engl. Zoll)		2x3/4"	1 1/2"	2x1"	1 1/2"	2x1 1/2"	2x1 1/2"
Kühlwasser-Verbrauch bei 15° C Eintr.-Temp. 25° C Austr.-Temp. in l/min bei … at	6	51,0	62,5	77,9	88,5	125,0	176,5
	7	56,8	69,5	86,5	98,2	139,0	196,0
	8	61,4	75,2	93,8	106,0	150,0	213,0
	9	66,1	81,0	100,8	114,0	162,0	229,0
	10	70,0	85,8	106,4	121,0	171,0	243,0
	11	72,8	89,2	110,0	126,0	178,0	255,0

Ist die Saugleitung länger als 4 m, dann muß sie noch erweitert werden, oder man bringt an den Kompressor noch einen kleinen Saugwindkessel an, ähnlich dem Stoßwindkessel auf der Druckseite.

Es wird dringend geraten, die Saugleitung nicht zu schweißen, sondern sie mittels Flanschverbindungen zusammenzusetzen. Sie läßt sich dann vor der Inbetriebnahme und später nach Bedarf sorgfältig reinigen. Die Reinigung vor der ersten Inbetriebnahme ist besonders wichtig.

Verlangen die örtlichen Verhältnisse die Beseitigung des Sauggeräusches, so läßt sich dies durch Einbau von Dämpfscheiben in die Saugleitung erreichen. Zwischen Saugleitung- und Dämpfscheibengröße bestehen bestimmte Maßverhältnisse, die von Fall zu Fall festgelegt werden müssen.

Der Stoßwindkessel 7 auf der Druckseite des Kompressors hat den Zweck, Schwingungen der Luftsäule in der Druckleitung und der Luft im Windkessel unmöglich zu machen. Im Stoßwindkessel werden die rasch aufeinander folgenden Luftstöße ausgeglichen und die Druckluft strömt durch eine Dämpfscheibe 8, die zwischen Stoßwindkessel und Druckleitung angebracht ist, in die Druckleitung 9. Diese soll keinen kleineren Querschnitt haben als der Austrittflansch des Stoßwindkessels. Wird zwischen Druckleitung 9 und Windkesssel 10 ebenfalls eine Dämpfscheibe 11 eingebaut, so wirkt die Druckleitung auch als Stoßwindkessel und die Druckluft strömt gleichmäßig in den Windkessel, ohne störende Geräusche hervorzurufen.

Gemäß den Vorschriften der Berufsgenossenschaften (Seite 334) ist in die Druckleitung ein Absperrventil 12 einzubauen; es ist empfehlenswert, dieses so einzubauen, daß die Spindel senkrecht nach unten gerichtet ist, damit das Ventil sich nicht von selbst schließen kann.

Selbsttätige Rückschlagventile sind wegen der ihnen anhaftenden Mängel nicht empfehlenswert.

Zwischen Kompressor und Absperrventil muß ein Sicherheitsventil 13 angebracht sein, welches so reichlich zu bemessen ist, daß der Betriebsdruck der Kompressoranlage höchstens um 0,5 at überschritten werden kann. Zweckmäßig wird dieses Ventil am Stoßwindkessel angebracht. Ebenso kann man am Stoßwindkessel ein Manometer mit Hahn 14 und Thermometer 15 anbringen.

Besitzt die Druckleitung auf- und absteigende Teile, dann müssen an den tiefsten Stellen Ablaßhähne für Niederschläge sitzen.

Der Windkessel 10 gleicht die vom Kompressor herrührenden Luftstöße vollkommen aus und muß wegen des mehr oder weniger von der Kompressorleistung abweichenden Druckluftverbrauches als Speicher dienen. Er soll daher nicht zu knapp bemessen sein.

Für die Wahl der Windkesselgröße gibt die Formel

$$\text{Kesselgröße in } m^3 = 0{,}6 \times \text{Saugleistung in } m^3/\text{min}$$

einen annähernden Anhalt.

Die Tabelle 8 enthält die Maßangaben handelsüblicher Windkessel in den Größen von 0,5 bis 30 m^3.

Für den Betrieb des Kompressors ist es an sich gleichgültig, ob ein Windkessel stehender oder liegender Anordnung verwendet wird, das ist eine Frage der Raumverhältnisse.

Wird der Windkessel größer gewählt als die Formel angibt, so erwachsen daraus nie Nachteile. Ein zu kleiner Windkessel hat dagegen den Nachteil, daß bei sehr schwankendem Druckluftbedarf die Kompressorregelung andauernd arbeiten muß, außerdem haben kleine Windkessel nicht die gute öl- und wasserabscheidende Wirkung wie die größeren.

An jedem Windkessel ist an der tiefsten Stelle ein Ablaßhahn 16 anzubringen.

Ausführung, Ausrüstung und Betrieb des Windkessels müssen den Vorschriften der Berufsgenossenschaften entsprechen (Seite 334).

Die abgehende Druckleitung 17 soll möglichst weit entfernt sein von der Lufteintrittstelle. Es ist zweckmäßig, den Eintritt möglichst weit unten und den Austritt möglichst weit oben vorzusehen, damit eine gute Abscheidung gewährleistet ist.

Um Druckabfall zu vermeiden, ist die Druckleitung nicht zu eng und ohne scharfe Krümmungen auszuführen.

Druckabfall bedeutet Verlust und Erhöhung der Betriebskosten.

Auf Seite 33 ist eine eingehende Berechnung von Druckluftrohrleitungen gegeben, für die annähernde Ermittlung der lichten Weite (l. W.) der Rohrleitung bei gegebener Saugleistung und einem zugelassenen Druckabfall in at dient die Tabelle 11.

Öl- und Wasserabscheider und Druckluftreiniger verursachen auch einen Druckabfall, der von der Art und dem Zustand der Apparate abhängig ist. Der jeweilige Druckabfall solcher Apparate im gereinigten Zustande wird von den Herstellerfirmen angegeben.

Um eine möglichst vollkommene Abscheidung zu erreichen, ist es notwendig, die Abscheider möglichst nahe an den Verbrauchsstellen einzubauen.

Im allgemeinen soll der Druckabfall bis zur äußersten Entnahmestelle **0,1 at** nicht überschreiten.

Druckluftleitungen werden zweckmäßig aus schmiedeisernen Rohren in roher oder verzinkter Ausführung zusammengesetzt. Innen geteerte oder asphaltierte Rohre sollen nicht verwendet werden, da der Überzug von ölhaltiger Luft angegriffen wird und in die Werkzeuge oder Apparate gelangen kann.

Am besten fügt man die einzelnen Rohrstücke durch Flanschverbindung aneinander, da diese Verbindungsart die zuverlässigste ist und zu jeder Zeit leicht gelöst werden kann. Für die Flanschdichtungen ist nur bestes Material zu verwenden, und die Flanschschrauben sind von Zeit zu Zeit nachzuziehen.

Die Rohrleitungen sind so zu verlegen und zu befestigen, daß bei Temperaturschwankungen ungehindert eine Längenänderung ohne Spannungen oder Verwerfungen möglich ist.

Tab. 11 Druckabfall in at in Druckluftrohrleitungen für 100 m gerade Rohrlänge und 7 ata Enddruck

Saugleistung in l/min	Lichter Rohrdurchmesser in mm										
	20	25	32	40	50	(60)	70	80	(90)	100	125
500	0,1	0,04									
1000	0,4	0,1	0,04								
2000	1,5	0,5	0,2	0,04							
5000		2,5	0,8	0,3	0,08	0,03					
10000			3,0	0,9	0,3	0,1	0,05	0,03			
15000				1,8	0,6	0,2	0,1	0,05	0,03		
20000				3,2	1,0	0,4	0,2	0,09	0,05	0,03	
25000					1,5	0,6	0,3	0,15	0,07	0,05	
30000					2,1	0,8	0,4	0,2	0,1	0,07	0,02
40000					3,8	1,4	0,6	0,4	0,2	0,11	0,04
50000						2,0	1,0	0,5	0,3	0,17	0,06

Der Druckverlust ist proportional der Rohrlänge.

Im allgemeinen sind Zwischenstücke unvermeidlich. Diese verursachen ebenfalls Druckabfall. In der Tabelle 12 sind die meistgebrauchten Zwischenstücke angeführt für verschiedene Rohrdurchmesser. Die eingetragenen Zahlen geben an, wieviel Meter Rohr vom gleichen lichten Durchmesser (l. W.) denselben Druckabfall verursachen wie das betreffende Zwischenstück, so daß man nach Bestimmung der den Zwischenstücken gleichwertigen Rohrlängen an Hand der Tabelle 11 weiter rechnen kann.

Tab. 12 Zur Widerstandsberechnung von Zwischenstücken

Zwischenstücke	Lichter Rohrdurchmesser in mm					
	25	50	80	100	125	150
Durchgangsventil .... $\zeta = 7$	6	15	25	35	50	60
Eckventil.................... $\zeta = 3$	3	7	11	15	20	25
Schieber .... $\zeta = 0{,}3$	0,3	0,7	1	1,5	2	2,5
Normalkrümmer............. $\zeta = 0{,}2$	0,2	0,4	0,7	1	1,4	1,7
T-Stücke.................... $\zeta = 2$	2	4	7	10	14	17
Plötzliche Verengung....... $\zeta = 0{,}5$	0,5	1	2	2,5	3,5	4

Da Niederschlagswasser und Ölausscheidungen unvermeidlich sind, sind alle Leitungen mit einem G e f ä l l e von mindestens 1 : 400 in der Strömungsrichtung zu verlegen.

An den tiefsten Stellen ist die Leitung mit Sammelgefäßen und Ablaßhähnen zu versehen.

L u f t e n t n a h m e h ä h n e und A b z w e i g u n g e n sind stets seitlich oder nach oben abzuführen.

Besteht die Gefahr des Einfrierens, so ist die Leitung durch entsprechende U m k l e i d u n g zu schützen oder in etwa 1 m T i e f e im Boden zu verlegen.

Die R e g e l u n g eines Drucklufterzeugers erfolgt gemäß den Ausführungen in Abschnitt „Die Steuerung und Regelung der Kompressoren" Seite 17 stets in Abhängigkeit vom Luftdruck im Windkessel.

Die in Abb. 118 dargestellte Anlage ist mit Leerlaufregelung nach Abb. 10 ausgestattet. Durch die Rohrleitung 18 ist das Relais 19 dauernd mit dem im Windkessel herrschenden Druck belastet. Diese Relaisleitung muß stets sehr sauber sein, damit keine die Regelung störenden Fremdkörper in das Relais gelangen können. Damit Verstopfungen dieser Leitung nicht vorkommen können, ist sie nicht zu eng (mindestens 8 mm l. W.) auszuführen. Ferner soll sie keine Absperrorgane besitzen, damit die Regelung, auch nicht aus Versehen, außer Tätigkeit gesetzt werden kann. Es wird nachdrücklichst darauf hingewiesen, daß diese Leitung zum Relais immer vom Windkessel aus gehen muß, weil nur dann eine stoßfreie Belastung des Relaiskolbens gewährleistet ist. Die ist unbedingt erforderlich, damit die Regelung einwandfrei arbeitet und das Relais nicht beschädigt wird. Der Ablaßhahn 20 am Abscheidekessel des Relais ist ein- bis zweimal täglich zu öffnen, am besten wenn Druck im Windkessel vorhanden ist.

Die K ü h l w a s s e r l e i t u n g 21 ist so zu verlegen, daß der Eintritt des Wassers unten in die Maschine erfolgt und der Austritt oben. Der Auslauf 22 ist offen und sichtbar auszuführen und mindestens in der Höhe der oberen Kante des Ventilkopfes zu halten. Der Absperrhahn 25 für das Kühlwasser muß sich stets vor dem Kompressor befinden, in der Abflußleitung aus dem Kompressor darf kein Absperrhahn sein. Das Kühlwasser muß stets freien Abfluß haben, damit der Kompressor nie unter Wasserdruck gesetzt und vollkommen entleert werden kann.

Zur Überwachung der Temperatur des abfließenden Kühlwassers kann man am Ablaufrohr ein Thermometer 23 anbringen.

Die A u s t r i t t e m p e r a t u r soll zweckmäßigerweise nicht mehr als 30° C betragen, damit schädliche Kesselsteinbildungen in der Maschine vermieden werden.

Ist durch die Einrichtung einer guten R ü c k k ü h l a n l a g e die dauernde Wiederverwendung desselben Kühlwassers möglich, so ist dies wegen der geringeren Kesselsteinbildung vorzuziehen. In dem Fall darf die Austrittemperatur etwa 40° C betragen. Unter Umständen kann eine Rückkühlanlage eine beträchtliche Ersparnis bedeuten.

Bei F r o s t g e f a h r muß es möglich sein, das Wasser aus der Maschine und den Rohrleitungen ablassen zu können. Daher sind an allen tiefsten Stellen Ablaßhähne 24 anzubringen, soweit sie nicht schon mit der Maschine geliefert werden.

Arbeitet der Kompressor in einem Raum, dessen Temperatur unter 0° C liegt, dann ist die gesamte Kühlwasserleitung gegen Einfrieren entsprechend zu schützen, und nach dem Ablassen des Kühlwassers muß mit einem Draht o. ä. durch die offenen Hähne gestoßen werden, da unter Umständen kleine Eisstücke das restlose Auslaufen des Wassers verhindern.

Über die sonstigen Einrichtungen des Kompressorraumes ist noch zu sagen, daß Vorkehrung getroffen werden muß für eine dauernde, reichliche Belüftung, auch dann wenn die Saugleitung ins Freie geführt ist.

Eine besonders wirksame Belüftung ist erforderlich, wenn der Windkessel im Kompressorraum aufgestellt ist.

Außer der Wasserkühlung benötigt der Kompressor ein Abführen der um ihn herum sich bildenden warmen Luftschichten, dasselbe gilt für den Antriebsmotor. Die meisten Elektromotoren besitzen ein eingebautes Kühlgebläse, und es geht nicht an, daß die erwärmte Kühlluft immer wieder durch die Maschine geblasen wird.

Selbst in einem kalten Raum wird die Luft durch die Ausstrahlung vom Kompressor und Antriebsmotor erwärmt, die warme Luft wird in die Höhe steigen, und es ist äußerst ratsam, in der Decke oder in den Wänden möglichst weit oben reichlich große Luken 27 vorzusehen, damit die warme Luft entweichen kann. Diese Luken sind von außen gegen Regen- und Schneeinfall abzudecken.

An möglichst tiefer Stelle müssen reichlich große Öffnungen 26 angebracht sein für das entsprechende Zuströmen von Frischluft.

Bei Kompressoren mit Wasserkühlung soll die Raumtemperatur nicht unter 2° C sinken, es ist daher bei Frostgefahr für eine leichte Beheizung des Raumes Sorge zu tragen. Das heißt jedoch nicht, daß die Temperatur im Kompressorraum im Winter 30° C betragen soll, und der Raum vollständig abgeschlossen wird. Es muß aber betont werden, daß ein Kompressorraum, in welchem dauernd eine Temperatur von 30—40° C herrscht, durch welchen aber fortwährend neue, wenn auch warme Luft streicht, für den Kompressorbetrieb bei weitem günstiger ist, als wenn die mittlere Raumtemperatur nur 15—20° C beträgt, der Raum aber vollkommen abgeschlossen und ohne jegliche Luftströmung ist. Im letzten Falle besteht die Möglichkeit, daß unmittelbar an den Maschinenteilen sich heiße Luftschichten bilden, die nicht genügend schnell fortgeleitet werden können. Dieser Umstand kann besonders bei luftgekühlten Maschinen zu Störungen führen.

Bei Kompressoren mit Wasser-Rückkühlanlagen mit Lamellen-Kühler, Pumpe und Ventilator ist erst recht für reichliche Belüftung zu sorgen. Bei derartigen Anlagen ist es vorteilhaft, den Ventilator vor einer Öffnung der Wand einzubauen, so daß der Ventilator zwangsläufig den Raum belüftet, selbstverständlich unter der Voraussetzung, daß die erwärmte Luft oben aus dem Raum wieder abziehen kann. Bei Frostgefahr ist dem Kühlwasser ein Gefrierschutzmittel zuzusetzen.

Abb. 120
Der veraltete, mittelbare Kompressorantrieb mittels Riemenübertragung.

Abb. 121
Der veraltete, mittelbare Kompressorantrieb mittels Zahnradübertragung.

Der Antrieb der Kompressoren.

Zum Antrieb von Kompressoren eignen sich alle bekannten Kraftmaschinen und die zur Kraftübertragung benutzten Maschinenelemente und Konstruktionen.

Je nach der Art des Kompressors, dem Verwendungszweck und den betrieblichen Verhältnissen bietet bald diese bald jene Antriebsart Vorteile.

Bei Kolbenkompressoren von ganz großer Saugleistung hat man meistens den Antrieb durch Kolbenkraftmaschine (Dampfmaschine, Verbrennungsmotor) und ordnet hierbei zweckmäßigerweise Kompressorzylinder und den Zylinder der Antriebsmaschine hintereinander so an, daß die Kolbenstange gemeinsam ist. Hierdurch ergibt sich ein guter mechanischer Wirkungsgrad der ganzen Anlage.

Zum Antrieb von Kompressoren mittlerer und kleinerer Saugleistung wird meistens dem Elektromotor der Vorzug gegeben. Solche Kompressoren hatten früher eine Drehzahl, die unter 500—600/min lag. Im allgemeinen erfolgte daher der Antrieb durch Elektromotor mittels Treibriemen, mit oder ohne Spannrolle, oder mittels Zahnradgetriebe. In diesen beiden Fällen ist die Kraftübertragung mit Leistungsverlust verbunden, der bedingt ist durch den Wirkungsgrad des Übertragungsmittels. Derartige Kompressoranlagen beanspruchen außerdem verhältnismäßig viel Platz.

Abb. 120 zeigt einen stehenden Kompressor, der von einem Elektromotor mittels Treibriemen angetrieben wird.

Abb. 121 stellt eine Kompressoranlage dar, bei welcher ein Übersetzungsgetriebe den langsamer laufenden Kompressor mit dem schneller laufenden Elektromotor verbindet.

Das Ziel, die genannten Raum- und Leistungsverluste abzustellen, wurde durch die Konstruktion der Kompressoren Bauart K 30 erreicht.

Abb. 134 und 137 zeigen einen neuzeitlichen Vierzylinder-Kompressor Bauart K 30, der mittels einer nachgiebigen Kupplung mit einem Elektromotor von 1000/min verbunden ist.

Abb. 159 zeigt einen Zweizylinder-Kompressor Bauart K 30, gekuppelt mit einem FMA-Dieselmotor (Rohölmotor), von 1000 U/min.

In diesen beiden Fällen erfolgt die Kraftübertragung verlustfrei, außerdem beanspruchen diese Anordnungen wenig Raum, da Kompressor und Antriebsmaschine ganz eng nebeneinander aufgestellt werden können. Derartig unmittelbar gekuppelte Einheiten besitzen eine Grundplatte, auf welcher Kompressor und Motor aufgebaut sind. Hierdurch ist die Gewähr gegeben, daß beide Maschinen stets gut gegeneinander ausgerichtet bleiben.

Infolge der größeren Drehzahl von 1000/min und der geringeren Zylinderabmessungen benötigen diese Kompressoren K 30 nur ein kleineres Schwungrad.

Die Vorteile der unmittelbar gekuppelten Kompressoren K 30 sind besonders aus der Abb. 135 zu erkennen. Der Elektromotor besitzt auf jeder Seite einen Wellenstumpf und treibt zwei Kompressoren an, die nach Belieben zu einer Einheit verbunden werden oder auf verschiedene Enddrücke fördern können.

Anordnungen nach dieser Abbildung haben den Vorteil, daß bei entsprechend vorgesehener Kupplung der eine oder der andere Kompressor aus irgendwelchen Gründen stillgesetzt werden kann (z. B. bei geringerem Luftbedarf, bei Überholungen u. ä.).

Die unmittelbare Kupplung der Kompressoren K 30 ist in der Regel das Gegebene. Es gibt Fälle, in welchen aus betriebstechnischen Gründen Riemenantrieb verlangt wird. Dieser Forderung entsprechen die Kompressoren K 30 ebenfalls.

Größere Kompressoren erhalten noch ein Außenlager, es sei aber darauf hingewiesen, daß mit dem Außenlager unter Umständen mehr Störungen als Vorteile verursacht werden können. Stets erfordert die Anbringung eines Außenlagers genaue Ausrichtung gegenüber der Kurbelwelle und festen, unveränderlichen Aufbau, damit schädliche Beanspruchungen der Kurbelwelle vermieden werden.

Für die Einzylinder-Kompressoren K 30 ist kein Außenlager erforderlich. Bei den Zwei- und Mehrzylinderkompressoren K 30 muß die Notwendigkeit eines Außenlagers von Fall zu Fall geprüft werden.

Abb. 159 zeigt, daß die Kompressoren K 30 ebenfalls gut mit einem Verbrennungsmotor gekuppelt werden können. In solchen Fällen empfiehlt es sich, eine ausrückbare Kupplung zu verwenden, die das Inbetriebsetzen der Anlage erleichtert und die Maschinen schont.

Kompressoren mit Antrieb durch Verbrennungsmotoren haben den Vorteil, daß sie überall verwendet werden können, auch in den entlegensten Gegenden, weshalb fahrbare Drucklufterzeuger fast ausschließlich mit Dieselmotorenantrieb ausgeführt werden.

Derartige fahrbare Diesel-Kompressor-Anlagen bilden in sich abgeschlossene Maschinenanlagen, die mit allem erforderlichen Zubehör vollkommen unabhängig sind und überall sofort arbeiten können. (Siehe hierüber auch die Beschreibungen auf Seite 169.)

Über die Kosten je PSh und das Verhältnis dieser Kosten bei Verbrennungs- bzw. Elektromotoren gibt die nachstehende Tab. 13 Aufschluß. Die letzte Spalte gibt die Ersparnisse an gegenüber dem Benzin-Benzol-Motor, der die höchsten Kosten verursacht.

Tab. 13

Antriebsart	Verbrauch je PSh	Kosten Pfg./PSh	Ersparnis v. H.
Vergasermotor (Benzin)	280 g	12,1	0
Elektromotor	820 Watt	8,2	32
Dieselmotor (Rohöl)	222 g	2,86	76

Dieser Vergleich gilt aber nur für die Betriebskosten. Werden die Beschaffungskosten und ihre Abschreibung mit einbezogen, so zeigt es sich, daß nur bei voll beschäftigten Anlagen die bedeutend höheren Anschaffungskosten einer Dieselanlage einen wirtschaftlichen Vorteil bedeuten.

Die Leistung des Antriebsmotors soll bei unmittelbarer Kupplung mindestens 10—12 v. H. größer sein als der Leistungsbedarf des Kompressors. Dies hat seinen Grund darin, daß Kompressor und Motor in ihren Leistungen um einen gewissen Betrag nach oben oder unten von den listenmäßig angegebenen Werten abweichen können und dürfen.

Wenn beispielsweise ein Kompressor 2 v. H. Mehrleistung benötigt und der dazugehörige Motor 2 v. H. Minderleistung abgibt als angegeben ist, dann würde der Motor Schaden leiden, weil er in diesem Falle zu schwach wäre.

Außerdem ist es aus Gründen der Betriebssicherheit ratsam, einen Motor nicht dauernd voll zu belasten, was besonders für Verbrennungsmotoren gilt. Unter Umständen ist es zweckmäßig bei Verwendung eines Verbrennungsmotors, dessen Leistung noch etwas höher zu wählen, als bei elektromotorischem Antrieb, also 12 bis 20 v. H. mehr als der Kraftbedarf des Kompressors.

Erfolgt der Antrieb mittels Treibriemen, so ist die Leistung der Antriebsmaschine außerdem je nach Güte des Riemenantriebes um etwa 5 bis 8 v. H. des Kraftbedarfs des Kompressors größer vorzusehen.

Auf diese gesamte Mehrleistung der Antriebsmaschine gegenüber dem Kraftbedarf des Kompressors sei ganz besonders hingewiesen, weil auch nach längerer Betriebszeit ein Kompressor infolge besonders guten Einlaufens oder irgendwelchen abnormalen Betriebsverhältnissen unter Umständen einige Hundertteile Mehrleistung und Mehrbedarf haben kann, wohingegen der Motor aus ähnlichen Gründen in seiner Leistung wenige Hundertteile nachgelassen hat.

Bei Betrieb in größeren Höhen treten insbesondere für Verbrennungsmotoren Änderungen in der Leistungsfähigkeit ein, indem die Leistung mit zunehmender Höhe abnimmt. Um dieser Tatsache zu entsprechen, ergeben sich eine Reihe von Möglichkeiten, die auf Seite 14 eingehend behandelt werden.

Betriebs-Anweisungen

für die

FMA-Maschinen und Werkzeuge.

FMA-Kompressoren K 30.

Die angeführten Zahlen beziehen sich auf die Abb. 136, 139, 141—144.

I. Die Vorbereitungen zur Inbetriebnahme.

1. Aus den Beschreibungen der FMA-Kompressoren Bauart K 30 Einblick gewinnen in Aufbau und Arbeitsweise dieser Maschinen.

2. Vor der ersten Inbetriebnahme die Handlochdeckel 59 der einen Seite des Kurbelgehäuses 1 abnehmen und sämtliche Wannen desselben mit Schmieröl mittels Trichter mit Haarsieb bis zur oberen Marke am Ölprüfstab füllen.

   Der Ölstand im Kurbelgehäuse muß stets zwischen den beiden Marken am Ölprüfstab liegen (bei waagerecht stehender Maschine). Die einwandfreie Prüfung des Ölstandes kann nur bei stillstehender Maschine erfolgen. Der Prüfstab ist vor der Prüfung abzuwischen.

3. Bei Anlagen mit eigener Umlauf-Kühlwasser-Versorgung durch Pumpe, Wasser-Rückkühler und Ventilator ist die ganze Kühlanlage mit r e i n e m Wasser zu füllen, bis es im obersten Wasserkasten des Kühlers etwa 6 cm über dem Netz steht.

   Es ist zu prüfen, ob der Antriebsriemen für den Ventilator gut gespannt ist. Das Nachspannen des endlosen Riemens geschieht durch Wegnahme der entsprechenden Zahl Zwischenlagen nach Entfernen der Muttern an der Antriebsscheibe an der Kurbelwelle.

   Bei den Ausführungen mit getrennter Anordnung von Ventilator und Pumpe, bei welchen die Pumpe unmittelbar von der verlängerten Kurbelwelle angetrieben wird, erfolgt das Nachspannen durch Hochschieben des Ventilatorbockes.

4. Prüfen, ob im Windkessel Druck vorhanden ist. Ist dies der Fall, dann ist der Kompressor auf Leerlauf zu schalten (entlasten).

   Dies geschieht, indem man den gerändelten Knopf 202 am Relais bis zum Festsitzen nach links dreht. (Siehe hierzu auch Handbuch Seite 21).

   Eine gewisse Entlastung zum Anfahren läßt sich auch herbeiführen durch Öffnen der Entlüftungsventile 5 an den Zylindern. Dies ist jedoch nur als Notbehelf anzusehen und in manchen Fällen unzureichend.

II. Die Inbetriebnahme.

1. Alle Wasserablaßhähne schließen, bzw. prüfen, ob sie geschlossen sind. Das Kühlwasserventil aufdrehen und das Austreten des Kühlwassers abwarten. Das Kühlwasser muß vor der Inbetriebnahme durch die Maschine fließen, damit es unmöglich ist, daß kaltes Wasser an bereits heiße Wandungen gelangt.

2. Den Elektromotor einschalten und den Anlaßvorgang so lange ausdehnen, daß die Höchstdrehzahl erst nach etwa 10 Sek. erreicht wird. Bei Kompressoren, die durch Verbrennungsmotor oder mittels Riemen angetrieben werden, werden die Verhältnisse im allgemeinen so sein, daß eine Verzögerung beim Anfahren durch die Übertragungsmittel gegeben ist.

   Bei Anlagen mit der während des Betriebs ein- und ausrückbaren Reibungskupplung, Konstruktion FMA, ist darauf zu achten, daß die Kupplung stets ganz ein- oder ganz ausgerückt ist und während des Betriebs niemals in einer Zwischenstellung steht.

   Beim Einrücken selbst darf die FMA-Kupplung langsam betätigt werden.

3. Die Entlastung des Kompressors wegnehmen durch Rechtsdrehen der gerändelten Mutter 202 am Relais bis zum Festsitzen.

4. Nach etwa 2 Minuten den Windkessel auffüllen und beobachten, ob die Regelung richtig arbeitet.

   Es wird betont, daß bei Kompressoren, bei welchen der Leerlauf durch Offenhalten der Saugventile 42 mittels Greiferkolben 45 erfolgt, die Greiferkolben während des Leerlaufs nicht auf- und abtanzen dürfen. Die kleine Auf- und Abbewegung der Greiferkolben darf nur im Augenblick des Überganges von Belastung auf Leerlauf oder umgekehrt stattfinden.

   „Tanzen" die Greiferkolben, dann liegt dies daran, daß entweder der Relaiskolben „schwimmt" ohne genaue Endlage, oder es sind Undichtheiten in der Leitung 221 zwischen Relais und Greiferkolben vorhanden, oder die Rückdruckfeder 46 ist zu schwach.

   Es ist darauf zu achten, daß die Greiferkolben sich leicht bewegen. Beim Aufsetzen der Deckel 48 über den Saugventilen muß darauf geachtet werden, daß die Greifer der Entlastungskolben richtig zwischen die Stege des Ventilkörpers greifen, und daß beim Anziehen der Mutter des Saugventildeckels der Kolben mit Greifern nicht einseitig festgeklemmt und diese somit verbogen werden.

III. Die Wartung während des Betriebs.

1. Die Kühlwasserdurchflußmenge ist so einzustellen, daß die Austrittemperatur nicht mehr als 30° C beträgt, damit schädliche Kesselsteinbildungen in der Maschine vermieden werden.

   Bei Kompressoren mit eigener Umlauf-Kühlwasser-Versorgung ist die Bildung schädlicher Kesselsteinablagerungen nicht zu befürchten, wenn man Regenwasser oder abgekochtes Wasser verwendet.

Bei Frostgefahr ist es ratsam, dem Kühlwasser solcher Anlagen ein Gefrierschutzmittel (Glysantin) zuzusetzen, unter Umständen empfiehlt es sich, einen Teil des Kühlers abzudecken.

Zeigen sich nach längerer Betriebsdauer in den Wasserräumen Kesselsteinablagerungen, so lassen sich diese entfernen durch eine kochende Lösung Ätznatron 1 : 10 (kaustische Soda).

Wird bei Anlagen mit eigener Umlauf-Kühlwasser-Versorgung aus irgendwelchen Gründen das Kühlwasser abgelassen, dann sollte beim Wiederauffüllen möglichst dasselbe Wasser wieder verwendet werden.

Bei Kompressoren mit Frischwasser-Kühlung ist der Kühlwasseraustritt ab und zu zu prüfen.

2. Der Ölstand im Kurbelgehäuse ist ab und zu zu prüfen. Der Ölstand muß stets zwischen den beiden Marken am Ölprüfstab liegen (bei waagerecht stehender Maschine).

3. Das sich im Windkessel 81 und im Abscheidekessel 218 am Relais niederschlagende Wasser und Öl ist von Zeit zu Zeit abzulassen.

   Bei zwei- und mehrstufigen Kompressoren gilt dasselbe für die Zwischenkühler.

4. Bei zwei- und mehrstufigen Kompressoren muß von Zeit zu Zeit der Luftdruck in den Zwischenkühlern geprüft werden. Liegt er unter dem für diese Zwischenkühler üblichen Druck, dann sind die Ventile der vorhergehenden Stufe undicht, ist er höher, dann sind die Ventile der folgenden Stufe undicht.

5. Das Sicherheitsventil am Windkessel ist mindestens einmal täglich auf einwandfreies Arbeiten zu prüfen; hierzu ist es notwendig, die Regelung vorübergehend außer Tätigkeit zu setzen, dies geschieht durch Belastung der Relaisspindel 208 von Hand.

   Der während dieser Prüfung durch das Sicherheitsventil sich einstellende Druck soll *nicht mehr als 0,5 at über dem Betriebsdruck* des Kompressors liegen.

6. Es ist für reichliche Belüftung des Kompressorraumes zu sorgen, dies gilt insbesondere bei luftgekühlten Kompressoren und bei Anlagen mit eigener Umlauf-Kühlwasser-Versorgung.

   Allgemein wird empfohlen, die Belüftung des Kompressorraumes nicht zu vernachlässigen. (Siehe auch hierüber FMA-Handbuch Seite 93.)

IV. Das Abstellen.

1. Kompressor auf Leerlauf schalten, damit durch langes Auslaufen ohne Widerstand die Kupplung und das Getriebe geschont werden.

   Bei Kompressoren, die mittels der während des Betriebes ein- und ausrückbaren Reibungskupplung, Konstruktion FMA, angetrieben werden, soll nach Stillstand des Antriebsmotors die Kupplung wieder eingerückt werden, um deren Druckfedern nicht unnötig zu beanspruchen.

2. Antriebsmotor stillsetzen.

3. Bei Anlagen mit Durchlauf-Kühlung (Wasserleitungsanschluß) ist das Kühlwasser frühestens 2 Minuten nach Stillstand des Kompressors abzustellen; hierdurch wird Kesselsteinbildung vermieden.
4. Bei Frostgefahr muß das Kühlwasser vollständig abgelassen werden. Die Ablaßhähne sind offen zu lassen. Bei sehr starkem Frost muß u. U. auch bei kürzeren Betriebspausen im Freien das Wasser abgelassen werden, vor allem bei Anlagen mit eigener Umlauf-Kühlwasser-Versorgung.
   Es empfiehlt sich, gegen Ende des Kühlwasserablaufes mif einem Draht durch die offenen Hähne zu stoßen, damit sich kein Schmutz absetzen kann, der die Hähne verstopfen könnte, und damit das Wasser restlos abfließt.
   Bei aufmerksamer Bedienung kann man es wagen, den Kompressor nach dem Ablaufen des Wassers etwa 1 Minute leer laufen zu lassen.
   Ist bei Anlagen mit eigener Umlauf-Kühlwasser-Versorgung ein Gefrierschutzmittel (Glysantin) zugesetzt, so ist es natürlich nicht notwendig, das Kühlwasser abzulassen.
5. Wird der Kompressor für länger als ¼ Jahr stillgesetzt, dann ist das Schmieröl bei warmem Kompressor abzulassen (VI, 3). Ferner empfiehlt es sich, das Kühlwasser abzulassen.

V. Die Betriebsstörungen.

Betriebsstörungen sind im allgemeinen auf folgende Ursachen zurückzuführen:

1. Schmutzige Saugluft.

   Folgen: Überhitzen der Maschine,
   Nachlassen der Förderleistung,
   Steigen des Kraftbedarfs,
   Ölkohleabsatz am Druckventil,
   frühzeitiger Verschleiß der Maschine.

2. Ungenügende Kühlung.

   Folgen: Das Schmieröl wird dünnflüssig,
   Ölkohle bildet sich, hauptsächlich am Druckventil,
   die Lager und Zylinder erleiden Schaden,
   Kesselstein setzt sich ab,
   Maschinenteile verziehen sich,
   die Förderleistung läßt nach,
   der Kraftbedarf steigt.

3. Ungenügende Schmierung.

   Durch ungeeignetes Schmieröl,
   durch zu wenig Schmieröl.

   Die Folgen dürften allgemein bekannt sein.

4. Dauerndes Überschreiten des gewährleisteten Enddruckes.

   Folgen wie bei V, 2.

VI. Die Wartung außerhalb des Betriebs.

1. Nach je 50 Betriebsstunden sind alle nicht gesicherten Muttern bei stillstehender Maschine nachzuziehen (auch die Fundamentschrauben).

   Dabei prüfe man gleichzeitig sämtliche Flanschverbindungen der Druckleitungen auf Dichtigkeit, denn Luftverluste bedeuten Kraftverluste.

2. Die Reinigung der Luftfilter 90 hat zweimal in der Woche zu erfolgen. Bei sehr staubhaltiger Luft reinige man täglich oder noch öfters. Nach Lösen der Befestigungsschraube kann das Filter abgenommen werden. Am besten wird das Filter mittels Rohöl oder Petroleum ausgewaschen. Wird Benzin zum Auswaschen verwendet, so muß es im Filter nach dem Reinigen vollkommen abgetrocknet werden, damit keine Spuren von Benzin zurückbleiben.

   Das gereinigte und gut ausgeschleuderte Filter wird in Öl getaucht, damit seine große Oberfläche wieder mit einer Ölschicht überzogen wird, von welcher die Staubteilchen der angesaugten Luft festgehalten werden.

3. Die Erneuerung des gesamten Schmieröls im Kurbelgehäuse muß jeweils nach 300—400 Betriebsstunden erfolgen.

   Der erste Ölwechsel bei einer neuen Maschine ist nach 50 Betriebsstunden vorzunehmen.

   Das Ablassen des Schmieröls soll stets bei warmem Kompressor vorgenommen werden, und bei besonders schmutzigem Kurbelgehäuse ist dasselbe nach Entfernung der Handlochdeckel 59 mit Rohöl oder Petroleum auszuwaschen.

   Niemals Benzin verwenden!!!

4. a) Die Saugventile sind nach je 500—600 Betriebsstunden auszubauen und von Schmutz zu reinigen. Beim Wiedereinbau der Ventile und der Regulier-Greiferkolben ist darauf zu achten, daß die Greiferkolben gemäß II, 4 richtig sitzen.

   b) Die Druckventile sind nach je 200 Betriebsstunden auszubauen und von Ölkohle zu reinigen. Nach dem Einbauen der Ventile sind die Andrückschrauben nach Entfernen der Hutmuttern kräftig anzuziehen. Die Hutmutter selbst wird dann angezogen wie gewöhnlich.

5. Es empfiehlt sich, die Saugventilplatten nach 2000—3000 Betriebsstunden und die Druckventilplatten nach 1200 Betriebsstunden gegen neue auszuwechseln, um Betriebsstörungen durch das mögliche Brechen der mit der Zeit ermüdeten Platten zu vermeiden.

   Beim Auseinandernehmen und Zusammenbauen muß sehr sorgfältig vorgegangen werden, und es ist zu vermeiden, daß beim Einspannen in den Schraubstock die Ventilsitze verbogen werden. Ferner ist zu prüfen, ob die Ventilfedern richtig in den für sie vorgesehenen Nuten sitzen.

   Beim Zusammenbauen müssen die Schrauben kräftig angezogen werden und, wenn bei Sicherung durch Splint der Schlitz der Kronenmutter nicht in Flucht mit dem Splintloch steht, so darf die Kronenmutter niemals auch nur im Geringsten gelöst, d. h. zurückgedreht werden, um

den Splint einführen zu können. Vielmehr ist die Kronenmutter abzuschrauben, und ihr Spiegel ist mit einer feinen Feile oder mit Schmirgelleinen solange vorsichtig nachzuarbeiten, bis die Flucht allein durch kräftiges Anziehen der Mutter erreicht werden kann.

Diese Vorschrift ist strengstens zu beachten, da eine nicht fest angezogene Ventilschraube unbedingt abreißt; dies kann aber schwere Schäden nach sich ziehen.

Ist eine fachgemäße Behandlung nicht gewährleistet, so ist im eigenen Interesse angeraten, die Ventile zur Instandsetzung einzusenden.

6. Da die Ventile 7, besonders das Druckventil, dicht sein müssen, ist es angebracht, sie ab und zu auf ihre Dichtigkeit zu prüfen. Stark undichte Ventile verursachen Überhitzung, die die völlige Zerstörung der Maschine herbeiführen kann.

   Das Druckventil wird geprüft, indem man bei stillstehender Maschine und Druck im Windkessel (bei Stufenkompressoren muß auch Druck im Zwischenkühler vorhanden sein) das am Zylinder unter dem Ventilkopf angebrachte Entlüftungsventil 5 öffnet. Dabei darf aus der Öffnung kein nennenswertes Ausströmen von Luft stattfinden. Hält man diese Öffnung mit dem Daumen zu, dann darf bei dichtem Druckventil am Daumen kein Druck spürbar und nach Entfernen des Daumens kein Zischen bemerkbar sein.

   Diese Prüfung ist nur möglich, wenn das Saugventil dicht ist. Sind Saug- und Druckventil gleichzeitig undicht, dann wird die in den Kompressor zurückströmende Druckluft durch das Saugventil entweichen, was am Saugstutzen als leises Rauschen wahrnehmbar ist.

   Bei der Prüfung der Druckventile bei Stufenkompressoren muß in der Reihenfolge der Stufen vorgegangen werden, indem man mit der ersten Stufe anfängt. Beim Vorgehen in anderer Reihenfolge würde durch die Saugventile die Druckluft aus den Zwischenkühlern entweichen, die zur Prüfung der Druckventile der einzelnen Stufen benötigt wird.

   Das Saugventil kann auf zwei Arten geprüft werden,

   1. indem man bei abgesperrter Druckleitung das Druckventil ausbaut und dann Druckluft in den Zylinder strömen läßt,

   2. indem man nach Entfernung der Ventilnadel 5 des Entlüftungsventils in deren Sitz eine Rohrleitung einschraubt, die zum Windkessel oder zur Druckleitung führt, so daß Druckluft in den Zylinder strömen kann.

   In beiden Fällen kann beim undichten Saugventil das Entweichen der Druckluft am Saugstutzen als leises Rauschen wahrgenommen werden.

7. Die Zwischenkühler von zwei- und mehrstufigen Kompressoren können durch Rückstände der Luft verschmutzen, wodurch die Kühlwirkung beeinträchtigt wird. Es ist daher notwendig, auch die Fläche der Kühler, besonders der Rohre, die von der Luft bestrichen werden, von Zeit zu Zeit zu reinigen.

   Die hierfür notwendigen Zeitabstände ergeben sich aus den Erfahrungen des Betriebes.

8. Über die Entfernung von Kesselsteinansatz siehe III, 1.

VII. Die Wahl des Schmieröles.

Als Schmieröl sind nur hochwertige, harz- und säurefreie Öle zu verwenden.

Die allgemeinen technischen Merkmale geeigneter Öle sind:

Spezifisches Gewicht etwa	0,9 kg/l
Viskosität bei 50° C im Sommer (wenn die Raumtemperatur über etwa 10° C liegt)	12—18° Engler
Viskosität bei 50° C im Winter (wenn die Raumtemperatur unter etwa 10° C liegt)	6—13° Engler
Flammpunkt im offenen Tiegel im Sommer über	220° C
Flammpunkt im offenen Tiegel im Winter über	210° C
Brennpunkt im offenen Tiegel über	250° C
Stockpunkt im Sommer unter	5° C
Stockpunkt im Winter unter	5—10° C
Aschegehalt unter	0,02 v. H.
Wassergehalt unter	0,25 v. H.
Asphaltgehalt	0,00 v. H.

In nachstehender Tabelle 14 sind, ohne irgendwelchen Anspruch auf Vollständigkeit zu machen, einige Markenöle aufgeführt, die für die FMA-Kompressoren Bauart K 30 geeignet sind.

Tab. 14 Schmieröle für FMA-Kompressoren Bauart K 30.

Hersteller	Sommer Viskosität 12-18° E Flammpunkt über 210° C	Winter Viskosität 6-13° E Flammpunkt über 220° C
Deutsch-Amerikanische Petroleum-Ges.	Standard-Motoröl M	Standard-Motoröl M
Deutsche Vakuum Öl A.-G.	Gargoyle-Mobilöl BB, AF	Gargoyle-Mobilöl AF Arctic A
„Olex" Deutsche Benzin u. Petroleum G.m.b.H.	Olexol 136	Olexol 136
Rhenania-Ossag Mineralölwerke A.-G.	Shell Motorenöl 3 X 4 X	Shell Motorenöl 2 X 3 X
Valvoline Öl G. m. b. H.	Valvoline R 808	Valvoline R 506, R 707

VIII. Der Antriebsmotor.

Da der Antriebsmotor ein ebenso wichtiger Bestandteil einer Kompressoranlage ist wie der Kompressor selbst, so ist er ebenfalls nach den für ihn geltenden Betriebsanweisungen sorgfältig zu warten und zu pflegen.

FMA-Volldieselmotoren.

Die angeführten Nummern beziehen sich auf die Abb. 163 und 123.

Die mit B bezeichneten Nummern beziehen sich auf die Bosch-Anweisungen.

I. Die Vorbereitungen zur Inbetriebnahme.

1. Aus den Beschreibungen der FMA-Volldieselmotoren und der Brennstoffpumpe (Rob. Bosch A.-G., Stuttgart) Einblick gewinnen in Aufbau und Arbeitsweise der Maschinen.

2. Schmieröl mittels Trichter mit Haarsieb durch den Einfüll- und Entlüftungsstutzen 4 bis zur oberen Marke am Ölprüfstab 25 einfüllen.

3. Brennstoffbehälter mittels Trichter mit Haarsieb füllen und Brennstoffhahn öffnen.

4. An sämtlichen Zylindern die Dekompressionshebel 354 an den Ventilköpfen nach oben drücken, bis sie fühlbar sich feststellen.

5. Die Kipphebel 352, 353 und die Stoßstangen 357 mit Schmieröl gut schmieren. Die Ventilschäfte 344, 346 schmiert man zweckmäßig mit einem Gemisch von Schmieröl und Petroleum oder Rohöl zu gleichen Teilen.
   Alle Staufferbüchsen besonders am Ventilator mit Fett füllen bzw. nachziehen.

6. Den Motor einigemal durchdrehen und beobachten, ob keine unzulässigen Geräusche oder Widerstände bemerkbar sind.

7. Entlüftungsschraube B112d am Brennstoff-Filter 389 etwa 2—3 Umdrehungen lösen. Erst, wenn der Brennstoff hier ohne Luftblasen ausfließt, wieder schließen.

8. Entlüftungsschraube B101c an der Einspritzpumpe etwa 1 Umdrehung lösen und erst wieder schließen, wenn der Brennstoff ohne Luftblasen ausfließt.

9. Alle Überwurfmuttern 382, die die Brennstoffleitung von den Düsenhaltern in den Zylinderköpfen befestigen, etwa 1 Umdrehung lösen.

10. Hebel am Regler der Brennstoffpumpe auf Exzenterwelle B110m in die Betriebsstellung, d. h. nach rechts legen.

11. Den Motor jetzt so lange durchdrehen, bis an allen gemäß 9 gelösten Überwurfmuttern der Brennstoff in Tropfen, also ohne Schaum oder Luftblasen, ausfließt. Dann die Überwurfmuttern alle wieder festziehen.

    Von größter Wichtigkeit ist es, daß die gesamte Brenstoffleitung einschließlich der Pumpe vollkommen frei von Luft ist, da selbst die kleinsten Luftbläschen den Einspritzvorgang empfindlich stören und den Betrieb unmöglich machen.

12. Alle Wasserablaßhähne schließen bzw. prüfen ob sie geschlossen sind. Kühlerwasserventil aufdrehen und das Austreten des Kühlwassers am Ablaufrohr abwarten.

    Bei Motoren mit eigener Umlauf-Kühlwasser-Versorgung durch Pumpe, Wasserrückkühler und Ventilator ist die ganze Kühlanlage mit reinem Wasser zu füllen, bis dieses im oberen Wasserkasten des Kühlers etwa 6 cm über dem Netz steht.

    Werden derartige Anlagen bei starkem Frost in Betrieb genommen, so füllt man sie mit warmem Wasser, oder man setzt den Motor erst ohne Wasser im Kühler in Gang und gießt **sofort bei noch unbelastetem Motor das Wasser langsam ein.** Es ist hierbei notwendig, den Hebel am Regler so weit nach links zu stellen, daß der Motor langsam leer läuft, damit die Wandung des wasserlosen Motors nur mäßig warm wird und beim ersten Zulaufen des Kühlwassers keine schädlichen Spannungen und Risse in den Zylindern und Ventilköpfen entstehen können.

    Man kann auch den Motor ohne Wasser leicht warm laufen lassen, ihn dann stillsetzen und das Kühlwasser langsam eingießen.

    Der Zweck dieser Vorsichtsmaßnahmen beim Inbetriebsetzen bei starkem Frost ist, zu verhindern, daß das eingegossene Wasser in dem eiskalten Motor vor dem Anlaufen einfriert.

    Steht warmes Wasser zur Verfügung, dann wird es vor dem Anlassen eingegossen, denn der angewärmte Motor läßt sich leichter durchdrehen. Ist bei Anlagen mit eigener Umlauf-Kühlwasser-Versorgung ein Gefrierschutzmittel zugesetzt, dann vereinfacht sich die Inbetriebnahme entsprechend.

13. Es ist zu prüfen, ob der Antriebsriemen 308 für Ventilator und Pumpe gut gespannt ist. Nachspannen des endlosen Riemens geschieht durch Wegnahme der entsprechenden Anzahl Scheiben 314 nach Entfernen der Muttern 310 und der Keilriemenscheiben-Hälfte 315.

Bei kürzeren Betriebspausen können die Anweisungen 1—9, 11 und 12 unbeachtet bleiben.

II. Die Inbetriebnahme.

A. Anlassen mittels Handkurbel.

1. Alle Dekompressionshebel müssen gemäß I, 4 nach oben geklappt sein.

2. Den Motor mittels Handkurbel auf möglichst hohe Drehzahl bringen, dann während des Drehens schnell alle Dekompressionshebel nach unten in die Richtung der Luftansaugrohre klappen bis sie fühlbar sich feststellen.

3. Springt der Motor nun an, so überzeuge man sich durch vorsichtiges Befühlen der einzelnen Auspuffstutzen, die schnell warm werden, ob alle Zylinder zünden.

   Bei einem Zylinder, welcher nicht zündet, löst man während des Weiterlaufens des Motors die Überwurfmuttern (gemäß 1,9), um Luft oder Gase, die sich möglicherweise noch im Brennstoff befinden sollten, entweichen zu lassen. Weiter beobachtet man das Arbeiten der Ventile dieses Zylinders.

   Auf keinen Fall darf der Motor weiterlaufen, wenn der aussetzende Zylinder nach diesen Maßnahmen nicht zur Zündung kommt. Er ist sofort stillzusetzen. (Hebel am Regler nach links umlegen.)

   Die Störungsursache ist gemäß den Anweisungen in Absatz V „Betriebsstörungen" und den Angaben in „Störungen und ihre Behebung" der Firma R. Bosch A.-G., Stuttgart, festzustellen und zu beheben.

   Wird der Motor nicht abgestellt, so kann der zuviel eingespritzte und nicht verbrannte Brennstoff durch eine möglicherweise eintretende Zündung zu einer derart heftigen Explosion gebracht werden, daß der Motor schweren Schaden erleiden kann. Außerdem kann eine schädliche Schmierölverdünnung eintreten.

   Keinesfalls darf zum Erleichtern des Anlassens — sei es im Sommer oder Winter — Benzin verwendet werden.

4. Haben alle Zylinder gezündet, und ist der Motor in Gang gekommen, dann wird der Hebel am Regler in eine solche Mittelstellung gebracht, daß der Motor während der ersten Minute langsam läuft, bis alle Schmierstellen durch die Druckschmierpumpe 399 reichlich mit Öl versorgt sind.

   Dann läßt man den Motor mit voller Drehzahl leer laufen, bis sich die Zylinderköpfe etwas warm anfühlen, und nun kann die Belastung eingeschaltet werden.

   Für die gesamte Anlaufzeit vor der Belastung sind im allgemeinen 3—4 Minuten erforderlich. Bei sehr kaltem Wetter lasse man etwas länger anlaufen.

B. Anlassen mittels Druckluft.

1. An sämtlichen Zylindern die Dekompressionshebel 345 an den Ventilköpfen nach oben drücken, bis sie fühlbar sich feststellen.
2. Den Motor mittels der Handkurbel langsam drehen, bis der rote Strich an der Kupplung 1 der Brennstoffpumpe mit dem roten Zeiger übereinstimmt.
3. Alle Dekompressionshebel nach unten drehen, bis sie fühlbar sich feststellen.
4. Das Absperrventil 2 der Anlaßleitung 3 an der Druckluftflasche 4 durch Linksdrehen des Handrades öffnen.

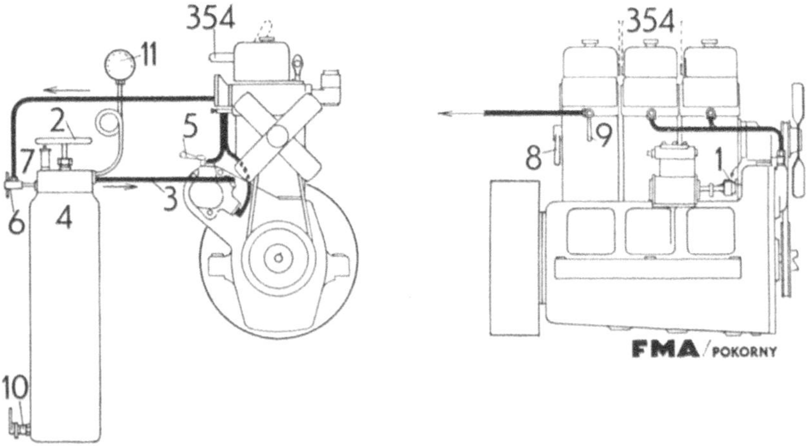

Abb. 123

Anlassen eines FMA-Volldieselmotors mittels Druckluft.

5. Den Anlaßhebel 5 unter Überwindung des Federdruckes nach links ziehen.

   Der Motor beginnt sich zu drehen und zündet.

   Nach einigen Umdrehungen mit sicheren Zündungen den Anlaßhebel 5 loslassen.
6. Das Absperrventil 2 schließen.

7. D a s A u f f ü l l e n d e r D r u c k f l a s c h e.

Nach der Inbetriebsetzung ist so bald wie möglich die Druckluftflasche wieder aufzufüllen. Der Motor soll beim Auffüllen halb belastet sein.

8. Das Absperrventil 6 der Auffülleitung 7 an der Druckluftflasche 4 durch Linksdrehen öffnen.

9. Den Handhebel 8 am Motor nach links drehen. Dadurch wird die Brennstoffeinspritzung des betreffenden Zylinders unterbunden.

10. Das Auffüllventil 9 am Motor durch Linksdrehen des Hebels ganz öffnen, damit die Luft und die Gase in die Druckflasche gedrückt werden können.

11. Nicht länger als 10 Minuten ununterbrochen auffüllen, damit die Rohrleitungen und die Ventile nicht zu heiß werden.

    Diese Vorschrift ist streng zu beachten.

    Ist der Druck von 30 at innerhalb dieser Zeit nicht erreicht, dann sind zuerst das Auffüllventil 9 und dann das Absperrventil 6 zu schließen, dadurch ist der Auffüllvorgang unterbrochen.

    Will man während der Zeit des Abkühlens mit dem Motor voll arbeiten, dann wird durch Rechtsdrehen des Hebels 8 die Brennstoffeinspritzung wieder möglich gemacht.

    Erst, wenn die Ventile und die Leitung abgekühlt sind, darf mit dem Auffüllen wieder angefangen werden.

12. Ist der Druck in der Flasche auf etwa 30 at gestiegen, dann ist zuerst das Auffüllventil 9 und dann das Absperrventil 6 zu schließen.

13. Nach einigen Minuten sind diese Ventile nochmals nachzuziehen, da die Spindeln beim Durchgang der heißen Gase sich gedehnt haben und beim Erkalten sich wieder zusammenziehen. Wird diese Vorschrift nicht beachtet, dann sind die Ventile nicht fest auf ihren Sitz gedrückt, sie werden durch entweichende Gase und Schmutz beschädigt und undicht.

14. Vor dem Stillsetzen des Motors überzeuge man sich am Manometer 11, daß genügend Druck in der Flasche (25—30 at) vorhanden ist.

15. Nach 50 bis 60 Betriebsstunden ist das in der Druckflasche niedergeschlagene Wasser durch das Öffnen des Ventils 10 abzulassen, dabei ist es nötig, daß in der Flasche Druck vorhanden ist.

    Zeigt sich beim Anlassen, daß aus irgendwelchen Gründen kein Druck mehr in der Flasche ist, so ist die Flasche mit Druckluft oder Kohlensäure aufzufüllen. Keinesfalls darf dazu Sauerstoff oder Wasserstoff Verwendung finden, da sonst eine gefährliche Explosion eintreten wird. Unter gewöhnlichen Umständen ist es einer kräftigen Mannschaft auch möglich, den Motor mittels der Handkurbel in Gang zu setzen.

III. Die Wartung während des Betriebes.

1. Die Kühlwasser-Durchflußmenge ist so einzustellen, daß die Temperatur beim Austritt aus der Maschine zwischen 60 und 90 ^{0} C liegt.

   Ist infolge der Beschaffenheit des Kühlwassers die Gefahr der Kesselsteinbildung gegeben, dann soll bei Frischwasser-Kühlung die Austritt-Temperatur 50^0 C nicht überschreiten. Da aber niedere Temperaturen des Kühlwassers für den Motor gefährlich werden können, so empfiehlt es sich entweder veredeltes Wasser (nach dem Hydrochrom-Verfahren) zu verwenden, oder von Zeit zu Zeit den sich bildenden Kesselstein durch eine kochende Lösung von Ätznatron 1 : 10 (kaustische Soda) zu entfernen.

   Bei Motoren mit eigener Wasser-Rückkühlanlage ist die Bildung von schädlichen Kesselsteinablagerungen nicht zu befürchten, wenn man Regenwasser oder abgekochtes Wasser verwendet. Diese Kühlungsart gibt auch eine gleichmäßigere Temperatur, so daß sie der Frischwasser-Kühlung vorzuziehen ist, dies um so mehr, wenn in der Austrittleitung zwischen Motor und Kühler ein Temperaturregler (Thermostat) eingebaut ist.

   Bei sehr kalter Außenluft ist es unter Umständen angebracht, den Kühler teilweise abzudecken, um zu starke Abkühlung oder Einfrieren des Wassers zu vermeiden.

   Bei Motoren mit Frischwasser-Kühlung ist der Kühlwasseraustritt öfters zu prüfen.

   Es wird dringend geraten, die Kühlwasserfrage nicht zu vernachlässigen und der Kesselsteinbildung größte Aufmerksamkeit zuzuwenden, da mangelhafte Kühlung vielerlei Schäden bis zur vollkommenen Zerstörung des Motors verursachen kann.

   Wird bei Anlagen mit eigener Umlauf-Kühlwasserversorgung aus irgendwelchen Gründen das Kühlwasser abgelassen, dann sollte beim Wiederauffüllen möglichst dasselbe Wasser verwendet werden.

2. Der Ölstand im Kurbelgehäuse muß stets zwischen den beiden Marken am Ölprüfstab liegen (bei waagerecht stehender Maschine). Die einwandfreie Prüfung des Ölstandes kann nur bei stillstehender Maschine erfolgen. Der Prüfstab ist vor der Prüfung abzuwischen.

   Das Manometer der Schmierölleitung soll bei normaler Vollast-Drehzahl des warmen Motors einen Druck von 0,5 bis höchstens 1,5 ata anzeigen. Das plötzliche Abfallen des Schmieröldruckes deutet auf Schäden in der Schmierölanlage oder auf Auslaufen von Lagern. Beim Anlassen und bei kalter Witterung steigt der Öldruck vorübergehend etwas höher.

   Das Einstellen des Schmieröl-Druckes geschieht durch Drehen der Nadelschraube 329.

3. Der Brennstoffbehälter darf nie ganz leer laufen, da sonst Luft in die Brennstoffleitung und die Pumpe gelangt und angenehme Störungen verursachen kann.

   Es empfiehlt sich auch, den Brennstoff-Absperrhahn nur bei sehr langen Betriebspausen (mehr als eine Woche) zu schließen.

4. Ab und zu schmiere man die Kipphebel und die Ventilschäfte gemäß I, 5.

5. Es ist wichtig, während des Betriebes öfters den Aufpuff zu beobachten. Derselbe muß bei Belastung schwach sichtbar sein und bei Leerlauf bläulich. Ist er grau und rußig, dann ist das ein Zeichen dafür, daß der Motor überlastet ist, oder daß der Einspritzvorgang und die Verbrennung gestört sind. Die Hauptursachen hierfür sind Luft in der Brennstoffleitung und verstopfte Einspritzdüsen 385.

   Sind die beiden Düsen eines Zylinders verstopft, so tritt der Brennstoff am Sicherheitsventil am Verteilerstück 343 der Brennstoffleitung aus. Ist nur eine Düse verstopft, so findet im allgemeinen kein Abtropfen statt. Die ganze Brennstoffleitung von der Pumpe bis zu den Düsen darf nirgends auch nur im geringsten undicht sein.

IV. Das Abstellen.

1. Die Belastung wegnehmen.

2. Hebel am Regler der Einspritzpumpe in Stoppstellung, d. h. nach links legen, und warten, bis der Motor stehen bleibt.

   Dann den Hebel wieder in die Betriebstellung bringen. Niemals den Motor durch Dekomprimieren stillsetzen. Die Dekompressionshebel sollen im Stillstand stets nach unten gekippt sein.

3. Bei Motoren mit Durchlauf-Kühlung (Wasserleitungsanschluß) wird sofort nach dem Abstellen das Wasser abgestellt, damit die Maschine sich langsam abkühlt.

   Ist gewissenhafte Bedienung gewährleistet, dann ist es vorteilhafter, etwa eine halbe Minute v o r dem Abstellen des Motors das Wasser abzustellen, wenn sich die Ablaufstelle des Kühlwassers höher über dem Boden befindet als die Ventilköpfe. Die Abkühlung des Motors erfolgt dann noch günstiger.

4. Bei Frostgefahr muß das Kühlwasser vollständig abgelassen werden; die Ablaßhähne sind offen zu lassen. Bei sehr starkem Frost muß u. U. auch bei kürzeren Betriebspausen im Freien das Wasser abgelassen werden, vor allem bei Anlagen mit eigener Umlaufkühlung.

   Es empfiehlt sich, gegen Ende des Wasserablaufens mit einem Draht durch die offenen Hähne zu stoßen, damit sich kein Schmutz absetzen kann, der die Hähne verstopfen könnte, und damit das Wasser auch restlos abfließen kann. Bei aufmerksamer Wartung ist es vorteilhaft, den Motor nach dem Wasserablaufen etwa 1 Minute ohne Belastung mit halber Drehzahl laufen zu lassen.

   Ist bei Anlagen mit eigener Umlauf-Kühlwasser-Versorgung ein Gefrierschutzmittel (Glysantin) zugesetzt, so ist es nicht notwendig, das Kühlwasser abzulassen.

5. Wird der Motor nicht gleich wieder in Betrieb gesetzt, dann stellt man das Triebwerk so, daß die Ein- und Auslaßventile möglichst geschlossen sind, damit die Ventilfedern nicht unnötig gespannt sind.

Außerdem ist es vorteilhaft, wenn die Ventilschäfte gemäß I, 5 mit Petroleum geschmiert werden. Wird der Motor auf weniger als eine Woche stillgesetzt, läßt man möglichst den Absperrhahn am Brennstoffbehälter geöffnet, damit keine Luft in die Brennstoffleitung und die Pumpe eindringen kann.

Wird der Motor für die Dauer von 8 Stunden und mehr stillgesetzt, so empfiehlt es sich, bei stillstehender noch warmer Maschine nach Entfernung der Verschlußstopfen 5 oder durch die Öffnungen für die Düsen in jeden Zylinder etwas Petroleum (etwa 10 cm^3) einzuspritzen und den Motor mittels der Andrehkurbel durchzudrehen. Dadurch wird das Ansetzen von Kohle auf den Kolbenböden vermindert, das Festsetzen der Kolbenringe vermieden und besonders im Winter das nächste Anlassen erleichtert.

Wird der Motor für länger als $^1/_4$ Jahr stillgesetzt, so ist das Brennstoff-Filter zu entleeren und zu reinigen, außerdem ist das Schmieröl abzulassen (bei warmer Maschine VI, 6). Ferner empfiehlt es sich das Kühlwasser abzulassen.

V. Betriebsstörungen.

Über die Betriebsstörungen geben, soweit sie von der Einspritzausrüstung herrühren, die dem Motor beigegebenen Anweisungen „Störungen und ihre Behebung" der Fa. R. Bosch A.-G., Stuttgart, weitestgehend Auskunft.

Es sei darauf hingewiesen, daß die FMA-Volldieselmotoren nicht mit Bosch-Einspritzdüsen ausgerüstet sind. Die beiden Düsen jedes Zylinders haben in der Mitte nur ein einfaches rundes Loch von höchstens 0,3 mm Durchmesser. Dieses winzig kleine Loch, das sehr sauber eingearbeitet ist, darf nur mit dem feinen, dem Werkzeug beigegebenen Draht gereinigt werden. Bei dieser Arbeit ist mit größter Vorsicht zu verfahren.

VI. Die Wartung außerhalb des Betriebes.

1. Nach je 50 Betriebsstunden sind alle nicht gesicherten Muttern bei stillstehender Maschine nachzuziehen (auch die Fundamentschrauben).

2. Die Reinigung der Luftfilter hat zweimal in der Woche zu erfolgen. Bei sehr staubhaltiger Luft reinigt man täglich oder noch öfters.

   Nach Lösen der Befestigungsschrauben kann das Filter abgenommen werden. Am besten wird das Filter mittels Rohöl oder Petroleum ausgewaschen. Wird Benzin zum Auswaschen verwendet, dann muß dies nach dem Reinigen vollkommen abgetrocknet werden, damit keine Spuren von Benzin im Filter zurückbleiben.

   Das gereinigte und gut ausgeschleuderte Filter wird in Öl getaucht, damit seine große Oberfläche wieder mit einer Ölschicht überzogen wird, von welcher die Staubteilchen der angesaugten Luft angehalten werden.

3. Oftmaliges Reinigen des Brennstoff-Filters 389 gemäß Anleitung der Fa. R. Bosch A.-G., Stuttgart.

4. Öfteres Reinigen des Schmierölfilters. Zu diesem Zwecke entferne man den das Öldruckmanometer 328 tragenden Deckel. Der Filtereinsatz läßt sich dann leicht herausnehmen und wird in Benzin, Rohöl oder Petroleum gut ausgewaschen.

   Nach erfolgtem Einbau ist bei Wiederinbetriebnahme des Motors stets zu prüfen, ob der Schmieröldruck zwischen 0,5 und 1 atü beträgt. (Siehe auch III, 2.)

5. Gründliches Reinigen des Brennstoffbehälters innerhalb größerer Zeitabstände.

6. Die Erneuerung des gesamten Schmieröls im Kurbelgehäuse muß jeweils nach etwa 200 Betriebsstunden erfolgen. Der erste Ölwechsel ist bei einer neuen Maschine nach 50 Betriebsstunden vorzunehmen. Es ist möglich, daß bei einem Motor das Schmieröl sehr wenig oder garnicht abnimmt, ja sogar zunimmt, die Ursache hierfür ist Verdünnung des Schmieröls durch unverbrannten Kraftstoff. Im allgemeinen riecht verdünntes Schmieröl nach dem verwendeten Brennstoff. Die Schmierölprüfung ist sorgfältig vorzunehmen, da Schmierölverdünnung das Öl bedeutend verschlechtert.

   Das Ablassen des Schmieröls soll stets bei warmem Motor vorgenommen werden, und bei besonders schmutzigem Kurbelgehäuse ist dasselbe mit Petroleum oder Rohöl auszuspülen. Niemals Benzin verwenden.

7. Nach 1000 bis 2000 Betriebsstunden sind die Zylinderköpfe abzunehmen, um die Kompressionsräume und die Kolbenböden zu reinigen. In den meisten Fällen müssen auch die Ventile, vor allem das Auslaßventil, eingeschliffen werden.

   Beim Aufsetzen der Zylinderköpfe ist darauf zu achten, daß zwischen den vollständig geschlossenen Ventilen und den Kipphebeln ein Spiel von 0,5 mm vorhanden sein muß.

8. Nach etwa 2000 Betriebsstunden sind die Kolben auszubauen, um die Kolbenringe zu reinigen. Es ist darauf zu achten, daß sie einen gut federnden Sitz haben.

9. Über die Entfernung von Kesselsteinansatz siehe III, 1.

VII. Die Wahl der Betriebsstoffe.

1. Als Brennstoff sind alle Erdöldestillate außer Steinkohlen-Teerölen geeignet, die zwischen 150 und 350 ^{0} C verdampfen, und deren spez. Gewicht zwischen 0,81 und 0,88 liegt, bei einem unteren Heizwert von etwa 9000—11 000 WE/kg.

   Sie sind allgemein unter dem Namen Gasöl im Handel und müssen stets dünnflüssig und frei von Vermengungen mit Wasser oder Verunreinigungen sein. Viskosität unter 5 ^{0} Engler.

   Petroleum oder gar Benzin dürfen keinesfalls Verwendung finden.

2. **Als Schmieröl** sind nur hochwertige harz- und säurefreie Öle zu verwenden. Als solche sind vor allem die von pennsylvanischer Herkunft anzusehen.

Die allgemeinen technischen Merkmale geeigneter Öle sind:

Spezifisches Gewicht etwa	0,9 kg/l
Viskosität bei 50° C im Sommer	15°—21° Engler
(wenn die Raumtemperatur über etwa 10° C liegt)	
Viskosität bei 50° C im Winter	6°—13° Engler
(wenn die Raumtemperatur unter etwa 10° C liegt)	
Flammpunkt im offenen Tiegel über	210° C
Brennpunkt im offenen Tiegel über	250° C
Stockpunkt im Sommer unter	5° C
Stockpunkt im Winter unter	5—10° C
Aschegehalt unter	0,02 v. H.
Wassergehalt unter	0,25 v. H.
Asphaltgehalt	0,00 v. H.

In nachstehender Tab. sind, ohne irgendwelchen Anspruch auf Vollständigkeit zu machen, einige Markenöle aufgeführt, die für die FMA-Dieselmotoren geeignet sind.

Tab. 15 Schmieröle für die FMA-Volldieselmotoren.

Hersteller	Sommer Viskosität 15-21° E Flammpunkt über 220° C	Winter Viskosität 6-13° E Flammpunkt über 210° C
Deutsch-Amerikanische Petroleum-Ges.	Standard-Motoröl SS	Standard-Motoröl M
Deutsche Vakuum Öl A.-G.	Gargoyle-Mobilöl B oder BB	Gargoyle-Mobilöl AF A Arctic
„Olex" Deutsche Benzin u. Petroleum G. m. b. H.	Olexol 1	Olexol 3
Rhenania-Ossag Mineralölwerke A.-G.	Shell Autoöl 5 X 4 X	Shell Motorenöl 3 X 2 X
Valvoline Öl G. m. b. H.	Valvoline R 808	Valvoline R 506, R 707

Fahrbare FMA-Drucklufterzeuger.

Da die fahrbaren FMA-Drucklufterzeuger im allgemeinen aus einem FMA-Kompressor Bauart K 30 und einem FMA-Volldieselmotor bestehen, so gelten für ihren Betrieb in erster Linie die besonderen Betriebsanweisungen dieser Maschinen.

Sind die Drucklufterzeuger mit Antriebsmotoren anderer Herkunft, ausgestattet, so sind die für diese Motoren gültigen Betriebsanweisungen zu befolgen.

Allgemein umfassend gelten folgende ergänzende Betriebsanweisungen:

I. **Die Vorbereitungen zur Inbetriebnahme.**
II. **Die Inbetriebnahme.**
III. **Die Wartung während des Betriebs.**
IV. **Das Abstellen.**
V. **Die Betriebsstörungen.**
VI. **Die Wartung außerhalb des Betriebs.**
VII. **Die Wahl der Betriebsstoffe.**
VIII. **Die „Kraftabnahme".**

Die angeführten Nummern beziehen sich auf Abb. 153.

I. Die Vorbereitungen zur Inbetriebnahme.

1. Die Arbeitsstelle. Es empfiehlt sich die Anlage möglichst im Schatten und möglichst waagerecht aufzustellen, da sonst
   a) unnötige Temperaturerhöhungen und ungenügende Abkühlung des Windkessels durch grelle Sonnenbestrahlung entstehen,
   b) das Schmieröl bei starker Schrägstellung sich falsch verteilt, so daß es bei einem Teil der Maschinenanlage fehlt, während bei dem anderen Teil zu viel ist,
   c) die Brennstoffversorgung bei starker Schrägstellung empfindlich gestört werden kann. (Luft in der Brennstoffzuleitung).
2. Die Kühlung. Es gelten die für Motor und Kompressor gegebenen Betriebsanweisungen.
   Da auf Baustellen zu leicht die Gefahr besteht, daß schmutziges Kühlwasser genommen wird, so sei nochmals an die Wichtigkeit reinen Kühlwassers erinnert.
   a) Die Anlagen Größe DK 30 MP, DK 50 M und VK 45 M haben gemeinsame Kühlwasserversorgung für Motor und Kompressor, und zwar fließt das vom Rückkühler kommende Wasser zuerst durch den Kompressor und dann durch den Motor.
   b) Die Anlagen Größe DK 60 M und DK 90 M haben getrennte Kühlwasserversorgung für Motor und Kompressor.

3. D i e S c h m i e r u n g.

Es gelten die für Motor und Kompressor gegebenen Betriebsanweisungen.

Im Hinblick auf die vielseitige Verwendung fahrbarer Drucklufterzeuger im Baugewerbe, bei welcher die Maschinen starker Beschmutzung ausgesetzt sind, wird dringend angeraten, in der Schmierölversorgung mit größter Sauberkeit vorzugehen.

4. D e r B r e n n s t o f f.

Ist der Antriebsmotor ein Vergasermotor, so ist darauf zu achten, ob der Motor für Benzin- oder Benzol-Betrieb vorgesehen ist. Jeder für Benzinbetrieb eingerichtete Motor kann auch mit Benzol betrieben werden. Ein nur für Benzol-Betrieb vorgesehener Motor darf nicht ohne weiteres mit Benzin betrieben werden, denn der für Benzol zulässige hohe Verdichtungsdruck ruft bei Benzin Frühzündungen hervor.

Das Einfüllen des Brennstoffes darf nur mittels Trichter mit Haarsieb erfolgen, und besonders bei Dieselmotoren ist größte Reinlichkeit notwendig bei der Brennstoffversorgung, da sonst die unangenehmsten Störungen auftreten können.

II. Die Inbetriebnahme.

1. Die K u p p l u n g 18 zwischen Motor und Kompressor ausrücken. (Dies gilt nur für die fahrbaren Drucklufterzeuger Größe DK 60 M und DK 90 M)
2. Die L u f t e n t n a h m e h ä h n e 9 am Windkessel 7 öffnen.
3. Den M o t o r allein in Gang setzen gemäß BAM.
4. W e n n M o t o r leicht erwärmt ist (nach 3—4 Minuten) den K o m p r e s s o r einkuppeln. Kupplung stets ganz ein- oder ganz ausrücken.
5. Die E n t n a h m e h ä h n e 9 nach etwa 2 Minuten schließen und Windkessel auffüllen.
6. Die L e e r l a u f r e g e l u n g 2 beim vorgesehenen Enddruck auf richtiges Arbeiten prüfen.

   Die R e g e l u n g setzt von selbst ein, wenn der Höchstdruck erreicht ist. Der Kompressor wird durch das Relais 2 auf Leerlauf geschaltet und der Motor paßt sich der stark abnehmenden Belastung durch seinen an der Brennstoffpumpe 22 angebrachten Regler selbsttätig an.

   Während des Leerlaufs läuft die Anlage mit etwas erhöhter Drehzahl. Die Erhöhung beträgt 5—6 v. H.

III. Die Wartung während des Betriebes.

1. Damit das K ü h l w a s s e r des Motors die vorgeschriebene Temperatur am Austritt des Motors zwischen 60^{0} und 90^{0} C hat, ist es bei kaltem Wetter notwendig, den Wasser-Rückkühler teilweise abzudecken.

Die Bauarten DK 60 M und DK 40 M haben geteilte Kühler d. h. im oberen und unteren Wasserkasten ist in der Mitte je eine Trennwand angebracht. Motor und Kompressor besitzen eigene Kühlwasserpumpen, und das Kühlwasser für den Motor ist somit von dem des Kompressors getrennt. Beim Abdecken ist daher darauf zu achten, daß der zum Motor gehörige Teil des Kühlers abgedeckt wird und nicht versehentlich der des Kompressors.

Der Kühlerteil des Kompressors braucht nicht abgedeckt zu werden, höchstens bei starkem Frost.

Von Zeit zu Zeit ist nachzusehen, ob reichlich Kühlwasser vorhanden ist.

2. Der Öldruck des Motors ist ab und zu zu prüfen, er muß bei warmer Maschine innerhalb des rot bezeichneten Teils der Einteilung am Öldruckmanometer liegen.

3. Der Brennstoffbehälter 24 darf nie ganz leer laufen, man beobachte deshalb den Standanzeiger an der Stirnwand.

   Dies ist erforderlich, damit die unvermeidbaren Rückstände des Kraftstoffs nie zum Motor gelangen können. Zu diesem Zweck ragt auch vom Absperrhahn 29 ein kleines Rohrstück in den Behälter hinein, damit stets ein kleiner Rest Kraftstoff im Tank bleibt. Will man den Tank zur Reinigung restlos leeren, so darf dies nur durch den besonders angebrachten Ablaßhahn 28 geschehen.

   Der Brennstoffbehälter ist auch deshalb gut gefüllt zu halten, damit keine Luft von der Brennstoffpumpe angesaugt werden kann (BAM I, 11).

4. Der Auspuff 31 des Dieselmotors darf nur schwach sichtbar sein bei Vollast und bei Leerlauf bläulich. Niemals darf er rußig sein. Er ist daher auch zu beobachten, da er ein guter Anzeiger für den Zustand des Motors ist.

5. Die Druckventile des Kompressors sind ab und zu zu prüfen. Da diese Prüfung sehr schnell und sehr einfach vorgenommen werden kann und von großer Wichtigkeit ist, lohnt sich die hierfür notwendige kurze Arbeitspause.

IV. Das Abstellen.

1. Die Druckluft aus dem Windkessel ablassen oder die Kupplung 18 ausrücken.
2. Motor abstellen gemäß BAM IV.
3. Bei Frostgefahr Kühlwasser ablassen. (14, 16, 33, 35, 36). (Dies nur, wenn Wasser ohne Gefrierschutzmittel.)

V. Die Betriebsstörungen.

Hierfür gelten die Betriebsanweisungen BAK V und BAM V.

An der Kupplung treten Störungen im allgemeinen nicht auf. Die nachgiebigen Puffer der Kupplung (Gummi oder Leder) werden mit der Zeit verschleißen. Ein dumpfes, klopfendes Geräusch der Kupplung ist die Folge abgenützter Puffer.

VI. Die Wartung außerhalb des Betriebes.

1. In Ergänzung der Betriebsanweisungen BAM VI und BAK VI muß nochmals auf die große Bedeutung des Reinhaltens aller Teile für die Betriebssicherheit und die Lebensdauer der Anlage hingewiesen werden.

   Fahrbare Drucklufterzeuger sind bei weitem viel mehr Verschmutzung ausgesetzt als ortsfeste Maschinenanlagen, die meistens geschützt im eigenen Maschinenraum aufgestellt sind.

   Bei fahrbaren Drucklufterzeugern dagegen ist es oft unvermeidlich, daß sie bei Wind und Wetter, sehr staubhaltiger Luft und allen nur denkbar ungünstigen Umständen in Betrieb genommen werden müssen.

   Wenn auch bei der Konstruktion darauf Rücksicht genommen worden ist, so erfordern fahrbare Drucklufterzeuger trotzdem eine gewissenhafte Pflege und Wartung.

2. D a s F a h r g e s t e l l und die Verkleidung des Maschinensatzes sind ab und zu nachzusehen. Man prüfe alle Schrauben, denn es ist möglich, daß die eine oder andere Schraube infolge der unvermeidlichen Erschütterungen sich gelöst hat.

   Auch für diese Teile gilt die Regel, daß man kleine Schäden sofort beseitigen soll, ehe sie sich zu ernsthaften Betriebsstörungen auswirken.

   Die Lager der Räder 42, 44 und der Drehzapfen 43 schmiere man in den notwendigen Zeitabständen. Ebenso die Spindel 39 der Andrehkurbel.

3. D e r R ü c k k ü h l e r 47 für das Wasser soll nicht nur im Inneren frei von Kesselsteinabsatz sein, sondern die äußeren Flächen der Röhren und Lamellen sollen möglichst metallisch rein sein, um einen guten Wärmeübergang zu sichern.

   Aus der vom Windflügel durch das Netz gesaugten Kühlluft setzt sich eine Staubschicht ab, die von Zeit zu Zeit mittels Druckluft oder Wasserstrahl zu entfernen ist.

4. D e r W i n d k e s s e l 7 ist von Zeit zu Zeit innen zu reinigen. Diese Vorsichtsmaßregel ist notwendig, um zu vermeiden, daß Schmutz in die Druckluftwerkzeuge gelangt.

VII. Die Wahl der Betriebsstoffe.

Man richte sich nach den Betriebsanweisungen BAM VII. Die angegebenen Schmieröle sind auch für den Kompressor geeignet. Man beachte aber, daß der Flammpunkt des im Sommer für den Kompressor verwendeten Schmieröles über 220 ^{0} C liegt.

VIII. Die „Kraftabnahme".

Abb. 150 und 152.

Die „Kraftabnahme", die bei den fahrbaren Drucklufterzeugern Größe DK 60 M und DK 90 M an Stelle der Handandrehvorrichtung angebracht werden kann, ermöglicht die Verwendung des Dieselmotors zum Antreiben beliebiger Arbeitsmaschinen.

Es können bis zu 25 PS abgenommen werden.

Die „Kraftabnahme" ist als Riemenscheibe ausgebildet, die während des Betriebes durch eine Reibungskupplung ein- und ausgekuppelt werden kann.

Die Welle der „Kraftabnahme" ist mit dem vorderen Ende der Motorwelle durch eine Gummigelenkscheibe nachgiebig verbunden. An dem freien Ende dieser Welle wird die Andrehkurbel aufgesetzt.

Wird durch die Vorrichtung Kraft abgenommen, dann muß der Kompressor stets abgekuppelt sein, und in den meisten Fällen wird es sich als notwendig erweisen, den Drucklufterzeuger und die angetriebene Maschine gegeneinander abzustützen bzw. die beiden Maschinen auf dem Boden gut zu befestigen.

Die Wartung der „Kraftabnahme" erfolgt gemäß der an ihr angebrachten Anweisung.

IX. Werkzeuge und Ersatzteile.

Werkzeuge und Ersatzteile sind in einem besonders hierfür eingerichteten Holzkasten geordnet untergebracht.

Es ist selbstverständlich, daß Kasten und Inhalt ebenso sauber und in Ordnung zu halten sind wie die Maschinen selbst. Vor allem sind sie vor Regen und Nässe zu schützen.

Zu den fahrbaren FMA-Drucklufterzeugern mit Antrieb durch Verbrennungsmotor werden folgende Werkzeuge und Ersatzteile mitgeliefert:

1. Werkzeuge:

1 Werkzeugtasche mit Inhalt:
1 Schlüssel für die Radkappen,
1 Satz Maulschlüssel 9—41 mm S.W.
1 Satz Steckschlüssel 12—32 mm S.W. mit Dorn,
1 Hakenschlüssel zur Kühlwasserpumpe,
1 Kolbenanheber z. Kompressor,
(1 Schlüssel zur „Kraftabnahme-Kupplung"),
1 Hammer,
1 Kombinationszange,
1 Schraubenzieher,
1 Winkelschraubenzieher,
1 Meißel,
1 Durchschlag,
*1 Ventilheber,
2 Abdrückschrauben 1/2,
1 Steckschlüssel z. Zündkerze (nur bei Vergasermotor),
*1 Andrehkurbel,
*1 Trichter mit Haarsieb für Brennstoff,
1 Winkeltrichter mit Haarsieb für Schmieröl,
1 Ölkanne,
1 Spritzkanne.

2. Ersatzteile zum Kompressor:

1 vollst. Saugventil, im Schutzkasten,
1 vollst. Druckventil, im Schutzkasten,
2 Kolbenringe, 2 Ölabstreifringe, 2 Ledermanschetten — in Blechdose
1 Feder, 3 Verbindungsschläuche, 4 Schlauchschellen, 1 Satz Dichtungen — in Blechdose

zum Dieselmotor:

1 Einlaßventil, im Schutzkasten,		2 Ölabstreifringe	in Blechdose
1 Auslaßventil, im Schutzkasten,		2 Düsenmuttern	in Blechdose
1 Ventilfeder,	in Blechdose	4 Düsenplättchen	in Blechdose
2 Federteller,	in Blechdose	1 Düsenreiniger	in Blechdose
2 Ventilkeile,	in Blechdose	3 Verbindungsschläuche	in Blechdose
1 Ventilführungskeil	in Blechdose	4 Schlauchschellen	in Blechdose
2 Kolbenringe	in Blechdose	1 Satz Dichtungen	in Blechdose

zum Vergasermotor:

1 Einlaßventil, im Schutzkasten,	1 Paar Magnetkontakte,
1 Auslaßventil, im Schutzkasten,	1 Zündkerze,
1 Ventilfeder,	3 Verbindungsschläuche,
2 Kolbenringe,	4 Schlauchschellen,
2 Ölabstreifringe,	1 Satz Dichtungen.

Bei fahrbaren FMA-Drucklufterzeugern mit Antrieb durch Elektromotor wird nur das unter 1 genannte Werkzeug, ausschließlich der angekreuzten Teile mitgeliefert.

Von den Ersatzteilen werden nur die für den Kompressor mitgeliefert.

FMA-Druckluft-Hämmer.

Auseinandernehmen.

Auspuffschelle mit Spreizzange abziehen, bzw. Sperrstift (MH 21—23) herausziehen, Klemmschraube (M 58—60a) lösen. Zylinder mit seinen Spannflächen in kräftigen Schraubstock spannen, den Kolben dabei, um ein Verspannen zu verhüten, in Höhe der Schraubstockbacken schieben. Den den Griff sichernden Arretierstift herausziehen und Griff mit ca. 1 m langem Hebel durch kurzen Ruck nach links lösen und abschrauben. Steuergehäuse-Deckel abnehmen, Rohrschieber und Kolben herausnehmen. Nach Abschrauben des Siebträgers lassen sich die Teile der Einlaßorgane aus dem Griff entfernen.

Zusammensetzen.

Die Teile sind gut gereinigt mit einem säure- und harzfreien Öl eingefettet in umgekehrter Reihenfolge zusammenzusetzen. Nach Aufschrauben des Griffes von Hand ist dieser mit kurzem Ruck mittels eines ca. 1 m langen Hebels festzuziehen. Den Arretierstift in die Bohrung einsetzen, die mit einer Nute am Griff übereinstimmt, und Auspuffschelle überstreifen. Mit losem Griff darf nicht gearbeitet werden. Vor Inbetriebnahme ist stets etwas dünnflüssiges, nicht harzendes und säurefreies Öl in den Schlauchanschluß zu gießen.

Wartung und Betrieb von Drucklufthämmern. AWF 41.

Vorbemerkung.

1. Preßlufthämmer sind stark beanspruchte **Präzisionswerkzeuge,** deren arbeitende Einzelteile aus hochwertigen Werkstoffen in Edelpassung hergestellt werden; sie sind rücksichtsloser Behandlung im Betrieb ausgesetzt, müssen aber wie Präzisionsmaschinen gewartet werden.
2. Daher ist eine besondere **Sammelstelle** zur Wartung der Preßlufthämmer einzurichten.
3. Die Sammelstelle ist einem tüchtigen Sonderfachmann zu unterstellen, der verantwortlich gemacht werden kann.

Behandlung im Betrieb.

4. Richtige **Hammergröße** der vorliegenden Arbeit entsprechend nach Weisung der Betriebsleitung wählen.
5. Hämmer mit **locker sitzenden Handgriffen** in Sammelstelle geben, nicht damit arbeiten.
6. Nur von der Betriebsleitung für die betreffende Arbeit bestimmte Werkzeuge verwenden. **Schäfte** müssen richtige Abmessungen haben und sich in den Hämmern gut führen; **Aufschlagflächen** der Schäfte müssen plan und unbeschädigt sein.

7. Keine undichten oder breitgequetschten **Schläuche** verwenden. Unhandliche Schläuche unmittelbar am Hammer vermeiden, sie hindern bei der Arbeit.

8. **Vor Anschließen** des Hammers Luftschlauch mit Preßluft ausblasen.

9. **An kalten Wintertagen** Werkzeug vor Inbetriebnahme auf Handwärme anwärmen, sonst Bruchgefahr.

10. **Bei Inbetriebnahme** Werkzeug und Hammer am Arbeitsstück sicher ansetzen, Hammer mit Handballen gut andrücken, dann erst Luft einlassen. Auch bei der Arbeit Hammer stets so andrücken, daß der Werkzeugbund sich nur wenig von der Schulter der Führungsbuchse abhebt, sonst Halten des Hammers unmöglich und Beschädigungen von Hammer und Werkzeug die Folge.

11. **Bei geringster Störung** Hammer in Sammelstelle umtauschen.

12. **Bei Arbeitsunterbrechung** Hammer stets so weglegen, daß Verschmutzen unmöglich. Hierbei Werkzeug aus Hammer ziehen, weil sonst unbeabsichtigtes Herausschleudern möglich.

13. Alle zwei bis drei Betriebsstunden **Hammer schmieren.** Leichtflüssiges, harzfreies Mineralöl in Luftanschluß des Griffes, nicht in den Schlauch gießen.

14. **Nach Arbeitsschluß** Hammer an Sammelstelle abgeben.

Wartung in der Sammelstelle.

15. Die abgegebenen Hämmer zur Auflösung von Schmutz und Ölrückständen in **Petroleumbad** einhängen.

16. **Vor Schichtbeginn** Petroleum abtropfen lassen und Hämmer mit Preßluft ausblasen, dann in Luftanschuß etwas leichtflüssiges, harzfreies Mineralöl einführen.

17. **Auseinandernehmen** der Hämmer zur gründlichen Reinigung je nach Inanspruchnahme, Betriebsart, Reinheit der Preßluft in regelmäßigen Zeitabständen, wenn möglich eingearbeitete Hämmer alle drei Tage, neue Hämmer täglich.

18. **Arbeitsfolge bei Auseinandernehmen:**

    a) Hammer in Spannflächen des Zylinders in kräftigen Parallelschraubstock mit Schutzbacken einspannen; vor Festspannen Schlagkolben mit Messingstange zwischen Spannflächen schieben, um Zylinder nicht zu verspannen.

    b) Griffsicherung nach Gebrauchsanweisung des Lieferers lösen, Griff mit Stange oder Schlüssel abschrauben, festsitzende Griffe durch leichte Schläge auf Gewindeschaft mit Blei- oder Kupferhammer lockern.

c) Griff nicht auseinanderschrauben, sondern nur Sieb reinigen.
d) Steuerungsteile säubern ohne Auseinandernehmen.
e) Auch geteilte Steuergehäuse nicht auseinandernehmen, nur in Petroleum reinigen und alle Kanäle mit Preßluft gut ausblasen.
f) Schraubstock lockern und Kolben herausnehmen.
g) Sämtliche Teile gut reinigen.

19. **Beim Zusammensetzen beachten:**
   a) Deckung der Marken nach Anweisung des Lieferers.
   b) Kolben nicht verkehrt in den Zylinder stecken.
   c) Steuerorgan und Kolben müssen leicht und glatt verschiebbar sein.
   d) Gewinde an Zylinder oder Griff darf nicht verstoßen oder verschmutzt sein.
   e) Gewinde und Anzugsfläche des Griffes leicht mit konsistentem Fett schmieren.
   f) Griff von Hand bis an Anzugsfläche schrauben, nur leichtes Anziehen mit Stange oder Schlüssel. Richtige Anlage der Griffsicherung beachten.

20. **Beschädigte Teile,** auch ausgesprungene Kolben, nicht wieder einbauen. Ersatzteile vorrätig halten. Ersatzteile vom Hammerlieferer beziehen. Keine eigenmächtigen Änderungen an Hämmern.

21. **Bei längerer Lagerung** alle Teile mit säurefreiem Fett (Vaseline oder Öl) gegen Rosten schützen; vor Wiederinbetriebnahme gründlich reinigen.

22. **Bei Anfertigung von Werkzeugen** in eigener Werkstätte auf geeignete Stahlsorte und auf richtige Härtung der Einsteckenden nach den Vorschriften der Stahllieferer achten. Härteöfen mit Pyrometer verwenden. Schäfte müssen über ganze Länge einschließlich des Hohlkehlenüberganges gleichmäßige Federhärte haben, sonst brechen sie nach kurzer Zeit.

23. Hämmer in regelmäßigen Fristen — etwa alle zwei Monate und nach jeder Ausbesserung — auf Leistung, Schlagzahl und Luftverbrauch **prüfen.** Sind die Ergebnisse 15 % geringer als die gewährleisteten Werte, so sind die Hämmer gründlich instand zu setzen.

24. Über die einzelnen Hämmer **Aufschreibungen** (Kartei) führen, aus denen u. a. die vorgenommenen Ausbesserungen und die Prüfungsergebnisse zu ersehen sind*).

Zweite Auflage. September 1927.

---

*) Preßlufthammerkarte ähnlich den AWF-Maschinenkarten in Vorbereitung.

Für den Grubenbetrieb vgl. AWF 42: Abbau- und Bohrhämmer.
Für die Betriebsleitung vgl. AWF 208: Planung und Betrieb von Preßluftanlagen.

FMA-Stampfer-Werkzeuge.

Zum Auseinandernehmen wird der Stampfer an den am Zylinder vorgesehenen Spannflächen in einem kräftigen Parallel-Schraubstock gespannt. Der Kolben ist vor dem Anziehen des Schraubstocks in die Gegend der Spannflächen zu schieben, da sonst der Zylinder verspannt wird.

Zunächst wird die obere Haube durch Linksdrehen heruntergeschraubt und Ventilgehäuse und Deckel abgehoben; darauf wird die untere Überwurfmutter abgeschraubt, der Schraubstock gelockert und Kolben nebst Stopfbuchse und Packung aus dem Zylinder gezogen.

Sämtliche Teile sind gut mit Petroleum zu reinigen, (besonders die Kanäle) tüchtig auszublasen und leicht zu ölen.

Beim Zusammenbau ist darauf zu achten, daß auch die Gewinde von Zylinder und Haube sauber sind. Gewinde sowie Stirnseite des Ventilgehäuses sind etwas zu schmieren. Die „0" des Ventilgehäuses muß mit der „0" am Zylinder übereinstimmen. Die alte Packung darf nur wieder verwendet werden, wenn dieselbe keinen Sand enthält; als obere Packung ist mit Talg getränkte vierkantige Packungsschnur zu verwenden, wie solche für Dampfmaschinen gebraucht wird.

Die Überwurfmutter zum Halten der Packung muß fest gegen den Ansatz gezogen werden, die Menge der Packung muß so bemessen sein, daß dieselbe die Kolbenstange nicht festklemmt. Der Stampfer darf niemals der Länge nach in den Sand gelegt werden, da der Sand Kolbenstange und Stopfbüchse ausschleift und auch evtl. in das Innere des Zylinders gelangt.

Betriebsanweisungen BABk.

FMA-Kolben-Bohrmaschinen.

Gebrauchsanweisung für Vierzylinder-Druckluft-Bohr- und Eckenbohrmaschinen.

1. B e t r i e b. Vor der Inbetriebsetzung und alle zwei bis drei Stunden während des Betriebes muß in den Luftanschluß etwas gutes, dünnflüssiges Maschinenöl, dem etwa $^1/_4$ Petroleum zugesetzt wird, eingefüllt werden.

Auch durch die beiden Ölschrauben am Kurbelgehäuse der Bohrmaschine und ferner durch die Innenschmierung der Kurbelwelle ist in vorgenannten Zeitabständen der Kurbelwelle Öl zuzuführen. Die Innenschmierung erfolgt durch Füllschraube 44; das Kugelventil wird mit der Ölkanne oder mit einem besonderen Schmierapparat niedergedrückt bzw. geöffnet. Sehr zu empfehlen ist außerdem der Einbau eines selbsttätigen Ölers in die Luftleitung.

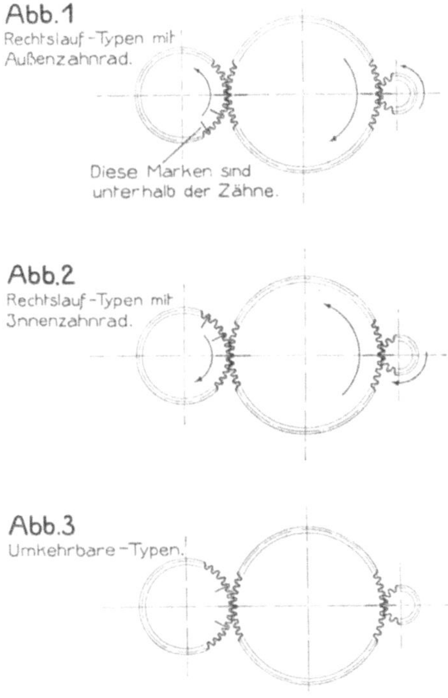

Abb. 124
Einstellung der Triebräder an Kolbenbohrmaschinen.

2. A u s e i n a n d e r n e h m e n, R e i n i g e n und Z u s a m m e n b a u. Einmal wöchentlich muß die Maschine auseinandergenommen und gereinigt werden. Zu diesem Zwecke wird zunächst der untere Deckel abgeschraubt, dann der obere und zuletzt der seitliche bzw. das Nebengehäuse bei Ecken-Bohrmaschinen. Bohrspindel nebst Zahnrädern, Kurbelwelle mit Schubstangen, Kolben und Schieber können alsdann mühelos herausgenommen werden. Ein Lösen der Schubstangen und Rollenlaufringe ist nicht erforderlich.

Sämtliche Teile sind gründlich mit Petroleum zu reinigen.

Vor dem Zusammenbau müssen alle laufenden Teile (Kugel- bzw. Rollenlager, Zahnräder und deren Verzahnungen, Kolben, Schieber usw.) mit gutem, nichtharzendem konsistentem Fett eingeschmiert werden.

Beim Zusammenbau geht man in umgekehrter Reihenfolge wie beim Auseinandernehmen vor.

Da alle Triebwerksteile in Kugel- bzw. Rollenlagern laufen, so ist eine besondere Füllung des Kurbelgehäuses mit konsistentem Fett zwecklos; das Fett würde unbenutzt durch den Auspuff ins Freie gelangen und nur die Maschine und deren Umgebung verunreinigen.

Beim Zusammenstecken der Zahnräder und Steuerschieber ist darauf zu achten, daß der Schieberantrieb wie vorstehend dargestellt richtig nach seinen Marken eingestellt wird.

Bei nicht umsteuerbaren (d. h. nur Rechtslauf-Typen) Bohrmaschinen erfolgt der Antrieb der Bohrspindel bei fast allen Größen von der Kurbelwelle aus auf ein Außenzahnrad, es gilt dann die Einstellung der Marken nach Abbildung 1. Einige wenige Typen-Größen auch für Rechtslauf besitzen dagegen einen Bohrspindel-Antrieb auf ein Innenzahnrad. Die Einstellung der Marken muß dann nach Abbildung 2 erfolgen. Die umkehrbaren Typen besitzen eine andere Steuerbüchse bzw. andere Steuerschlitzlagen; die Einstellung ist dann nach der mittleren Marke notwendig (siehe Abbildung 3).

3. L ä n g e r e r   S t i l l s t a n d. Ist eine Bohrmaschine längere Zeit nicht benutzt worden, so muß unbedingt vor Inbetriebnahme Petroleum in den Luftanschluß gegossen werden, damit sich das verdickte Fett und Öl auflösen.

FMA-Kolben-Bohrmaschinen.

Schmierapparat B 2160.

Sollen die Bohrmaschinen immer einwandfrei arbeiten, und eine lange Lebensdauer haben, so ist eine ausgiebige und sachgemäße Schmierung unerläßlich. Es empfiehlt sich, vor Arbeitsbeginn und nach jedem 3—4stündigem Betrieb die Kurbelwelle mit konsistentem, säurefreiem Fett zu füllen. Man bediene sich dabei vorteilhaft des neben abgebildeten

Schmierapparates B 2160.

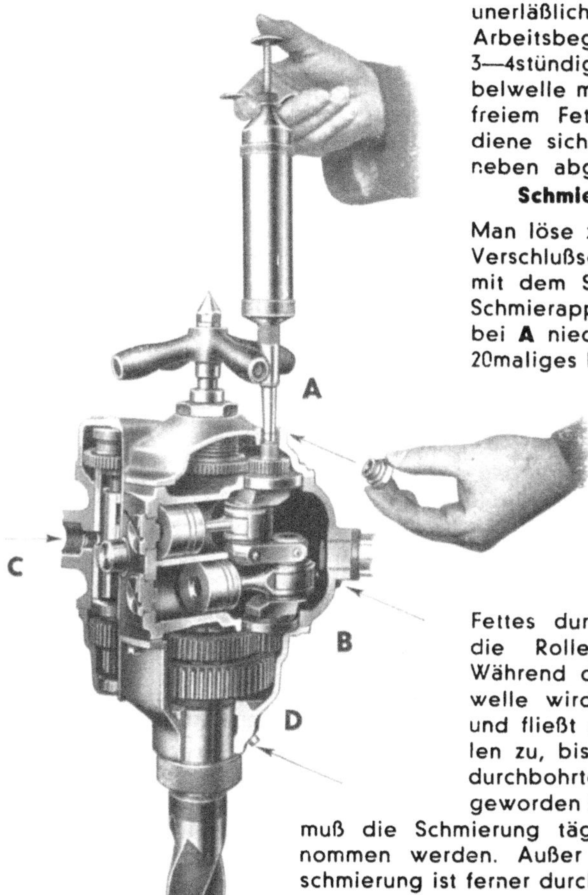

Abb. 125. Schmierung der FMA-Kolbenbohrmaschinen.

Man löse zu diesem Zwecke die Verschlußschraube und drücke mit dem Spezial-Mundstück des Schmierapparates das Kugelventil bei **A** nieder. Durch etwa 10 bis 20maliges Drücken auf den Druckknopf des Schmierapparates werden die durchbohrten Kurbelschenkel und Zapfen der Bohrmaschinenwelle mit Fett gefüllt. Gleichzeitig wird ein Teil des Fettes durch Querbohrungen in die Rollenbahnen gequetscht. Während des Laufes der Kurbelwelle wird das Fett dünnflüssig und fließt so lange den Laufstellen zu, bis der Hohlraum in der durchbohrten Kurbelwelle leer geworden ist. Aus diesem Grunde muß die Schmierung täglich mehrmals vorgenommen werden. Außer dieser Kurbelwellenschmierung ist ferner durch die beiden Ölschrauben **B** am Kurbelgehäuse den Kolbenbahnen und dem Gehäuse-Kugellager der Welle Öl zuzuführen. Man verwendet dabei dünnflüssiges harzfreies Mineralöl mit Petroleum-Zusatz. (Mischungsverhältnis 1 : 3—1 : 4.) Für die übrigen bewegten Teile wie Steuerschieber, Regler usw. gieße man Öl in den Luftanschluß **C**, aber nicht in den Schlauch. Dann öffne man den Einlaß nur ein wenig und lasse die Maschine langsam laufen.

Die Bohrspindellagerung und damit die Zahnräder der Vorgelege sind bei **D** ausgiebig zu schmieren.

FMA-Rundlauf-Bohrmaschinen.

1. Die Inbetriebnahme und Behandlung der Maschinen.

Bei der Inbetriebnahme dieser Maschinen ist die Drehhülse 57 des Luftsicherungseinlasses, der ein ungewolltes Inbetriebsetzen verhindert, zunächst nach der Maschine hin zu verschieben, damit die Raste der Drehhülse außer Eingriff kommt. Dann wird durch Verdrehen der Einlaß-Schieber 56 geöffnet. Beim Zurückschalten der Drehhülse 57 schnappt die Raste zur Sicherung des Einlaß-Ventils selbsttätig wieder ein.

Zum Herausdrücken des Bohrers oder der Reibahle aus der Bohrspindel ist ein Ausdrückbolzen 18 angeordnet, der durch Herabschrauben der Nachstellspindel 15 den Morsekegel des Bohrers oder der Reibahle aus der Bohrspindel 23 herausdrückt. Vor dem Herausschlagen der Bohrer und Reibahlen mit einem Dorn wird dringend gewarnt.

2. Auseinandernehmen.

Beim Auseinandernehmen der Maschinen sind zunächst die Schrauben 75 zu lösen, die den Räderkasten mit dem Rotorgehäuse verbinden. Dann wird das Rotorgehäuse nach oben abgezogen. Hierbei bleiben Andrückring 10, unteres Lagerschild 3, Rotorwelle 11 und Kolben 7 auf dem Rädergehäuse liegen, so daß ein leichtes Auswechseln der Lamellen gewährleistet ist. Zweckmäßig ist es, je nach Benutzung der Maschine nach ¼- oder ½-jähriger Betriebsdauer die Lamellen 9 zu ersetzen, da bei starker Abnutzung durch Klemmen der Lamellen die Leistung zurückgeht.

Ist es notwendig, Teile im Räderkasten auszuwechseln, so sind hierfür die Schrauben 75 am Räderkasten zu lösen. Es können dann sämtliche Räder sowie die Bohrspindel leicht herausgenommen werden.

3. Zusammensetzen.

Das Zusammensetzen erfolgt in umgekehrter Reihenfolge. Bei den mit Regler versehenen Maschinen ist zu vermeiden, daß die Reglerschraube 46 verstellt wird, da hierdurch die Drehzahl der Maschine beeinflußt werden kann. Falls dies jedoch geschehen ist, muß durch Lösen oder Anziehen dieser Schraube der ursprüngliche Zustand wieder hergestellt werden.

4. Schmierung.

Beim Zusammensetzen der Maschinen ist unbedingt darauf zu achten, daß der Räderkasten mit einem säurefreien und nichtharzenden Fett gefüllt ist. Als weitere Schmierstellen sind für das obere Kugellager 4 und die Bohrspindel 23 je ein Schmiernippel 74 vorgesehen. Für die Schmierung des Rotors ist der Maschine ein selbsttätiger Öler vorgeschaltet, aus dem bei Betrieb der Luftstrom Ölteilchen mitreißt. Dieser Öler ist mehrmals täglich durch Herausdrehen der Schraube 68 mit einem säurefreien, nichtharzenden und dünnflüssigen Öl zu füllen.

ERZEUGNISSE

DER

FRANKFURTER MASCHINENBAU A. G.

vorm. Pokorny & Wittekind

FRANKFURT AM MAIN

Ortsfeste Kompressoren.

Die Entwicklung der ortsfesten Kompressoren der FMA in den letzten 30 Jahren.

Etwa bis zum Jahre 1914 baute die FMA die liegenden Kompressoren Bauart SR. Diese hatten Drehzahlen von 150—250/min.

Abb. 126 zeigt eine solche Maschine. Der Antrieb erfolgte in den meisten Fällen durch Riemen von einem gesondert aufgestellten Elektromotor aus. Diese Maschinen wurden für Saugleistungen von 1—40 m^3/min gebaut.

Nach dem Jahre 1914 entstand die in Abb. 127 wiedergegebene Ausführung SS stehender Bauart. Die Kompressoren dieser Bauart arbeiteten mit Drehzahlen von 290—500 n/min und wurden für Saugleistungen von 1—50 m^3/min gebaut. Auch diese Maschinen wurden fast ausschließlich durch Riemen angetrieben, und nur da, wo der Platz für eine Riemenübertragung nicht ausreichte, kuppelte man die Kompressoren direkt oder durch Zwischenschaltung eines Zahnradgetriebes mit dem Antriebsmotor.

Die Kompressoren der Bauarten SR und SS arbeiteten zweistufig.

Aus der Bauart SS entwickelte sich dann die Bauart S, Abb. 128, ebenfalls eine stehende Maschine, die jedoch nicht mehr in zwei, sondern nur in einer Stufe die Verdichtung bis auf 7 at erreichte. Der Antrieb erfolgte wie bei der Bauart SS.

Durch eingehende Versuche hatte man festgestellt, daß bei richtiger Wahl der Zylinderabmessungen die Kompressionsendtemperatur auch bei einstufiger Kompression unter dem zulässigen Höchstwert bleibt. Auch der Kraftbedarf ist bei den Kompressoren der Bauart S nicht größer gewesen, als bei den Kompressoren der Bauarten SR und SS mit zweistufiger Kompression.

Die recht günstigen Betriebserfahrungen mit den Maschinen der Bauart S regten dazu an, Kompressoren für unmittelbare Kupplung mit handelsüblichen Elektromotoren zu bauen.

Mit dem Bau solcher Maschinen begann die FMA im Jahre 1930 und brachte diese Konstruktionen unter der Bezeichnung Bauart K 30 auf den Markt.

Die nachstehende Zusammenstellung zeigt am besten, wie die Entwicklung der FMA-Kompressoren in der Bauart K 30 eine Höhe erreicht hat, die technisch-wirtschaftlich einen außerordentlichen Fortschritt bedeutet:

Bauart	SR	SS	S	K 30
Drehzahl	150—250	290—500	450—500	750—1000
Stufenzahl bei 7 at	2	2	1	1
Gewicht je m^3 Saugleistung ...... kg	500	230	160	116
Mehrgewicht gegenüber K 30 in v. H.	330	98	38	0

Abb. 126 Liegender Stufenkompressor
Bauart SR (Ausführung vor 1914)

Abb. 127 Stehender Stufenkompressor
Bauart SS (Ausführung nach 1914)

Abb. 128 Stehender Kompressor
Bauart S (Ausführung bis 1930)

FMA-Kompressoren Bauart K 30

in Serienbau

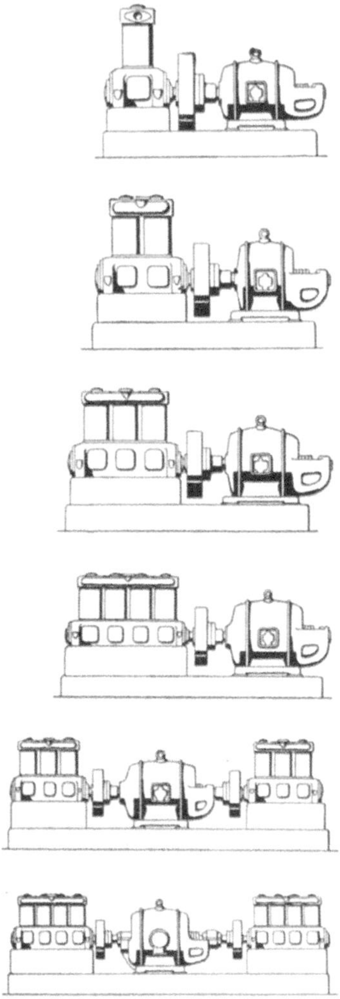

Abb. 129

Zylinder-Zahl	Bezeichnung
1	K 30 M/E
2	K 30 M/Z
3	K 30 M/D
4	K 30 M/V
6	K 30 M/S
8	K 30 M/A

Schnittzeichnungen Seite 152

Die Kompressoren der Bauart K 30

Diese Kompressoren sind das ausgereifte Ergebnis einer 40jährigen Erfahrung im Bau von Kompressoren. Eine bis in die kleinsten Einzelheiten sorgfältig durchgearbeitete Maschine, gefertigt aus bestem Material, bearbeitet und zusammengebaut von Facharbeitern, die langjährige Erfahrung auf diesem Sondergebiet haben, sichern der Bauart K 30 überall da, wo Druckluft gebraucht wird, einen guten Platz.

Saugleistungen, Kraftbedarf und sonstige Angaben dieser Maschinen gehen aus den Tabellen 16, 17, 18 Seite 151 und 160 hervor.

Bei der Festlegung der Betriebsdrehzahl wurde die normale Drehzahl der Drehstrommotoren für 50 Per/sek mit = 1000/min zugrunde gelegt. Selbstverständlich können die Kompressoren auch mit der geringeren normalen Drehzahl n = 750/min betrieben werden. Leistung und Kraftbedarf betragen hierbei etwa 75 v. H. der Werte bei 1000/min.

Die besonderen Vorteile des unmittelbaren Antriebes vor allem durch den Elektromotor werden auf Seite 105 erläutert.

Um einfache Ventile mit richtig bemessenem Querschnitt unterbringen zu können, und um komplizierte Zwangskonstruktionen zu vermeiden, ergab sich ein gewisses günstiges Verhältnis zwischen Zylinderdurchmesser und Kolbenhub. Dieses Verhältnis sichert gleichzeitig große Vorteile für die Herstellung und den Betrieb dieser Kompressoren K 30.

Eine sorgfältige Durchbildung der Kühlung der ganzen Maschine, vor allem der Druckventile geben größte Betriebssicherheit und lange Lebensdauer.

Bei der Konstruktion wurde Wert darauf gelegt, daß die Ventile nach Entfernung der Verschlußdeckel ohne weiteres zugänglich sind, ohne daß Saug- oder Druckleitung des Kompressors entfernt werden müssen. Der Ventilkopf enthält Saug- und Druckventil leicht zugänglich nebeneinander angeordnet. Zylinder und Ventilkopf haben Wasserkühlung. Diese kann entweder als Durchflußkühlung vorgesehen werden oder sie ist als in sich abgeschlossene Wasserumlaufkühlung durchgebildet. In diesem Falle wird der Umlauf durch eine Pumpe bewirkt, und die Rückkühlung des Wassers erfolgt entweder in einem Rückkühler mit Ventilator (Autokühler) oder in einem genügend groß bemessenen Sammelbehälter. In besonderen Fällen werden die Kompressoren K 30 für Luftkühlung ausgeführt.

Die auf Grund sehr sorgfältiger Untersuchungen über Drehzahl, günstige und praktische Anordnung der Ventile, schädlichen Raum und Förderleistung ermittelten richtigen Zylinderabmessungen haben sich von der kleinsten bis zu der größten Ausführung der Bauart K 30 als durchaus zweckmäßig erwiesen. Deshalb werden die Kompressoren der Bauart K 30 in Ein- bis Vierzylinderanordnung gebaut. Die Verwendung von 2 x 3 oder 2 x 4 Zylinder-Kompressoren mit in der Mitte angeordnetem Antriebsmotor ermöglicht auch die Aufstellung größerer Einheiten auf kleinstem Raum.

Es war notwendig, die Kompressoren K 30 so durchzubilden, daß sie während des Betriebes keiner Wartung bedürfen. Hierfür eignet sich nur eine vollständig geschlossene Bauart. Sie schützt die Triebwerksteile vor dem Eindringen von Schmutz und Staub, vor Beschädigung der Maschine oder der Arbeiter und verhindert das Verspritzen von Öl. Dennoch sind diese Maschinen in allen Teilen leicht zugänglich. Große Handlöcher im Kurbelgehäuse ermöglichen nicht nur eine Kontrolle der Haupt- und Pleuellager, sondern gestatten auch leichten und schnellen Zusammenbau am gesamten Triebwerk.

Da die Kompressoren der Bauart K 30 aus gleichen Zylindern in Reihenanordnung entwickelt wurden, kommen bei den verschiedenen Größen immer wieder die gleichen Teile zur Verwendung. Der Käufer dieser Kompressoren hat deshalb die Gewähr, daß alle Teile lehrenhaltig und austauschbar hergestellt sind. Insbesondere solche Betriebe, die mehrere Kompressoren aufstellen, sollten auf unsere Kompressoren K 30 zurückgreifen, da die Ersatzteilhaltung sehr einfach wird.

Der spezifische Kraftverbrauch der Kompressoren K 30 ist wegen ihrer überlegenen Konstruktion sehr günstig; — er kommt demjenigen guter Großkompressoren nahe. Es ist deshalb nicht mehr nötig, die Drucklufterzeugung zu zentralisieren und, um günstigsten Kraftverbrauch zu erzielen, die ganze Leistung in einem großen Kompressor unterzubringen. Kompressoren der Bauart K 30 geben die Möglichkeit, bei annähernd gleichem Kraftverbrauch die Drucklufterzeugung zu dezentralisieren, sie in die Nähe der Verwendungsstelle der Druckluft zu legen. Lange, teure Rohrleitungen werden erspart! Aber auch Druckluftzentralen für große Leistungen arbeiten wirtschaftlich unter Verwendung einer Mehrzahl von Kompressoren K 30. Das Problem der Regelung und Anpassung an den Druckluftbedarf ist sehr einfach zu lösen: Man setzt eine oder mehrere Anlagen still — oder schaltet sie ein! Die Regelung ist ferner um so feinstufiger, je mehr Einzelkompressoren aufgestellt sind. Vorkommende Betriebsstörungen bringen immer nur einen anteiligen Ausfall, während bei einem Großkompressor die ganze Druckluftförderung unterbunden wird. Durch eine sinnreiche Regulierung wird bewirkt, daß sich die Maschine in ihrer Luftlieferung selbsttätig den Betriebsverhältnissen anpaßt. Auf diesen Vorteil der Unterteilung und selbsttätige Anpassung der Einheiten an den wechselnden Bedarf, wollen wir ganz besonders hinweisen! (Siehe Regelung der Kompressoren Seite 17.)

Aus Gründen der vielseitigen Verwendbarkeit mußte dafür gesorgt werden, daß die Kompressoren der Bauart K 30 einen ruhigen, ausgeglichenen Lauf haben, daher werden die Triebswerkteile möglichst gut gegen einander abgewogen und auch das Schwungrad sorgfältig ausgewuchtet.

Eine sehr zuverlässige Schöpfradschmierung bzw. Schleuderschmierung sorgt dafür, daß allen Stellen, an denen Reibung auftritt, reichlich Öl zugeführt wird. Die Eigenart dieser Schmierung ist die Ursache des geringen Ölverbrauchs der Kompressoren K 30, sie ergibt eine gleichartige Schmierung, sowohl beim niedrigsten wie auch beim höchstzulässigen Ölstand. Die Ölführung ist bei den kleineren und mittleren Größen so durchgebildet, daß selbst durch geringe Schräglage der Maschine die

Schmierung nicht nachteilig beeinflußt wird. Der Ölstand kann durch einen Prüfstab, der Markierungen für den höchst- und niedrigstzulässigen Ölstand trägt, überwacht werden. (Diese Prüfung darf nur bei stillstehender Maschine, wenn das Schmieröl zurückgeflossen ist, vorgenommen werden.)

Mit dem Prüfstab kann man auch eine geringe Menge Schmieröl zur Prüfung seines Zustandes entnehmen.

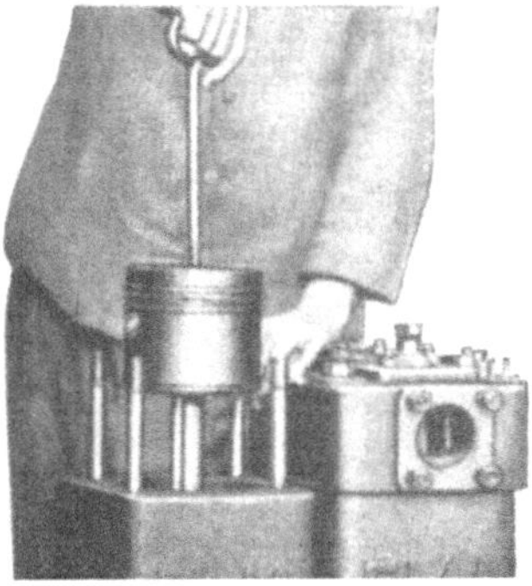

Abb. 130
Das Ausheben der Kolben eines FMA-Kompressors K 30

Abb. 131
Das Abheben der Ventilglocken eines FMA-Kompressors K 30

Abb. 132
Kurbelwelle mit Pleuel und Kolben eines FMA-Kompressors K 30

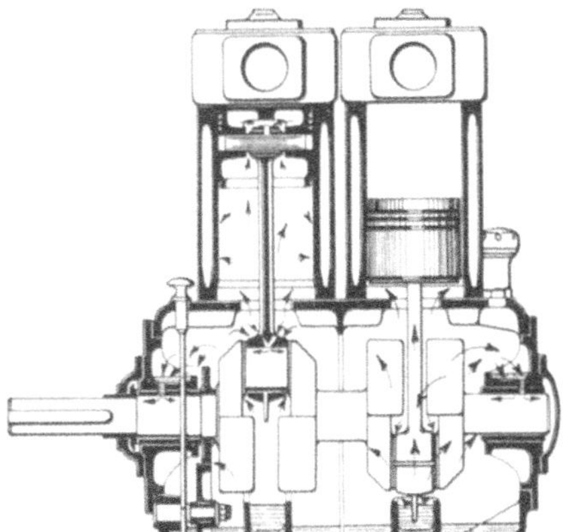

Abb. 133
Die Schöpfradschleuderschmierung eines FMA-Kompressors K 30

Die einstufigen Kompressoren der Bauart K 30 M.

Die Kompressoren mit der Grundbezeichnung K 30 M verdichten einstufig bis auf 7 at. Die kleineren Ausführungen können in besonderen Fällen auch bis auf 9 at einstufig verdichten.
Im allgemeinen ist Wasserkühlung vorgesehen, jedoch können für Enddrücke bis 5 at die einstufigen Kompressoren bis zur Größe K 30 M/418 auch mit vollkommener Luftkühlung ausgeführt werden. (Abb. Seite 168.)
Die Tabelle 16, Seite 151, gibt die Übersicht über die verschiedenen Ausführungsmöglichkeiten der einstufigen Kompressoren K 30 M mit Angaben über Leistung, Kraftbedarf und Abmessungen.

Abb. 134 Versetzbarer einstufiger FMA-Kompressor K 30 M mit Umlauf-Wasserkühlung (Rückkühlanlage) und Antrieb durch Elektromotor

Abb. 135 Einstufiger 8 Zylinder FMA-Kompressor K 30 M mit Durchflußkühlung und Antrieb durch Elektromotor

Tab. 16 Saugleistung, Kraftbedarf und Abmessungen der einstufigen FMA-Kompressoren der Bauart K 30 M

Bauart K 30 M		E-110	E-212	E-313	E-415	E-416	E-418	Z-313	E-518	Z-415	Z-416	Z-418	Z-518	D-418	D-518	V-418	V-518	S-418	S-518	A-518
Hubv. l/min		865	1470	1930	2650	3015	3820	3860	4960	5300	6030	7640	9920	11460	14880	15280	19840	22920	29760	39680
Zyl. Ø . mm		105	125	135	150	160	180	2.135	180	2.150	2.160	2.180	2.180	3.180	3.180	4.180	4.180	6.180	6.180	8.180
Hub . . mm		100	120	135	150	150	150	135	195	150	150	150	195	150	195	150	195	150	195	195
Drehzahl/min		1000	1000	1000	1000	1000	1000	1000	1000	1000	1000	1000	1000	1000	1000	1000	1000	1000	1000	1000
Saugleistung in l/min Kraftbedarf in PS bei at	2	830	1410	1850	2530	2900	3625	3700	4695	5060	5800	7250	9 390	10875	14085	14500	18780	21750	28170	37560
		2,7	4,6	6	8	9,2	11,5	12	15	16	18	22,5	29,5	34	44	45	59	68	88	118
	3	800	1360	1780	2440	2800	3455	3560	4470	4880	5600	6910	8940	10365	13410	13820	17880	20730	26820	35760
		3,6	5,6	7,8	10,5	12	15	15,5	19	21	24	29	38	43,5	57	58	76	87	114	152
	4	780	1330	1720	2360	2720	3325	3440	4290	4720	5440	6650	8580	9975	12870	13300	17160	19950	25740	34320
		4,2	7,2	9,3	12,5	14,5	17,5	18,5	23	25	29	34,5	45	52	67	69	90	104	134	180
	5	755	1290	1670	2280	2640	3190	3340	4150	4560	5280	6380	8300	9570	12450	12760	16600	19140	24900	33200
		4,8	8	10,5	14	16	19,5	20,5	25,5	28	32	38,5	50	58	75	77	100	116	150	200
	6	730	1240	1610	2190	2550	3030	3220	3895	4380	5100	6060	7790	9090	11685	12120	15580	18180	23370	31160
		5,2	8,7	11,5	15	17,5	21	22	27	30	35	41	53	62	79	82	106	124	158	212
	7	705	1210	1550	2110	2470	2900	3110	3720	4220	4940	5800	7440	8700	11160	11600	14880	17400	22320	29760
		5,4	9,2	12	16	18,5	21,5	23	27,5	32	37	42,5	55	64	82	85	110	128	164	220
	8	685	1170	1500	2040			3010		4080										
		5,6	9,5	12,5	16,5			24		33										

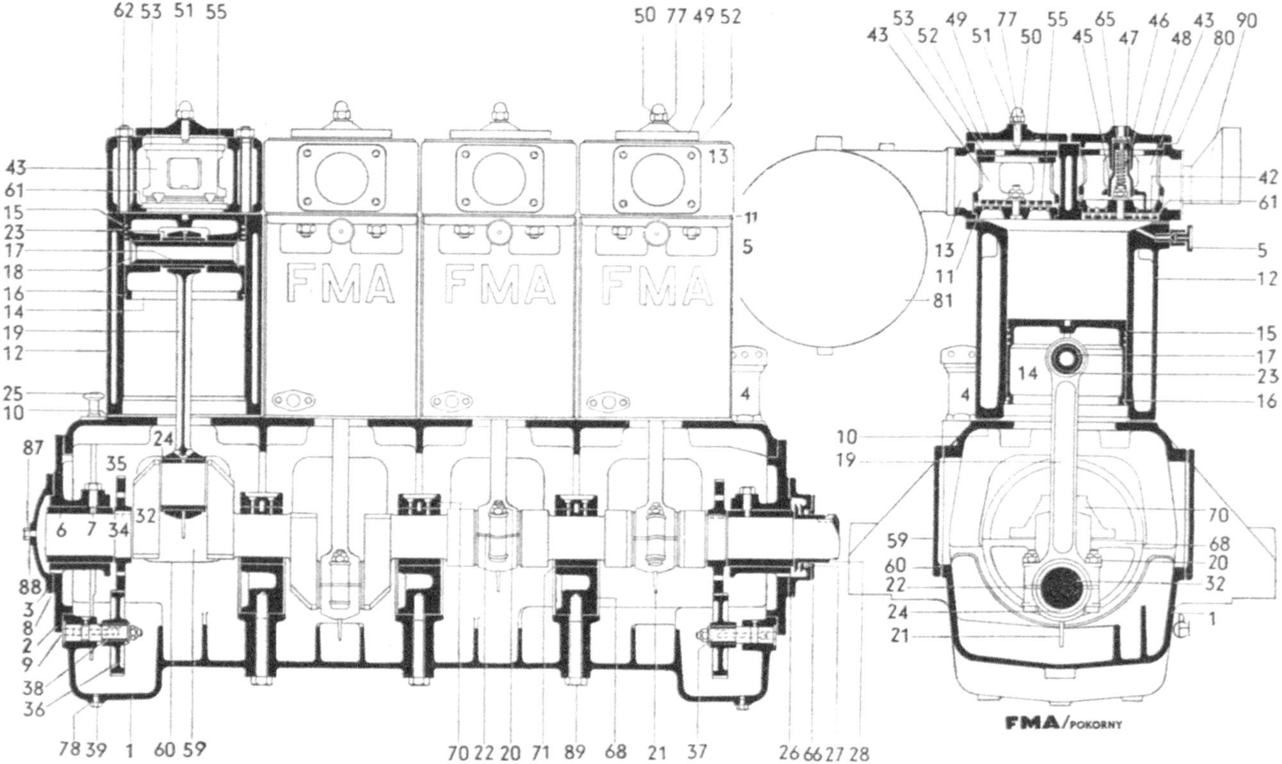

Abb. 136
Einstufiger FMA-Kompressor Bauart K 30 MV mit Bezeichnung sämtlicher Hauptbestandteile
Kupplungsteile siehe Abb. 141, 142

Hauptbestandteile der FMA-Kompressoren Bauart K 30

Hierzu für K 30 M Abb. 136 einstufig bis 7 at.
Hierzu für K 30 S Abb. 139 zweistufig bis 11 at.
Hierzu für K 30 H Abb. 141/42 Hochdruckkompressoren bis 250 at.
Hierzu für Leerlaufregelung Abb. 144.
Hierzu für Wasserpumpe Abb. 143.

1 Kurbelgehäuse
2 Lagerschild
3 Lagerdeckel hinten
4 Entlüftungsstutzen
5. Entlüftungsventil komplett
6 Lagerbüchse
7 Fixierschraube mit Federring
8 Dichtung zum Lagerdeckel
9 Dichtung zum Lagerschild
10 Dichtung zur Zylinderunterseite, 1. Stufe
11 Dichtung zur Zylinderoberseite, 1. Stufe
12 Zylinder 1. Stufe
13 Ventilkopf 1. Stufe
14 Kolben 1. Stufe
15 Kolbenringe 1. Stufe
16 Ölabstreifringe 1. Stufe
17 Kolbenbolzen 1. Stufe
18 Seeger-Bolzensicherung 1. Stufe
19 Pleuelstange
20 Pleuelstangenbolzen mit Mutter und Splint
21 Stift
22 Beilagen
23 Büchse zur Pleuelstange
24 Lagerschale zur Pleuelstange
25 Ölkontrollstab
26 Lagerdeckel vorn
27 Packung
28 Spritzring
29 Spannscheibe
30 Sechskantschraube
31 Sicherungsblech
32 Kurbelwelle
33 Paßfeder
34 Paßfeder
35 Oberes Ölschleuderrad
36 Unteres Ölschleuderrad
37 Lagerzapfen zum unteren Ölschleuderrad komplett
38 Büchse zum Lagerzapfen zum unteren Ölschleuderrad
39 Sechskant-Verschlußschraube
40 Gegengewichte
41 Stiftschraube mit Mutter zum Gegengewicht
42 Saugventil komplett 1. Stufe
43 Ventilandrückglocke 1. Stufe
44 Federteller zur Leerlaufvorrichtung 1. Stufe
45 Kolben zur Leerlaufvorrichtung 1. Stufe
46 Feder zur Leerlaufvorrichtung 1. Stufe
47 Ledermanschetten zur Leerlaufvorrichtung 1. Stufe
48 Deckel zum Saugventil 1. Stufe
49 Deckel zum Druckventil 1. Stufe
50 Hutmutter
51 Vierkantschraube 1. Stufe
52 Dichtung zum Ventildeckel 1. Stufe
53 Andrückplatte 1. Stufe
54 Federteller zur Leerlaufvorrichtung 2. Stufe
55 Druckventil 1. Stufe
56 Kupplung
57 Stiftschraube mit Mutter zum Lagerschild
58 Stiftschraube mit Mutter zum Lagerdeckel
59 Handlochdeckel
60 Dichtung zum Handlochdeckel
61 Dichtung zu den Ventilen 1. Stufe
62 Stiftschraube mit Mutter
63 Stiftschraube mit Mutter
64 Stiftschraube mit Mutter
65 Druckstück zur Leerlaufvorrichtung 1. Stufe
66 Deckel zur Wellenabdichtung
67 Kupplungspakete

68 Zwischenlagerstuhl
69 Kopfschrauben mit Muttern
70 Deckel zum Lagerstuhl
71 Zwischenlagerschalen
72 Zylinder 2. Stufe
73 Ölabstreifringe 2. Stufe
74 Kolbenbolzen 2. Stufe
75 Kolben 2. Stufe
76 Kolbenringe 2. Stufe
77 Dichtung zur Hutmutter 1. Stufe
78 Dichtung zur Verschlußschraube
79 Stiftschraube mit Mutter zum Sammelkessel
80 Dichtung
81 Sammelkessel
82 Verbindungsrohr
83 Zwischenkühler 1. Stufe
84 Dichtung zum Zwischenkühler
85 Sechskantschraube mit Mutter
86 Ölabscheider
87 Verschlußschraube zum hinteren Lagerdeckel
88 Dichtung zur Verschlußschraube zum hinteren Lagerdeckel
89 Kopfschrauben zum Lagerstuhl mit Federring
90 Luftfilter
91 Luftrohr für Saugseite
92 Verschlußschraube
93 Dichtung zur Verschlußschraube
94 Deckel zum Saugventil 2. Stufe
95 Vierkantschraube zum Saugventil 2. Stufe
96 Dichtung zur Hutmutter 2. Stufe
97 Hutmutter
98 Dichtung zum Saugventildeckel 2. Stufe
99 Andrückplatte 2. Stufe
100 Ventilandrückglocke 2. Stufe
101 Saugventil 2. Stufe
102 Dichtung zum Zylinderdeckel 2. Stufe
103 Dichtung zum Zylinderdeckel 2. Stufe
104 Dichtung zu den Ventilen 2. Stufe
105 Zylinderdeckel 2. Stufe
106 Druckventil 2. Stufe
107 Dichtung zum Druckventildeckel 2. Stufe
108 Deckel zum Druckventil 2. Stufe
109 Vierkantschraube zum Druckventildeckel 2. Stufe
110 Hutmutter zum Druckventildeckel 2. Stufe
111 Dichtung zur Hutmutter
112 Dichtung zum Zwischenkühler 2. Stufe
113 Zwischenkühler 2. Stufe
114 Zylinder 3. Stufe
115 Zylinderbüchse 3. Stufe
116 Dichtung zur Zylinderbüchse 3. Stufe
117 Vierkantschraube 3. Stufe
118 Dichtung zur Hutmutter
119 Hutmutter 3. Stufe
120 Ventildeckel 3. Stufe
121 Dichtung zum Ventildeckel 3. Stufe
122 Mutter zum Kolben 3. Stufe
123 Zwischenstück zum Kolben 3. Stufe
124 Grundringe 3. Stufe
125 Kolbenringe 3. Stufe
126 Zwischenringe 3. Stufe
127 Befestigungsflansche zum Kolben und Zylinder 3. Stufe
128 Führungskolben 3. Stufe
129 Kolben 3. Stufe
130 Ventilandrückglocke 3. Stufe
131 Deckel zum Zylinder 3. Stufe
132 Druckventil 3. Stufe
133 Dichtung zu den Ventilen 3. Stufe
134 Saugventil 3. Stufe
135 Dichtung zum Zylinderdeckel 3. Stufe
136 Dichtung zur Zylinderoberseite 2. Stufe
137 Dichtung zur Zylinderunterseite 2. Stufe
138 Kolben zur Leerlaufvorrichtung 2. Stufe
139 Feder zur Leerlaufvorrichtung 2. Stufe
140 Ledermanschetten zur Leerlaufvorrichtung 2. Stufe
141 Ventilkopf 2. Stufe
142 Druckstück zur Leerlaufvorrichtung 2. Stufe

143 Seeger-Bolzensicherung 2. Stufe
144 Stoßwindkessel 2. Stufe
145 Dichtung zum Zwischenkühler 1. Stufe
146 Saugwindkessel
147 Dichtung
148 Luftrohr für Druckseite
149 Dichtung
150 Dichtung zur Kühlwasserpumpe
151 Deckel zur Kühlwasserpumpe
152 Lager zur Kühlwasserpumpe
153 Spurscheibe zur Kühlwasserpumpe
154 Laufrad mit Paßfeder zur Kühlwasserpumpe
155 Gehäuse zur Kühlwasserpumpe
156 Schraube mit Mutter zur Kühlwasserpumpe
157 Deckelmutter zur Kühlwasserpumpe
158 Druckring zur Kühlwasserpumpe
159 Pumpenwelle (gesamt) zur Kühlwasserpumpe
160 Packung
161 Nabe mit Riemenscheibe
162 Schmiernippel
163 Bl. Sechskantschrauben m. Draht
164 Kronenmutter
165 Splint
166 Beilegscheibe
167 Deckel
168 Distanzbüchse
169 Paßfeder
170 Nutmutter
171 Filzring
172 Abdrückschraube mit Mutter
173 Ventilator-Antriebsscheibe
174 Spindel
175 Kronenmutter
176 Splint
177 Beilegscheibe
178 Filzdichtung
179 Bock
180 Bl. Stiftschrauben mit Muttern
181 Zylinder mit Ventilatorfläche
182 Ventilatorschutz
185 Majoröler
186 Ventilandrückglocke zum Druckventil 2. Stufe
187 Stiftschraube mit Mutter
188 Stiftschraube mit Mutter
189 Dichtung z. Kühlwasserübertritt
190 Zylinderbüchse 2. Stufe
191 Dichtung zur Zylinderbüchse 2. Stufe
192 Führungskolben 2. Stufe
193 Befestigungsflansch zum Kolben und Zylinder 2. Stufe
194 Bl. Kopfschrauben mit Draht
195 Auflötbund z. Luftaustritt 2. Stufe
196 Flansch zum Luftaustritt 2. Stufe
197 Sechskant-Verschlußschraube zum Saugventildeckel 2. Stufe
198 Dichtung der Verschlußschraube zum Saugventildeckel 2. Stufe
200 Splint für Relais
201 Bl. Scheibe für Relais
202 Gewindestück für Relais
203 Verschlußschraube für Relais
204 Seeger-Außensicherung f. Relais
205 Spannstopfen für Relais
206 Kegelfeder für Relais
207 Federhülse für Relais
208 Federteller für Relais
209 Kugel für Relais
210 Muffe für Relais
211 Mutter für Relais
212 Obere Büchse für Relais
213 Gehäuse für Relais
214 Kolben für Relais
215 Untere Büchse für Relais
216 Dichtung für Relais
217 Überwurfmutter für Relais
218 Abscheidekessel für Relais
219 Dichtung für Relais
220 Ablaßhahn für Relais
221 Verbindungsrohr für Relais
222 Überwurfmutter für Relais
223 Dichtung für Relais
224 Doppelnippel für Relais
225 Dichtung für Relais

Bei Ersatzteilbestellungen ist außer der Nummer des Teiles auch noch die genaue Bezeichnung und die Maschinennummer anzugeben, damit jedes Mißverständnis und dadurch Fehllieferungen vermieden werden.

Abb. 136a Werkstattansicht mit FMA-Kompressoren K 30 in Reihenbau

Die zweistufigen Kompressoren der Bauart K 30 S.

Die Kompressoren mit der Grundbezeichnung K 30 S verdichten zweistufig bis auf 11 at.

Im allgemeinen ist Wasserkühlung vorgesehen, jedoch können die zweistufigen Kompressoren bis zur Größe K 30 S/418 auch mit vollkommener Luftkühlung ausgeführt werden; dabei ist auch der Zwischenkühler luftgekühlt. (Abb. Seite 168.)

Abb. 137 Zweistufiger FMA-Kompressor K 30 S mit Wasserdurchflußkühlung

Die Tabelle 17, Seite 160, gibt Übersicht über die verschiedenen Ausführungsmöglichkeiten der zweistufigen Kompressoren K 30 S mit Angaben über Leistung, Kraftbedarf und Abmessungen.

Abb. 138 Werkstattansicht mit zwei 8 Zylinder FMA-Kompressoren K 30

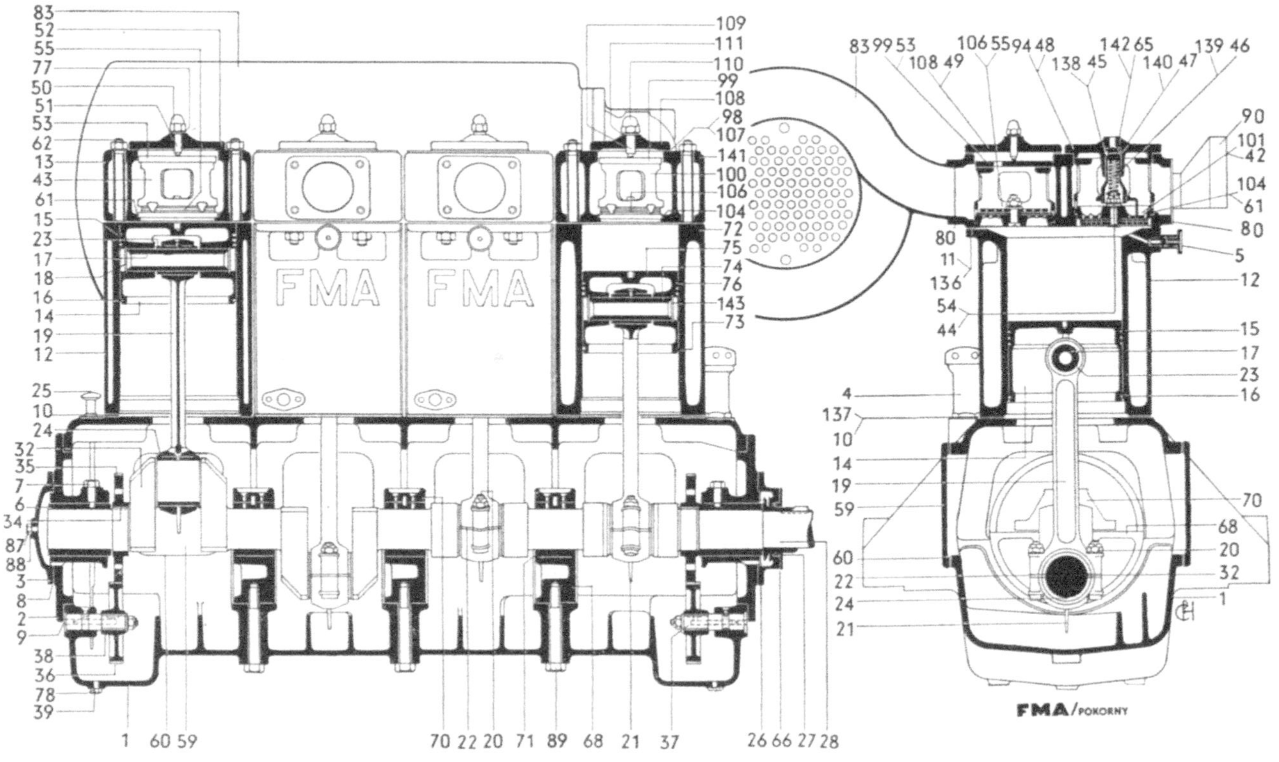

Abb. 139 Zweistufiger FMA-Kompressor Bauart K 30 S/V mit Bezeichnung sämtlicher Hauptbestandteile
Kupplungsteile siehe Abb. 141, 142 — Einzelteilliste siehe Seite 153—155

Tab. 17 Saugleistung, Kraftbedarf und Abmessungen der zweistufigen FMA-Kompressoren der Bauart K 30 S

Bauart K 30 S		Z-316	Z-418	D-316	D-418	V-418	S-418	D-523	A-418	D-633	S-523	V-633	S-633	A-633
Hubvolumen . . . l/min		2710	3820	5420	7640	11460	15280	16920	22920	25700	33840	38550	51400	77100
Zylinder ⌀ . . . . . . mm		1.160 1.135	1.180 1.150	2.160 1.135	2.180 1.150	3.180 1.150	4.180 2.150	2.235 1.180	6.180 2.150	2.330 1.280	4.235 2.180	3.330 1.280	4.330 2.280	6.330 2.280
Hub . . . . mm		135	150	135	150	150	150	195	150	200	195	200	200	200
Drehzahl . . . mm		1000	1000	1000	1000	1000	1000	1000	1000	750	1000	750	750	750
Saugleistung in l/min		2390	3370	4780	6740	9400	13480	14400	18900	23150	28800	32850	46300	65700
Kraftbedarf in PS bei at	6	16	22,5	32	44,5	65	89	97	130	151	194	222	302	444
	7	17	23,5	33,5	47	68	94	102	136	159	204	233	318	466
	8	18	25	35,5	49,5	71	99	107	142	168	214	244	336	488
	9	19	26	37	52	75	104	112	150	175	224	256	350	512
	10	19,5	27	39	54	78	108	116	156	183	232	266	366	532
	11	20	28	40	56	81	112	121	162	190	242	277	380	554

Tab. 18 Förderleistung, Kraftbedarf und Abmessungen der FMA-Hochdruck-Kompressoren der Bauart K 30 H

Bauart K 30 H		H_2Z-113	H_2Z-215	H_2Z-316	H_2Z-418	H_2Z-110	H_2Z-212	H_2Z-313	H_2Z-415	H_3D-110	H_3D-113	H_3D-215	H_3D-316	H_3D-418	H_4V-110	H_4V-113	H_4V-215	H_4V-316	H_4V-418
Hubvol. .	l/min	1430	2120	2720	3820	865	1470	1930	2650	865	1430	2120	2720	3820	865	1430	2120	2720	3820
Zylinder . ⌀	I	135	150	160	180	105	125	135	150	105	135	150	160	180	105	135	150	160	180
	II	60	65	70	80	40	45	50	55	45	60	65	70	80	55	70	80	85	95
	III									20	25	28	30	35	28	35	40	45	50
	IV														16	18	20	22	25
Hub	mm	100	120	135	150	100	120	135	150	100	100	120	135	150	100	100	120	135	150
Drehzahl .	min	1000	1000	1000	1000	1000	1000	1000	1000	1000	1000	1000	1000	1000	1000	1000	1000	1000	1000
Förderleistung in l/min und Kraftbedarf in PS bei at Enddruck	30	1040	1520	1980	2700														
		18	26	34	46														
	60					570	970	1270	1750										
						12	20	26,5	36										
	150									590	970	1440	1850	2520					
										14	23	34	44	60					
	250														590	970	1440	1850	2520
															15	24,5	37	47	64

Die Hochdruck-Kompressoren der Bauart K 30 H.

Diese Kompressoren mit der Grundbezeichnung K 30 H verdichten bis auf 250 at.

Bis etwa 60 at erfolgt die Verdichtung zweistufig, bis 150 at dreistufig und bis 250 at vierstufig.

Kolben und Zylinder der ersten Stufe entsprechen der Ausführung der einstufigen Maschine, bei der zweiten, dritten und vierten Stufe besitzen die Arbeitskolben eine zylindrische Führung zur Aufnahme des Gleitbahndruckes. Als Gleitbahn dienen die Zylinder der Bauart K 30 M, also nicht die eigentlichen Kompressions-Zylinder.

Zwischen den einzelnen Stufen wird in Zwischenkühlern die verdichtete Luft wirksam rückgekühlt. Als Kühlung ist nur Wasserkühlung vorgesehen, diese kann Durchfluß- oder Umlaufkühlung sein.

Abb. 140 Dreistufiger FMA-Hochdruck-Kompressor K 30 H mit Wasserdurchflußkühlung und Antrieb durch Elektromotor

Die Tabelle 18, Seite 160, gibt Übersicht über die verschiedenen Ausführungsmöglichkeiten der Hochdruckkompressoren K 30 H mit Angaben über Leistung, Kraftbedarf und Abmessungen.

Saugleistung und Kraftbedarf für andere als die angegebenen Enddrücke sind anzufragen.

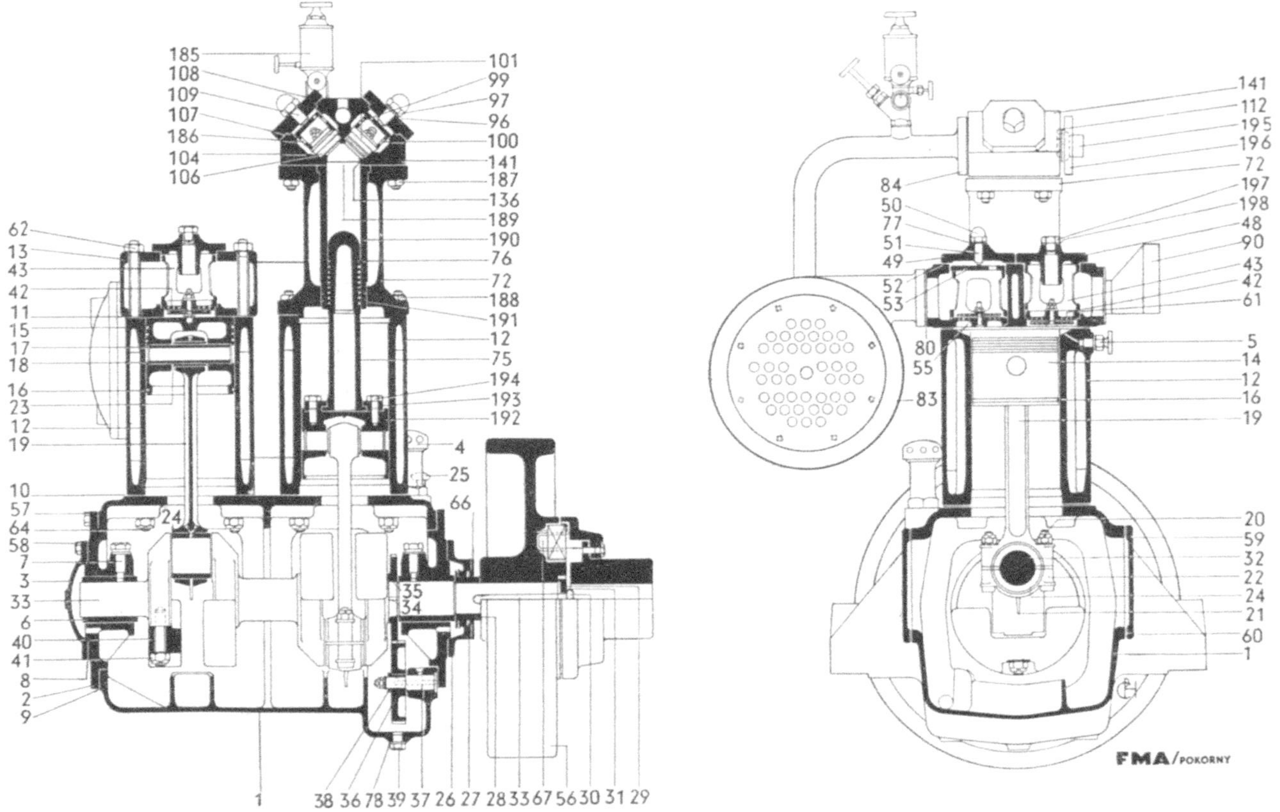

Abb. 141 Zweistufiger Zweizylinder FMA-Hochdruck-Kompressor K 30 H_2/Z mit Bezeichnung sämtlicher Hauptbestandteile
Einzelteilliste siehe Seite 153—155

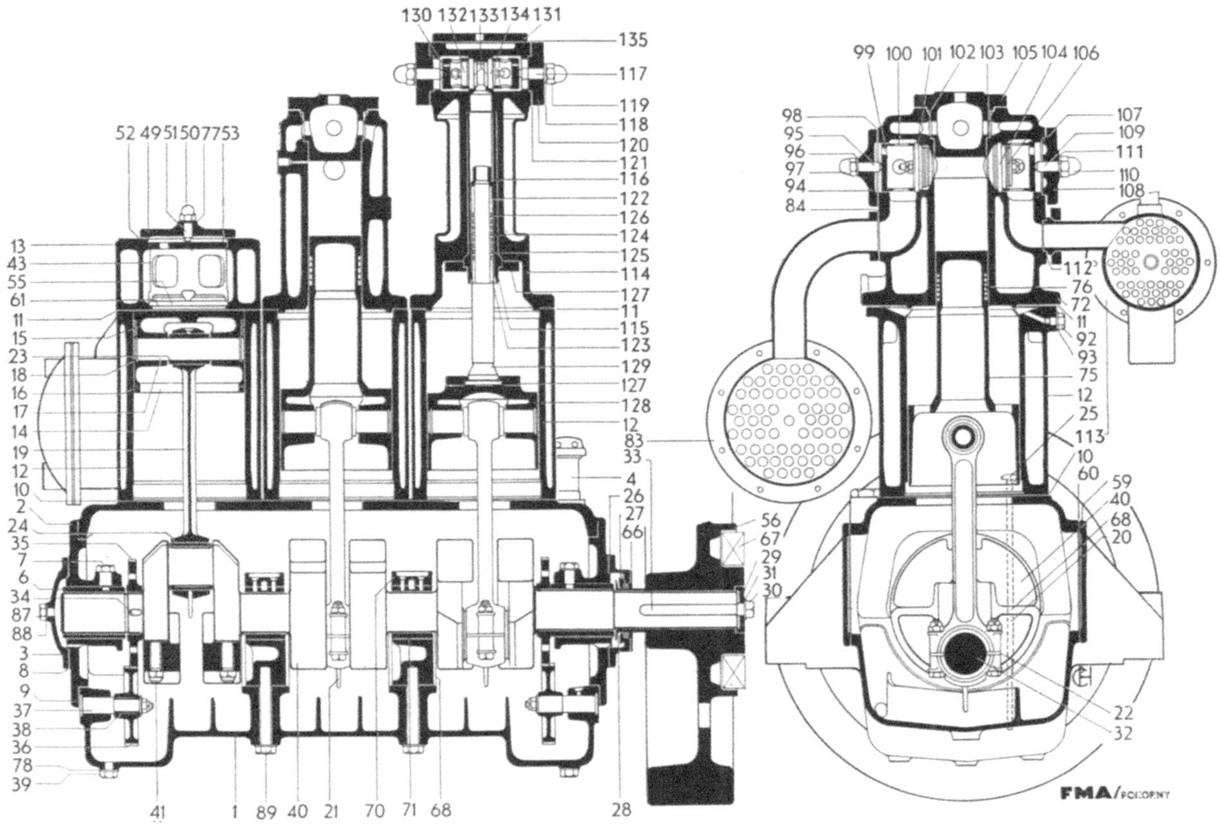

Abb. 142 Dreistufiger Dreizylinder FMA-Hochdruck-Kompressor Bauart K 30 H_2/D mit Bezeichnung sämtlicher Hauptbestandteile
Einzelteilliste siehe Seite 153—155

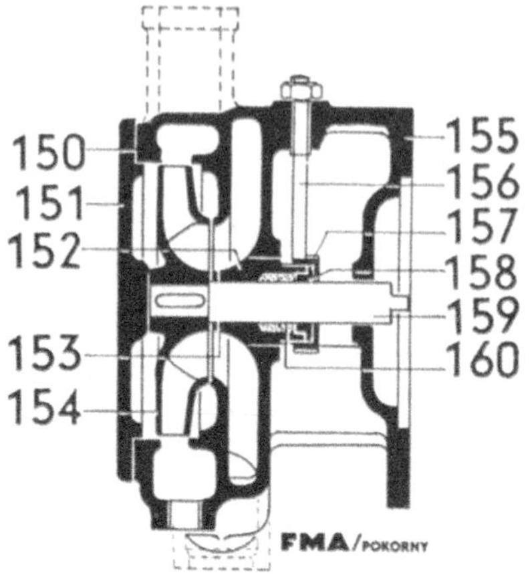

Abb. 143 Wasserpumpe für Kompressor K 30 mit eigener Umlauf-Kühlwasser-Versorgung

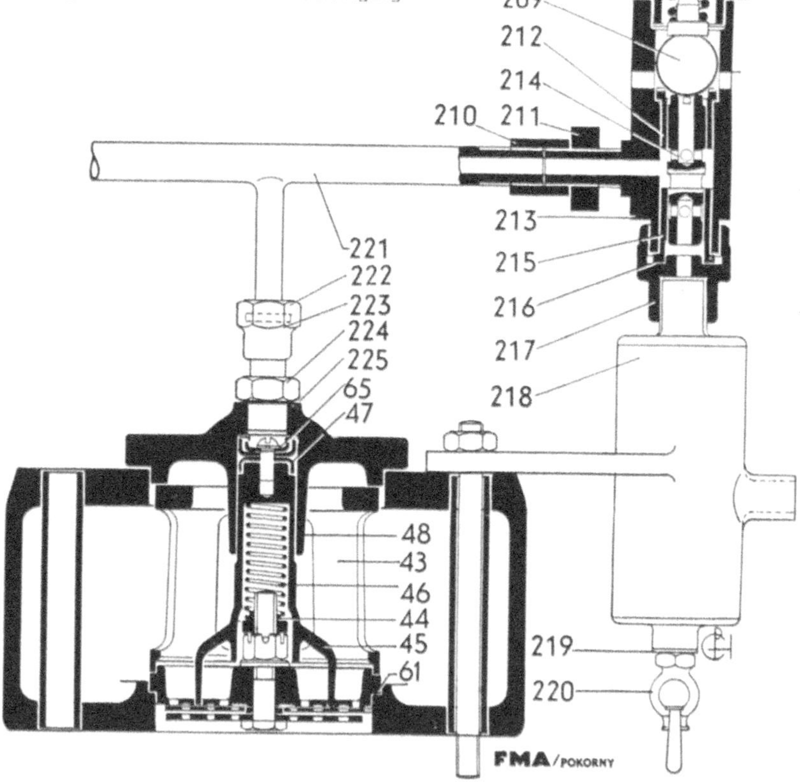

Abb. 144 Relais und Ventilanordnung der FMA-Leerlauf-Regelung
Einzelteilliste siehe Seite 153—155

Die Kleinkompressoren der Bauart Z und ZZ.

Diese Kompressoren werden für kleinste Saugleistungen gebaut und verdichten einstufig auf 11 at (Z4 und Z8), zweistufig auf 60 at (ZZ1b und ZZ4a) und dreistufig auf 250 at (3ZZ4a).
Als Kühlung ist nur Wasserkühlung vorgesehen.
Diese Kompressoren werden ausgeführt für Riemenantrieb oder für unmittelbare Kupplung mit dem Antriebsmotor, entweder in ortsfester, tragbarer oder fahrbarer Ausführung.
Die Tabelle 19 gibt Übersicht über die verschiedenen Ausführungsmöglichkeiten dieser Kleinkompressoren.
Saugleistung und Kraftbedarf für andere als die angeführten Enddrücke sind anzufragen.

Tab. 19
Saugleistung, Kraftbedarf und Abmessungen der Kleinkompressoren Bauart Z und ZZ

Größe		Z 4	Z 8	ZZ 1 b	ZZ 4 a	3 ZZ 4 a
Saugleistung	m³/h	20	40	7,5	16,5	13
Zylinder ∅	mm	90	90/90	65/24	94/34	94/34/18
Kolbenhub	mm	60	60	60	60	60
Drehzahl	min	1000	1000	1000	1000	1000
Enddruck	at	11	11	60	60	250
Kraftbedarf	PS	2,75	5,5	2,5	3,9	6,8

Abb. 145 Einstufiger FMA-Kleinkompressor Bauart Z 8 mit Antrieb durch Elektromotor

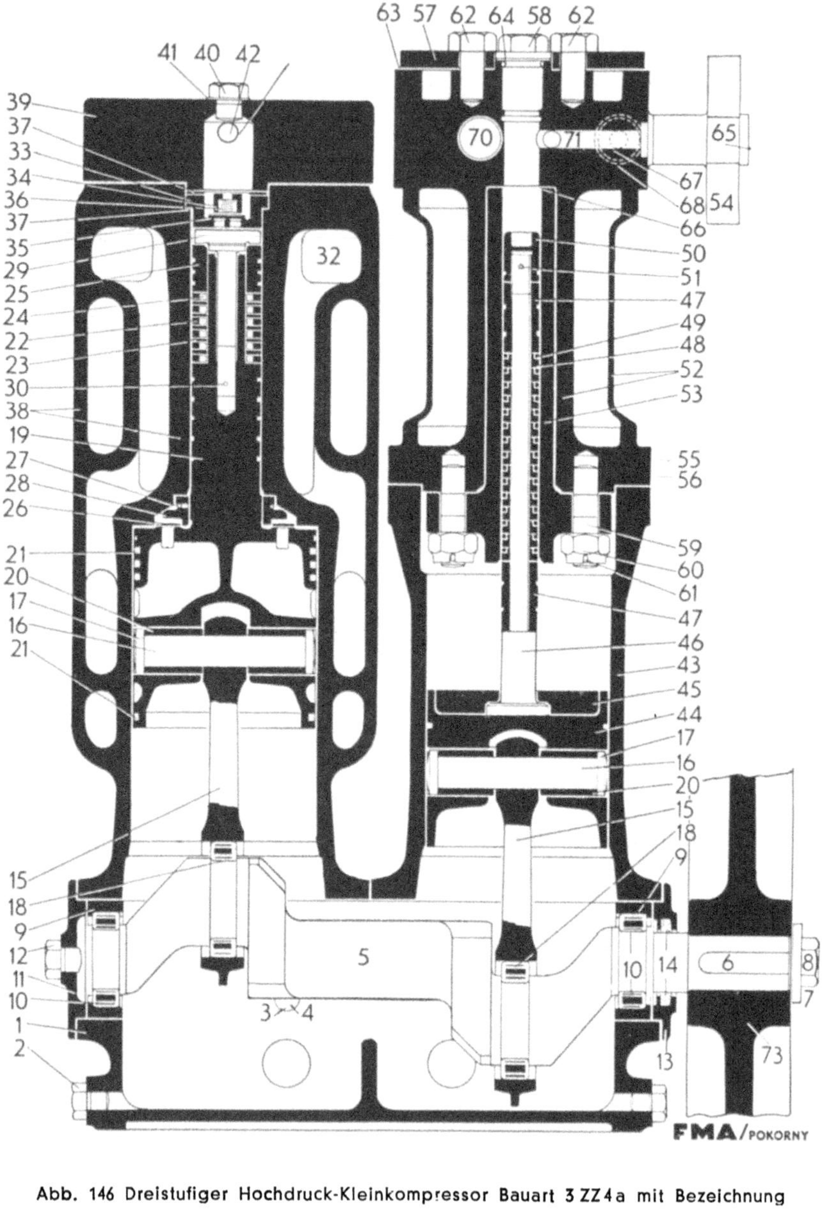

Abb. 146 Dreistufiger Hochdruck-Kleinkompressor Bauart 3 ZZ 4 a mit Bezeichnung sämtlicher Hauptbestandteile

Hauptbestandteile eines dreistufigen Hochdruck-Kleinkompressors Bauart 3 ZZ 4 a

1 Unterteil
2 Verschlußschrauben
3 Gewindestücke
4 Dochtöler
5 Kurbelwelle
6 Keil
7 Scheibe
8 Schraube
9 Rollenlagerringe
10 Rollen (gesamt)
11 Lagerdeckel
12 Verschlußschraube
13 Lagerdeckel
14 Filzdichtung
15 Pleuelstangen
16 Bolzen
17 Scheiben
18 Rollen (gesamt)
19 Kolben 1. und 2. Stufe
20 Lagerbüchsen
21 Kolbenringe 1. Stufe
22 Kolbenringe 2. Stufe
23 Zwischenringe 2. Stufe
24 Grundringe 2. Stufe
25 Büchse
26 Ventilplatte Saugventil 1. Stufe
27 Sicherung Saugventil 1. Stufe
28 Ventilfänger Saugventil 1. Stufe
29 Kopfschraube
30 Sicherungsstift
31 Druckventil 1. Stufe
32 Saugventil 2. Stufe
33 Ventilsitz Druckventil 2. Stufe
34 Ventilfänger Druckventil 2. Stufe
35 Ventilplatte Druckventil 2. Stufe
36 Ventilfeder Druckventil 2. Stufe
37 Dichtungen Druckventil 2. Stufe
38 Zylinder 1. und 2. Stufe
39 Zylinderdeckel
40 Verschlußschraube
41 Dichtung
42 Dichtung
43 Führungszylinder
44 Führungskolben
45 Bodenplatte
46 Kolben 3. Stufe
47 Büchsen
48 Grundringe 3. Stufe
49 Kolbenringe 3. Stufe
50 Kolbenmutter
51 Zylinderstift
52 Zylinder 3. Stufe
53 Zylinderbüchse
54 Flanschstutzen
55 Winkelstutzen
56 Majoröler
57 Deckel
58 Verschlußschraube
59 Stiftschrauben
60 Kronenmuttern
61 Sicherungsdrähte
62 Sechskantschrauben
63 Dichtung
64 Dichtung
65 Dichtung
66 Dichtung
67 Dichtung
68 Sicherheitsventil 3. Stufe
69 Sicherheitsventil 2. Stufe
70 Saugventil 3. Stufe
71 Druckventil 3. Stufe
72 Ausgleichventil
73 Schwungrad
74 Ventilsitz Druckventil 1. Stufe
75 Ventilfänger Druckventil 1. Stufe
76 Ventilplatte Druckventil 1. Stufe
77 Ventilfeder Druckventil 1. Stufe
78 Dichtung Druckventil 1. Stufe
79 Ventilsitz Saugventil 2. Stufe
80 Ventilfänger Saugventil 2. Stufe
81 Ventilplatte Saugventil 2. Stufe
82 Ventilfeder Saugventil 2. Stufe
83 Dichtung Saugventil 2. Stufe
84 Ventilfänger 3. Stufe
85 Ventilfänger 3. Stufe
86 Ventilkegel 3. Stufe
87 Ventilfedern 3. Stufe
88 Stopfen Saug u. Druck 3. Stufe
89 Gehäuse z. Ausgleich-Ventil
90 Ventilfänger z. Ausgleich-Ventil
91 Ventilplatte z. Ausgleich-Ventil

Bei Ersatzteilbestellungen ist außer der Nummer des Teiles auch noch die genaue Bezeichnung und die Maschinen-Nummer anzugeben, damit jedes Mißverständnis und dadurch Fehllieferungen vermieden werden.

K 30 M

Zweistufiger FMA-Kompressor mit vollkommener Luftkühlung

Fahrbare Drucklufterzeuger.

Die Entwicklung der fahrbaren Drucklufterzeuger der FMA.

Damit ein fahrbarer Drucklufterzeuger wirklich den Anforderungen, die an eine vollständige Kompressoranlage gestellt werden können, erfüllt, muß er mit allen Maschinen, Einrichtungen und Zubehörteilen ausgerüstet sein, die erforderlich sind für einen selbständigen Betrieb.

Ein richtig durchgebildeter, fahrbarer Drucklufterzeuger stellt somit ein kleines, unabhängiges **Kraftwerk** dar, welches gegenüber der ortsfesten Anlage den Vorzug hat, jede beliebige Arbeitsstelle schnell mit Druckluft versorgen zu können.

Die Grundlage für fahrbare Anlagen bildeten die bereits vorhandenen Kompressoren der ortsfesten Anlagen. Solche Kompressoren wurden samt dem Antriebsmotor auf einem Fahrgestell befestigt, hinzu kamen noch die Windkessel mit Ausrüstung, seltener eine Rückkühlanlage für das Kühlwasser der Maschinen.

In Fällen, in welchen Schutz gegen Witterungseinflüsse notwendig war, wurden die Anlagen mit einem Dach versehen.

Eine solche ältere Anlage zeigt die Abb. 147 mit einem liegenden Kompressor der Bauart SR. In Abb. 148 ist eine ähnliche Anlage mit einem stehenden Kompressor der Bauart S dargestellt.

Abb. 147
Älterer fahrbarer Drucklufterzeuger mit liegendem Kompressor Bauart SR

Abb. 148
Älterer fahrbarer Drucklufterzeuger mit stehendem Kompressor Bauart SS

Abb. 149 Fahrbarer Drucklufterzeuger mit Motorkompressor und Rohrrahmen-Windkessel

Infolge des großen Raumbedarfs und der niedrigen Drehzahl dieser Kompressoren hatten solche Anlagen beträchtliche Ausmaße und waren schwer beweglich.

Um vor allem Anlagen kleinerer und mittlerer Leistung kleiner und leichter beweglich zu gestalten, wurden aus Verbrennungsmotoren sogenannte Motor-Kompressoren entwickelt. Abb. 149 zeigt eine solche Anlage von 2,5 m^3/min Saugleistung. Aus der Abbildung ist ersichtlich, daß die Anlage keinen besonderen Windkessel besitzt, da der Fahrgestellrahmen aus Rohren größeren Durchmessers gebildet ist, in welchen die Druckluft aufgespeichert wird.

Dieser sogenannte **Rohrrahmen** ist der FMA unter DRP Nr. 419472 geschützt.

Das Aufkommen der schnellaufenden Kompressoren der Bauart K 30 wirkte sich günstig aus auf die Entwicklung der fahrbaren Drucklufterzeuger, da diese an und für sich leichten Kompressoren mit ihren kleinen hin- und hergehenden Massen die direkte Kupplung mit den neuzeitlichen, schnellaufenden Antriebsmotoren ermöglichten.

Fahrbare Drucklufterzeuger mit Kompressoren Bauart K 30.

Je nach Saugleistung, Enddruck, Verwendungszweck und Antriebsart weichen die Anlagen voneinander ab in ihrem Aufbau.

Allgemein sei bemerkt, daß der Fahrgestellrahmen aus Profileisen hergestellt ist. Bei Ausführungen für Sonderzwecke ist der Rahmen nach dem auf Seite 170 erwähnten Patent als Rohrrahmen durchgebildet. Bei zweiachsigen Ausführungen würde die Verwendung eines Rohrrahmens entweder eine zu große Höhe oder eine zu große Breite und Spurweite ergeben, da für die Lenkachse ein bestimmter Einschlagwinkel notwendig ist für das Durchfahren kleinerer Kurven.

Die Tabelle 20 gibt eine Zusammenstellung der serienmäßig hergestellten, fahrbaren Drucklufterzeuger mit Antrieb durch Verbrennungsmotor, die vier Bauarten DK durch FMA-Volldieselmotor.

99 v. H. aller während der letzten Jahre gelieferten FMA-Drucklufterzeuger sind durch Volldieselmotor angetrieben. Die FMA verfügt deshalb da die bisher gelieferte Motorleistung bereits etwa 18000 PS beträgt, über eine einzig dastehende Erfahrung.

Die Rücksichtnahme auf einen billigen Preis hätte dazu verleiten können, schnellaufende Fahrzeugdieselmotoren zu verwenden, aber im Hinblick auf die Betriebssicherheit wurden diese Motoren für fahrbare Drucklufterzeuger abgelehnt. Die FMA verwendet nur Volldieselmotoren mit einer Drehzahl von 1000/min.

Die Bauart VK hat Antrieb durch Vergasermotor für Benzin oder Traktorenkraftstoff.

An Stelle des Dieselmotors können die Anlagen auch mit Benzinmotor ausgeführt werden. Ebenso ist der Antrieb durch Elektromotor möglich.

Auf den Seiten 176 bis 179 sind verschiedene Größen und Ausführungen abgebildet mit einigen kurzen Angaben der Hauptmerkmale dieser Anlagen. Ferner werden noch auf Seite 180 und 181 eine Sonderausführung mit Antrieb durch Benzinmotor und durch Elektromotor dargestellt.

Antrieb durch Benzinmotor und durch Elektromotor dargestellt.

Die Kompressoren dieser serienmäßig hergestellten fahrbaren Drucklufterzeuger sind für 7 at Enddruck vorgesehen. Die Anlagen können in ähnlicher Ausführung auch für höhere oder niedrigere Enddrücke geliefert werden. Eine solche Sonderausführung zeigt Abb. 159.

Abb. 153 zeigt die sehr viel verwendete Größe DK 60 M mit Angabe der Hauptbestandteile.

Da die Kompressoren der fahrbaren Drucklufterzeuger aus der Bauart K 30 entnommen sind, so gilt das über K 30 auf den Seiten 147 u. f. Gesagte auch für die Kompressoren der fahrbaren Anlagen. Ebenso trifft dies für die Leerlaufregelung zu.

Die zur Verwendung kommenden FMA-Volldieselmotoren sind auf Seite 185 u. f. beschrieben.

Serienmäßig sind die Räder mit Gummibereifung ausgerüstet. Für Sonderfälle können Räder mit Eisenbereifung für Schienenfahrt angebracht werden.

Einen zusätzlichen Vorteil bieten die Drucklufterzeuger Bauart DK 60 M und DK 90 M durch die Möglichkeit, eine Vorrichtung anbringen zu können, vermittels welcher bis zu 25 PS zum Betreiben anderer Maschinen abgenommen werden können. Diese, **„Kraftabnahme"** genannte, Vorrichtung ist in Abb. 150 dargestellt als Riemenscheibe mit während des Betriebes ein- und ausrückbarer Kupplung. Eine solche Vorrichtung wird nur auf besonderen Wunsch angebracht. Bei Kraftabnahme ist der Kompressor ausgekuppelt, da gleichzeitiges Betreiben des Kompressors und Abnehmen von Kraft zur Beschädigung des Motors führen.

Die Kupplung zwischen Motor und Kompressor ist in Abb. 151 dargestellt. Sie ist als Reibungskupplung ausgebildet und kann sowohl im Stillstand wie während des Betriebes ein- und ausgerückt werden. Die Übertragung erfolgt nachgiebig, kleine Verlagerungen zwischen Motor und Kompressorwelle werden dadurch unschädlich gemacht.

Im ausgerückten Zustande der Kupplung kann der Dieselmotor mit seiner vollen Drehzahl laufen, ohne daß die Kupplung Schaden leidet.

Abb. 150 „Kraftabnahme"

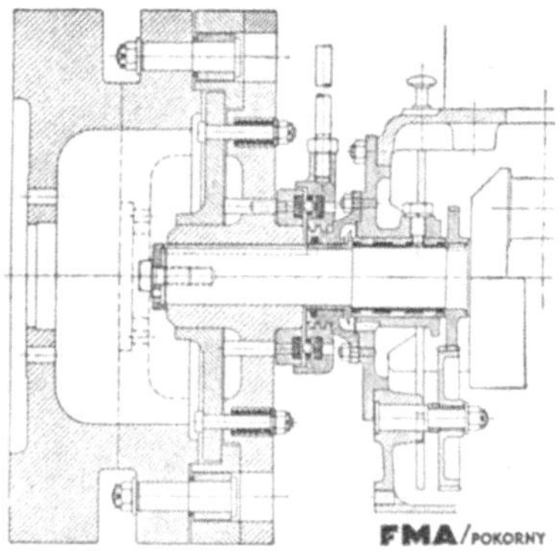

Abb. 151 Ausrückbare FMA-Kupplung

Abb. 152 Antrieb einer Schweißdynamo durch „Kraftabnahme"

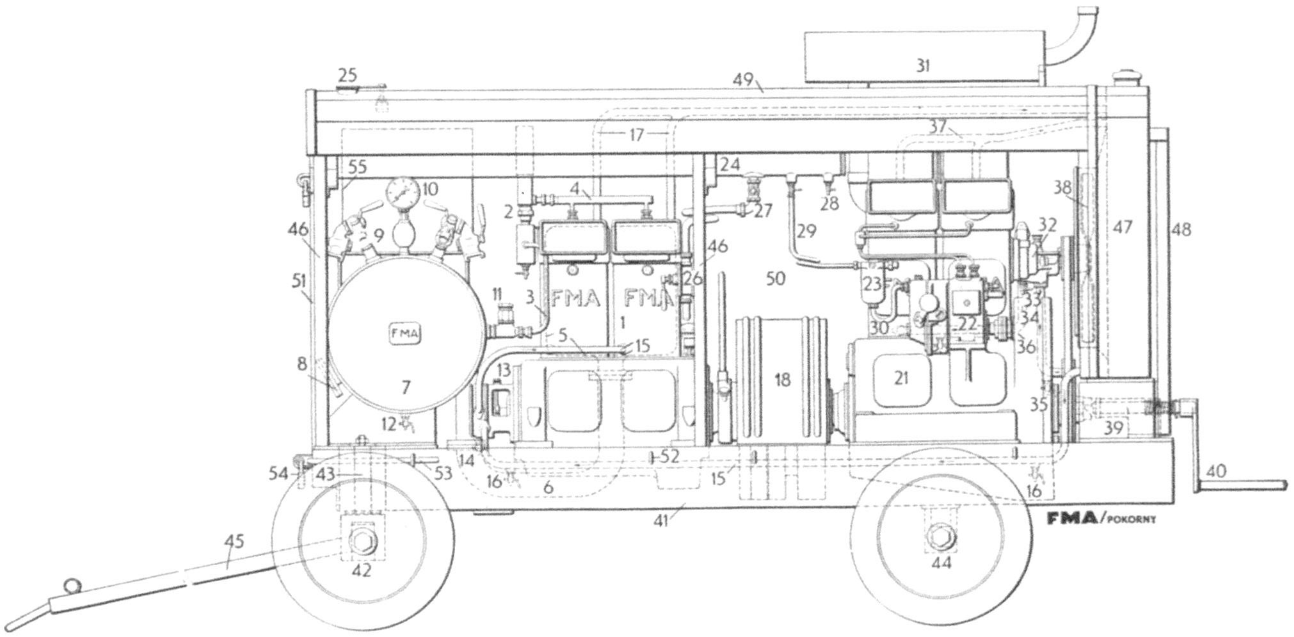

Abb. 153 Gesamtansicht des fahrbaren Drucklufterzeugers Bauart DK 60 M

Hauptbestandteile des in Abb. 153 dargestellten fahrbaren Drucklufterzeugers.

1 **Luftkompressor**
2 Relais mit Abscheidekessel
3 Zuleitung zum Relais
4 Ableitung vom Relais
5 Nachkühler
6 Druckleitung
7 Windkessel
8 Entnahmeflansch
9 Entnahmehähne
10 Manometer
11 Sicherheitsventil
12 Ablaßhahn
13 Kühlwasserpumpe
14 Ablaßhahn
15 Kühlwasserzuleitungen
16 Kühlwasserablaßhahn
17 Kühlwasserableitungen
18 Kupplung

21 **Volldieselmotor**
22 Brennstoffpumpe mit Regler
23 Brennstoffilter
24 Brennstoffbehälter
25 Einfüllstutzen (verschließbar)
26 Handpumpe für Brennstoffeinfüllung
27 Zuleitung mit Absperrhahn zu 24
28 Ablaßhahn
29 Brennstoffzuleitung zum Filter mit Absperrhahn
30 Brennstoffleitung vom Filter zur Pumpe
31 Auspufftopf
32 Kühlwasserpumpe
33 Ablaßhahn
34 Kühlwasserzuleitung
35 Ablaßhahn
36 Ablaßhahn
37 Kühlwasserableitung
38 Windflügel
39 Andrehwelle mit Lagerbock
40 Andrehkurbel

41 **Fahrgestellrahmen**
42 Vorderachse mit 2 Rädern und Bereifung
43 Drehzapfen
44 Hinterachse mit 2 Rädern und Bereifung
45 Zugvorrichtung
46 Dachstützen
47 Wasser-Rückkühler
48 Kühlerschutz
49 Dach
50 Seitenwände
51 Stirnwand
52 Riegelhaken
53 Riegelstange
54 Schlösser
55 Werkzeug- und Ersatzteilkasten

Tab. 20

Fahrbare FMA-Drucklufterzeuger

Reihenbau

Leistungsumfang und Betriebsmerkmale

Anlage Bauart		DK 30 MP	DK 50 M	DK 60 M	DK 90 M	VK 45 MP
Kompressor Bauart		K 30 M/E-514	(K 30 M/E-518)	K 30 M/Z-416	K 30 M/D-416	K 30 M/Z-212 V
Zylinderzahl		1	1	2	3	2
Zylinder ∅	mm	138	180	160	160	125
Kolbenhub	mm	195	195	150	150	120
Drehzahl	min	1000	1000	1000	1000	1500
Hubvolumen	l/min	**2920**	**4960**	**6030**	**9050**	**4410**
Enddruck	at	**7**	**7**	**7**	**7**	**7**
Kraftbedarf	PS	16	27,5	33	50	25
Volldieselmotor Bauart		(ED 138)	(ZD 138)	ZD 138	DD 138	Ford A
Zylinderzahl		1	2	2	3	4
Zylinder ∅	mm	138	138	138	138	98,4
Kolbenhub	mm	195	195	195	195	108
Leistung	PS	22	44	44	66	35
Brennstoffverbrauch	kg/h	4	6,7	8	12	7,5 Benzin 8,6 Traktorenkraftstoff
Nettogewichte der Anlagen kg		1500	1900	2700	3800	1200
Hauptabmessungen	mm	mit Zugv.				
Länge ohne Zugvorricht.		2930	2200	2970	3450	1850
Höhe der Anlage		1715	1715	2000	2100	1700
Breite ohne Achsen		1100	1100	840	1400	920
Breite einschl. Achsen		1420	1420	1420	1700	1450
Inhalt des Druckluftbehälters in l		130	130	135	230	130
Inhalt des Brennstoffbehälters in l		55	55	70	85	35

FMA-Drucklufterzeuger Bauart DK 60 M

fahrbare Anordnung

Abb. 154

Motor: Zweizylinder-FMA-Volldieselmotor, Bauart ZD 138.

Kompressor: Zweizylinder-FMA-Kompressor, Bauart K 30 M/Z-416.

Kupplung: in den Schwungrädern eingebaute, nachgiebige Reibungskupplung, während des Betriebes ein- und ausrückbar.

Rahmen: aus Profileisen geschweißt, ein Stück, ohne Nietung, in drei Punkten auf den Achsen abgestützt.

Achsen: aus Stahl geschmiedet, mit Scheibenrädern auf nachstellbaren Kegelrollenlagern laufend, ungefederte Aufhängung am Rahmen.

Bereifung: Elastik-Gummi.

Kühlanlage: für Motor und Kompressor je 1 Kühler und je 1 Wasserpumpe mit einem gemeinsamen Ventilator.

Regelung: selbsttätige Leerlaufregelung des Kompressors, abhängig vom Luftenddruck (Abb. 11); selbsttätige Drehzahlregelung des Motors.

Windkessel: auf 12 at geprüft, mit Armaturen, Schlauchanschlüssen und Rohranschluß versehen.

Brennstoffbehälter: aus verbleitem Eisenblech, Inhalt ausreichend für einen Tagesbetrieb.

Verkleidung: Dach und Seitenwände aus Stahlblech, Seitenwände abnehmbar und verschließbar.

Zubehör und Ersatzteile: für Motor und Kompressor mit vollständigem Werkzeugsatz geordnet in Kasten.

Leistungsumfang und Abmessungen siehe Tabelle 20 Seite 176.

FMA-Drucklufterzeuger Bauart DK 90 M

fahrbahre Anordnung

Abb. 155

Motor: Dreizylinder-FMA-Volldieselmotor, Bauart DD 138.

Kompressor: Dreizylinder-FMA-Kompressor, Bauart K 30 M/D-416.

Kupplung: in den Schwungrädern eingebaute, nachgiebige Reibungskupplung, während des Betriebes ein- und ausrückbar.

Rahmen: aus Profileisen geschweißt, ein Stück, ohne Nietung, in drei Punkten auf den Achsen abgestützt.

Achsen: aus Stahl geschmiedet, mit Scheibenrädern auf nachstellbaren Kegelrollenlagern laufend, ungefederte Aufhängung am Rahmen.

Bereifung: Elastik-Gummi.

Kühlanlage: für Motor und Kompressor je 1 Kühler, je 1 Wasserpumpe und je 1 Ventilator.

Regelung: selbsttätige Leerlaufregelung des Kompressors, abhängig vom Luftenddruck (Abb. 11); selbsttätige Drehzahlregelung des Motors.

Windkessel: auf 12 at geprüft, mit Armaturen, Schlauchanschlüssen und Rohranschluß versehen.

Brennstoffbehälter: aus verbleitem Eisenblech, Inhalt ausreichend für einen Tagesbetrieb.

Verkleidung: Dach und Seitenwände aus Stahlblech, Seitenwände abnehmbar und verschließbar.

Zubehör und Ersatzteile: für Motor und Kompressor mit vollständigem Werkzeugsatz geordnet in einem Kasten.

Leistungsumfang und Abmessungen siehe Tabelle 20 Seite 176.

FMA-Drucklufterzeuger Bauart DK 40 M

fahrbahre Anordnung, mit „Kraftabnahme"

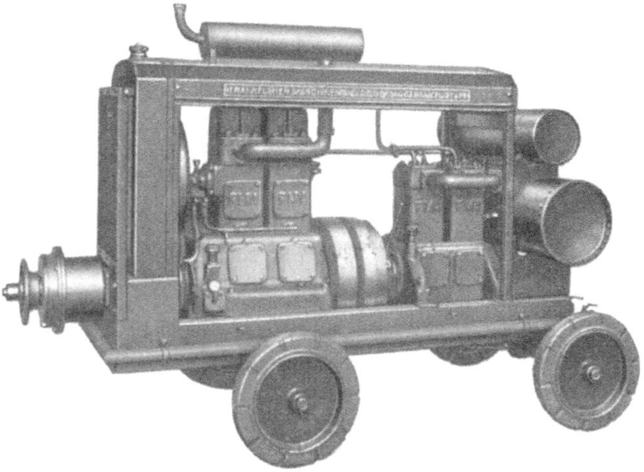

Abb. 156

Motor: FMA-Volldieselmotor, 2 Zylinder, Bauart ZD 125.

Kompressor: Zweizylinder-FMA-Kompressor, Bauart K 30 M/Z-313.

Kupplung: in den Schwungrädern eingebaute, nachgiebige Reibungskupplung, während des Betriebes ein- und ausrückbar.

Rahmen: aus Profileisen geschweißt, ein Stück, ohne Nietung, in drei Punkten auf den Achsen abgestützt.

Achsen: aus Stahl geschmiedet, mit Scheibenrädern auf nachstellbaren Kegelrollenlagern laufend, ungefederte Aufhängung am Rahmen.

Bereifung: Elastik-Gummi.

Kühlanlage: für Motor und Kompressor je 1 Kühler und je 1 Wasserpumpe mit einem gemeinsamen Ventilator.

Regelung: selbsttätige Leerlaufregelung des Kompressors, abhängig vom Luftenddruck (Abb. 11); selbsttätige Drehzahlregelung des Motors.

Windkessel: auf 12 at geprüft, mit Armaturen, Schlauchanschlüssen und Rohranschluß versehen.

Brennstoffbehälter: aus verbleitem Eisenblech, Inhalt ausreichend für einen Tagesbetrieb.

Verkleidung: Dach und Seitenwände aus Stahlblech, Seitenwände abnehmbar und verschließbar.

Zubehör und Ersatzteile: für Motor und Kompressor mit vollständigem Werkzeugsatz geordnet in einem Kasten.

Leistungsumfang und Abmessungen auf Anfrage.

FMA-Drucklufterzeuger Bauart MK 40 MP

fahrbahre Anordnung

Abb. 157

Motor: Vierzylinder-Benzinmotor, Bauart 90/150.

Kompressor: Zweizylinder-FMA-Kompressor, Bauart K 30 M/Z-313.

Kupplung: in den Schwungrädern eingebaute, nachgiebige Reibungskupplung, während des Betriebes ein- und ausrückbar.

Rahmen: Rohrrahmen, gleichzeitig als Windkessel ausgebildet (DRP).

Achsen: aus geschmiedetem Stahl, mit Scheibenrädern auf nachstellbaren Kegelrollenlagern laufend, am Rahmen mit zwei Halbelliptikfedern aufgehängt.

Bereifung: Riesenluftreifen.

Kühlanlage: für Motor und Kompressor je 1 Kühler und je 1 Wasserpumpe mit einem gemeinsamen Ventilator.

Regelung: selbsttätige Leerlaufregelung des Kompressors, abhängig vom Luftenddruck (Abb. 11), mit Drehzahlverminderung des Motors im Leerlauf.

Windkessel: auf 12 at geprüft, mit Armaturen, Schlauchanschlüssen und Rohranschluß versehen, als Rahmen ausgebildet (DRP).

Brennstoffbehälter: aus verbleitem Eisen (oder nichtrostendem Stahl) Inhalt ausreichend für einen Tagesbetrieb.

Verkleidung: Dach und Seitenwände aus Aluminiumblech (oder Stahlblech), Seitenwände abnehmbar und verschließbar.

Zubehör und Ersatzteile: für Motor und Kompressor mit vollständigem Werkzeugsatz geordnet in einem eingebauten Schrank.

Leistungsumfang und Abmessungen auf Anfrage.

FMA-Drucklufterzeuger Bauart EK 30 M

fahrbahre Anordnung

Motor: Elektromotor, je nach gewünschter Stromart.

Kompressor: Zweizylinder-FMA-Kompressor, Bauart K 30 M/Z-212.

Kupplung: nachgiebig, im Stillstand lösbar.

Rahmen: aus Profileisen geschweißt, ein Stück, ohne Nietung, in drei Punkten auf den Achsen abgestützt.

Achsen: aus Stahl geschmiedet, mit Scheibenrädern auf nachstellbaren Kegelrollenlagern laufend, ungefederte Aufhängung am Rahmen.

Bereifung: Elastik-Gummi.

Kühlanlage: für den Kompressor 1 Kühler, 1 Wasserpumpe und 1 Ventilator.

Regelung: selbsttätige Leerlaufregelung des Kompressors, abhängig vom Luftenddruck (Abb. 11).

Windkessel: auf 12 at geprüft, mit Armaturen, Schlauchanschlüssen und Rohranschluß versehen.

Verkleidung: Dach und Seitenwände aus Stahlblech, Seitenwände abnehmbar und verschließbar.

Zubehör und Ersatzteile: für Motor und Kompressor mit vollständigem Werkzeugsatz geordnet in einem Kasten.

Leistungsumfang und Abmessungen auf Anfrage.

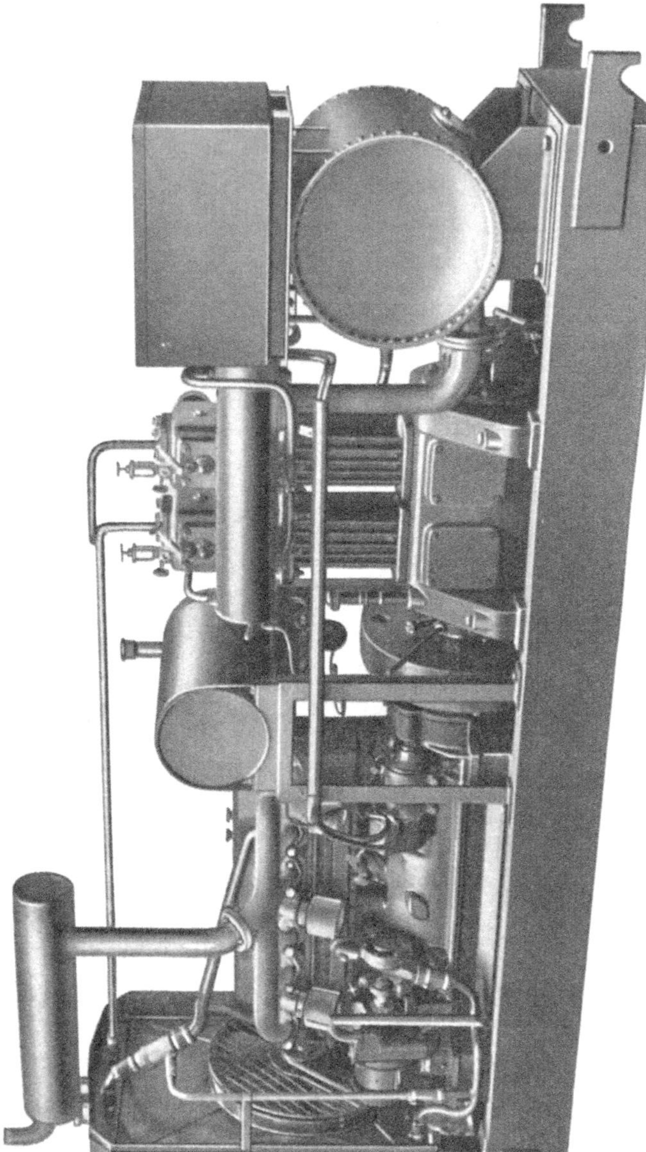

Abb. 159 Versetzbarer FMA-Drucklufterzeuger mit Kompressor K 30 und Antrieb durch Volldieselmotor (Sonderausführung zum Abpressen von Rohrleitungen)

Die versetzbaren FMA-Drucklufterzeuger mit Kompressoren Bauart K 30.

Die fahrbaren Drucklufterzeuger sind in der Regel so durchgebildet, daß aus dem Rahmen nach unten keine Maschinenteile herausragen. Die Anlagen können daher ohne Achsen und Räder als ortsfeste Kompressoranlagen verwendet werden. Das Abnehmen der Achsen mit Räder ist äußerst einfach.

Dieses ist von Vorteil bei engen Raumverhältnissen wie z. B. in Bergwerken, auf Schiffen usw. Solche Anlagen lassen sich mit geringen Hilfsmitteln auf einen Lastwagen aufbauen und können dann schnell, besonders im schwierigen Gelände, befördert werden.

Diese versetzbaren Anlagen sind so durchgebildet, daß sie nur als ortsfest verwendbar sind und mittels Hebezeug versetzt werden müssen. Zu diesem Zwecke erhalten sie meistens Vorrichtungen zum Einhängen der Tragseile.

Abb. 159 zeigt eine solche Anlage mit Volldieselmotorantrieb, Abb. 160 eine solche mit Elektromotorantrieb.

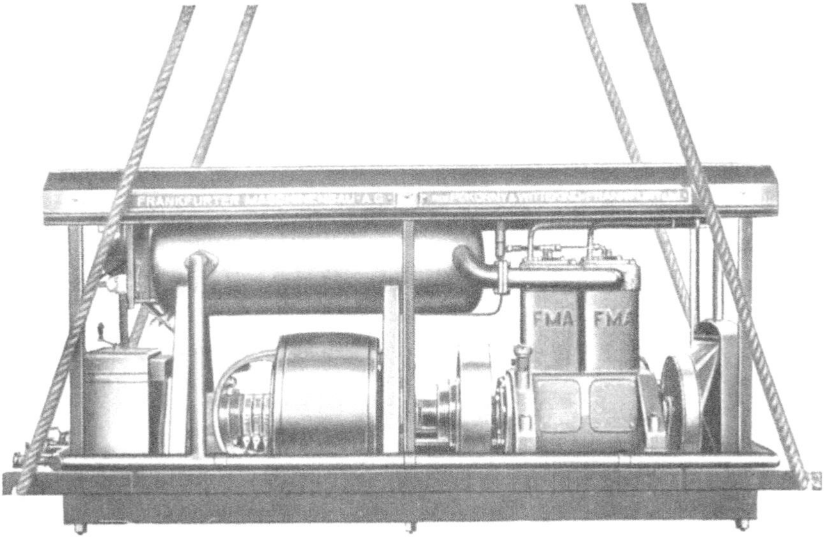

Abb. 160 Versetzbarer FMA-Drucklufterzeuger mit Kompressor K 30 und Antrieb durch Elektromotor

Die fahr- und tragbaren FMA-Drucklufterzeuger mit Kleinkompressoren der Bauart Z und ZZ.

Ebenso wie die Kompessoren K 30 die Grundlagen für die größeren fahrbaren Anlagen bilden, so bilden die Kleinkompressoren der Bauarten Z und ZZ die Grundlage einer Reihe kleiner fahr- und tragbaren Drucklufterzeuger.

Da die Kompressoren Bauart Z und ZZ verhältnismäßig leicht sind, so sind auch die Fahr- und Traggestelle leicht und einfach durchgebildet.

Abb. 161 stellt einen neuzeitlichen tragbaren Drucklufterzeuger für Hochdruck dar: Der dreistufige Hochdruckkompressor Bauart 3 ZZ 4a wird mittels einer nachgiebigen Kupplung durch einen Zweitakt-Benzinmotor angetrieben. Der Maschinensatz mit Zubehör ist auf einem widerstandsfähigen Rahmen aus Leichtmetall aufgebaut. Am Rahmen sind zweckmäßige Handgriffe angebracht, so daß die ganze Anlage bequem getragen werden kann.

Abb. 161 Tragbarer FMA-Drucklufterzeuger mit Antrieb durch Zweitakt-Benzinmotor

Die FMA-Volldieselmotoren.

Wie bereits erwähnt, werden in den Druckluftererzeugern mit Antrieb durch Dieselmotor nur Motoren mit einer Drehzahl von 1000 n/min verwendet. Damit diese Motoren in ihren Eigenschaften den Anforderungen entsprechen, die bei dem oftmals rauhen Betrieb der Drucklufterzeuger gestellt werden, besitzen die FMA-Drucklufterzeuger mit Dieselmotoren eigens von der FMA hierfür konstruierte und gebaute Motoren.

Aus den Abb. 154, 155 (DK 60 M, 90 M) sind die FMA-Volldieselmotoren, in den entsprechenden Drucklufterzeuger eingebaut, ersichtlich.

In Abb. 153 ist mit Nummer 21 der Dieselmotor der Bauart ZD 138 bezeichnet.

Die Leistungen dieser Motoren sind in der Tab. 20, Seite 176, angegeben.

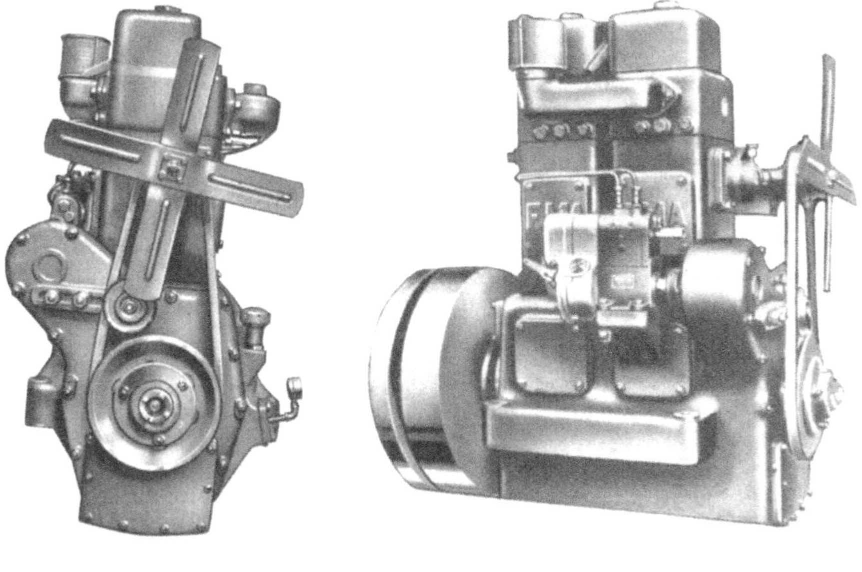

Abb. 162 Zweizylinder FMA-Volldieselmotor.

Beschreibung der FMA-Volldieselmotoren.

Arbeitsweise.

Die Abb. 163 zeigt den Zweizylinder-Dieselmotor Bauart ZD 138 mit allen Einzelheiten.

Alle Bauarten arbeiten in Viertakt, d. h. für ein Arbeitsspiel sind vier Hübe (gleich zwei Umdrehungen) nötig:

1. Hub = Saughub: Bei geöffnetem Saugventil 344 und geschlossenem Auslaßventil 346 geht der Kolben 14 nach unten, dadurch wird Luft in den Zylinder gesaugt.

2. Hub = Kompressionshub: Bei geschlossenen Ventilen geht der Kolben nach oben, dadurch wird die eingesaugte Luft im Kompressionsraum des Zylinders verdichtet (etwa 30 at), und dadurch wird die Luft sehr stark erhitzt. In diese wird gegen Ende des Hubes durch Einspritzdüsen 385 der flüssige Brennstoff (Rohöl) unter hohem Druck, fein verteilt, eingespritzt. In der verdichteten, heißen Luft entzündet sich der Brennstoff, und die eintretende Explosion verursacht den

3. Hub = Expansionshub = Arbeitshub: Der Druck, der durch die Explosion entstandenen Gase treibt bei immer noch geschlossen gehaltenen Ventilen den Kolben nach unten unter Abgabe von Arbeit an das Triebwerk des Motors.

Gegen Ende des Arbeitshubes öffnet sich das Auslaßventil 346, so daß die Gase ins Freie entweichen können.

4. Hub = Ausschubhub: Der nach oben gehende Kolben treibt den Rest der Verbrennungsgase durch das geöffnete Auslaßventil aus dem Zylinder ins Freie.

Von den vier Kolbenhüben oder Takten ist einer Krafthub, die drei anderen sind Leerhübe. Eine Schwungscheibe von großem Schwungmoment (GD^2) auf der Kurbelwelle hält den Motor während der Leerhübe im Gang und dient als Speicher für die beim Arbeitshub entstandene Arbeit.

Die Steuerung.

Kennzeichnend für die Viertaktmotoren ist die zwangsläufige Ventil-Steuerung.

Von der Kurbelwelle 32 wird mittels der Zahnräder 395—393 die Nockensteuerwelle 576 derart angetrieben, daß sie genau mit der halben Drehzahl der Kurbelwelle läuft. Zu jedem Ventil gehört ein entsprechender Nocken auf der Steuerwelle, der über den Stößel 375, die Stoßstange 369 und den auf der Kippwelle 352 gelagerten Kipphebel 359 unter Überwindung der Kraft der Feder 365 das Ventil während des erforderlichen Zeitabschnittes offenhält.

Das Schließen des Ventils bewirkt die Feder 365 in dem Maß, wie es die ablaufende Kurve des Nocken zuläßt. Die Genauigkeit der Steuerung ist abhängig vom Anfangs- und Endpunkt der Nockenkurve und von der Einstellung der Nockensteuerwelle zur Kurbelwelle durch die Zahnräder.

Die Brennstoffzufuhr und -Regelung.

Das auf der Nockensteuerwelle sitzende Zahnrad 393 treibt über das Zahnrad 392, das auf einer kleinen Hilfswelle gelagert ist, die Brennstoff-Einspritzpumpe 387 an. Die Hilfswelle und die Welle der Brennstoffpumpe

sind mittels einer Kupplung verbunden, mit welcher der richtige Zeitpunkt des Einspritzanfangs sich genau einstellen läßt.
Die Fördermenge der Brennstoffpumpe ist so eingestellt, daß sie der normalen Leistung und Drehzahl von Kompressor und Motor der fahrbaren Drucklufterzeuger entspricht.
Damit die Leistung des Motors sich bei absinkendem Luftenddruck dem Minderkraftbedarf des Kompressors anpassen kann und bei Leerlauf eine Höchstdrehzahl von etwa 6 v. H. über der normalen Drehzahl nicht überschritten wird, ist an der Brennstoffpumpe ein Fliehkraftregler angebracht, der vollkommen selbsttätig arbeitet und die Fördermenge der Brennstoffpumpe regelt. Die Brennstoffpumpe preßt den Brennstoff (Rohöl) durch die beiden Einspritzdüsen 385 des Zylinderkopfes in den Kompressionsraum. Da die Öffnung der Einspritzdüse ein sehr kleines Loch ist (höchstens 0,3 mm), und das Einspritzen in einer ganz kurzen Zeit vollzogen sein muß, so wird der Brennstoff unter sehr hohem Druck zerstäubt eingespritzt.
Damit die Brennstoffpumpe und die Düsen durch Verunreinigungen des Brennstoffes nicht beschädigt oder verstopft werden, ist in der Brennstoffzuleitung vor der Pumpe 387 ein sicher wirkendes Filter 389 eingebaut.

Die Schmierung.

Die Schmierung der FMA-Dieselmotoren ist als Druckschmierung ausgebildet. Mittels einer Rollenkette 398 wird von der Kubelwelle aus die Zahnradpumpe 50 angetrieben, die das Öl aus dem Kurbeltrog ansaugt und durch das Ölreinigungsfilter 330 und die Ölleitungen 323—327 den Lagern unter Druck von 0,5—1 atü zuführt. Der Öldruck ist am Manometer 41 ablesbar und mittels der Drosselschraube 329 einstellbar.
Die Schmierung der Zahnräder für den Steuerungs- und Brennstoffpumpen-Antrieb geschieht durch Schleuderöl herrührend von der Antriebskette 52 der Ölpumpe.
In dem Zwischenboden des Kurbelgehäuses sind Siebe angebracht, die verhindern, daß Verunreinigungen der Kurbelkammer in die Schmierölpumpe gelangen.
Der Ölstand kann durch einen Prüfstab 25, der Markierungen für den höchst- und niedrigstzulässigen Ölstand trägt, überwacht werden. (Diese Prüfung darf nur bei stillstehender Maschine, wenn das Schmieröl zurückgeflossen ist, vorgenommen werden.) Mit dem Prüfstab kann man auch eine geringe Menge Schmieröl zur Prüfung seines Zustandes entnehmen.

Die Kühlung.

Die Kühlung bezweckt, schädliche Erhitzung des Motors zu vermeiden und die Temperatur der Zylinderwände so niedrig zu halten, daß sich ein genügend dicker Ölfilm an den Zylinderwänden bilden kann. Die Austrittstemperatur des Kühlwassers kann bis zu 90° betragen.
Als Kühlung ist Wasserkühlung vorgesehen, die bei den fahrbaren Drucklufterzeugern als Umlaufkühlung mit Kreiselpumpe 151—160, Ventilator 302 und Rückkühler 147 (in Abb. 153) ausgebildet ist.

Der Betrieb und die Wartung

sind in dem Abschnitt III Seite 119 behandelt.

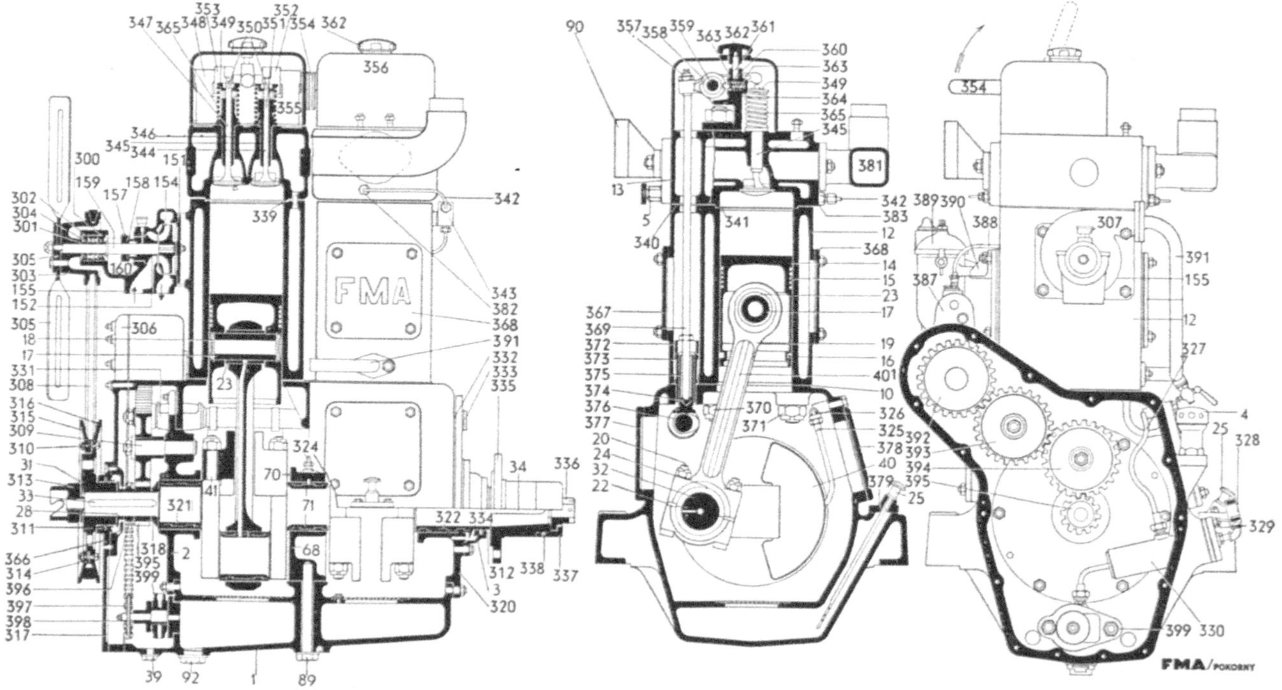

Abb. 163 Zweizylinder FMA-Volldieselmotor

Hauptbestandteile der FMA-Volldieselmotoren

Hierzu Abb. 163

1 Kurbelgehäuse
2 Vorderes Lagerschild
3 Hinterer Lagerdeckel
4 Entlüftungsstutzen
5 Entlüftungsventil (komplett)
10 Dichtung zur Zylinderunterseite
12 Zylinder
13 Ventilkopf
14 Kolben
15 Kolbenringe
16 Ölabstreifringe
17 Kolbenbolzen
18 Seeger-Bolzensicherung
19 Pleuelstange
20 Pleuelstangenbolzen mit Mutter und Splint
22 Beilagen
23 Büchse zur Pleuelstange
24 Lagerschale zur Pleuelstange
25 Ölkontrollstab
28 Spritzring vorn
31 Sicherungsblech
32 Kurbelwelle
33 Paßfeder
34 Paßfeder
39 Sechskant-Verschlußschraube mit Dichtung
40 Gegengewichte
41 Stiftschraube komplett zum Gegengewicht
68 Zwischenlagerstuhl
70 Zwischenlagerdeckel
71 Zwischenlagerschalen
89 Kopfschrauben zum Lagerstuhl mit Sicherungsblech
90 Luftfilter
92 Verschlußschraube mit Dichtung
151 Deckel mit Dichtung zur Kühlwasserpumpe
152 Lager zur Kühlwasserpumpe
154 Laufrad mit Paßfeder zur Kühlwasserpumpe
155 Gehäuse zur Kühlwasserpumpe
157 Deckelmutter zur Kühlwasserpumpe
158 Druckring zur Kühlwasserpumpe
159 Pumpenwelle komplett zur Kühlwasserpumpe
160 Packung zur Kühlwasserpumpe
300 Seeger-Innensicherung
301 Abstandsrohre
302 Kugellager
303 Antriebsscheibe mit Paßfeder
304 Abdichtungsringe m. Dichtung
305 Ventilatorflügel
306 Steuergehäusedeckel komplett mit Dichtung
307 Staufferbüchse
308 Keilriemen
309 Lagerzapfen zum Zwischenrad komplett
310 Sechskantschraube m. Mutter
311 Dichtungsring
312 Dichtungsring
313 Andrehklaue
314 Scheiben
315 Keilriemenscheiben-Hälfte
316 Keilriemenscheibe mit Nabe
317 Handlochdeckel vor Ölpumpe mit Dichtung
318 Spurscheibe
320 Hinteres Lagerschild mit Dichtung
321 Vordere Lagerbüchse
322 Hintere Lagerbüchse
323 Vorderes Ölzuführungsrohr
324 Mittleres Ölzuführungsrohr
325 Hinteres Ölzuführungsrohr
326 Ölverteilrohr
327 Ölverteilrohr
328 Manometer komplett
329 Spitzschraube mit Mutter
330 Schmierölfilter
331 Vorderes Steuerwellenlager
332 Hinteres Steuerwellenlager mit Dichtung
333 Verschlußstopfen
334 Spritzring hinten
335 Wellenflansch
336 Bundmutter mit Splint
337 Überwurfmutter
338 Gewindestift
339 Dichtungsring
340 Dichtungsring
341 Dichtungsring
342 Brennstoffleitung
343 Verteilstück
344 Einlaßventil
345 Ventilführung für Einlaß
346 Auslaßventil
347 Ventilführung für Auslaß
348 Steuerbock
349 Federteller
350 Querkeil
351 Führungskeil
352 Einlaßschwinghebel mit Büchse
353 Auslaßschwinghebel mit Büchse
354 Dekompressionshebel
355 Büchse
356 Ventilhaube
357 Einstellschraube mit Mutter
358 Dekompressions-Exzenter
359 Schwinghebelwelle komplett
360 Stahlkugel
361 Spitzschraube
362 Mutter zur Ventilhaube
363 Feder
364 Federteller
365 Schraubenfeder
366 Dichtungsdeckel mit Dichtung
367 Handlochdeckel mit Dichtung
368 Handlochdeckel
369 Stoßstange
370 Ankerschraube mit Mutter und Splint
371 Ankerschraube mit Mutter und Splint
372 Brücke
373 Stößelführung
374 Stößeleinsatz
375 Stößel
376 Nockensteuerwelle komplett
377 Handlochdeckel mit Dichtung
378 Handlochdeckel mit Dichtung
379 Ölkontrollflansch
380 Ölsieb komplett
381 Auspuffrohr
382 Überwurfmutter
383 Verschraubungen
384 Düsenhalter, langer, Saugseite, bzw. kurzer, Auspuffseite
385 Düsen
386 Düsenmuttern
387 Brennstoffpumpe
388 Brennstoffleitung
389 Brennstoffilter
390 Böckchen
391 Kühlwasserleitung mit Ablaßhahn und Dichtung
392 Pumpenwellenrad
393 Steuerwellenrad m. Paßfeder
394 Zwischenrad mit Büchse
395 Kurbelwellenrad
396 Kettenrad treibend
397 Kettenrad getrieben
398 Rollenkette
399 Ölpumpe komplett
400 Konsol für Brennstoffpumpe mit Dichtung
401 Rohr

Abb. 164 FMA-Volldieselmotor für Schiffsantrieb mit Wendegetriebe

Abb. 165 FMA-Kompressor K 30 mit selbsttätiger Füllungsregelung (Arbeitsbild siehe Abb. 14)

Die FMA-Vakuumpumpen.

Diese Kolbenmaschinen saugen Luft oder Gase aus Behältern und Apparaturen ab und schieben diese gegen einen höheren Druck (meistens Atmosphärendruck) aus.

Die Tiefe des erreichbaren Vakuums richtet sich nach der Bauart und der Güte der Pumpen.

Im Prinzip ist eine Vakuumpumpe ein Kompressor, der in den Druckbereichen von 0 bis etwa 1 ata arbeitet.

Die einstufigen Kompressoren K 30 M ergeben bei abgeflanschtem Saugstutzen bereits ein Vakuum mit einem absoluten Druck von 40 mm Quecksilbersäule (40 mmHg*) = 94,7 v. H. Vakuum. Die zweistufigen Kompressoren K 30 S ergeben 30 mmHg* = 96 v. H. Vakuum. Für tiefere Luftleeren baut die FMA in verschiedenen Größen drei Arten von Vakuumpumpen:

1. Einstufige Vakuumpumpen (Bauart VR) für absolute Drücke bis 3 bis 5 mmHg* gemessen bei abgeflanschtem Saugstutzen.
2. Zweistufige Vakuumpumpen (Bauart 2VR) Doppelpumpen für absolute Drücke bis 0,5—1,0 mmHg* gemessen bei abgeflanschtem Saugstutzen.
3. Tiefvakuumpumpen (Bauart VRT) für absolute Drücke von 0,025—0,05 mmHg* gemessen bei abgeflanschtem Saugstutzen.

Diese drei Konstruktionsarten sind sämtlich liegender Bauart, arbeiten je nach Größe mit Drehzahlen zwischen 100 und 200/min und haben Flachschieber.

Die Tiefvakuumpumpen sind Zweizylindermaschinen in Tandemanordnung. Die von diesen erreichte Luftleere setzt absolute Dichtheit der Zylinder und Schieber voraus, was besonders für den Tiefvakuumzylinder mit Druckausgleich gilt.

Die Tabellen 21—21b geben eine Zusammenstellung sämtlicher Größen mit Angaben von Leistung, Kraftbedarf und Abmessungen.

Abb. 166 FMA-Tiefvakuumpumpe

* mmHg bedeutet: Millimeter Quecksilbersäule.

Tab. 21 Leistung, Kraftbedarf und Abmessungen der einstufigen FMA-Vakuumpumpen für ein Vakuum von 3—5 mm Hg

Bauart VR Größe		1	2	3	5	7	10	12	20	30
Saugvolumen	m³/min	1,7	2,5	3,5	5	7	10	12	20	30
Zylinderbohrung	mm	230	250	300	300	360	375	450	540	650
Kolbenhub	mm	115	150	150	250	250	350	350	450	500
Umdrehungen	min	190	185	180	160	150	140	120	105	100
Riemenscheiben ∅	mm	700	800	800	1000	1250	1350	1350	2000	2750
Riemenscheibenbreite	mm	90	120	120	150	180	180	180	250	290
Kraftbedarf bei 1/3 at in	PS	3,2 - 4	4,2— 5	5,5 6,6	8— 9	11— 12	15— 16,5	18— 19,5	29,5— 31,5	45— 48
Kraftbedarf b. höchst. Vakuum	PS	1,9— 2,4	2,5— 2,8	3,4— 3,8	4,5 5,2	6— 7	8,3— 9,5	11— 12	13— 15	26- 30

Tab. 21 a Leistung, Kraftbedarf und Abmessungen der zweistufigen FMA-Vakuumpumpen für ein Vakuum von 0,5—1,0 mm Hg

Bauart 2 VR Größe	1	2	3	5	7	10	12	20	30	50
Saugvolumen m³/min	1,7	2,5	3,5	5	7	10	12	20	30	50
Zylinderbohrung mm	2.230	2.250	2.300	2.300	2.360	2.375	2.450	2.540	2.650	2.750
Kolbenhub mm	115	150	150	250	250	350	350	450	500	500
Umdrehungen min	190	185	180	160	150	140	120	105	100	135
Riemenscheiben ∅ mm	700	800	800	1000	1250	1350	1600	2000	2750	2750
Riemenscheibenbr. mm	90	120	120	150	180	160	200	250	290	400
Kraftbedarf bei 1/3 at in PS	4—5	5,2 - 6,2	6,9 8,2	10— 11,2	13,7— 15	18,7— 20,6	22,5— 23,4	33— 35	57 - 60	94 100
Kraftbedarf b. höchst. Vakuum PS	2,4 - 3	3,1 - 3,3	4,1 4,7	5,6— 6,5	7,5— 8,5	10,5 11,8	13,7— 15,0	18,7 20,6	33— 35	55 63

Tab. 21 b Leistung, Kraftbedarf und Abmessungen der FMA-Tiefvakuumpumpen für ein Vakuum von 0,025—0,05 mm Hg

Bauart VRT Größe		2	5	7	10	12
Saugvolumen	m³/min	2,5	5	7	10	12
Zylinderbohrung	mm	2.250	2.300	2.360	2.375	2.450
Kolbenhub	mm	150	250	250	350	350
Umdrehungen	min	185	160	150	140	120
Riemenscheiben ∅	mm	800	1250	1500	1350	1500
Riemenscheibenbreite	mm	120	150	180	180	180
Kraftbedarf bei 1/3 at in	PS	5,7— 6,8	9,6— 10,8	13,7— 15	18,7— 20,6	21,5— 24,4
Kraftbedarf bei höchstem Vakuum	PS	3,4— 3,8	5,5— 6	7,5— 8,5	10,5 11,1	13,7 15

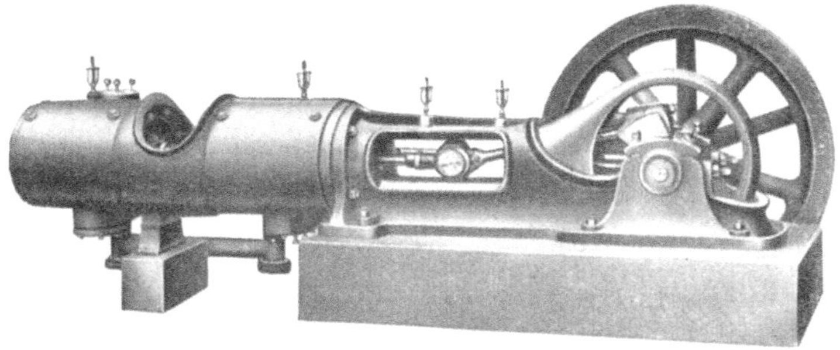

Abb. 167 FMA-Tief-Vakuumpumpe für ein Vakuum bis zu 0,025 mm Hg

Abb. 168 FMA-Vakuumpumpe

Die FMA-Druckluft-Werkzeuge und -Maschinen

Die Beanspruchung der arbeitenden Teile der Druckluftwerkzeuge ist sehr groß, weil auf kleinstem Raum eine sehr große Arbeit geleistet werden muß. Deshalb eignet sich als Werkstoff nur ausgesuchtes Material, und nur eine ununterbrochene Überwachung der zur Verwendung kommenden Rohstoffe gibt die Gewähr einer gleichbleibenden Güte.

Das Erfahrungsgut der FMA, das durch den jahrzehntelangen Bau von Druckluftwerkzeugen gewonnen ist, gewährt Sicherheit und Überlegenheit in der Herstellung.

Der FMA-Prüfraum verfügt über alle erforderlichen Einrichtungen zu einer wissenschaftlichen Leistungs- und Güteprüfung der Rohstoffe, der Einzelteile und der fertigen Werkzeuge, das bedeutet Auslese, Wirtschaftlichkeit und Zweckmäßigkeit der hergestellten Teile und Stücke.

Ebenso sorgfältig wird die Prüfung der fertiggestellten Einzelstücke auf Lehrenhaltigkeit durchgeführt, und das fertige Werkzeug wird mehreren Prüfungen unterzogen, ehe es, in allen Teilen einwandfrei, die Werkstatt verlassen darf.

Die Arbeitsweise der FMA-Werkzeuge und Maschinen nach den verschiedenen Bauarten ist eingehend im Teil I S. 39 dargestellt.

Die FMA-Konstruktionen sind aufgebaut nach den umfassenden Erfahrungen der FMA-Fachingenieure und durch die Untersuchungsmethoden zu jenem hohen Leistungsgrad weiter entwickelt, der die FMA-Erzeugnisse kennzeichnet.

Das richtige Verhältnis zwischen Luftverbrauch, Schlagzahl und Schlagstärke in Hinsicht auf den Verwendungszweck ist das Ziel, das bei jedem Werkzeug und bei jeder Maschine erreicht werden muß.

Das fertige FMA-Werkzeug entspricht in allen Teilen und in der Gesamtleistung dieser Zielsetzung. Die folgenden Zusammenstellungen geben einen Überblick über den Leistungsumfang und die Abmessungen der von der FMA hergestellten Werkzeuge und Maschinen. Weitere Aufstellungen geben die Abbildungen, Schnittzeichnungen und Einzelteillisten dieser Werkzeuge.

Die Verwendungszwecke und die für jeden Zweck erforderlichen Typengrößen sind im Teil II angeführt. Die Auswahl geeigneter Werkzeuge ist somit an Hand dieser beiden Teile nicht schwierig. Die FMA-Fachingenieure stehen außerdem jederzeit beratend, unverbindlich zur Verfügung.

Die Pflege- und Gebrauchsanweisungen befinden sich im Teil III, der genaue Anweisungen über die Einrichtung und den Betrieb von Druckluftanlagen enthält.

Tab. 22

FMA - Niethämmer

Gegenhalter und Schlagnietmaschinen

für die Metallbearbeitung

Nummer	Type	Steuerungs-art	Ganze Länge mit Griff mm	kl. Achsabstd.	Kolben Ø mm	Kolbenhub mm	Kolbenlänge mm	Schlagzahl i. d. min	Luftverbrch. m³/min.	Eisennieten Ø	Kesselniet. Ø	Gewicht kg	Einst. Schaft Ø Länge mm	Schlauch l. W.	Benennung Einzelteile Seite:
1	N 80	GSR	560		30	272	135	850	1,20	38	34	13	31×70	16	Schwere **Niethämmer** mit Gleichstrom-Rohrschieber Steuerung
2	N 81	GSR	510		30	232	125	950	1,15	33	30	12	31×70	16	
3	N 82	GSR	460		30	192	115	1100	1,10	31	28	11	31×70	16	
4	N 83	GSR	410		30	152	105	1200	1,00	26	23	10	31×70	16	
5	N 84	GSR	360		30	112	95	1400	0,90	24	21	9	31×70	16	
11	H 35 b	WSR	565		30	305	105	700	0,80	40	37	12,6	31×70	16	Schwere **Niethämmer** mit Wechsel-strom-Rohrschieber-Steuerung
12	H 34 b	WSR	525		30	265	105	750	0,80	37	32	12,0	31×70	16	
13	H 33 b	WSR	485		30	230	95	840	0,75	32	28	10,3	31×70	16	
14	H 32 b	WSR	435		30	180	95	960	0,72	28	26	9,6	31×70	16	
15	H 31 b	WSR	390		30	140	95	1250	0,70	24	23	9 0	31×70	16	
16	H 30 b	WSR	330		30	95	80	1650	0,61	22	21	8,0	31×70	16	
17	H 30 bE	WSR	255		30	95	80	1650	0,61	22	21	7,7	31×70	16	Seite 198/199
21	H 29 Nb	WSR	490		27	235	100	800	0,50	22	21	7,5	31×70	16	Mittlere **Niethämmer**
22	H 28 Nb	WSR	445		27	190	90	1100	0.47	21	20	7,0	23×65	13	
23	H 27 Nb	WSR	400		27	140	90	1250	0,46	16	14	6,2	23×65	13	Seite 200
24	H 26 Nb	WSR	365		27	105	80	1450	0,44	13	12	5,7	23×65	13	
31	WH 36	WSR	280		36	85	70	1400	0,75	27	26	8,0	31×40	16	**Waggon-Niethämmer**
32	WH 36S	WSR	208		36	85	70	1400	0,75	27	26	7,8	31×40	16	Seite 201
41	SP 80	GSR	680	42	30	272	135	850	1,20	38	34	16	31×70	16	**Spanten-Niethämmer**
42	SP 81	GSR	630	42	30	232	125	950	1,15	33	30	12	31×70	16	
43	SP 82	GSR	580	42	30	192	115	1100	1,10	31	28	11	31×70	16	Seite 202
44	SP 83	GSR	530	42	30	152	105	1200	1,00	26	23	10	31×70	16	
45	SP 84	GSR	480	42	30	112	95	1400	0,90	24	21	9	31×70	16	
51	G 130		250	78	130	100				45		18	31×70	10	**Gegenhalter**
52	G 90		230	55	90	100				32		10	31×70	10	
53	G 75		225	47	75	100				26		7	31×70	10	Seite 203
55	G 65		135	29	65	100				22		5	23×65	10	
61	SN 0	GSV	580		32	225	125	850	1.20	28		61	31×70	16	**Schlag-Niet-Maschinen**
62	SN 1	GSV	580		30	225	127	900	0,85	24		59	31×70	16	
63	SN 2	GSV	540		30	185	117	1000	0,85	20		45	31×70	16	
64	SN 3	GSV	500		27,5	135	115	900	0,45	15		35	23×65	16	

Schwere FMA-Niethämmer Type N 80 – N 84

mit Gleichstrom-Rohrschieber-Steuerung

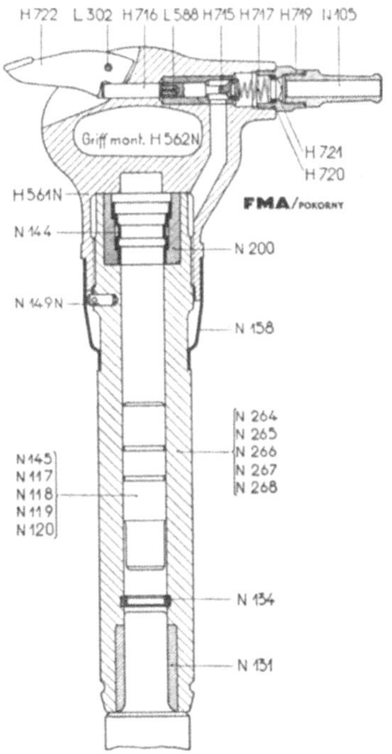

Abb. 170

Lager-Nr.		Einzelteile	
H 562 N	. . .	Griff montiert	
	H 561 N	Griffkörper mit Büchse	
	H 715	Einlaßventil 9,995 ⌀	
	H 715 a	Einlaßventil 10,045 ⌀	
	H 715b	Einlaßventil 10,095 ⌀	
	H 716	Druckstück	
	H 717	Konische Feder	
	H 718	Siebträger montiert	
	H 719	Siebträgerkörper	
	H 720	Ring	
	H 721	Sieb	
	H 722	Drücker	
	L 302	Drückerstift	
	L 588	Feder	
N 105	. . .	Schlauchtülle	
N 144	. . .	Rohrschieber	
N 149 N	. . .	Sicherungsstift	
N 198	. . .	Auspuffschelle	
N 264	. . .	Zylinder für N 80	
N 265	. . .	Zylinder für N 81	mit N 131
N 266	. . .	Zylinder für N 82	mit N 134
N 267	. . .	Zylinder für N 83	mit N 200
N 268	. . .	Zylinder für N 84	
N 131	. . .	Döpperbüchse	
N 134	. . .	Sicherungsring	
N 145	. . .	Kolben für N 80	
N 117	. . .	Kolben für N 81	
N 118	. . .	Kolben für N 82	
N 119	. . .	Kolben für N 83	
N 120	. . .	Kolben für N 84	

* Zwecks leichterer Reparatur führen wir Einlaßventile in 3 verschiedenen Stärken.

** Die Büchse in diesen Griffen wird erst beim Einpassen der Ventile aufgerieben.

Einsteckwerkzeuge . . . . Seite 293—297
Arbeitsweise der Steuerung . . . Seite 45 Nr. 22
Verwendungsgebiete . . . . Seite 67 Abb. 42-59
Leistungsumfang und Größe . . . Seite 196 Nr. 1—5
Pflege- u. Gebrauchsanweisung Seite 135

Schwere FMA-Niethämmer Type H 35 b – H 31 b

mit Wechselstrom-Rohrschieber-Steuerung DRP

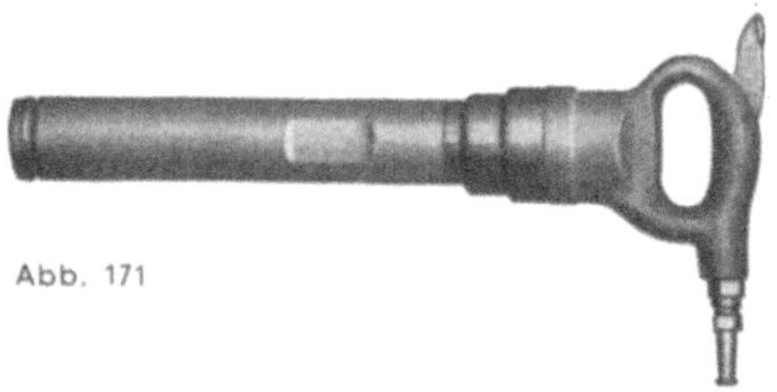

Abb. 171

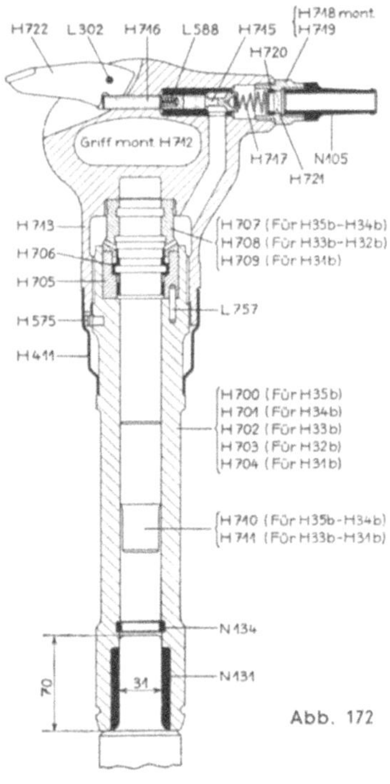

Abb. 172

* Zwecks leichterer Reparatur führen wir Einlaßventile in 3 verschiedenen Stärken.

** Die Büchse in diesen Griffen wird erst beim Einpassen der Ventile aufgerieben.

Lager-Nr.		Einzelteile
H 712	. . .	Griff montiert
	H 713	Griffkörner mit Büchse **
	H 715	Einlaßventil 9,995 ∅
	„ a	„ 10,045 ∅
	„ b	„ 10,095 ∅
	H 716	Druckstück
	H 717	Konische Feder
	H 718	Siebträger montiert
	H 719	Siebträger-Körper
	H 720	Ring
	H 721	Sleb
	H 722	Drücker
	L 302	Drückerstift
	L 588	Feder
L 757	. . .	Arretierstift
N 105	. . .	Schlauchtülle
H 705	. . .	Steuergehäuse
H 706	. . .	Rohrschieber
H 575	. . .	Arretierstift
H 411	. . .	Auspuffschelle
H 700	. . .	für H 35 b } Cylinder
H 701	. . .	„ H 34 b } Cylinder
H 702	. . .	„ H 33 b } Cylinder
H 703	. . .	„ H 32 b } Cylinder
H 704	. . .	„ H 31 b } Cylinder
N 131	. . .	Döpperbüchse
N 134	. . .	Sicherungsring
H 707	. . .	Deckel für H 35 b, H 34 b
H 708	. . .	„ „ H 33 b, H 32 b
H 709	. . .	„ „ H 31 b
H 710	. . .	Kolben „ H 35 b, H 34 b
H 711	. . .	„ „ H 33 b, H 32 b, H 31 b

Einsteckwerkzeuge . . . . Seite 293–297

Arbeitsweise der Steuerung . . . . Seite 47 Nr. 23–26

Verwendungsgebiete . . . . Seite 67 Abb. 43-59

Leistungsumfang und Größe . . . . Seite 196 Nr. 11–15

Pflege- und Gebrauchsanweisung . . . . Seite 135

FMA-Kurzhub- und Eck-Niethämmer
Type H 30 b und H 30 bE
sowie Type H30b Spez. und H30bE Spez. (mit kurzer Büchse)
mit Wechselstrom-Rohrschieber-Steuerung DRP

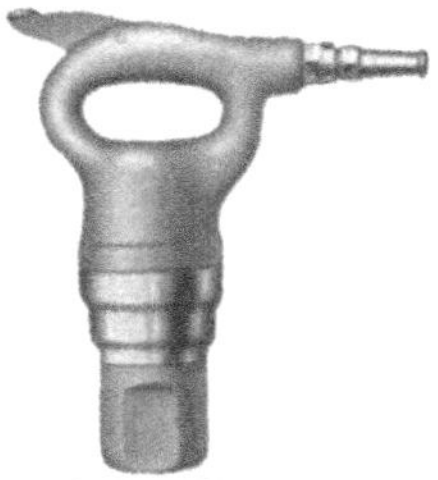

H 30 b

Abb. 1/3

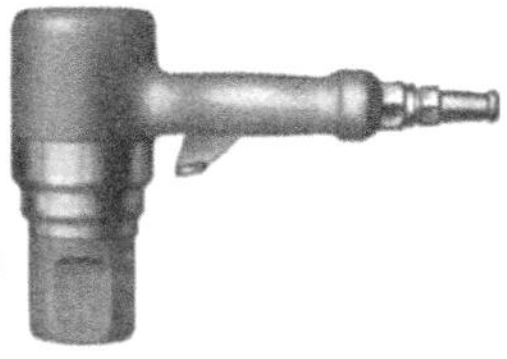

H 30 bE

Abb. 174

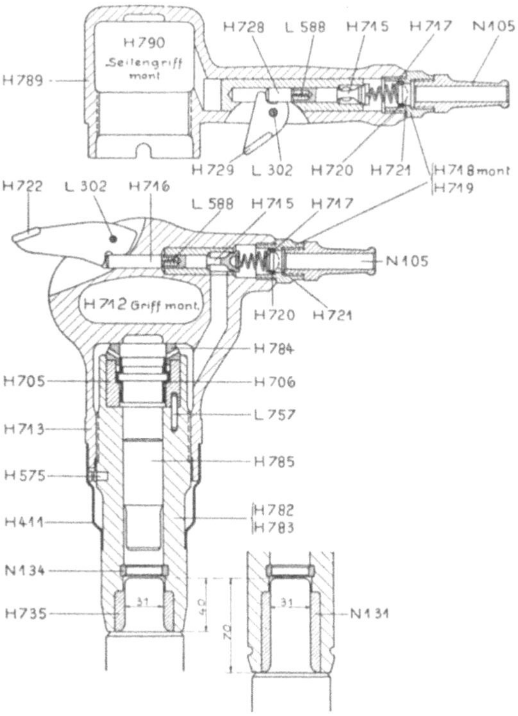

Abb. 175

Lager-Nr.		Einzelteile
H 712		Griff montiert
	H 713	Griffkörper mit Büchse H 714
H 790		Seitengriff, montiert
	H 789	Seitengriffkörper mit Büchse H 727
	H 716	Druckstück für Griff
	H 728	Druckstück für Seitengriff
	H 722	Drücker für Griff
	H 729	Drücker f. Seitengriff
	H 715	Einlaßventil 9,995 ∅ normal
	„ a	10,045 ∅ abnormal
	„ b	10,095 ∅ f. Repar.
	H 717	Konische Feder
	H 718	Siebträger, mont. mit H 719—721
	H 719	Siebträger-Körper
	H 720	Ring
	H 721	Sieb
	L 302	Drückerstift
	L 588	Feder
N 105		Schlauchtülle
H 705		Steuergehäuse
H 706		Rohrschieber
H 575		Arretierstift
H 411		Auspuffschelle
H 782		Zylinder für H 30 b mit N 131 und N 134
H 783		Zylinder für H 30 b Spezialm. H 735 und N 134
N 131		Döpperbüchse
H 735		Döpperbüchse
N 134		Sicherungsring
H 784		Deckel
H 785		Kolben

Einsteckwerkzeuge .... Seite **293—297**
Arbeitsweise der Steuerung .... Seite **47** Nr. **23—36**
Verwendungsgebiete .... Seite **67** Abb. **45**
Leistungsumfang und Größe .... Seite **196** Nr. **16—17**
Pflege- und Gebrauchsanweisung .... Seite **135**

Mittlere FMA-Niethämmer Type H 29 Nb – H 26 Nb

mit Wechselstrom-Rohrschieber-Steuerung DRP

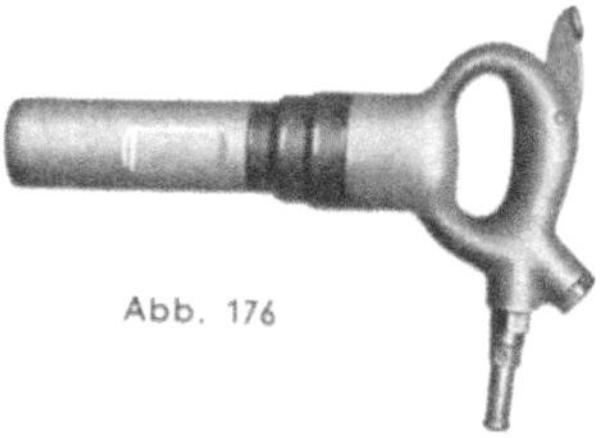

Abb. 176

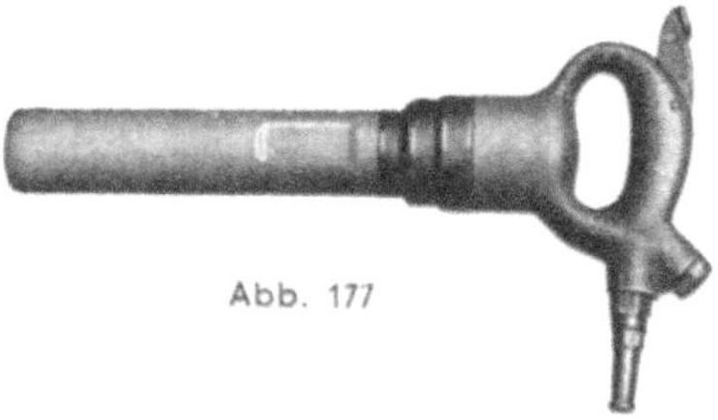

Abb. 177

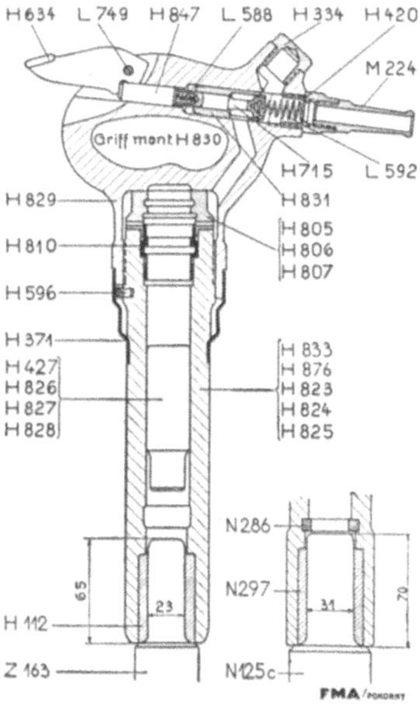

Abb. 178

*) Zwecks leichterer Reparatur führen wir Einlaßventile in 3 verschiedenen Stärken.

**) Die Büchse in diesen Griffen wird erst beim Einpassen der Ventile aufgerieben.

Lager-Nr.		Einzelteile
H 830		Griff montiert
	H 829	Griffkörper mit Büchse
	H 715	Einlaßventil 9,995 ∅
	„ a	„ 10,045 ∅
	„ b	„ 10,095 ∅
	H 847	Druckstück
	L 592	Konische Feder
	H 420	Nippel
	H 634	Drücker
	L 749	Drückerstift
	L 588	Feder
	H 334	Verschlußschraube
M 224	. . .	Schlauchtülle
H 810	. . .	Rohrschieber
H 596	. . .	Arretierstift
H 371	. . .	Auspuffschelle
H 833	. . .	Zylinder für H 29 Nb
H 876	. . .	„ „ H 28 Nb Spez.
H 823	. . .	„ „ H 28 Nb
H 824	. . .	„ „ H 27 Nb
H 825	. . .	„ „ H 26 Nb
H 805	. . .	Deckel für H 29 Nb
H 805	. . .	„ „ H 28 Nb Spez.
H 805	. . .	„ „ H 28 Nb
H 806	. . .	„ „ H 27 Nb
H 807	. . .	„ „ H 26 Nb
H 427	. . .	Kolben für H 29 Nb
H 427	. . .	„ „ H 28 Nb Spez.
H 826	. . .	„ „ H 28 Nb
H 827	. . .	„ „ H 27 Nb
H 828	. . .	„ „ H 26 Nb
H 112	. . .	Führungsbüchse
N 297	. . .	„ H 29 Nb Spez.
N 286	. . .	Sicherungsring „ „

Einsteckwerkzeuge . . . . Seite 293–297
Arbeitsweise der Steuerung . . . . Seite 47 Abb. 23-26
Verwendungsgebiete . . . . Seite 67 Abb. 42-59
Leistungsumfang und Größe . . . . Seite 196 Nr. 21—24
Pflege- und Gebrauchsanweisung . . . . Seite 135

FMA-Waggon-Niethämmer Type WH 36 u. WH 36 S

mit Wechselstrom-Rohrschieber-Steuerung DRP

WH 36

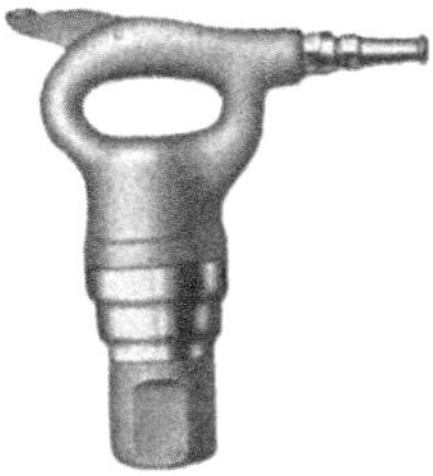

WH 36 S

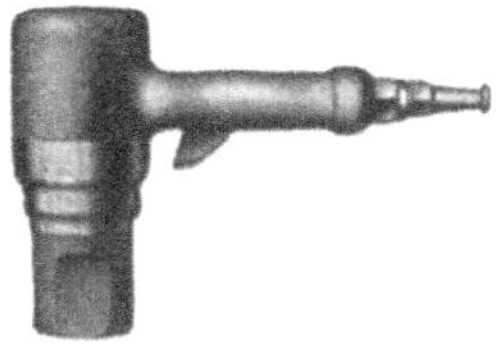

Type WH 36 und WH 36 S D.R.P.

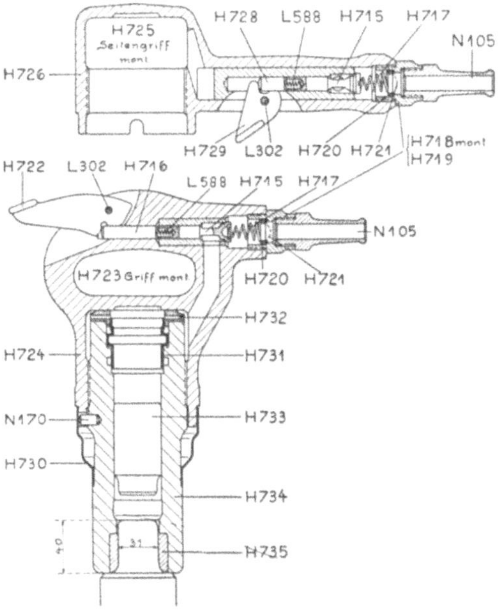

Abb. 181

Lager-Nr.		Einzelteile
H 723	. . .	Griff montiert
	H 724	Griffkörper mit Büchse H 714
H 725	. . .	Seitengriff montiert
	H 726	Seitengriffkörper mit Büchse H 727
	H 716	Druckstück für Griff
	H 728	„ für Seitengriff
	H 722	Drücker für Griff
	H 729	„ für Seitengriff
	H 715	Einlaßventil 9,995 ∅ normal
	„ a	„ 10,045 ∅ } abnormal
	„ b	„ 10,095 ∅ } f. Reparat.
	H 717	Konische Feder
	H 718	Siebträger montiert mit H 719—721
	H 719	Siebträger-Körper
	H 720	Ring
	H 721	Sieb
	L 302	Drückerstift
	L 588	Feder
N 105	. . .	Schlauchtülle
H 731	. . .	Rohrschieber
N 170	. . .	Arretierstift
H 730	. . .	Auspuffschelle
H 734	. . .	Zylinder mit Büchse H 735
H 735	. . .	Döpperbüchse
H 732	. . .	Deckel
H 733	. . .	Kolben

Einsteckwerkzeuge . . . . Seite 293—297
Arbeitsweise der Steuerung . . . . Seite 47 Abb. 23—26
Verwendungsgebiete . . . . Seite 67
Leistungsumfang und Größe . . . . Seite 196 Nr. 31—32
Pflege- und Gebrauchsanweisung . . . . Seite 135

FMA-Spanten-Niethämmer Type SP 80 — SP 84

mit Gleichstrom-Rohrschieber-Steuerung

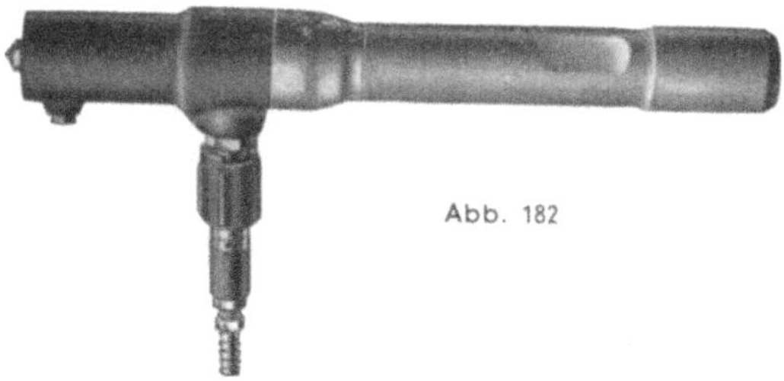

Abb. 182

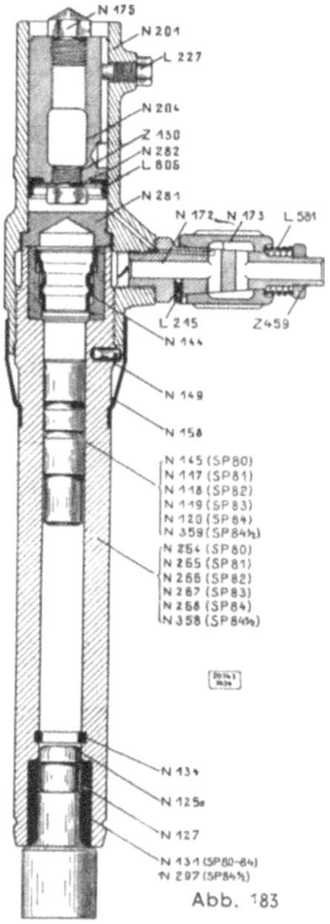

Abb. 183

Lager-Nr.			Einzelteile	
	N 209/2		Gehäuse mont.	
	N 201		Gehäuse	
	N 281		Zwischenstück	
	N 204		Kolben	
	L 605		Manschette	
	N 175		Körner oder:	
	N 177		Nachstellspindel	
	L 227		Schraube	
	N 174		Konushahn mont.	
	N 172		Hahnkörper	
	N 173		Hahnhülse	
	Z 459		Gegenmutter	
	L 581		Feder	
	L 215		Anschlagschraube	
	L 407		Muffe	
	N 104		Siebträger	
	N 105		Schlauchtülle	
	N 144		Rohrschieber	
	N 149		Arretierstift	
	N 158		Auspuffschelle	
	N 356		Scheibe	
N 264		Zylinder	für SP 80	mit N 131 und N 134
N 265		Zylinder	für SP 81	mit N 131 und N 134
N 266		Zylinder	für SP 82	mit N 131 und N 134
N 267		Zylinder	für SP 83	mit N 131 und N 134
N 268		Zylinder	für SP 84	mit N 131 und N 134
	N 131		Döpperbuchse für N 80—84	
N 134			Sicherungsring	
N 145		Kolben	für SP 80, Länge 135 mm	
N 117		Kolben	„ SP 81, „ 125 „	
N 118		Kolben	„ SP 82, „ 115 „	
N 119		Kolben	„ SP 83, „ 105 „	
N 120		Kolben	„ SP 84, „ 95 „	

Einsteckwerkzeuge .. .. Seite 293—297
Arbeitsweise der Steuerung .. .. Seite 45 Abb. 22
Verwendungsgebiete .. .. Seite 67
Leistungsumfang und Größe .. .. Seite 196 Nr. 41—45
Pflege- und Gebrauchsanweisung .. .. Seite 135

FMA-Niet-Gegenhalter Type G 130—G 65

Abb. 184 Abb. 185 Abb. 186

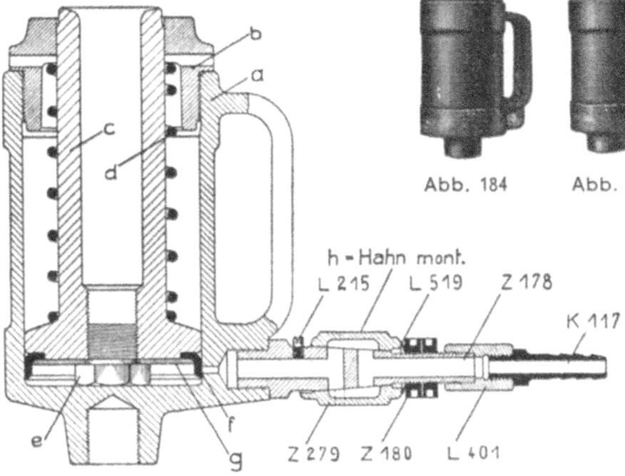

Abb. 187 Type G 130, 90, 75

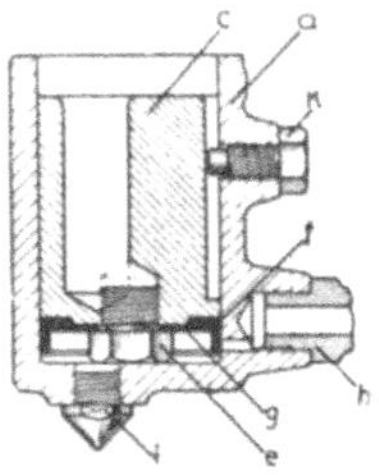

Abb. 188 Type G 65

Abbildung	Einzelteile	Type G 130 für Nieten bis 45 ∅		G 90 bis 32 ∅		G 75 bis 26 ∅		G 65 bis 22 ∅	
		Lager-Nr.	St.	Lager-Nr.	St.	Lager-Nr.	St.	Lager-Nr.	St.
a	Gehäuse	G 115	1	G 107	1	G 101	1	G 114	1
b	Deckel	G 116	1	G 108	1	G 106	1	—	—
c	Kolben..................	G 117	1	G 121	1	G 120	1	G 105	1
d	Feder	L 549	1	L 513	1	L 513	1	—	—
e	Verschlußschraube	Z 289	1	Z 289	1	Z 289	1	Z 130	1
f	Manschette	L 612	1	L 608	1	L 606	1	L 607	1
g	Blechscheibe	G 118	1	G 123	1	G 122	1	G 119	1
h	Konushahn	Z 278	1	Z 278	1	Z 278	1	Z 278	1
	Muffe zum Konushahn ...	L 401	1	L 401	1	L 401	1	L 401	1
	Tülle zum Konushahn	K 117	1	K 117	1	K 117	1	K 117	1
i	Körner	—	—	—	—	—	—	G 104	1
k	Kopfschraube............	—	—	—	—	—	—	L 227	1

Einsteckwerkzeuge .... Seite 397
Verwendungsgebiete .... Seite 78 Abb. 45
Leistungsumfang und Größe .... Seite 197 Nr. 51—55
Pflege- und Gebrauchsanweisung .... Seite 135

Tab. 23

FMA - Meißelhämmer

Kesselstein- und Formkasten-Klopfer, Puderhämmer

für die Metallbearbeitung

Nummer	Type	Steuerungs-Art	Ganze Länge mit Griff	Höhe	Kolben Ø mm	Kolbenhub mm	Kolbenlänge mm	Schlagzahl i. d. min.	Luftverbrauch m³/min.	Nieten Ø warm.	Nieten Ø kalt.	Gewicht kg	Einstechschaft Ø Lng.	Schlauch l. W.	Benennung Einzelteile Seite
1	M 91	GSR	395		27,5	147	110	1200	0,63	19	10	5,5	17,5×60	13	**Meißel-**
2	M 92	GSR	340		27,5	112	90	1700	0,56	16	10	5,0	17 5×60	13	**hämmer** mit
3	M 93	GSR	295		27,5	85	72	1900	0,50	13	9	4,5	17,5×60	13	Gleichstrom-Rohrschieber-
4	M 94	GSR	255		27,5	62	55	2500	0,49	9	6	4,0	17,5×60	13	Steuerung
															Seite 205
11	H 28 b	WSR	405		27	170	90	1000	0,45	19	10	6,1	17,5×60	13	**Meißel-**
12	H 27 b	WSR	360		27	135	80	1300	0,45	16	10	5,8	17,5×60	13	**hämmer**
13	H 26 b	WSR	320		27	105	70	1600	0,45	13	9	5,4	17,5×60	13	mit
14	H 25 b	WSR	282		27	90	60	2100	0,45	10	8	4,9	17,5×60	13	Wechsel-
15	H 24 b	WSR	246		27	60	50	2800	0,45	9	6	4,5	17,5×60	13	strom
16	H 23	WSR	310		23	90	75	1900	0,44	9	6	3,9	17,5×60		Rohrschieber-
17	H 22	WSR	270		23	75	60	2100	0,37	8	5	3,0	17,5×60	13	Steuerung
18	H 21	WSR	250		23	55	60	2800	0,37	8	4	3,0	17,5×60	13	
19	H 19 b	WSR	225		20,5	40	36	2800	0,30	6		2,3	14,2×50	10	Seite 206—208
21	H 18 b	FV	180		20	26	42	5500	0,30	4		1,1	14,2×50	10	Leichte
22	H 58	FV	250		17	40	65	3800	0,30	5		2,5	12,5×50	10	**Meißel-**
												2,0 †			**hämmer**
23	H 59	FV	240		15	37	53	4200	0,30	4		2,3	12,5×50	10	mit
												1,8 †			Flatter-Ventil-
24	H 60 a	FV	200		15	22	38	5000	0,28	3		2,0	12,5×50	10	Steuerung
												1,6 †			
25	H 61	FV	135		10	17	30	8000	0,14	1,5		0,5 †	8 ×30	8	Seite 209/210
31	KA	SS	450	91,5	28	33		6000	0,2			1,9		10	**Kesselstein-**
32	KE	SS	465	64,5	28	33		6000	0,2			2,0		10	**Klopfer**
33	KK	SS	465	64,5	28	33		7000	0,2			1,8		10	Seite 211
41	FK	SS	88		28	31		6000	0,3			2,0		10	**Formkasten-**
42	FK 40	SS	125		40	44		5000	0,3			5,5		10	**Klopfer** Seite 212
51	PH 58 a	FV	1350		17	40	65	3800	0 3			4.5 *		10	**Pudersieb-**
52	PH 60 a	FV	1300		15	22	38	5000	0,28			4,0 *		10	**hämmer** Seite 213

† Gewicht für Hämmer mit Haube
* Gewicht ohne Sieb

FMA-Meißelhämmer Type M 91—M 94

mit Gleichstrom-Rohrschieber-Steuerung

Abb. 189

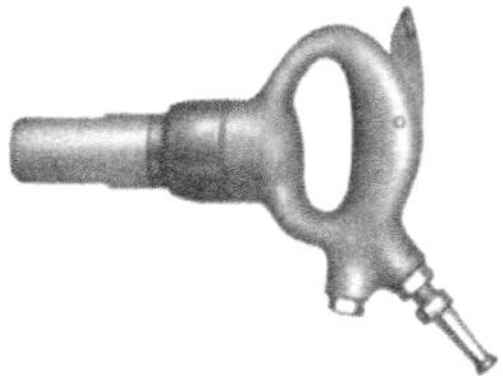

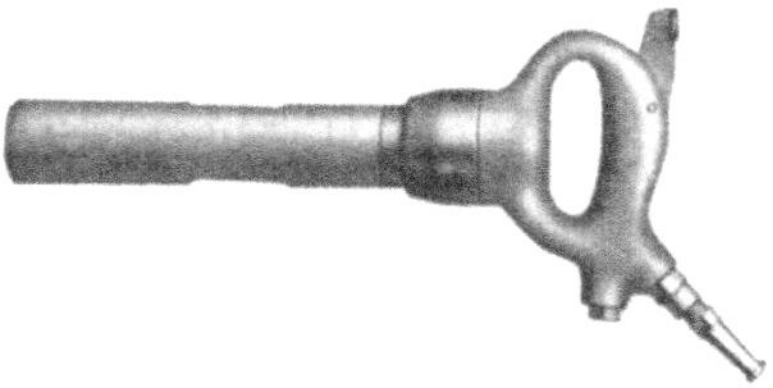

Abb. 190

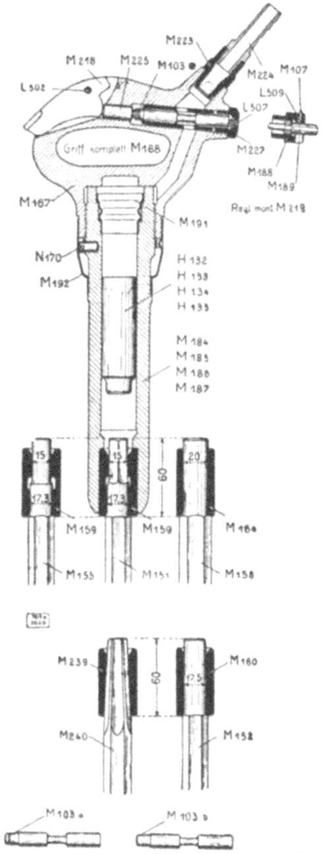

Lager-Nr.			Einzelteile	
M 168			Griff montiert	
Einzelteile für M 168	M 167		Griffkörper mit Buchse	
	M 103	Einlaßventil	9,900 ∅	
	M 103a	Einlaßventil	9,950 ∅ *	
	M 103b	Einlaßventil	9,995 ∅	
	L 507		Feder zum Einlaßventil	
	M 225		Druckstück	
	M 218		Drücker	
	L 302		Drückerstift	
	M 227		Verschlußschraube	
M 223			Siebträger	
M 224			Tülle für 13 mm Schlauch	
M 191			Rohrschieber	
N 170			Sicherungsstift	
M 192			Auspuffschelle	
M 184	Zylinder		für M 91	
M 185	Zylinder		für M 92	
M 186	Zylinder		für M 93	
M 187	Zylinder		für M 94	
M 159	Buchse		sechskant	außen $^2/_{10}$ mm stärker: M 159 **a**
M 160	Buchse		rund 17,5 ∅	außen $^2/_{10}$ mm stärker: M 160 **a**
M 164	Buchse		rund 20,0 ∅	außen $^2/_{10}$ mm stärker: M 164 **a**
M 239	Buchse		sechskant. konisch	außen $^2/_{10}$ mm stärker: M 239 **a**
H 132	Kolben		für M 91, Länge 110 mm	
H 133	Kolben		„ M 92, „ 90 mm	
H 134	Kolben		„ M 93, „ 72 mm	
H 135	Kolben		„ M 94, „ 55 mm	

Abb. 191

* Zwecks leichterer Reparatur führen wir Einlaßventile in 3 verschiedene Stärken.

Einsteckwerkzeuge .... Seite 393—397
Arbeitsweise der Steuerung .... Seite 45 Abb. 22
Verwendungsgebiete .... Seite 67 Abb. 48-59
Leistungsumfang und Größe .... Seite 204 Nr. 1—4
Pflege- und Gebrauchsanweisung .... Seite 135

FMA-Meißelhämmer Type H 28 b – H 24 b

mit Wechselstrom-Rohrschieber-Steuerung DRP

Abb. 192

Abb. 193

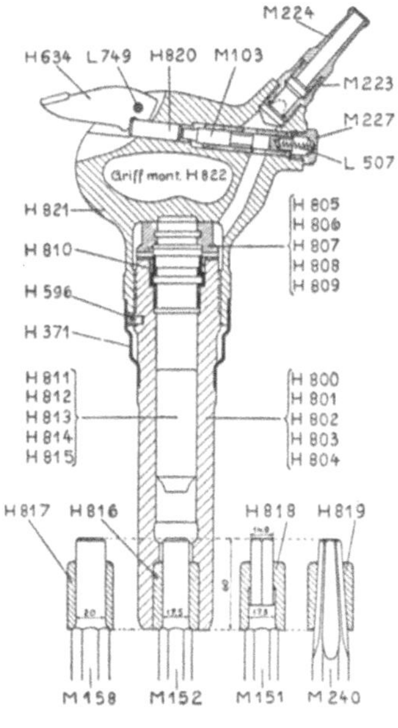

Abb. 194

Lager-Nr.		Einzelteile	
H 822		Griff, montiert	
	H 821	Griffkörper mit Büchse M 115	
	M 103	Einlaßventil 9,9 ∅ normal	
	„ a	„ 9,95 ∅	abnorm. f. Repar.
	„ b	„ 9,995 ∅	
	H 820	Druckstift	
	L 507	Feder	
	M 223	Siebträger	
	H 634	Drücker	
	L 749	Drückerstift	
	M 227	Verschlußschraube	
M 224	. . .	Schlauchtülle	
H 810	. . .	Rohrschieber	
H 596	. . .	Arretierstift	
H 371	. . .	Auspuffschelle	
H 800	. . .	Zylinder für H 28 b	
H 801	. . .	„ „ H 27 b	
H 802	. . .	„ „ H 26 b	
H 803	. . .	„ „ H 25 b	
H 804	. . .	„ „ H 24 b	
		Führungsbüchse	
H 816	. . .	rund 17,5 ∅ H 816a	Büchsen f. Repar. Außen $^{3}/_{10}$ mm stärker
H 817	. . .	rund 20,0 ∅ H 817a	
H 818	. . .	sechskant H 818a	
H 819	. . .	sechsk.kon. H 819a	
H 805	. . .	Deckel für H 28 b	
H 806	. . .	„ „ H 27 b	
H 807	. . .	„ „ H 26 b	
H 808	. . .	„ „ H 25 b	
H 809	. . .	„ „ H 24 b	
H 811	. . .	Kolben für H 28 b	
H 812	. . .	„ „ H 27 b	
H 813	. . .	„ „ H 26 b	
H 814	. . .	„ „ H 25 b	
H 815	. . .	„ „ H 24 b	

Einsteckwerkzeuge . . . . Seite 393 - 397
Arbeitsweise der Steuerung . . . . Seite 47 Abb. 23-26
Verwendungsgebiete . . . . Seite 67 Abb. 48-59
Leistungsumfang und Größe . . . . Seite 204 Nr. 11—15
Pflege- und Gebrauchsanweisung . . . . Seite 135

FMA-Meißelhämmer Type H 23—H 21

mit Wechselstrom-Rohrschieber-Steuerung DRP

Abb. 195

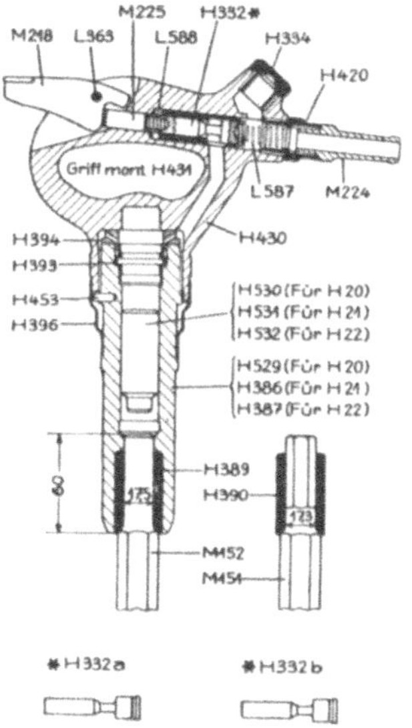

Abb. 196

** Die Buchse in diesen Griffen wird erst beim Einpassen der Ventile aufgerieben.

Lager-Nr.		Einzelteile	
H 431	. . .	Griff montiert	
	H 430	**Griff mit Buchse	
	H 332	Kegel-Ventil	9,900 Ø II
	„ a		9,950 Ø I
	„ b		9,995 Ø
	H 334	Verschlußschraube	
	H 420	Nippel	
	M 218	Drücker	
	M 225	Druckstück	
	L 363	Drückerstift	
	L 587	kon. Feder	
	L 588	Feder	
M 224		Schlauchtülle	
H 393		Rohrschieber	
H 394		Deckel	
H 396		Auspuffschelle	
H 453		Arretierbolzen	
H 482	Zylinder	für H 23	
H 386	Zylinder	für H 21	
H 387	Büchse	für H 22	
H 389	Büchse	rund 17,5 Ø	
H 390	Büchse	sechskant	
H 483	Kolben	für H 23	
H 531	Kolben	für H 21	
H 532	Kolben	für H 22	

Einsteckwerkzeuge . . . . Seite 393—397
Arbeitsweise der Steuerung . . . . Seite 47 Abb. 23-26
Verwendungsgebiete . . . . Seite 67 Abb. 48-59
Leistungsumfang und Größe . . . . Seite 204 Nr. 16-18
Pflege- und Gebrauchsanweisung . . . . Seite 135

FMA-Meißelhammer Type H 19 b

mit Wechselstrom-Rohrschieber-Steuerung DRP

Abb. 197

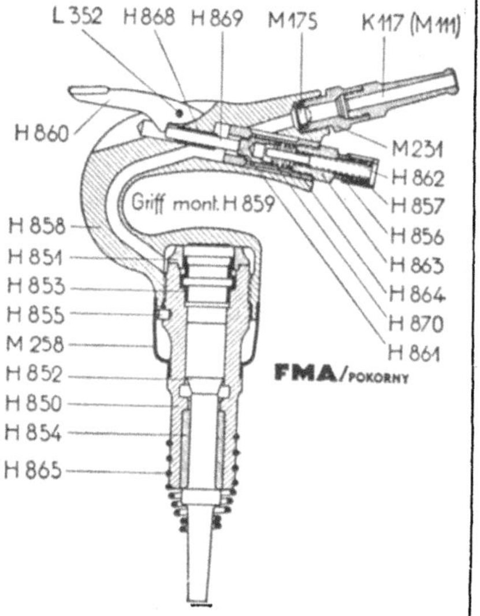

Abb. 198

Lager-Nr.		Einzelteile
H 859	. . .	Griff montiert
	H 858	Griff mit Büchsen
	H 856	Rastenbüchse
	H 857	Rastenfeder
	H 860	Drücker
	H 861	Ventil
	H 862	Rastenstift
	H 863	Rastenschraube
	H 864	Ventilbüchse
	H 868	Druckstift-Büchse
	H 869	Druckstift
	H 870	Ventilfeder
	M 231	Siebträger
	L 352	Drückerstift
H 850	. . .	Zylinder mit H 854
H 851	. . .	Deckel
H 852	. . .	Kolben
H 853	. . .	Rohrschieber
H 854	. . .	Führungsbüchse
H 855	. . .	Arretierstift
H 865	. . .	Haltefeder
M 258	. . .	Auspuffschelle
K 117	. . .	Schlauchtülle für Schlauch von 10 mm l. W.
oder		
M 111	. . .	Schlauchtülle für Schlauch von 13 mm l. W.

Einsteckwerkzeuge .. .. Seite 293—297
Arbeitsweise der Steuerung .. .. Seite 47 Abb. 23—26
Verwendungsgebiete .. .. Seite 67 Abb. 66—71
Leistungsumfang und Größe .. .. Seite 204 Nr. 19
Pflege- und Gebrauchsanweisung .. .. Seite 135

FMA-Meißelhammer Type H 18 b

mit Flatterventil-Steuerung

Abb. 199

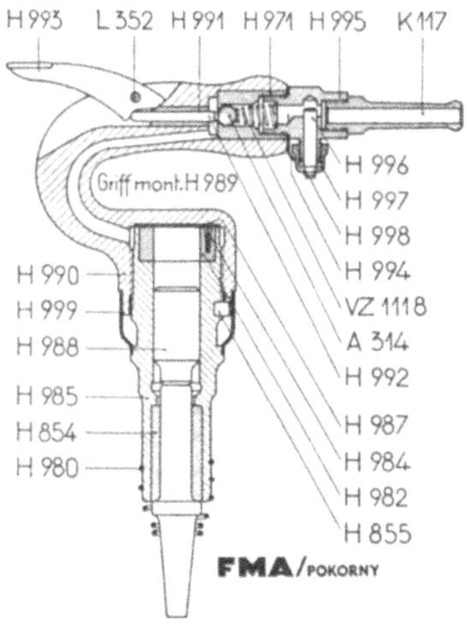

Abb. 200

Lager-Nr.		Einzelteile
H 989	. . .	Griff montiert
	H 990	Griff mit Büchsen
	H 971	Ventilbüchse
	H 991	Druckstiftbüchse
	H 992	Druckstift
	H 993	Drücker
	H 994	Sicherungsfeder
	H 995	Regulierstück montiert
	H 995	Regulierstück
	H 996	Regulierstift
	H 997	Stellmutter
	H 998	Sprengring
	A 314	Ventilkugel
	VZ1118	Ventilfeder
	L 352	Drückerstift
H 854	. . .	Führungsbüchse
H 855	. . .	Arretierstift
H 980	. . .	Haltefeder
H 982	. . .	Steuergehäuse
H 983	. . .	Stift
H 984	. . .	Steuerplättchen
H 985	. . .	Zylinder mit H982 und H854
H 987	. . .	Deckscheibe
H 988	. . .	Kolben
H 999	. . .	Auspuffschelle
K 117 oder	. . .	Schlauchtülle für Schlauch 10 mm I. W.
M 111	. . .	Schlauchtülle für Schlauch 13 mm I. W.

Einsteckwerkzeuge .. .. Seite 293—297
Arbeitsweise der Steuerung .. .. Seite 43 Abb. 20
Verwendungsgebiete .. .. Seite 67 Abb. 66–71
Leistungsumfang und Größe .. .. Seite 204 Nr. 21
Pflege- und Gebrauchsanweisung .. .. Seite 135

Leichte FMA-Meißelhämmer Type H 58 – H 61

mit Flatterventil-Steuerung

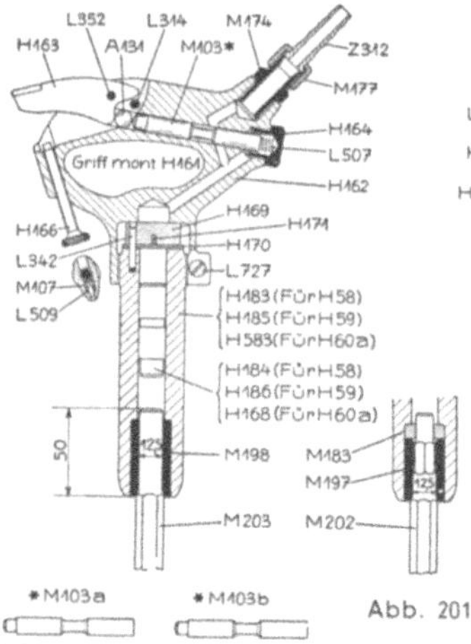

Abb. 201

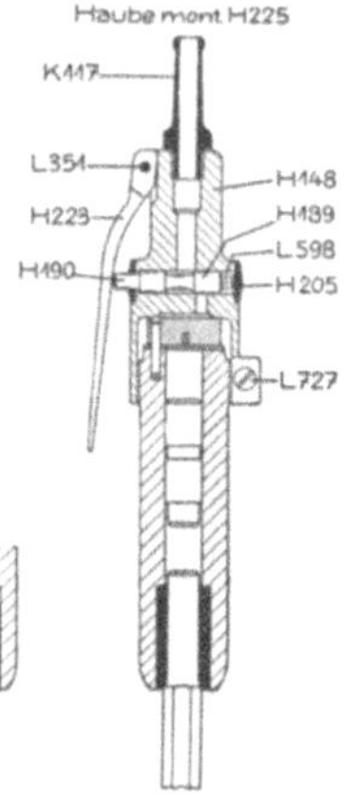

Abb. 202

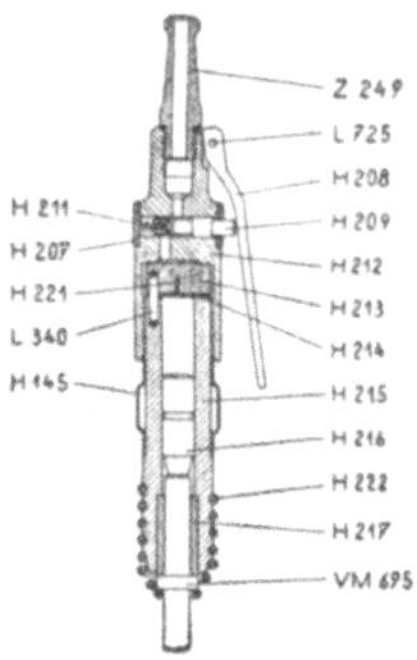

Einsteckschaft des Meißels
8 mm ∅ × 30 mm lang

Abb. 203

* Zwecks leichterer Reparatur führen wir Einlaßventile in 3 verschiedenen Stärken.

Lager-Nr.		Einzelteile	
H 161		Griff mont.	Mit Griff für H 58—60a
	H 162	Griff	
	M 103	Einlaßventil *	
	L 507	Feder	
	A 131	Kugel	
	H 163	Drücker	
	L 352	Stift	
	H 164	Verschlußschraube	
	H 166	Regulierschraube	
	M 107	Stift	
	L 509	Feder	
	L 314	Stift	
	L 727	Linsenk. Schraube	
M 174	. . .	Siebträger	
Z 312	. . .	Schlauchtülle	
M 177	. . .	Überwurfmutter	
H 225	. . .	Haube mont.	Mit Haube für H 58—60a
	H 148	Haube	
	L 351	Stift	
	H 223	Drücker	
	H 190	Druckbolzen	
	H 598	Ventilfeder	
	H 205	Verschlußring	
	H 198	Einlaßventil	
	L 727	Linsenk. Schraube	
	K 117	Schlauchtülle	f. H 61
H 147	. . .	Haube. mont.	
	L 725	Zylinderstift	
	H 206	Einlaßventil	

Lager-Nr.		Einzelteile	
	H 207	Klemmring	für H 61
	H 208	Drücker	
	H 209	Druckbolzen	
	H 211	Feder	
	H 212	Haube	
	L 726	Linsenk. Schraube	
H 169	. . .	Steuergehäuse für H 58—60a	
H 213	. . .	„ „ H 61	
H 171	. . .	Steuerplättchen „ H 58—60a	
H 221	. . .	„ „ H 61	
H 170	. . .	Deckel für H 58—60a	
H 214	. . .	„ „ H 61	
L 342	. . .	Arretierstift für H 58—60a	
L 340	. . .	„ „ H 61	
H 183	. . .	Zylinder für H 58	
H 185	. . .	„ „ H 59	
H 583	. . .	„ „ H 60a	
H 215	. . .	„ „ H 61	
H 184	. . .	Kolben „ H 58	
H 186	. . .	„ „ H 59	
H 168	. . .	„ „ H 60a	
H 216	. . .	„ „ H 61	
M 198	. . .	Führungsbüchse rund	f. H 58, 59, 60a
M 197	. . .	„ 6kant.	
M 183	. . .	Führungsring z. M. 197	
H 217	. . .	Meißelbüchse	für H 61
H 222	. . .	Prellfeder	
H 145	. . .	Auspuffschelle	
Z 249	. . .	Schlauchtülle	
VM 695	. . .	Meißel unausgearb.	

Die in dem Schnittbild H 58—60a angeführten Bezeichnungen für Einsteckwerkzeuge (Meißel) sind nur für **Metallbearbeitung** maßgebend.

Einsteckwerkzeuge .... Seite 293—299
Arbeitsweise der Steuerung .... Seite 43 Nr. 20
Verwendungsgebiete .... Seite 67 Abb. 66-71
Leistungsumfang und Größe .... Seite 204 Nr. 22—25
Pflege- und Gebrauchsanweisung .... Seite 135

FMA-Meißelhämmer Type MH 21 – MH 23

mit Voll-Ventil-Steuerung

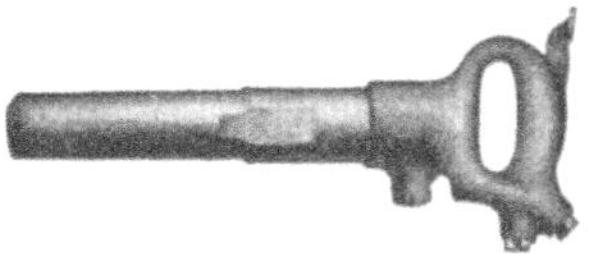

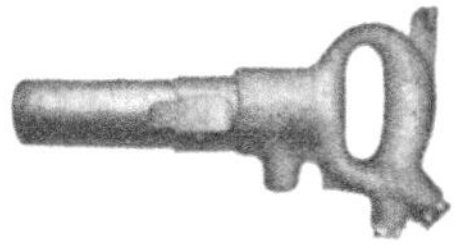

Nummer	Type	Steuerungsart	Ganze Länge mit Griff	Höhe	Kolben Ø mm	Kolbenhub mm	Kolbenlänge mm	Schlagzahl i. d. min.	Luftverbrauch m³/min.	Nieten Ø warm.	Nieten Ø kalt.	Gewicht kg	Einstechschaft Ø × Lng.	Schlauch l. W.	Benennung
1	MH 21	GSV	445		27	140	110	1300	0,5	13	9	7	17,5	13	Meißel- und
2	MH 22	GSV	330		27	85	55	2000	0,5	10	8	5,5	×	13	Gußputz-
3	MH 23	GSV	280		27	57	45	3000	0,5	9	6	5	60	13	Hämmer

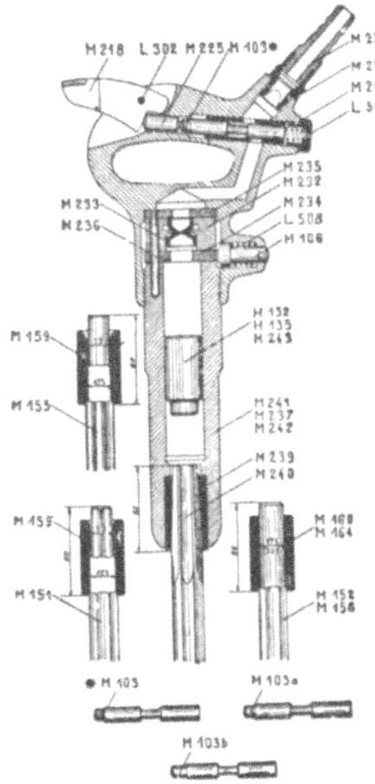

Lager-Nr.		Einzelteile
H 182		Griff, montiert
Einzelteile für H 182	H 181	Griffkörper mit Buchse **
	M 103	Einlaß-Ventil * 9,900 Ø II
	M 103 a	Einlaß-Ventil * 9,950 Ø I
	M 103 b	Einlaß-Ventil * 9,995 Ø
	L 507	Feder zum Enlaßventil
	M 225	Druckstück
	M 2,8	Drücker
	L 302	Drückerstift
	M 227	Verschlußschraube
M 223		Siebträger
M 224		Tülle für 13-mm-Schlauch
M 106		Sperrstift
L 508		Feder zum Sperrstift
M 232		Ventilgehäuse
M 233		Steuerventil
M 234		Deckel
M 235		Deckel
M 236		Arretierstift
M 241	Zylind.	für MH 21
M 237	Zylind.	für MH 22
M 242	Zylind.	für MH 23
M 239	Buchse	sechskant, konisch
M 159	Buchse	sechskant
M 160	Buchse	rund 17,5 Ø
M 164	Buchse	rund 20 Ø
H 132	Kolben	für MH 21
H 135	Kolben	für MH 22
M 243	Kolben	für MH 23

** Die Buchse in diesen Griffen wird erst beim Einpassen der Ventile aufgerieben.

* Zwecks leichter Reparatur führen wir Einlaßventile in 3 verschiedenen Stärken.

FMA-Kesselstein-Klopfer Type KA, KE und KK

mit ventilloser Steuerung

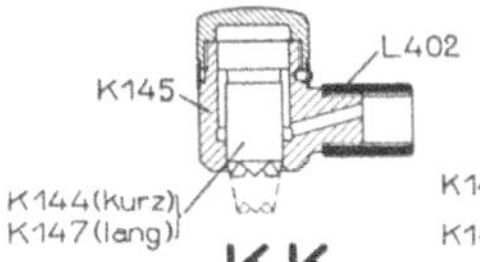

KK

Abb. 204

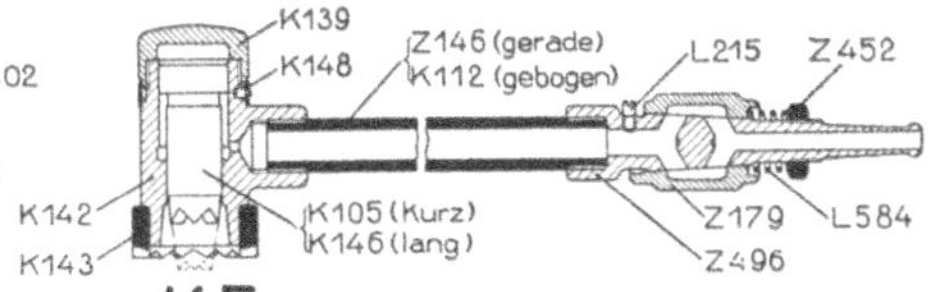

KE

Abb. 205

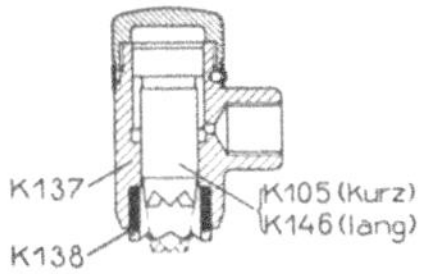

KA

Abb. 206

KA

Abb. 207

KE

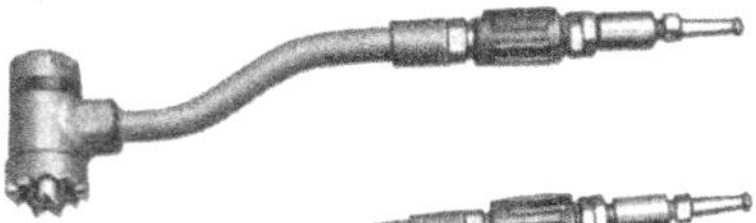

Abb. 208

KK

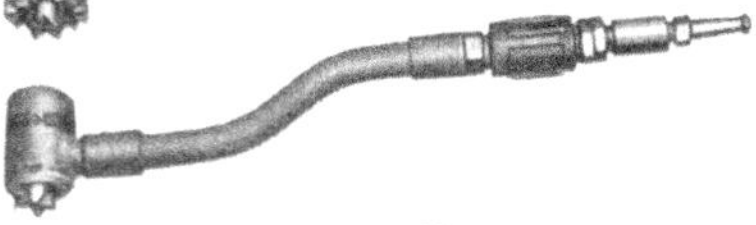

Abb. 209

Die Typen KK und KA eignen sich wegen ihren kleinen Gehäuse-Durchmesser an der Schlagseite, besonders zum Arbeiten zwischen Nietköpfen und für Wellbleche.

KA mit verzahntem Innenkranz
KE mit verzahntem Außenkranz
KK ohne verzahnten Kranz

Einzelteile	Lager-Nummer		
	KA	KE	KK
Zylinder	K 137	K 142	K 145
Büchse	K 138	K 143	—
Kolben normal } oder {	K 105	K 105	K 144
Kolben abnormal	K 146	K 146	K 147
Deckel	K 139	K 139	K 139
Klemmring	K 148	K 148	K 148
Anschlußrohr gerade } oder {	Z 146	Z 146	Z 146
Anschlußrohr gebogen	K 112	K 112	K 112
Muffe	L 402	L 402	L 402
Konushahnmont.	Z 174	Z 174	Z 174
Hahnkörper	Z 178	Z 178	Z 178
Hahnhülse	Z 179	Z 179	Z 179
Anschlagschraube	L 215	L 215	L 215
Feder	L 584	L 584	L 584
Mutter	Z 452	Z 452	Z 452
Schlauchtülle	K 117	K 117	K 117
Reduziermuffe	L 401	L 401	L 401

Arbeitsweise der Steuerung .... Seite 40 Abb. 19
Verwendungsgebiete .... Seite 87 Abb. 96
Leistungsumfang und Größe .... Seite 204 Nr. 31—33
Pflege- und Gebrauchsanweisung .... Seite 135

FMA-Formkasten-Klopfer Type FK und FK 40

mit ventilloser Steuerung.

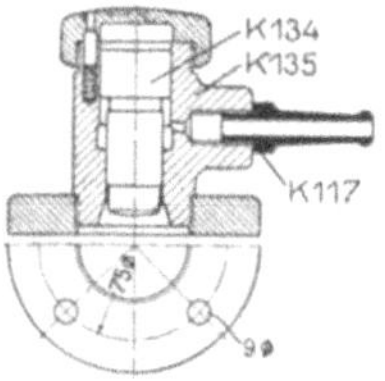

FK

Abb. 210

Abb. 211

Einzelteile	Lager-Nr. FK	Lager-Nr. FK 40
Kolben	K 134	K 155
Zylinder	K 135	K 154
Deckel	K 111	K 156
Flansch	K 113	K 159
Schlauchtülle	K 117	M 224
Haltestift	—	K 158
Stift	L 311	—
Feder	L 514	—
Klemmring	—	K 157

Arbeitsweise der Steuerung .... Seite 40 Abb. 19
Verwendungsgebiete .... Seite 83
Leistungsumfang und Größe .... Seite 204 Nr. 41–42
Pflege- und Gebrauchsanweisung .... Seite 135

FMA-Pudersieb-Hämmer Type PH 58a und PH 60a

mit Flatterventil-Steuerung

Abb. 212

Siebabmessungen

Form	Maße mm	Gewicht kg	Bezeichnung
rund	150	0,78	H 177 a
„	206	1	H 177 b
„	250	1,2	H 177 c
„	300	1,9	H 177 d
oval	150×300	1,6	H 177 g
„	100×150	9,7	H 177 f

Arbeitsweise der Steuerung . . . . Seite 43 Nr. 20
Leistungsumfang und Größe . . . . Seite 204 Nr. 52—53
Pflege- und Gebrauchsanweisung . . . . Seite 135

Tab. 24

FMA - Druckluftwerkzeuge

für Straßenbau und -Aufbruch, Betonbau und -Abbruch

Stampfen und Rütteln, Gesteinsbearbeitung

Nummer	Type	Steuerungs-art	Ganze Länge mm	Außen Ø mm	Kolben Ø mm	Kolbenhub mm	Schlagzahl i. d. min.	Luftverbrauch m³/min.	Gewicht kg	Morsekonus	Schlauch l. W.	Benennung Einzelteile Seite
1	AR IIB	WSR	630		40	115	1300	1,0	23		16	**Betonbrecher**
2	AR IN	WSR	640		40	140	1100	1,1	30		16	Aufbruch-hämmer
3	AR IIIN	WSR	680		54	115	1300	1,5	33		19	Seite 215/216
11	ARIIIRN	WSR	730		54	115	1300	1,5	51		19	**Ramme** Seite 217
21	FMA 3S	WSR	560		30	105	1600	1,0	9,5		16	**Spaten-hämmer**
22	FMA 4S	WSR	610		30	145	1500	1,0	10		16	
31	FMA 5B L	GSR	570		30	175	1300	1,05	8,5		16	**Abbau-hämmer**
32	FMA 6B L	GSR	620		30	215	1200	1,05	8,75		16	
33	FMA 7B L	GSR	690		30	265	1000	1,05	9,75		16	
34	FAW 30A	WSR	410		36	145	1100	0,99	9,9		16	Seite 218/219
35	FAW 20A	WSR	460		36	195	1000	0,99	10,9		16	
41	ST 7	GSV	350		22,5	110	620	0,22	4		10	**Stampfer**
42	ST 11	GSV	400		22,5	147	620	0,25	4,5		10	
43	ST 15	GSV	465		22,5	220	525	0,28	5,5		10	Seite 220
44	ST 12	GSV	460		30	170	600	0,35	7		13	
45	ST 18	GSV	520		30	220	500	0,4	8		13	
46	ST 25	GSV	590		30	290	420	0,45	9		13	
47	ST 28	GSV	640		32	318	420	0,6	12		13	
48	ST 33	GSV	660		40	340	420	0,7	15		13	
51	BV 50	SS	270	110	50		3400	0 8	6.7		16	**Beton-Vibratoren**
52	BV 80	SS	300	140	80		3000	1,9	19		19	
53	BV 100	SS	330	160	100		2800	2,5	28		19	Seite 229
61	H 27 bK	WSR	360		27	135	1300	0,45	5,8		13	**Keilloch-hämmer**
62	H 26 bK	WSR	320		27	105	1600	0,45	5,4		13	
63	H 25 bK	WSR	282		27	90	1100	0,45	4,9		13	
71	H 21 GB	WSR	250		23	55	2800	0,37	3		13	**Gesteins-bearbeitungs-hämmer**
72	H 22 GB	WSR	270		23	75	2100	0,37	3 2		13	
73	H 24b GB	WSR	246		27	60	2800	0,45	4,5		13	
74	H 25b GB	WSR	282		27	90	2100	0,45	4,9		13	
75	H 26b GB	WSR	320		27	105	1600	0,45	5 4		13	
76	H 27b GB	WSR	360		27	135	1300	0,45	5,8		13	

FMA-Aufbruch-Hämmer Type AR II B

mit Wechselstrom-Rohrschieber-Steuerung DRP.

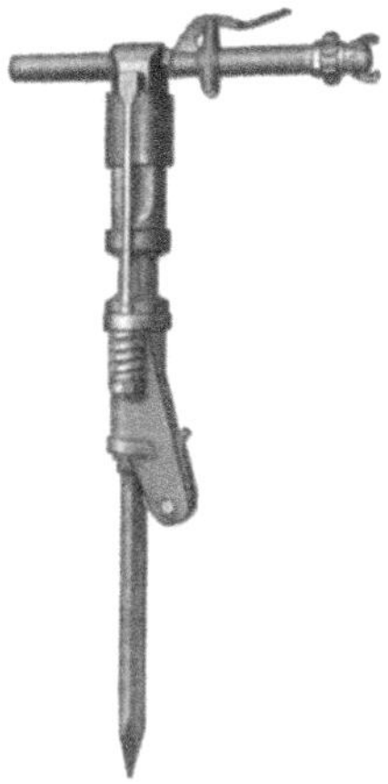

Abb, 213

Lager-Nr.	Einzelteile	
H 1029	Griff mont.	
H 1015	Haube	
VZ 801	Luftventil mont.	
VZ 802	Gehäuse	
VZ 724	Einlaßventil	
VZ 723	Verschlußschraube	
Z 9	Drücker	
L 356	Drückerstift	
L 507	Feder	
VZ 1900	Griffrohr	
N 380	Griff	
VZ 1899	Reduzierstück	
N 404	Gummihülse	
Z 273	Siebträger	
Z 83	Kupplungshälfte	
H 1014	Deckel	
H 746	Rohrschieber	
H 1011	Zylinder	
H 1016	Kolben	
H 1012	Brücke	
L 306	Arretierstift	
L 336	Arretierstift	
H 1017	Schraubenbolzen	2 x
H 754	Federn	2 x
H 841	Kronenmutter	2 x
L 365	Unterlegscheibe	2 x
L 483	Splinte	2 x
H 1013	Flanschgehäuse	Meißelhalte-vorrichtung
H 794B	Führungsbüchse	Meißelhalte-vorrichtung
H 750	Sicherungshebel	Meißelhalte-vorrichtung
H 752	Sicherungsstift	Meißelhalte-vorrichtung
H 795	Bolzen	Meißelhalte-vorrichtung
L 825	Feder	Meißelhalte-vorrichtung
L 304	Splint	Meißelhalte-vorrichtung

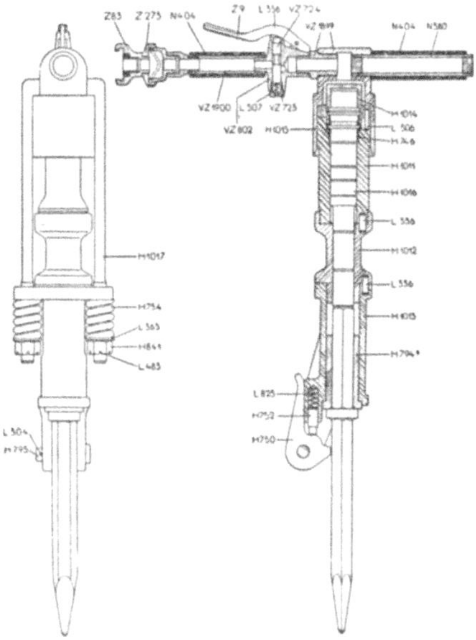

Abb. 214

Einsteckwerkzeuge .. .. Seite 300
Arbeitsweise der Steuerung .. .. Seite 47 Abb. 23-26
Verwendungsgebiete .. .. Seite 70 S. 84—85
Leistungsumfang und Größe .. .. Seite 214 Nr. 1
Pflege- und Gebrauchsanweisung .. .. Seite 135

FMA-Aufbruch-Hämmer Type AR I N und AR III N

mit Wechselstrom-Rohrschieber-Steuerung DRP.

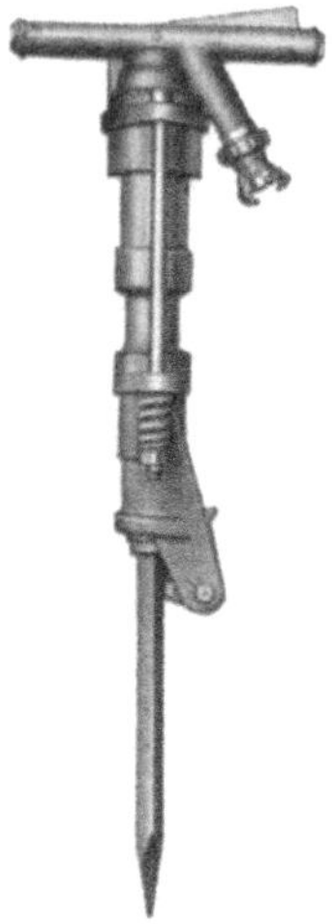

Abb. 215

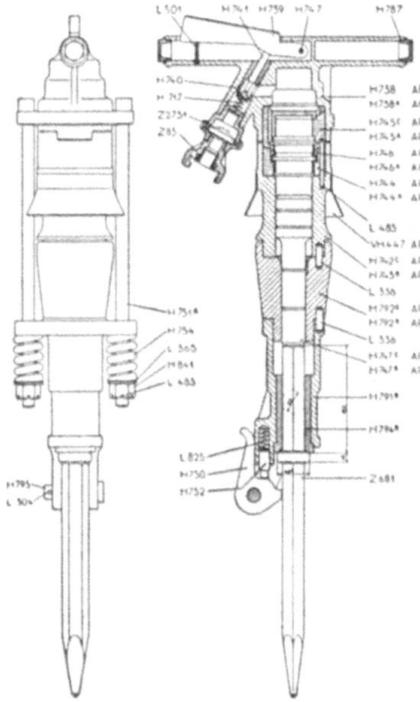

Abb. 216

Lager-Nr.	Einzelteile	
H 737	Griff montiert	AR IN
H 737A		AR IIIN
H 738	Griffkörper	AR IN
H 738A	mit Büchse H 740	AR IIIN
H 740	Ventilbüchse	
H 741	Einlaßventil	
H 739	Einlaßhebel	
L 747	Stift zum Einlaßhebel	
L 501	Feder zum Einlaßhebel	
H 717	Konische Feder	
Z 273A	Sieb mit Gehäuse	
Z 83	Kupplungshälfte	
H 744	Steuergehäuse	AR IN
H 744A		AR IIIN
H 746	Rohrschieber	AR IN
H 746A		AR IIIN
L 485	Arretierstift	
H 742C	Zylinder	AR IN
H 743B		AR IIIN
H 745C	Deckel	AR IN
H 745A		AR IIIN
H 747C	Kolben	AR IN
H 747B		AR IIIN
VH 447	Auspuffschelle	AR IIIN
H 751A	Schraubenbolzen	2 x
H 841	Mutter	2 x
L 365	Unterlegscheibe	2 x
L 483	Splint	2 x
H 754	Feder	2 x
L 336	Arretierstift	
H 792C	Brücke	AR IN
H 792B		AR IIIN
H 750	Sicherungshebel	Meißelhaltevorrichtung
H 752	Sicherungsstift	
L 825	Feder	
H 795	Bolzen	
L 304	Splint	
H 791B	Flanschgehäuse	
H 794B	Führungsbüchse	

Einsteckwerkzeuge .... Seite 300
Arbeitsweise der Steuerung .... Seite 47 Abb. 23-26
Verwendungsgebiete .... Seite 70 Seite 84-85
Leistungsumfang und Größe .... Seite 214 Nr. 2—3
Pflege- und Gebrauchsanweisung .... Seite 135

FMA-Ramme Type AR III RN

mit Wechselstrom-Rohrschieber-Steuerung DRP.

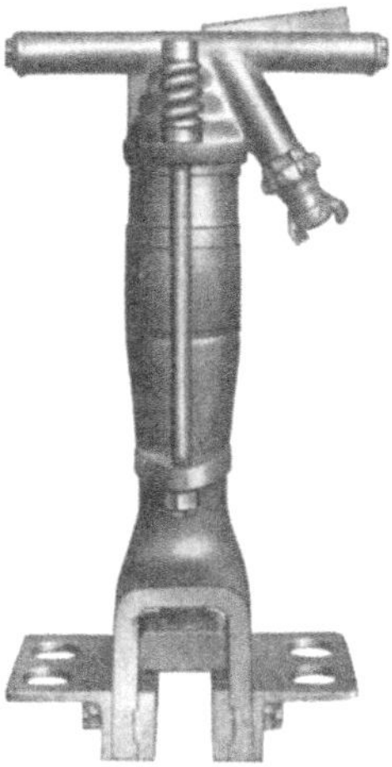

Abb, 217

Type AR III RN: Der Aufbruchhammer AR III N kann nach Auswechseln der Meißelhaltevorrichtung gegen einen Rammfuß auch als Spundwand-Ramme verwendet werden. Die Leistung der Ramme richtet sich ganz nach der Bodenbeschaffenheit. Ein Spundwandblech von 5 mm Wandstärke und ca. 250 mm Breite konnte schon in ca. 75 Sekunden 2,5 m tief eingetrieben werden.

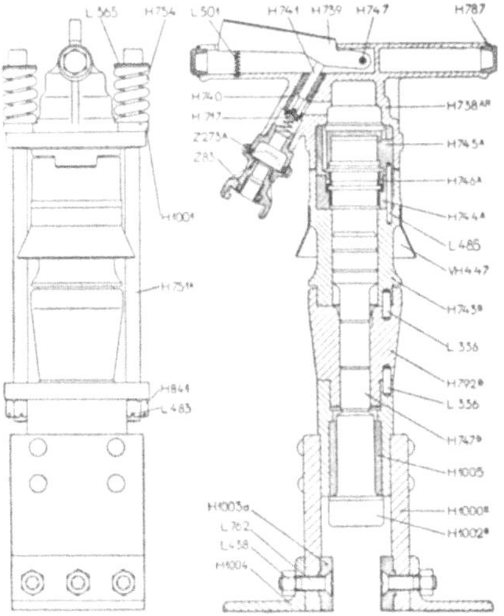

Abb. 218

Lager-Nr.	Einzelteile
H 738 AR	Griff
H 1010	Vollständiger Rammfuß
H 1000 B	Rammfuß
H 1002 B	Schlagstück
H 1003 a	Führungsplatten 2 ×
H 1004	Winkel 2 ×
H 1005	Führungsbüchse
L 762	Senkschrauben 6 ×
L 438	Muttern 6 ×
H 1001	Unterlegscheibe

Die übrigen Teile zu der Ramme sind die gleichen wie bei dem Aufbruch-Hammer Type AR III N bis auf die Meißel-Haltevorrichtung.

Arbeitsweise der Steuerung .. .. Seite 47 Abb. 23-26
Verwendungsgebiete .. .. Seite 71 Abb. 83
Leistungsumfang und Größe .. .. Seite 214 Nr. 11
Pflege- und Gebrauchsanweisung .. .. Seite 135

FMA-Abbau-Hämmer Type FMA 5 BL — FMA 7 BL

mit Gleichstrom-Rohrschieber-Steuerung

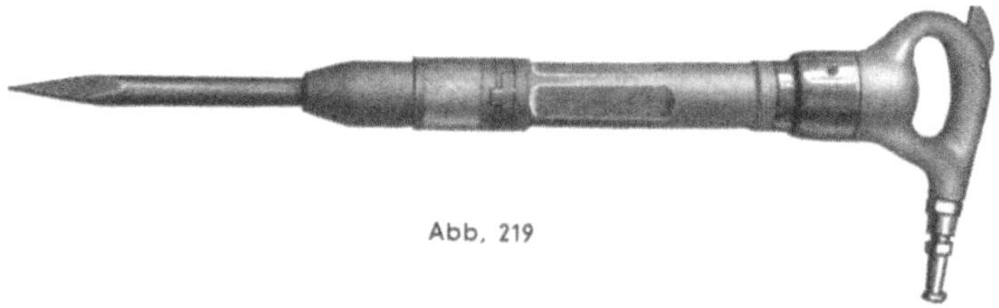

Abb. 219

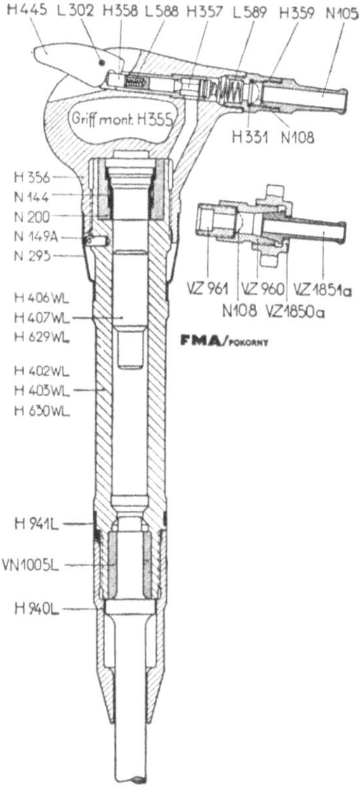

Abb. 220

Lager-Nr.		Einzelteile	
H 355		Griff montiert	
	H 356	Griff mit Büchse	
	H 353	Ventilbüchse	
	H 357	Einlaßventil 9,903 ∅	
	H 357 a	Einlaßventil 9,953 ∅	
	H 357 b	Einlaßventil 10,0 ∅	
	H 358	Druckstift	
entweder	**H 359**	**Siebträger montiert**	Normale Ausführung f. Schlauchtülle N 105
	H 359	Siebträgerkörper	
	H 331	Klemmring	
	N 108	Sieb	
oder	**VZ 959**	**Siebträger montiert**	Sonderausführung mit Kordelgewinde für Überwurfmutter VZ 1850 a u. Schlauchtülle VZ 1851 a
	VZ 960	Siebträgerkörper	
	VZ 961	Nippel	
	N 108	Sieb	
	H 445	Drücker	
	L 302	Drückerstift	
	L 588	Feder	
	L 589	Konische Feder	
H 402 WL	. . .	Zylinder für FMA 5 BL	m. N 200 und VN1005L
H 403 WL	. . .	Zylinder für FMA 6 BL	
H 630 WL	. . .	Zylinder für FMA 7 BL	
H 406 WL	. . .	Kolben für FMA 5 BL	
H 407 WL	. . .	Kolben für FMA 6 BL	
H 629 WL	. . .	Kolben für FMA 7 BL	
H 940 L	. . .	Keilbüchse	
H 941 L	. . .	Sicherungsfeder	
N 144	. . .	Rohrschieber	
N 149 A	. . .	Sicherungsstift	
N 200	. . .	Steuergehäuse	
N 283	. . .	Auspuffschelle	
VN 1005 L	. . .	Führungsbüchse	
VZ 1848	. . .	Meißel	

Einsteckwerkzeuge .. .. **Seite 300**
Arbeitsweise der Steuerung .. .. **Seite 45** Abb. 22
Verwendungsgebiete .. .. **Seite 70** S. 84—85
Leistungsumfang und Größe .. .. **Seite 214** Nr. 31—33
Pflege- und Gebrauchsanweisung . .. . **Seite 135**

FMA-Abbau-Hämmer Type FAW 30 A und FAW 20 A

mit Wechselstrom-Rohrschieber-Steuerung DRP

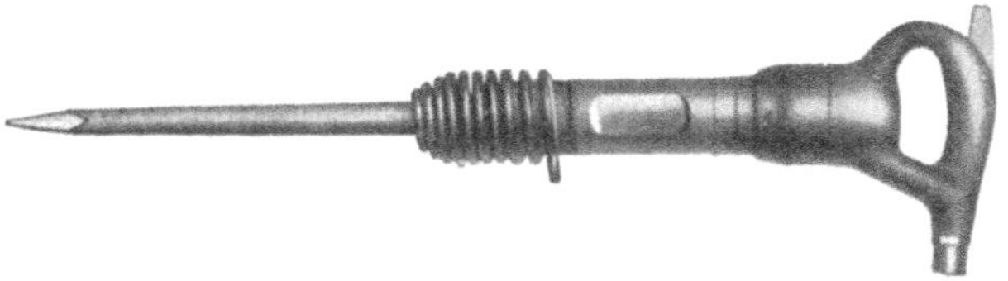

Abb. 221

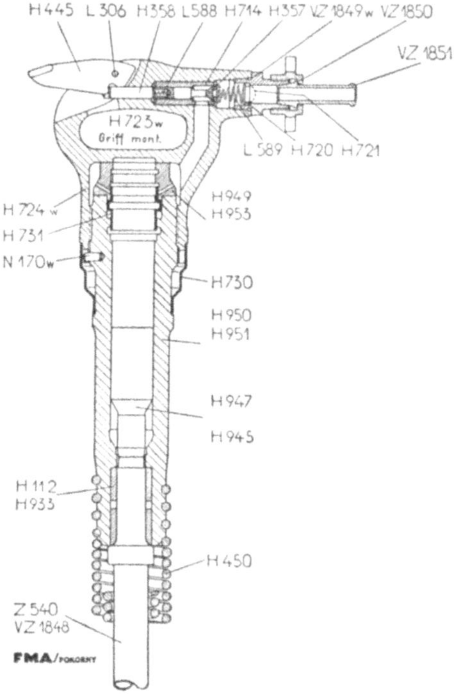

Abb. 222

Lager-Nr.	Einzelteile
H 723w	Drückergriff mont.
H 724w	Griffkörper mit Büchse H 714
H 714	Einlaßventilbüchse
H 445	Drücker
L 589	konische Feder
H 358	Drückstück
H 721	Sieb
H 720	Ring
VZ 1849w	Siebträger R $^3/_4$"
VZ 1849aw	Siebträger Din. Berg
H 357	Einlaßventil
L 306	Drückerstift
L 588	Feder
VZ 1850	Überwurfmutter R $^3/_4$"
VZ 1850a	Überwurfmutter Din. Berg
VZ 1851	Schlauchtülle für R $^3/_4$" Anschluß
VZ 1851a	Schlauchhülle für Din. Berg Anschluß
H 950	Zylinder für FAW 20A
H 951	Zylinder für FAW 30A
H 949	Deckel für FAW 20A
H 953	Deckel für FAW 30A
H 945	Kolben für FAW 20A
H 947	Kolben für FAW 30A
H 731	Rohrschieber
H 730	Auspuffschelle
N 170w	Arretierstift
H 450	Haltefeder
H 933	Führungsbüchse 25 ∅, 65 lg. (FAW 20A-30A)
Z 540	Pickeisen, Schaft 23 ∅, 65 lg.
VZ 1848	Pickeisen, Schaft 25 ∅, 75 lg.

Einsteckwerkzeuge .. .. Seite 300
Arbeitsweise der Steuerung .. .. Seite 47 Abb. 23-26
Verwendungsgebiete .. .. Seite 70 Seite 84-85
Leistungsumfang und Größe .. .. Seite 214 Nr. 34—35
Pflege- und Gebrauchsanweisung .. .. Seite 135

FMA-Stampfer Type ST 7 — ST 33

mit Voll-Ventil-Steuerung

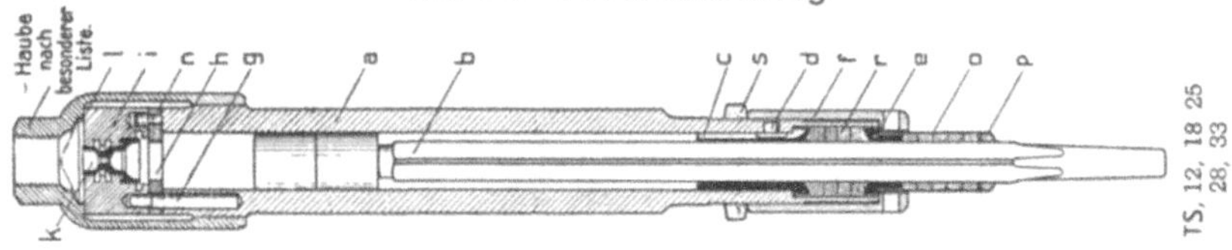

Abb. 223

Teil	Type	ST 7	ST 11	ST 15	ST 12	ST 18	ST 25	ST 28	ST 33
Teil	Einzelteile	Lagernummern							
a	Zylinder	ST 271	ST 272	ST 273	ST 169	ST 153	ST 101	ST 200	ST 132
b	Kolben . . . . . 4kant.	ST 224	ST 207	ST 208	ST 253	ST 109	ST 179	ST 201	ST 290
	Kolben . . . . . rund	—	—	—	ST 282	ST 102	ST 178	ST 275	ST 133
c	Führungsbuchse 4kant.	ST 217	ST 217	ST 217	ST 110	ST 110	ST 110	ST 203	ST 203 ST 291*
	Führungsbuchse . rund	—	—	—	ST 103	ST 103	ST 103	ST 276	ST 134
d	Arretierstück	ST 182	ST 182	ST 182	ST 252	ST 252	ST 252	ST 252	ST 292
e	Stopfbuchse . . 4kant.	ST 218	ST 218	ST 218	ST 155	ST 155	ST 155	ST 204	ST 204 ST 289*
	Stopfbuchse . . . rund	—	—	—	ST 154	ST 154	ST 154	ST 277	ST 156
f	Überwurfmutter . . .	ST 219	ST 219	ST 219	ST 112	ST 112	ST 112	ST 199	ST 138
g	Arretierstift	L 327	L 327	L 327	N 128	N 128	N 128	N 128	L 301
h	Deckel	ST 266	ST 266	ST 266	ST 108	ST 108	ST 108	ST 108	ST 140
i	Steuergehäuse	ST 268	ST 268	ST 268	N 121	N 121	N 121	N 121	SN 174
k	Steuerventil	GB 109	GB 109	GB 109	N 124	N 124	N 124	N 124	N 124
l	Sieb	A 263	A 263	A 263	A 124	A 124	A 124	A 124	A 124
m	Deckel	ST 267	ST 267	ST 267	—	—	—	—	—
n	Arretierstift	—	—	—	—	—	—	—	ST 168
o	Hülse . . . . . . 4kant.	ST 139	ST 139	ST 139	ST 135	ST 135	ST 135	ST 143	ST 143
	Hülse . . . . . . rund	—	—	—	ST 281	ST 281	ST 281	ST 278	ST 278
p	Packungsring . 4kant.	ST 157	ST 157	ST 157	ST 158	ST 158	ST 158	ST 159	ST 159
	Packungsring . rund	—	—	—	ST 280	ST 280	ST 280	ST 279	ST 279
r	Packung	ST 261	ST 261	ST 261	ST 262	ST 262	ST 262	ST 263	ST 264
s	Mutter	ST 287	ST 287	ST 287	ST 288	ST 288	ST 288	ST 293	ST 294

* Hilfs- bzw. Zwischenbuchsen für Type ST 33

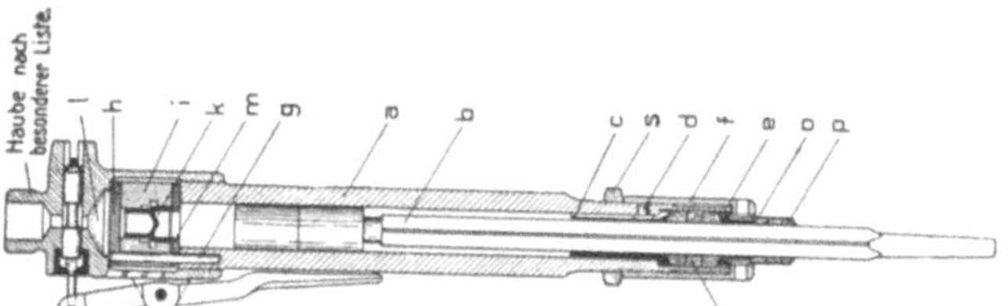

Abb. 224

Stampferplatte . . . . Seite 221—228
Arbeitsweise der Steuerung . . . . Seite 43 Abb. 21
Verwendungsgebiete . . . . Seite 72 Abb. 73, 82
Leistungsumfang und Größe . . . . Seite 214 Nr. 41—48
Pflege- und Gebrauchsanweisung . . . . Seite 138

FMA-Stampfer Type ST 7, ST 11, ST 15

für leichte Stampfplatten mit Morsekonus 1.

Stampfer ST 7, 11 oder 15 mit Haube ST 220 und den eingeschraubten verschiedenen Stampferanschlüssen.

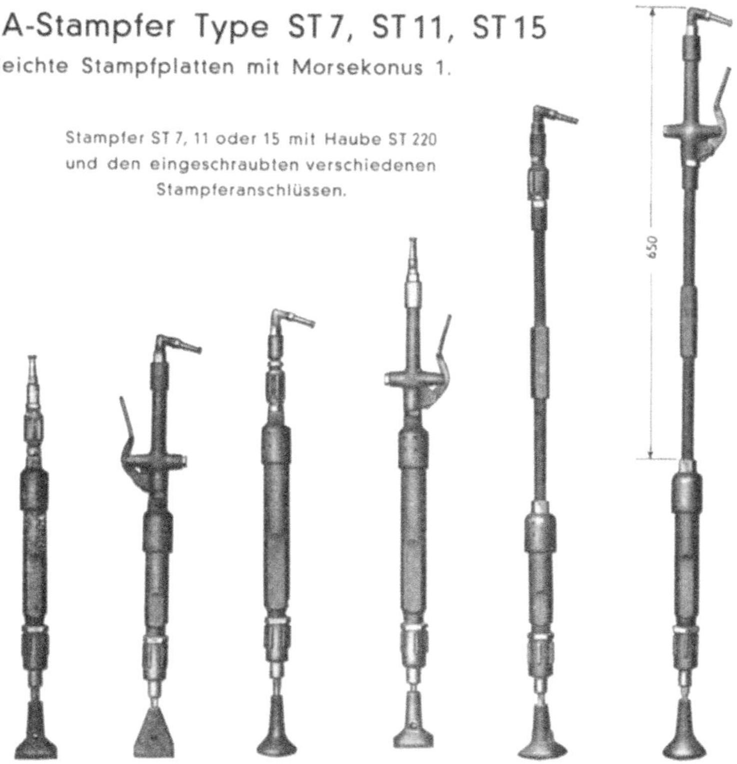

Z 41 Z 57 Z 56 Z 152 Z 19 Z 58

Abb. 225 Lagernummern der Luftanschlüsse.

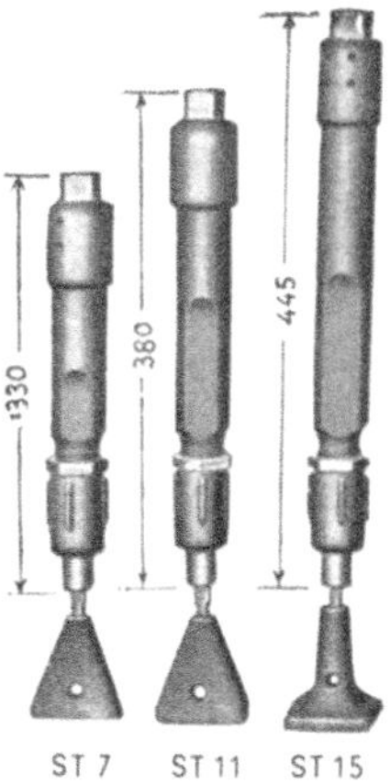

Abb. 226 ST 7 ST 11 ST 15

ST 7, ST 11, ST 15

Nur mit Haube ST 220 zum Einschrauben von verschiedenen Anschlüssen.

FMA-Stampfer Type ST 7, ST 11, ST 15

Einzelteile der Anschlüsse

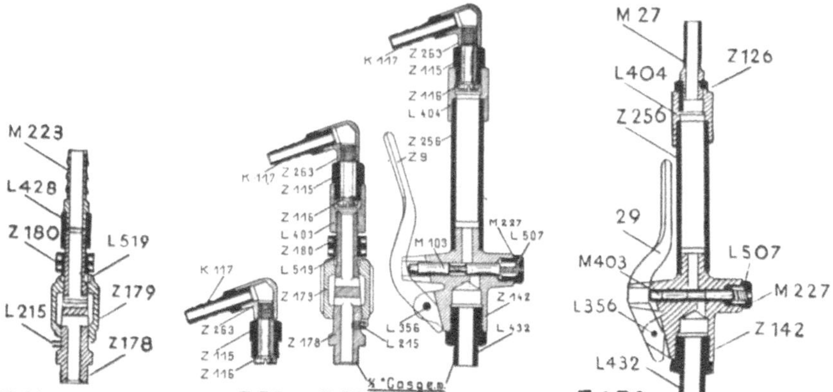

Z 41 Abb. 227 — Z 55 Abb. 228 — Z 56 Abb. 229 — Z 57 Abb. 230 — Z 152 Abb. 231

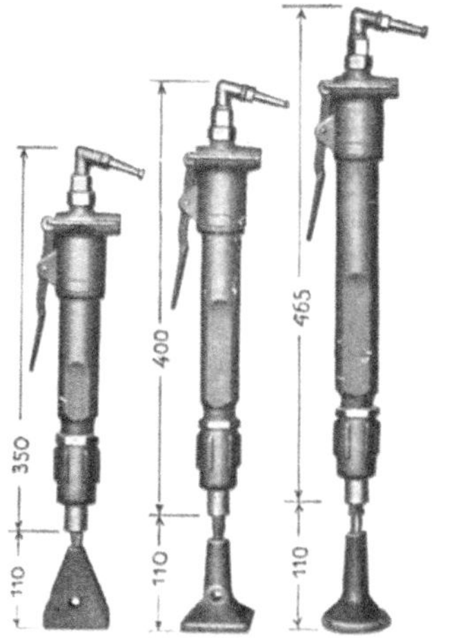

ST 7 ST 11 ST 15

mit Ventilhaube ST 225 und Anschluß Z 55 für Bankarbeiten.

Abb. 232

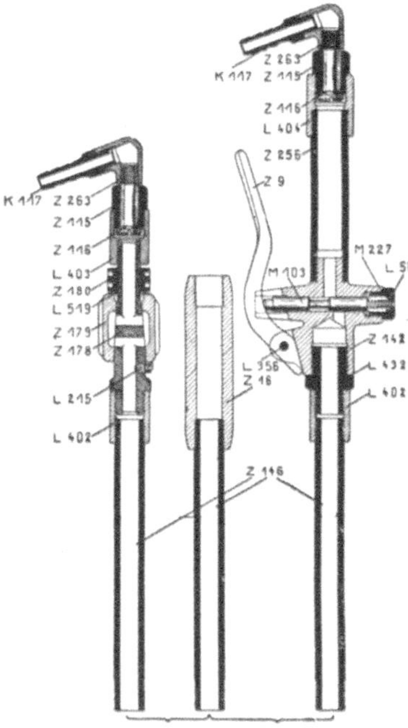

Z 19 Z 58

Abb. 233

FMA - Stampfer

Type ST 12, ST 18, ST 25 für mittlere Stampfplatten mit Morsekonus 2
Type ST 28 für schwere Stampfplatten mit Morsekonus 3

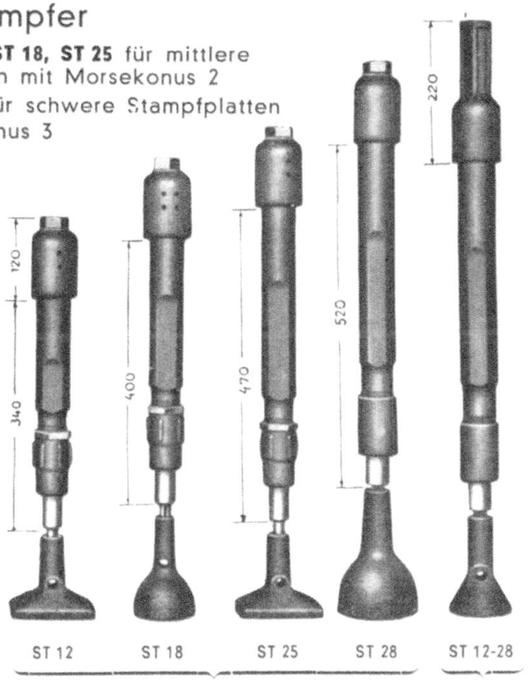

Abb. 234 nur mit Haube ST 106 oder ST 173

zum Einschrauben von verschiedenen Anschlüssen.

ST 12, 18, 25
oder 28

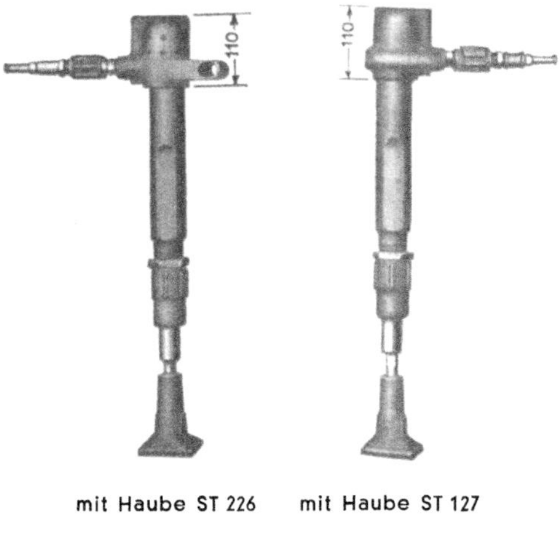

Abb. 235 mit Haube ST 226 mit Haube ST 127

FMA-Stampfer Type ST 12, ST 18, ST 25, ST 28

mit Haube ST 106 bzw. ST 173 und den eingeschraubten verschiedenen Stampferanschlüssen.

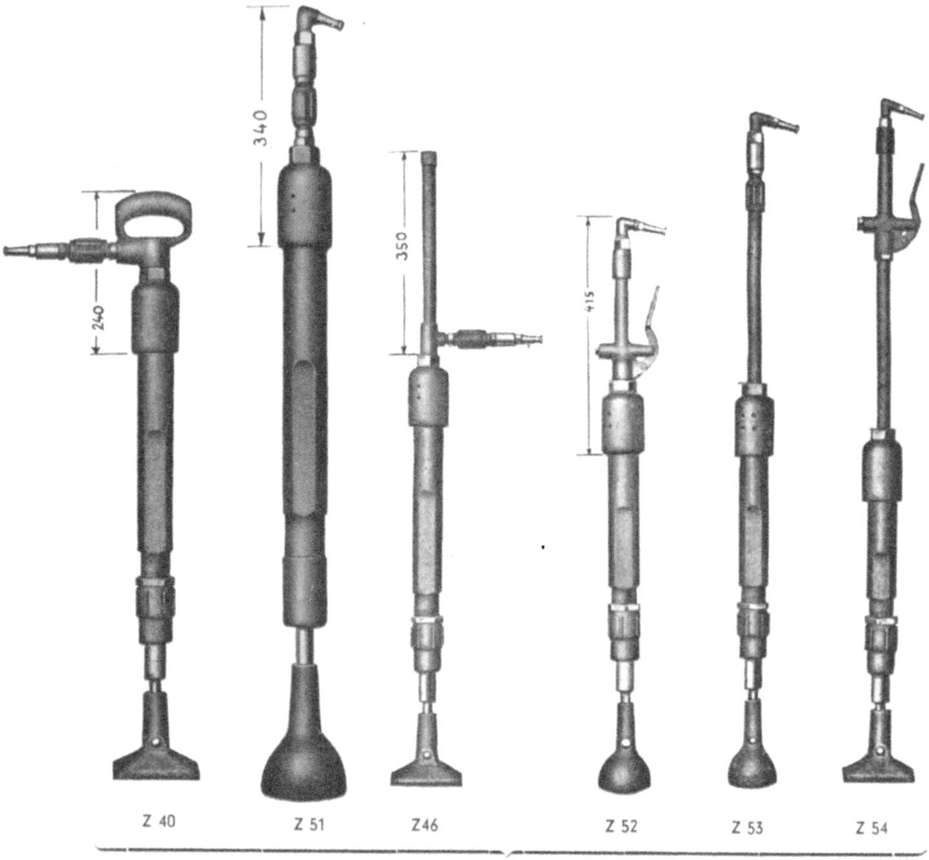

Abb. 236 Lagernummern der Luftanschlüsse.

FMA-Stampfer Type ST 33

für schwere Stampfplatten mit Morsekonus 3

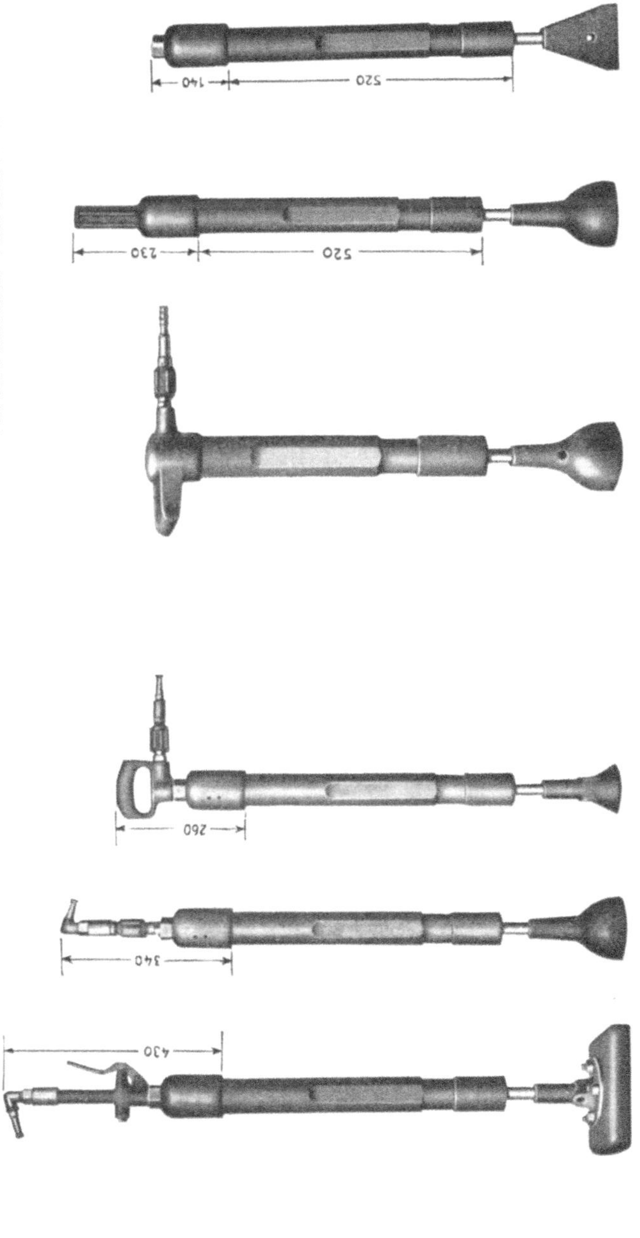

Abb. 237

FMA-Stampfer Type ST 33

mit Haube ST 137 bzw. ST 174 und den eingeschraubten verschiedenen Stampferanschlüssen

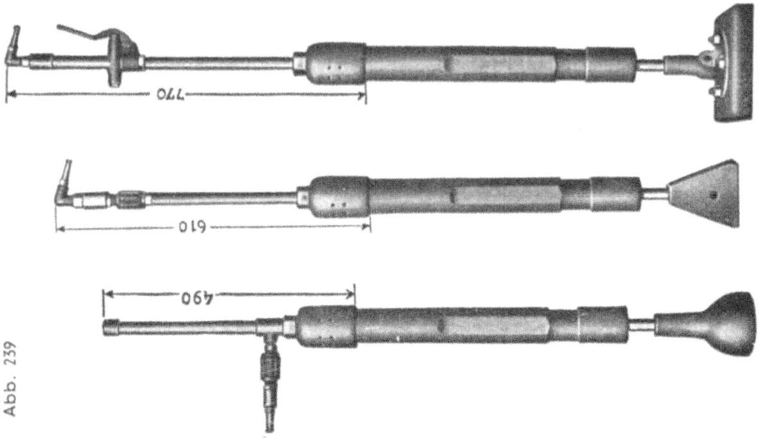

Abb. 239 mit Haube ST 137 bzw. ST 174 und Anschlüssen

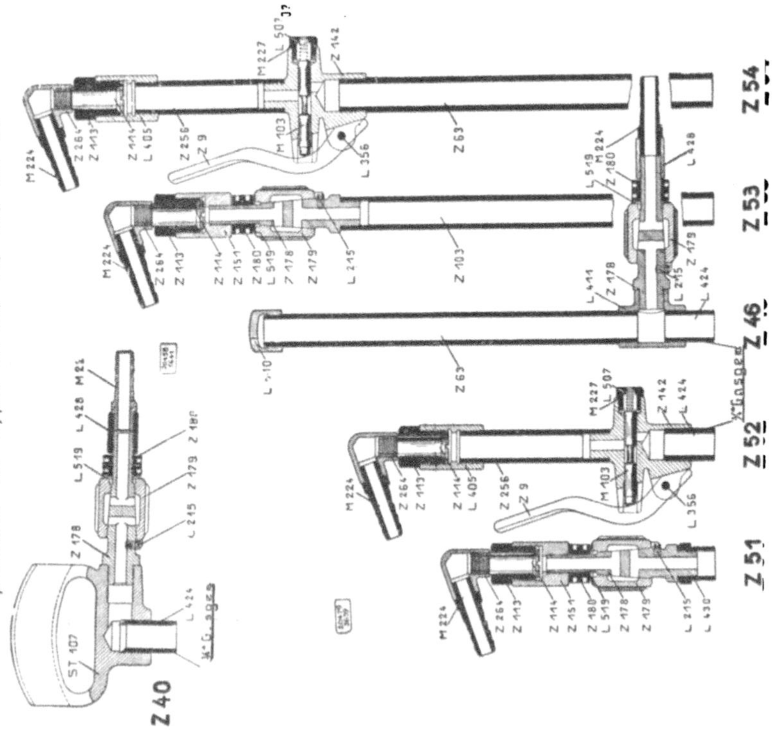

Abb. 238 Einzelteilübersicht für Stampferanschlüsse, passend zu Type ST 12, 18, 25, 28, 33

Hauben für FMA-Stampfer Type ST 7 — ST 33

Einzelteile, Verlängerungen für Stampferkolbenstangen

Passend für Stampfer	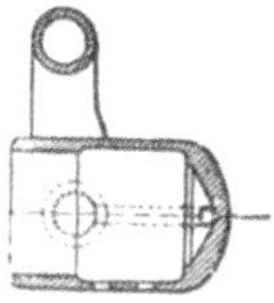	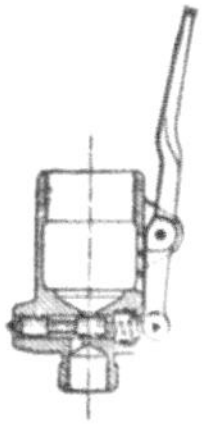	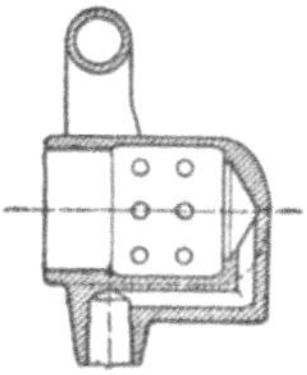	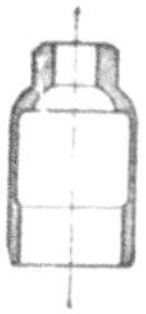	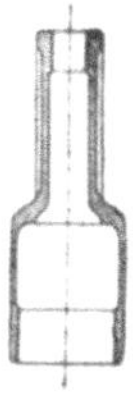
Type	Haube mit seitl. Griff und um 90° versetzt. Anschluß	Haube mit Hebelventil	Haube mit seitlichem Griff	Haube mit kurzem Hals	Haube mit langem Hals
ST 7	—	ST 225	—	ST 220	—
ST 11	—	ST 225	—	ST 220	—
ST 15	—	ST 225	—	ST 220	—
ST 12	ST 127	—	ST 226	ST 106	ST 173
ST 18	ST 127	—	ST 226	ST 106	ST 173
ST 25	ST 127	—	ST 226	ST 106	ST 173
ST 28	ST 127	—	ST 226	ST 106	ST 173
ST 33	—	—	ST 161	ST 137	ST 174

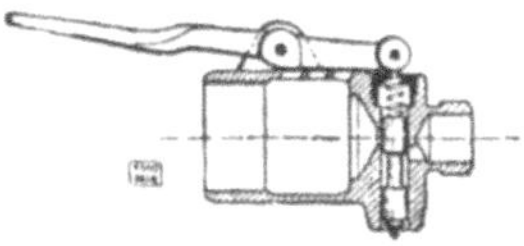

Einzelteile für Haube ST 225

Haube . . . . ST 212
Einlaßschieber . . . . ST 213
Feder dazu . . . . L 507
Verschlußschraube . . . . ST 214
Hebel . . . . ST 215
Stift dazu . . . . L 315
Bügel . . . . ST 216

Keile zum Lösen der Platten von den Kolbenstangen.

Morsekonus Nr.	1	2	3
Lager-Nr.	Z 102	Z 38	Z 38

Reduzierkonen für Stampfer.

Morsekonus Nr.	1/2	2/3	
Lager-Nr.	Z 14	Z 15	

Verlängerungen für Stampferkolbenstangen

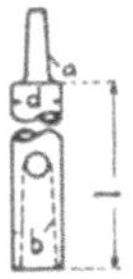

Morsekonus a	1	1	2	2	2	3
Morsekonus b	1	2	2	2	3	3
Stärke d	15	15	18	30	35	35
Lager-Nr. Länge l = 600	Z 465	Z 200	Z 202	Z 204	Z 206	Z 305
Lager-Nr. Länge l = 1100	Z 466	Z 201	Z 203	Z 35	Z 207	Z 172

Stampfplatten für FMA-Stampfer, Eisen

Für Stampfer-Typen	rund  Lager-Nr.	Größe mm	quadratisch  Lager-Nr.	Größe mm	rechteckig  Lager-Nr.	Größe mm	f. Zementrohre  Lager-Nr.	Größe mm	beweglich  Lager-Nr.	Größe mm
ST 7, 11, 15 mit Morsekonus 1	P 101	70 ∅	P 104	70×70	P 130 * P 102	60×15 70×20	P 103	70×17 r = 50		
ST 12, 18, 25 mit Morsekonus 2	P 224 P 121 P 208 P 222**	70 ∅ 85 ∅ 95 ∅ 200 ∅	P 205 P 206 VP 110	80×80 100×100 150×150	P 201 P 202 P 216 P 203 P 204 P 207	80×25 100×25 100×35 100×50 100×75 125×75	P 211 P 212 P 213 P 214	100×25 r = 100 120×35 r = 150 120×50 r = 200 120×65 r = 300	P 210 **	150×150
ST 28, 33 mit Morsekonus 3	P 307 P 322 P 303	95 ∅ 120 ∅ 250 ∅	P 306 VP 113 P 302 **	150×150 180×180 220×220	P 305	130×30			P 304 **	220×220

* Die kleine Platte P 130 ist für das Einstampfen besonders kleiner Modelle bestimmt und zur Schonung derselben mit einer Schlagfläche aus Gummi versehen.

** Diese großen Platten haben eisernen Schaft und hölzerne mit Stahlblech bewehrte Schlagfläche.

Stampfplatten für FMA-Stampfer, Holz

Für Stampfer-Typen	rund  Lager-Nr.	Größe mm	rechteckig  Lager-Nr'	Größe mm	Lager-Nr.	Nebenstehende Holzplatten können nur mit Zwischensücken verwendet werden
ST 7, 11. 15 mit Morsekonus 1	P 446	140 ∅	P 410	70×30	P 131	 Innenmorsekonus zum Aufstecken auf die Stampferkolbenstange
ST 12, 18, 25 mit Morsekonus 2	P 446 P 416	140 ∅ 150 ∅	P 140	70×30	P 209 P 215	Innengewinde, konisch zum Einschrauben der Holzplatten

FMA-Beton-Vibratoren Type BV 50 – BV 100

mit ventilloser Steuerung

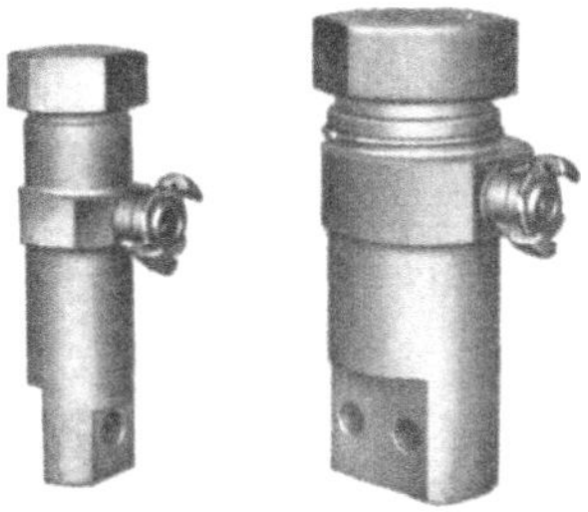

Abb. 240

Die Verwendung der Vibratoren erfolgt bei der Herstellung von Beton-Wänden, -Pfählen, Straßen- und Betonwaren, wie Röhren etc. — Die Vibration bewirkt, daß sich der Beton sofort setzt, bezw. die Betonteile das geringste Volumen einnehmen und die Zementmilch und Luftblasen an die Oberfläche getrieben werden. Die bindungshindernden Stoffe werden mithin ausgeschieden. Hieraus ergibt sich eine glatte Oberfläche des Betons und eine große Dichtigkeit bei wesentlich höherer und gleichmäßiger Festigkeit.

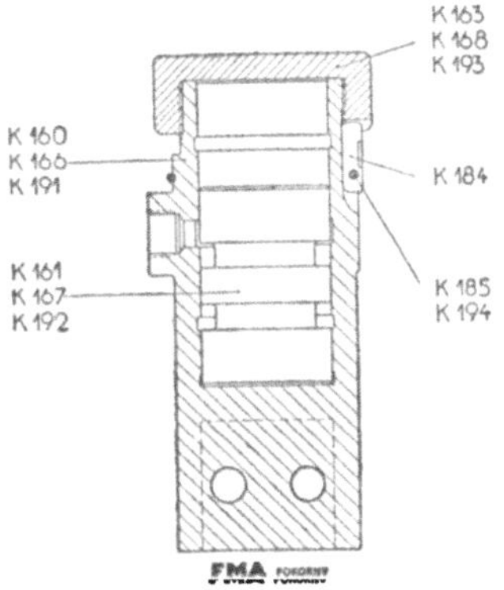

Abb. 241

Zum Herausziehen von Spundwänden sind diese Apparate ebenfalls sehr gut geeignet. Während des Arbeitens des Vibrators kann die Spundwand-Diele leicht mit einem Flaschenzug herausgezogen werden.

An Stelle der Befestigungsöse können wir die Preßluft-Beton-Vibratoren auch mit einem Fuß zum Aufstellen auf die bearbeitungsstelle liefern.

Einzelteile	Lager-Nr. BV 50	BV 80	BV 100
Zylinder	K 160	K 166	K 191
Kolben	K 161	K 167	K 192
Verschlußmutter	K 163	K 168	K 193
Sicherungsfeder	—	K 185	K 194
Sicherungshebel	—	K 184	K 184

Arbeitsweise der Steuerung .... Seite 40 Abb. 19
Verwendungsgebiete .... Seite 72 Abb. 79
Leistungsumfang und Größe .... Seite 214 Nr. 51—53
Pflege- und Gebrauchsanweisung .... Seite 135

Tab. 25

FMA - Rundlaufmaschinen

Drehkolben

Bohr-, Schleif-, Spachtel-, Polier-, Entrostungs- und Kleinmaschinen

Nummer	Rechtslauf-Maschinen	Ganze Höhe mm	Norm. Achsabstand	Nachstellbark. d. Vorschubsp.	Drehzahl bei Vollast	Luftverbrauch m³/min.b.Leerl.	Luftverbrauch m³/min.b.Voll.	Bohrung i.voll. Material Ømm	Aufreiben Ø mm	Gewicht kg	Morsekonus	Schlauch l.W.	PS a. d. Spdl.	Benennung Einzelteile Seite
1	RB 50 N	420	65	150	190	1,2	2,3	50	42	18 4	4	16	3,5	**Bohr-**
2	RB 50 NM	420	65	150	120	1,2	2,3	60	50	18,8	4	16	3,5	**Maschinen**
3	RB 50 NL	470	65	150	80	1,2	2,3	80	70	19,3	5	16	3,5	Seite 233-236
4	RB 32 N	370	65	120	270	0,9	1,8	32	26	16,8	3	16	2,5	
5	RB 32 NM	390	65	120	160	0.9	1,8	40	32	17,0	4	16	2,5	
6	RB 32 NL	390	65	120	120	0,9	1,8	50	36	17.2	4	16	2,5	
7	RB 22 N	310	47	100	450		1.2	23	18	10,0	2	13	1,75	
8	RB 22 M	350	47	100	250		1,2	32	23	10,4	3	13	1.75	
9	RB 22 L	350	47	100	125		1.2	40	26	10 6	3	13	1,75	
10	RB 15	290	44	80	600		0,98	15	12	6,8	1	13	1,20	
11	RB 15 M	295	44	80	325		0,98	23	12	7,3	2	13	1,20	
12	RB 10	280	40		800		0,7	13	10	4,0	1	10	0,75	
								Ø Schleifsch.	Breite Schleifsch.					
21	RS 80	310			6000 / 10000		0,6	80	20	16 L		10	0,75	**Schleif-** **Maschinen**
22	RS 100	415			4800 / 8500		0,8	100	25	16 L		13	1,0	Seite 239/40
23	RS 150	510			3200		1,2	150	30	32 L		13	1,45	
24	RS 200	530			2400		1,2	200	40	32 L		13	1,45	
31	ER	500			4800		0,55			4		10	0,6	**Entrostungs-** **Maschinen**
41	RSP	140			1800		0,5			2,2		10		**Spachtel-** **Schleif-** **Polier-**
42	RP	140			1800		0,5			2,2		10		**Maschinen** Seite 242
51	RNW	540			35/min		2,0	**450** kg Zugkraft		110		16	2,75	**Seilwinde** Seite 254
61	UR 2	132	17		3800		0,28	6 †		0,88	*	10		**Klein-**
62	UR 2E [8]	420	7,5		1800		0,28	4 †		1,33	*	10		**Maschinen**
63	URZ	210	26		1800 / 3400		0,4	8/10 † †		2,42	*	10	0,35	Seite 246
64	URZG	265	26		desgl.		0,4	8/10		2,6	*	10	0,35	
65	URZGM	360	27,5		desgl.		0,5	10/15		2,8	1	10		

[8] Klein-Eckenbohrmaschine   † in Leichtmetall und Holz   * Bohrfutter

FMA - Rundlauf - Bohrmaschinen

mit selbsttätiger Drehzahl- und Luftverbrauchs-Regelung

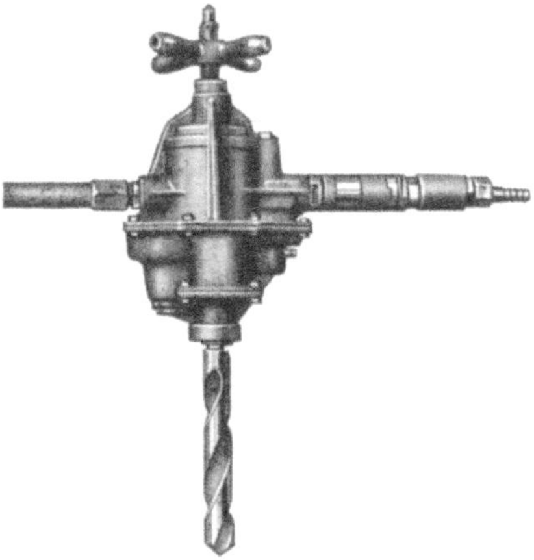

Abb. 242

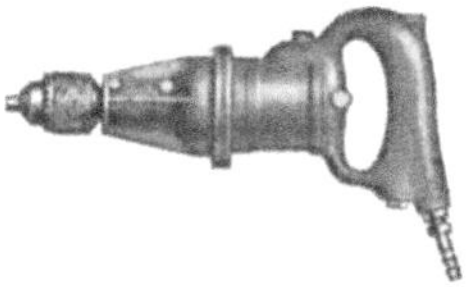

RB 10

Abb. 243

Motor.
Rundlaufkolben nach dem Mehrflügelsystem mit Expansion arbeitend. Der Kolben ist in einem gehärteten Stahlzylinder excentrisch angeordnet. Die Übertragung der hohen Durchzugskraft erfolgt bei den größeren Maschinentypen über ein doppeltes Übersetzungsgetriebe und bei den kleinen Typen über ein einfaches Getriebe auf die Bohrspindel. Die Maschinen besitzen große Anzugskraft und ruhigen Gang. Anordnung der Vorschubspindel in der Achse des Rundlaufkolbens.

Regler.
Die Typenreihe RB 50 und RB 32 ist mit einem Leistungsregler zur Regulierung der Leerlaufdrehzahlen und des Luftverbrauchs im Leerlauf ausgerüstet. Große Luftersparnis bei hoher Leistung. Die kleineren Typen sind in den Abmessungen des Rundlauf-Kolbens so klein gehalten, daß keine hohen Umfangsgeschwindigkeiten auftreten. Der Einbau eines Reglers erübrigt sich deshalb.

Schmierung.
Die Schmierung der Maschine erfolgt durch einen am Luftanschluß zwischengeschalteten automatischen Öler.

Material.
Maschinengehäuse aus hochwertigem Temperguß. Zylinderbüchse und Triebwerksteile aus bestem Baustahl, gehärtet und nach Toleranzen austauschbar geschliffen.

Arbeitsweise der Maschine . . . . Seite 58 Abb. 34
Verwendungsgebiete . . . . Seite 68, 81, 82
Leistungsumfang und Größe . . . . Seite 231 Nr. 1—12
Pflege- und Gebrauchsanweisung . . . . Seite 142

FMA-Rundlauf-Bohrmaschine Type RB 50 N — RB 32 NL

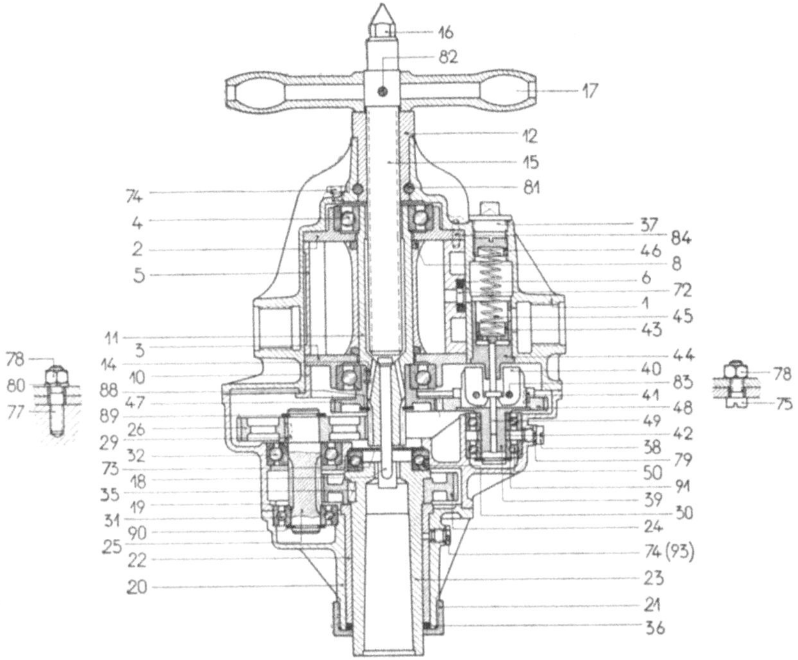

Griffrohr

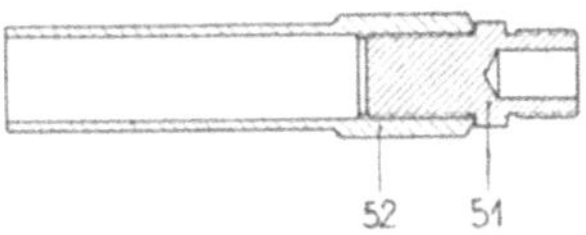

53, Einlaßhahn mont.

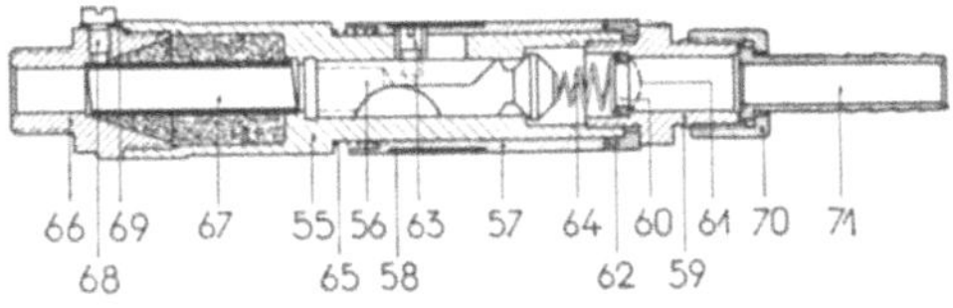

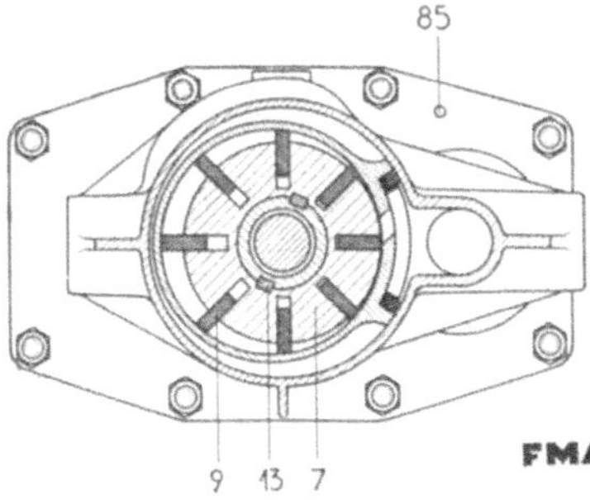

Abb. 244

Einzelteillisten hierzu Seite 234—235.

FMA/POKORNY

Lfd. Nr.	Einzelteile	Stückzahl	Lagernummern für					
			RB 50 N	RB 50NM	RB 50 NL	RB 32 N	RB 32 NM	RB 32NL
1	Zylindergehäuse	1	F 1	F 1	F 1 L	E 1	E 1	E 1
2	Oberes Lagerschild	1	F 2	F 2	F 2	F 2	F 2	F 2
3	Unteres Lagerschild	1	F 3	F 3	F 3	F 3	F 3	F 3
4	Kugellager	2	F 4	F 4	F 4	F 4	F 4	F 4
5	Zylinder	1	F 5	F 5	F 5	E 5	E 5	E 5
6	Dichtungsring	1	F 6	F 6	F 6	F 6	F 6	F 6
7	Drehkolben	1	F 7	F 7	F 7	E 7	E 7	E 7
8	Spurring	2	F 8	F 8	F 8	F 8	F 8	F 8
9	Kolbenlamellen	8	F 9	F 9	F 9	E 9	E 9	E 9
10	Andrückring	1	F 10	F 10	F 10 L	F 10	F 10	F 10
11	Rotorwelle	1	F 12	F 11	F 11	E 12	E 12	E 11
12	Gewindehülse	1	F 13	F 13	F 13	F 13	F 13	F 13
13	Keil zur Rotorwelle ...	1	F 15	F 15	F 15	E 15	E 15	E 15
14	Keil zur Rotorwelle	2	F 54	F 54	F 54	F 54	F 54	F 54
15	Nachstellspindel	1	F 18	F 18	F 18	E 18	E 18	E 18
16	Körner	1	F 19	F 19	F 19	F 19	F 19	F 19
17	Handkreuz	1	F 20	F 20	F 20	F 20	F 20	F 20
18	Ausdrückbolzen	1	F 21	F 21	F 21 L	F 21	F 21	F 21
19	Rädergehäuse	1	F 26	F 26	F 26 L	F 26	F 26	F 26
20	Gehäusedeckel	1	F 27	F 27	F 27 L	E 27	F 27	F 27
21	Uberwurfmutter	1	F 28	F 28	F 28 L	E 28	F 28	F 28
22	Führungsbüchse	1	F 29	F 29	F 29 L	E 29	F 29	F 29
23	Bohrspindel	1	F 30	F 30	F 30 L	E 30	F 30	F 30
24	Antriebsrad	1	F 31	F 31M	F 31	E 31	F 31M	F 31M
25	Vorgelegewelle m. Ritzel	1	F 35	F 34	F 34 L	E 34	F 34	F 34
26	Vorgelegerad	1	F 39	F 38	F 38 L	F 39	E 39	F 38
29	Keil	1	F 42	F 42	F 42 L	F 42	F 42	F 42
30	Kugellager	1	F 43	F 43	F 43 L	F 43	F 43	F 43
31	Kugellager	1	F 44	F 44	F 44	F 44	F 44	F 44
32	Kugellager	1	F 45	F 45	F 45	F 45	F 45	F 45
35	Keil zur Bohrspindel	1	F 48	F 48	F 48 L	E 48	F 48	F 48
36	Dichtungsring	1	F 49	F 49	F 49 L	E 49	F 49	F 49
37	Verschlußschraube	2	F 50	F 50	F 50	F 50	F 50	F 50
38	Sicherungsschraube	1	F 51	F 51	F 51	F 51	F 51	F 51
39	Reglergehäuse	1	F 52	F 52	F 52	F 52	F 52	F 52
40	Reglergewichte	1 Paar	F 53	F 53	F 53	F 53	F 53	F 53
41	Keil zum Reglergehäuse .	1	F 54	F 54	F 54	F 54	F 54	F 54
42	Distanzring	1	F 55	F 55	F 55	F 55	F 55	F 55
43	Reglerschieber	1	F 56	F 56	F 56	F 56	F 56	F 56
44	Schieberführung	1	F 57	F 57	F 57	F 57	F 57	F 57
45	Feder	1	F 58	F 58	F 58	F 58	F 58	F 58
46	Spannschraube	1	F 59	F 59	F 59	F 59	F 59	F 59
47	Reglerantriebsrad	1	F 60	F 60 F	F 60 F	F 60	F 60	F 60 F

Lfd. Nr.	Einzelteile	Stückzahl	Lagernummern für RB 50 N	RB 50 NM	RB 50 NL	RB 32 N	RB 32 NM	RB 32 NL
48	Reglertriebrad	1	F 61	F 61	F 61	F 61	F 61	F 61
49	Reglerstift	1	R 128	R 128	R 128	R 128	R 128	R 128
50	Kugellager	2	D 45	D 45	D 45	D 45	D 45	D 45
51	Zwischenstück	1	D 62	D 62	D 62	D 62	D 62	D 62
52	Griff	1	D 63	D 63	D 63	D 63	D 63	D 63
53	Einlaßhahn montiert	1	F 75	F 75	F 75	F 75	F 75	F 75
55	Ventilgehäuse	1	F 64	F 64	F 64	F 64	F 64	F 64
56	Ventilbolzen	1	D 65	D 65	D 65	D 65	D 65	D 65
57	Drehhülse	1	D 66	D 66	D 66	D 66	D 66	D 66
58	Schelle	1	D 67	D 67	D 67	D 67	D 67	D 67
59	Siebträger	1	D 68	D 68	D 68	D 68	D 68	D 68
60	Ring dazu	1	D 69	D 69	D 69	D 69	D 69	D 69
61	Sieb dazu	1	D 70	D 70	D 70	D 70	D 70	D 70
62	Kappe	1	D 71	D 71	D 71	D 71	D 71	D 71
63	Schraube	1	D 72	D 72	D 72	D 72	D 72	D 72
64	Konische Feder	1	D 73	D 73	D 73	D 73	D 73	D 73
65	Feder	1	D 74	D 74	D 74	D 74	D 74	D 74
66	Deckel	1	Z 717	Z 717	Z 717	Z 717	Z 717	Z 717
67	Ölrohr	1	Z 716	Z 716	Z 716	Z 716	Z 716	Z 716
68	Ölschraube	1	L 4	L 4	L 4	L 4	L 4	L 4
69	Dichtung	1	L 792	L 792	L 792	L 792	L 792	L 792
70	Überwurfmutter	1	Z 120	Z 120	Z 120	Z 120	Z 120	Z 120
71	Schlauchtülle	1	Z 314	Z 314	Z 314	Z 314	Z 314	Z 314
72	Fassung	1	L 796	L 796	L 796	L 796	L 796	L 796
73	Deckscheibe	1	L 785	L 785	L 797	L 785	L 785	L 785
74	Öler	2	L 452	L 452	L 452	L 452	L 452	L 452
75	Zylinderschraube	12	L 44	L 44	L 44	L 44	L 44	L 44
76	Zylinderschraube	4			L 58			
77	Stiftschrauben	2			L 798			
78	Mutter	12	L 418	L 418	L 418	L 418	L 418	L 418
79	Federring	1	L 383	L 383	L 383	L 383	L 383	L 383
80	Federring	2			L 400			
81	Stift	2	L 301	L 301	L 301	L 301	L 301	L 301
82	Stift	2	L 323	L 323	L 323	L 323	L 323	L 323
83	Stift	2	L 491	L 491	L 491	L 491	L 491	L 491
84	Stift	1	L 311	L 311	L 311	L 311	L 311	L 311
85	Stift	1	L 795	L 795	L 363	L 795	L 795	L 795
88	Seeger-Sicherung	1	L 925	L 924	L 924	L 925	L 925	L 924
89	Seeger-Sicherung	1	L 923	L 923	L 923	L 923	L 923	L 923
90	Seeger-Sicherung	1	L 922	L 922	L 922	L 922	L 922	L 922
91	Seeger-Sicherung	1	L 921	L 921	L 921	L 921	L 921	L 921
92	Verschlußstopfen	1			L 799			
93	Staufferbüchse	1			N 7401 Gr. 1			

FMA - Rundlauf - Bohrmaschine
Type RB 22 N — RB 15 M

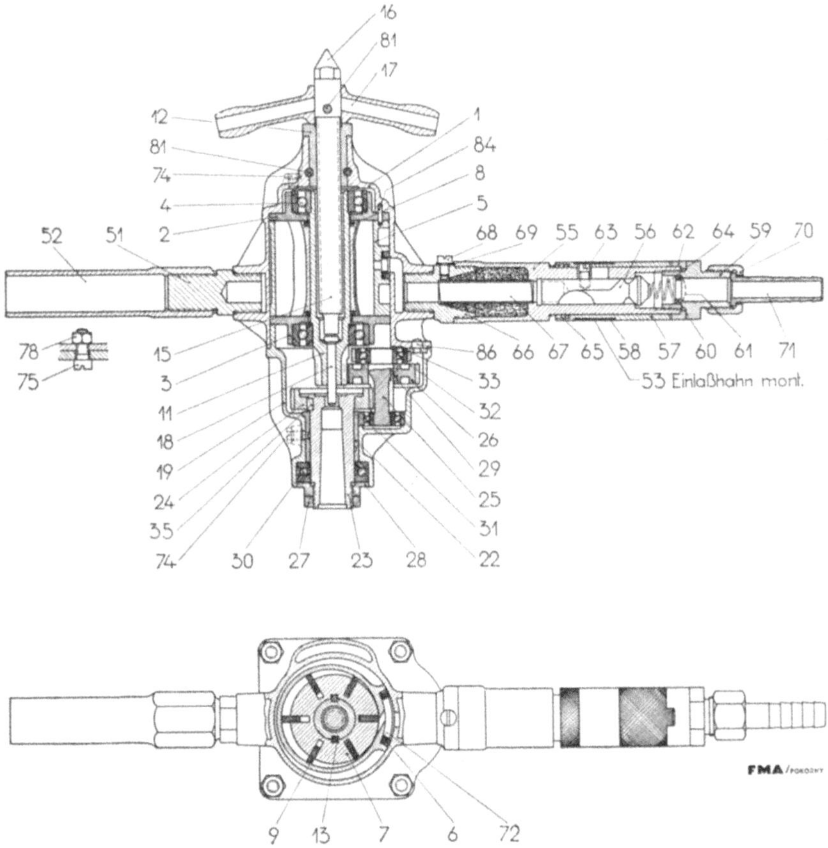

Abb. 245

Einzelteilliste hierzu Seite 237.

Lfd. Nr.	Einzelteile	Stückzahl	Lagernummern für RB 22 N	RB 22 M	RB 22 L	RB 15	RB 15 M
1	Zylindergehäuse	1	D 1 M	D 1 M	D 1 L	C 1	C 1
2	Oberes Lagerschild	1	D 2 M	D 2 M	D 2 M	C 2	C 2
3	Unteres Lagerschild	1	D 3 M	D 3 M	D 3 M	C 3	C 3
4	Kugellager	2	D 4	D 4	D 4	D 4	D 4
5	Zylinder	1	D 5 M	D 5 M	D 5 M	C 5	C 5
6	Dichtungsring	2	D 6	D 6	D 6	C 6	C 6
7	Drehkolben	1	D 7 M	D 7 M	D 7 M	C 7	C 7
8	Spurring	2	D 8 M	D 8 M	D 8 M	D 8	D 8
9	Kolbenlamelle	6	D 9	D 9	D 9	C 9	C 9
10	Andrückring				D 10	C 10	C 10
11	Rotorwelle	1	D 11 M	D 11 M	D 11 L	C 11	C 11
12	Gewindehülse	1	D 13 M	D 13 M	D 13 M	D 13	D 13
13	Keil zur Rotorwelle	2	D 15	D 15	D 15	C 15	C 15
15	Nachstellspindel	1	D 18 M	D 18 M	D 18 M	C 18	C 18
16	Körner	1	F 19	F 19	F 19	F 19	F 19
17	Handkreuz	1	D 20	D 20	D 20	D 20	D 20
18	Ausdrückbolzen	1	D 21 M	D 21 M	D 21 L	C 21	D 21
19	Rädergehäuse	1	D 26	D 26 M	D 26 L	C 26	C 26M
22	Führungsbüchse	1	D 29	D 29 M	D 29 M	C 29	D 29
23	Bohrspindel	1	D 30	D 30 M	D 30 M	C 30	D 30
24	Antriebsrad	1	D 31	D 31 M	D 31 L	C 31	C 31M
25	Vorgelegewelle mit Ritzel	1	D 34	D 34 M	D 34 L	C 34	C 34M
26	Vorgelegerad	1	D 38	D 38 M	D 38 L	C 38	C 38M
27	Gegenmutter	1	D 40	D 40 M	D 40 M	C 40	D 40
28	Scheibenmutter	1	D 41	D 41 M	D 41 M	C 41	D 41
29	Keil	1	D 42	D 42 M	D 42 M	C 42	C 42
30	Kugellager	1	F 43	D 43 M	D 43 M	C 43	F 43
31	Kugellager	1	D 44	D 44	D 44	D 44	D 44
32	Kugellager	1	D 45	D 45	D 45	D 44	D 44
33	Lagerscheibe	1	D 46	D 46 M		C 46	C 46M
34	Verschlußschraube	1			D 47		
35	Keil zur Bohrspindel	1	D 48	E 48	E 48	C 48	D 48
51	Zwischenstück	1		D 62	D 62		
52	Griff	1	C 63	D 63	D 63	C 63	C 63
53	Einlaßhahn montiert	1	C 75	F 75	F 75	C 75	C 75
54	Verschlußschraube	1	C 62			C 62	C 62
55	Ventilgehäuse	1	C 64	F 64	F 64	C 64	C 64
56	Ventilbolzen	1	C 65	D 65	D 65	C 65	C 65
57	Drehhülse	1	C 66	D 66	D 66	C 66	C 66
58	Schelle	1	C 67	D 67	D 67	C 67	C 67
59	Siebträger	1	C 68	D 68	D 68	C 68	C 68
60	Ring dazu	1	C 69	D 69	D 69	C 69	C 69
61	Sieb dazu	1	C 70	D 70	D 70	C 70	C 70
62	Kappe	1	C 71	D 71	D 71	C 71	C 71
63	Schraube	1	C 72	D 72	D 72	C 72	C 72
64	Konische Feder	1	L 592	D 73	D 73	L 592	L 592
65	Feder	1	C 74	D 74	D 74	C 74	C 74
66	Deckel	1		Z 717	Z 717		
67	Ölrohr	1	Z 714	Z 716	Z 716	Z 714	Z 714
68	Ölschraube	1	L 779	L 4	L 4	L 779	Z 779
69	Dichtung	1		L 792	L 792		
70	Überwurfmutter	1	Z 141	Z 120	Z 120	Z 141	Z 141
71	Schlauchtülle	1	Z 313	Z 314	Z 314	Z 313	Z 313
72	Fassung	1	L 917	L 917	L 917	L 918	L 918
74	Öler	2	L 452	L 452	L 452	L 452	L 452
75	Zylinderschraube	4	L 44	L 44	L 36	L 52	L 52
77	Stiftschraube	2			L 259		
78	Mutter	4	L 418	L 418	L 418	R 412	R 412
79	Federring	2			L 383		
81	Stift	3	L 303	L 303	L 303	L 303	L 303
84	Stift	1	L 497	L 497	L 497	L 346	L 346
86	Stift	1	L 496	L 496	L 496	L 496	L 496
87	Stift	1				L 773	L 773
88	Seegersicherung	1			L 920		

FMA-Rundlauf-Schleifmaschinen

Type RS mit selbsttätiger Drehzahl- und Luftverbrauchs-Regelung

Abb. 246

Type RS 150 und RS 200

Abb. 247

Type RS 100

Type RS kleine Ausführung, Regelung durch Einlaßventil

Abb. 248

Type RS 80

FMA-Entrostungsmaschinen

Type ER Regelung durch Einlaßventil

Abb. 249

Type ER

Arbeitsweise der Maschine .. .. Seite **58** Abb. **34**
Verwendungsgebiete .. .. Seite **73** Abb. **76**
Leistungsumfang und Größe .. .. Seite **231** Nr. **21-24, 31**
Pflege- und Gebrauchsanweisung .. .. Seite **142**

FMA-Rundlauf-Schleifmaschine Type RS 200-RS 100

Einzelteilliste Seite 241

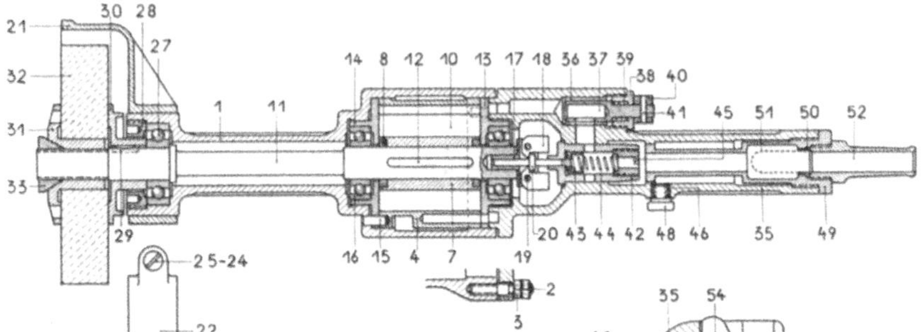

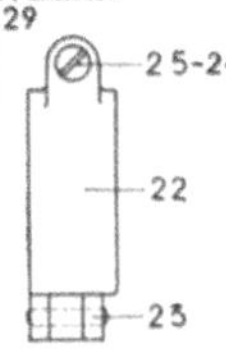

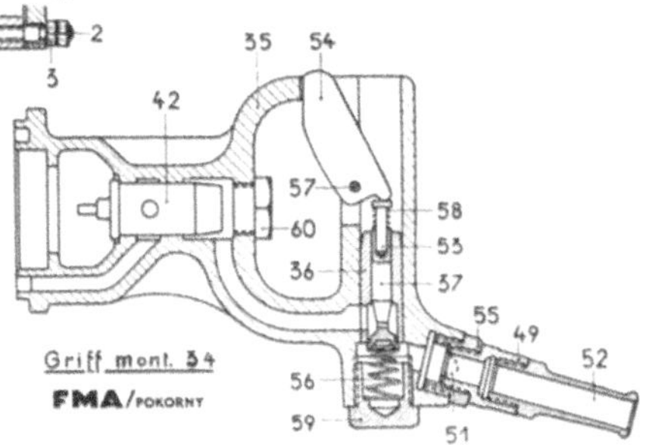

Abb. 250

Type RS 80

Einzelteilliste Seite 240

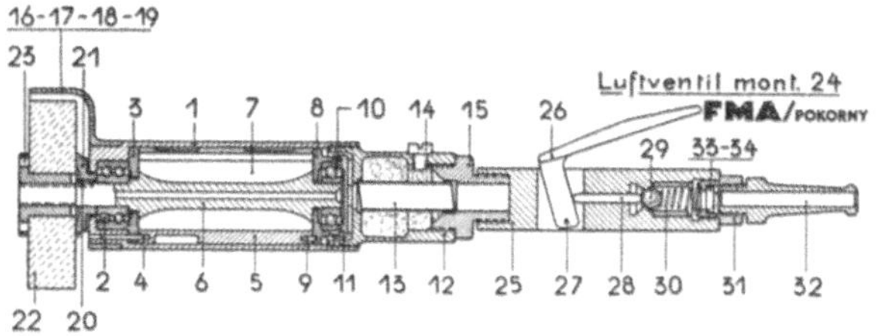

Abb. 251

Lfd. Nr.	Einzelteile	Stückz.	Lager-Nr. für RS 80	Lfd. Nr.	Einzelteile	Stückz.	Lager-Nr. für RS 80
1	Rotorgehäuse	1	R 600	17	Schraube	1	L 53
2	Kugellager	1	R 610	18	Mutter	1	L 445
3	Hinterer Lagerschild	1	R 607	19	Federring	1	L 707
4	Stift	1	L 774	20	Keil	1	R 609
5	Zylinder	1	R 601	21	Scheibe	1	R 618
6	Drehkolben	1	R 602	22	Schleifscheibe	1	R 613
7	Lamelle	6	R 603	23	Mutterscheibe	1	R 617
8	Vorderer Lagerschild	1	R 608	24	Luftventil montiert	1	VZ 1121
9	Stift	1	L 773	25	Ventilkörper	1	VZ 1651
10	Kugellager	1	B 2506	26	Drücker	1	VZ 1653
11	Deckel	1	B 2788	27	Stift	1	L 395
12	Griffanschluß	1	R 620	28	Druckstift	1	VZ 1617
13	Ölrohr	1	Z 711	29	Kugel	1	A 315
14	Ölschraube	1	L 568	30	Feder	1	VZ 1118
15	Deckel	1	Z 385	31	Gewindestück	1	VZ 1120
16	Schutzhaube	1	R 615	32	Schlauchtülle	1	K ,117

Lfd. Nr.	Einzelteile	Stückzahl	Lagernummern für RS 200	Stück	RS 200 G	Stück	RS 150	Stück	RS 150 G	Stück	RS 100
1	Rotorgehäuse	1	R 300	1	R 300	1	R 400	1	R 400	1	R 500
2	Stiftschraube	4	R 411	4	R 411	4	R 411	4	R 411	4	R 411
3	Mutter	8	R 412	8	R 412	8	R 412	8	R 412	4	R 412
4	Zylinder	1	R 301	1	R 311	1	R 401	1	R 401	1	R 501
5	Gewindestopfen	1	L 786	1	L 786	1	L 786	1	L 786	—	—
6	Stopfen	1	L 787	1	L 787	1	L 787	1	L 787	—	—
7	Drehkolben	1	R 302	1	R 302	1	R 402	1	R 402	1	R 502
8	Spurring	2	R 404	2	R 404	2	R 404	2	R 404	2	R 504
9	Stopfen	6	L 784	6	L 784	6	L 784	6	L 784	—	—
10	Lamelle	6	R 303	6	R 303	6	R 403	6	R 403	6	R 503
11	Schleifspindel	1	R 305	1	R 305	1	R 405	1	R 405	1	R 505
12	Keil	1	R 306	1	R 306	1	R 406	1	R 406	1	R 5 6
13	Hinterer Lagerschild ..	1	R 407	1	R 407	1	R 407	1	R 407	1	R 507
14	Vorderer Lagerschild ..	1	R 408	1	R 408	1	R 408	1	R 408	1	R 5.8
15	Stift	2	L 310	2	L 310	2	L 310	2	L 310	2	L 311
16	Kugellager	2	F 45	2	F 45	2	F 45	2	F 45	2	D 45
17	Reglergehäuse	1	R 414	1	R 414	1	R 414	1	R 414	—	—
18	Reglergewicht	2	R 125	2	R 125	2	R 125	2	R 125	—	—
19	Stift	2	L 342	2	L 342	2	L 342	2	L 342	—	—
20	Reglerstift	1	R 128	1	R 128	1	R 128	1	R 128	—	—
21	Schutzhaube	1	R 315	1	R 315	1	R 103	1	R 103	1	R 515
22	Bügel	—	—	—	—	1	R 104	1	R 104	—	—
23	Stift	—	—	—	—	1	L 345	1	L 345	—	—
24	Federring	—	—	—	—	1	L 382	1	L 382	5	8,5 ∅
25	Schlitzschraube	2	L 18	2	L 18	1	L 15	1	L 15	1	L 36
26	Mutter	2	L 417	2	L 417	—	—	—	—	1	L 418
27	Kugellager	1	R 410	1	R 410	1	R 410	1	R 410	1	R 510
28	Gewindescheibe	1	R 119	1	R 119	1	R 119	1	R 119	1	R 519
29	Keil	1	R 409	1	R 409	1	R 409	1	R 409	1	R 509
30	Scheibe	1	R 118	1	R 118	1	R 118	1	R 118	1	R 518
31	Mutterscheibe	1	R 117	1	R 117	1	R 117	1	R 117	1	R 517
32	Schleifscheibe	1	R 113d	1	R 113d	1	R 113	1	R 113	1	R 513
33	Konische Mutter	1	R 116	1	R 116	1	R 116	1	R 116	1	R 516
34	Griff montiert			1	R 350	—	—	1	R 350	—	—
35	Griff	1	R 420	1	R 351	1	R 420	1	R 351	1	R 520
36	Ventilbüchse	1	R 421	1	H 714	1	R 421	1	H 714	1	R 421
37	Ventil	1	R 422	1	H 715	1	R 422	1	H 715	1	R 422
38	Verschlußschraube	1	R 423	—	—	1	R 423	—	—	1	R 423
39	Feder für Verschlußschraube	1	L 832	—	—	1	L 832	—	—	1	L 832
40	Einlaßhebel	1	R 424	—	—	1	R 424	—	—	1	R 524
41	Stift	1	R 425	—	—	1	R 425	—	—	1	R 425
42	Schiebergehäuse	1	R 426	1	R 426	1	R 426	1	R 426	—	—
43	Reglerschieber	1	R 428	1	R 428	1	R 428	1	R 428	—	—
44	Reglerfeder	1	L 789	1	L 789	1	L 790	1	L 790	—	—
45	Reglerschraube	1	R 427	1	R 427	1	R 427	1	R 427	—	—
46	Büchse für Ölschraube	1	R 429	—	—	1	R 429	—	—	1	R 429
47	Dichtungsring	1	L 788	—	—	1	L 788	—	—	1	L 788
48	Ölschraube	1	R 430	—	—	1	R 430	—	—	1	R 430
49	Siebträger	1	R 431	1	R 355	1	R 431	1	R 355	1	R 531
50	Siebring	1	R 432	1	—	1	R 432	—	—	1	R 532
51	Sieb	1	R 433	1	M 110	1	R 433	1	M 110	1	R 533
52	Schlauchtülle	1	N 105	1	N 105	1	N 105	1	N 105	1	M 224
53	Druckstift	—	—	1	R 352	—	—	1	R 352	—	—
54	Drücker	—	—	1	R 353	—	—	1	R 353	—	—
55	Gewindestück	—	—	1	R 354	—	—	1	R 354	—	—
56	Feder	—	—	1	H 717	—	—	1	H 717	—	—
57	Drückerstift	—	—	1	L 307	—	—	1	L 307	—	—
58	Druckstiftfeder	—	—	1	L 824	—	—	1	L 824	—	—
59	Verschraubung	—	—	1	R 356	—	—	1	R 356	—	—
60	Verschlußschraube	—	—	1	R 357	—	—	1	R 357	—	—

FMA - Spachtel - Schleif - Polier - Maschinen
Type RSP

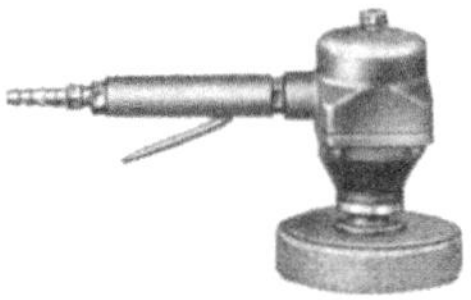

Abb. 252

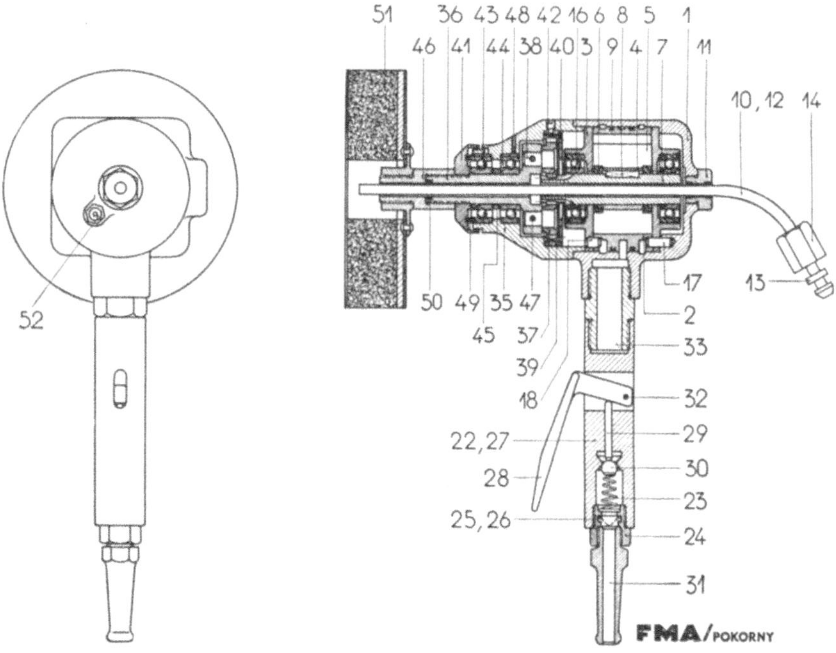

Abb. 253

Einzelteilliste Seite 243

Arbeitsweise der Maschine .. .. Seite 58 Abb. 34
Verwendungsgebiete .. .. Seite 73 Abb. 97
Leistungsumfang und Größe .. .. Seite 231 Nr. 41/42
Pflege- und Gebrauchsanweisung .. .. Seite 142

Lfd. Nr.	Stückzahl	Lager-Nr.		Einzelteile RSP
1	1	R 550	. . . . . .	Rotorgehäuse
2	1	R 551	. . . . . .	Zylinder
3	2	R 507	. . . . .	Lagerschild
4	1	R 552	. . . . . .	Kolben
5	6	R 553	. . . . . .	Lamelle
6	1	R 554	. . . . . .	Spurring
7	1	R 555	. . . .	Rotorwelle
8	2	R 556	. . . . . .	Keil
9	2	R 557	. . . . . .	Dichtungsring
10	1	R 560	. . . . . .	Wasserzuführungsrohr mont.
11	1		R 561	Verschlußschraube
12	1		Di 238 Pos. 1	Rohr 6 ⌀ x 2 ⌀ x 260
13	1		Di 238 Pos. 6	Ring
14	1		Di 56 Pos. 4	Überwurfmutter
15	1		L 926	Stopfen 2,1 ⌀ x 5
16	2	D 45	. . . . . .	Kugellager
17	1	L 311	. . . . . .	Arretierstift
18	1	L 500	. . . . . .	Arretierstift
19	4			Federring 8,5 x DIN 127
20	4	R 411	. . . . . .	Stiftschraube
21	4	R 412	. . . . . .	Mutter
22	1	VZ1121	. . . . . .	Luftventil montiert
23	1		VZ1118	Konische Feder
24	1		VZ1120	Gewindestück
25	1		VZ1335	Federring
26	1		M 175	Sieb
27	1		VZ1651	Ventilkörper
28	1		VZ1653	Drücker
29	1		VZ1617	Druckstift
30	1		A 315	Kugel
31	1		K 117	Schlauchtülle
32	1		L 395	Drückerstift
33	1	Z 311	. . . . . .	Nippel mit Bund
34	1	R 570	. . . . . .	Vorgelege montiert
35	1		R 570	Vorgelegegehäuse
36	1		R 571	Schleifspindel
37	2		R 572	Planetenrad
38	2		R 573	Bolzen
39	1		R 574	Zahnkranz
40	1		R 575	Haltering
41	1		R 576	Verschlußmutter
42	1		R 577	Halteschraube
43	1		R 578	Kugellager
44	1		R 578a	Kugellager
45	1		R 579	Distanzring
46	1		R 562	Nippel zur Gummischeibe
47	2		. . . . . .	Kegelstift 2,5 ⌀ x 20 DIN 1
48	2		B 2327	Arretierstift
49	1		VB 2745	Dichtungsring
50	1		L 915	Lederring
51	1	A 375	. . . . . .	Schwammgummischeibe
52	2	L 452	. . . . . .	Öler

FMA-Seilwinden Tpye RNW

mit Senk-Brems-Kupplung
und selbsttätiger Drehzahl-
und Luftverbrauchsregelung

Abb. 254

Leistungsumfang und Größe Seite 231 Nr. 51

FMA-Klein-Rundlaufmaschinen

Regelung durch das Einlaßventil, zum Bohren, Gewindeschneiden, Schraubenziehen u. ä.

UR 2

Abb. 255

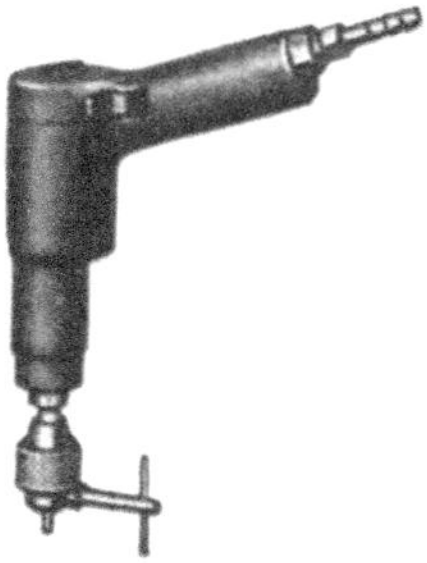

URZ

Abb. 256

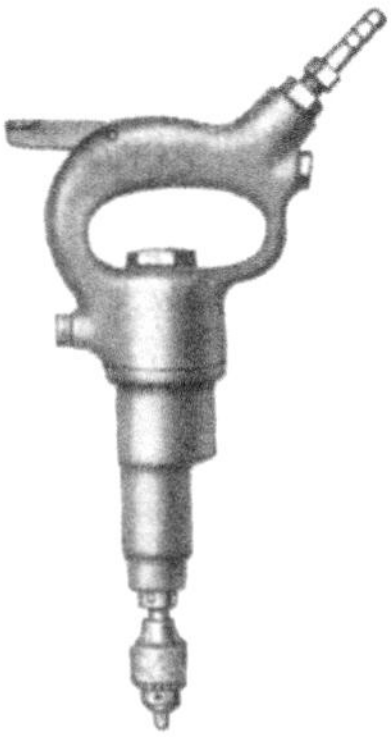

URZG

Abb. 257

URZGm

Abb. 258

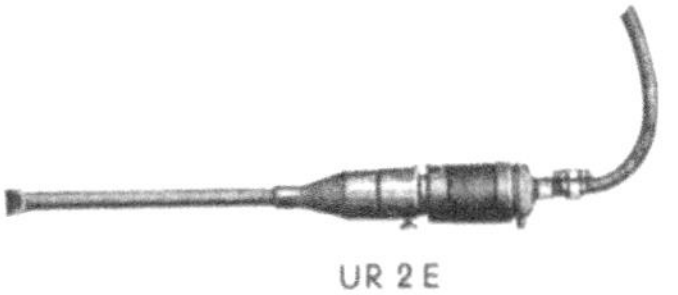

UR 2 E

Abb. 259

Arbeitsweise der Maschine .... Seite 58 Abb. 34
Verwendungsgebiete .... Seite 68 Abb. 68/69
Leistungsumfang und Größe .... Seite 231 Nr. 61—65
Pflege- und Gebrauchsanweisung .... Seite 142

Lfd. Nr.	Einzelteile	Stückzahl	Lagernummern für UR 2	URZ	URZG	URZGm
1	Gehäuse	1	B 2783	B 2731	B 2746	B 2746 m
2	Zylinder	1	B 2784	B 2732	B 2732	B 2732 m
3	Drehkolben	1	B 2785	B 2733	B 2733	B 2733 m
4	Kolbenlamelle	6	B 2786	B 2734	B 2734	B 2724
5	Spindel mit Innenzahnrad	1	B 2792	B 2735	B 2735	B 2735 m
6	Oberes Lagerschild	1	B 2756	B 2736	B 2736	B 2736
7	Unteres Lagerschild	1	B 2787	B 2736 F	B 2736 F	B 2736 F
8	Verschlußring	1	B 2793	B 2738	B 2738	—
9	Bohrspindel	1	—	—	—	B 2764
10	Kugellager	2	B 2506	B 2507	B 2507	B 2507
11	Kugellager	1	B 2506	D 44	D 44	B 2507
12	Kugellager	1	B 2770	D 44	D 44	B 2763
13	Kugellager	1	—	PJ 12	PJ 12	—
14	Verschluß-Gewindestück	1	—	B 2737	B 2747	B 2747
15	Deckel	1	B 2788	—	—	—
16	Distanzbüchse	1	—	B 2739	B 2739	—
17	Überwurfmutter	1	—	—	B 2748	B 2748
18	Griff montiert	1	—	—	B 2745	B 2745
19	Griff	1	—	—	B 2744	B 2744
20	Drücker	1	—	B 2706	M 250	M 250
21	Druckstück	1	—	B 2743	M 251	M 251
22	Einlaßventil	1	B 2790	B 2700	M 249	M 249
23	Ventilbüchse	1	—	B 2740	B 2181	B 2181
24	Ventilgehäuse	1	B 2789	—	—	—
25	Siebträger	1	—	M 112	M 112	M 112
26	Drückerzapfen	1	—	B 2742	—	—
27	Verschlußschraube	1	B 2791	—	M 274	M 274
28	Feder	1	L 514	L 588	L 507	L 507
29	Feder	1	—	L 592	—	—
30	Ventilknopf	1	L 909	—	—	—
31	Ölschraube	1	—	L 453	L 775	L 775
32	Stift	1	L 774	L 346	L 346	L 346
33	Stift	1	—	—	L 363	L 363
34	Stift	1	—	—	L 493	L 493
35	Stift	1	L 773	—	—	—
36	Kegelstift	1	2,5x18 DIN 1	3x20 DIN 1	3x20 DIN 1	4x26 DIN 1
37	Bohrfutter	1	B 2805	B 1863 C	B 1863 C	—
38	Überwurfmutter	1	B 2289 a	—	—	—
39	Schlauchtülle mit Bund	1	B 2290	—	—	—
40	Schlauchtülle	1	B 2821	M 111	M 111	M 111
41	Schlauch	1	A 70	—	—	—
42	Universalschelle	2	A 334	—	—	—
43	Kupplungshälfte	1	Z 89	—	—	—

FMA-Klein-Rundlaufmaschinen

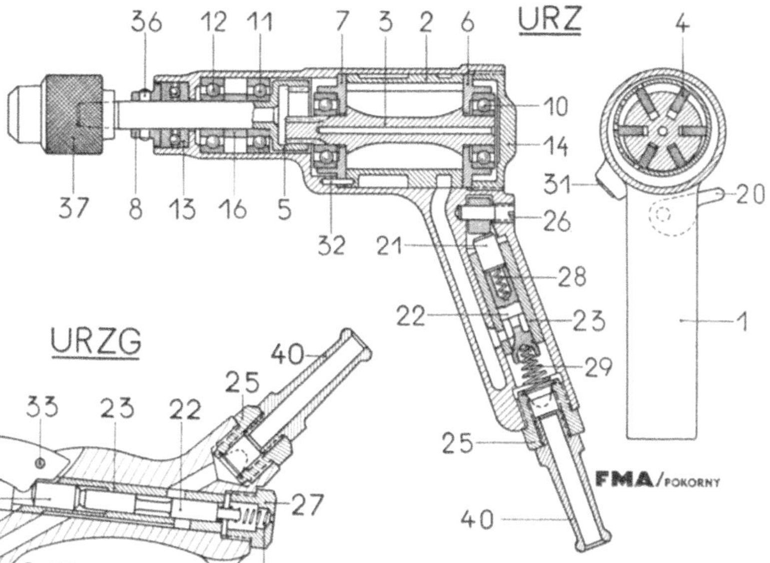

Abb. 260

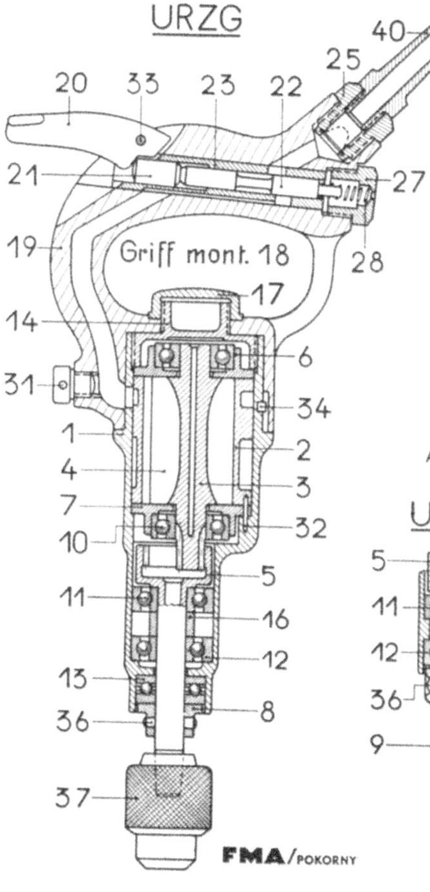

Abb. 261

Abb. 262

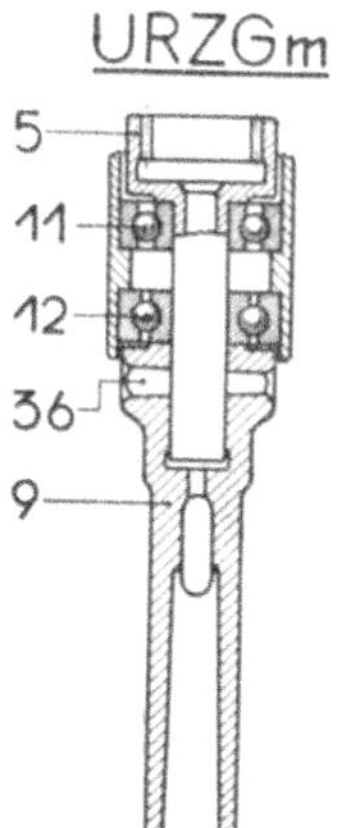

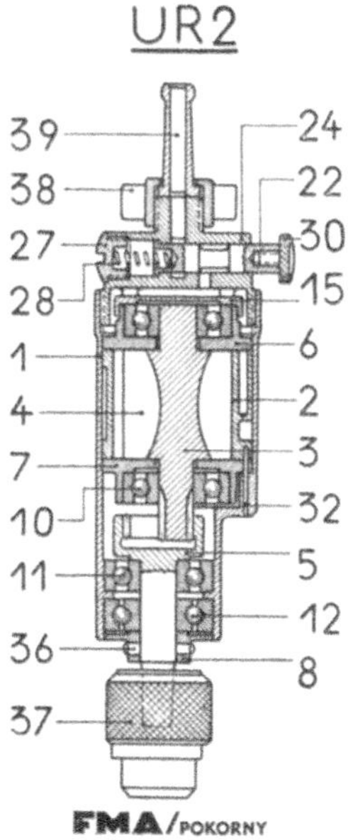

Abb. 263

Tab. 26

FMA - Kolbenmaschinen

4 - Zylinder

Bohrmaschinen und Eckenbohrmaschinen

Nummer	Bauart: Rechtslauf-Maschine	Bauart: Umsteuerbare Maschine	Ganze Höhe	Normaler Achsabstand	Kleinster	Nachstellbark. d. Vorschubsp.	Drehzahl/min. b. Belastung	Luftverbrauch m³/min b. Leerl.	Luftverbrauch m³/min b. Voll.	Bohrg. i. volles Material Ø mm	Aufreib. Ø mm	Siederohr-Aufwalz. Ø mm	Gewindeschneiden mm	Gewicht kg	Morsekonus	Schlauch l.W. mm	
1		PN 100 U	515	155	95	180	18	1,0	2,8	120	120	200	140	60	5	19	4-Zyl.
2	PN 80	PN 80 U	470	120	95	160	50	1,0	2,8	80	75	120	100	38,5	5	19	**Bohr-**
3	PN 50	PN 50 U	410	120	95	160	90	1,0	2,8	50	50	75	75	31	4	19	**Masch.**
4	PN 40	PN 40 U	410	120	95	160	120	1,0	2,8	50	50	65	65	30	4	19	4 PS
5	PN 36	PN 36 U	410	120	95	160	120	1,0	2,8	50	40	50	50	30	4	19	
11	RN 80	RN 80 U	410	90	80	135	45	0,6	2,0	80	65	90	100	29,5	5	16	4-Zyl.-
12	RN 50	RN 50 U	350	90	80	135	80	0,6	2,0	50	50	65	65	22	4	16	**Bohr-**
13	RN 40	RN 40 U	350	90	80	135	110	0,6	2,0	50	42	50	50	20	4	16	**Masch.**
14	RN 32	RN 32 U	330	90	80	135	160	0,6	2,0	32	26	32	32	18,5	3	16	2,8 PS
15	RN 26	RN 26 U	330	90	80	135	250	0,6	2,0	32	26	32	32	17,5	3	16	
21	RN 31 E	RN 31 EU	250		32	50	145	0,6	2,0	50	30	32	32	19,5	4	16	**Ecken-Bohr-**
22	RN 51 E	RN 51 EU	275		37	70	80	0,6	2,0	50	50	65	65	22,5	4	16	**Masch.** 2,8 PS
31	SN 40	SN 40 U	355	82	68	110	87	0,5	1,3	50	32	40	32	14	4	13	4-Zyl.-
32	SN 32	SN 32 U	295	82	68	110	130	0,5	1,3	32	26	32	26	11,5	3	13	**Bohr-**
33	SN 26	SN 26 U	295	82	68	110	190	0,5	1,3	32	26	32	26	11,5	3	13	**Masch.**
34	SN 23	SN 23 U	295	82	68	110	270	0,5	1,3	32	22	26	22	11,5	3	13	1.75 PS
35	SN 18	SN 18 U	280	82	68	110	370	0,5	1,3	23	18	22	16	11	2	13	
41	SN 31 E	SN 31 EU	226	128	28	45	95	0,5	1,3	32	26	32	26	13,5	3	13	**Ecken-**
42	SN 25 E	SN 25 EU	226	128	28	45	130	0,5	1,3	30	26	32	26	13,5	3	13	**Bohr-**
43	SN 24 E	SN 24 EU	226	128	28	45	200	0,5	1,3	26	26	32	22	13,5	3	13	**Masch.**
44	SN 21 E	SN 21 EU	226	128	28	45	240	0,5	1,3	23	13	26	22	13,5	2	13	1,75 PS
51	T 18	T 18 U	260	75	65	80	325	0,3	0,9	23	14			6	2	13	4-Zyl.-
52	T 14	T 14 U	250	75	65	80	475	0,3	0,9	15	12			5,8	1	13	**Bohr- Masch.**
53	T 10	T 10 U	250	75	65	80	700	0,3	0,9	13				5,7	1	13	1,25 PS
61	UN 12	UN 12 U	355		35		270	0,2	0,65	15	12			3,8	1	10	4-Zyl.- **Bohr-**
62	UN 10	UN 10 U	335		35		880	0,2	0,65	10	7			3,5	1	10	**Masch.** 0,75 PS

FMA - Kolben - Bohrmaschinen

mit selbsttätiger Drehzahl- und Luftverbrauchs-Regelung

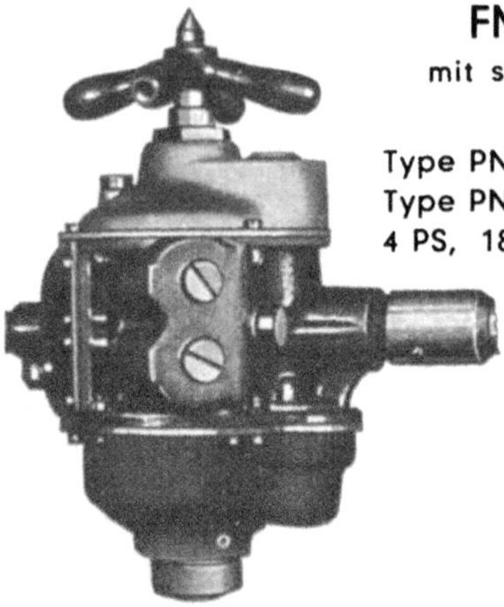

Abb. 265

Type PN 80—36
Type PN 100U—36U
4 PS, 18—120 n/min

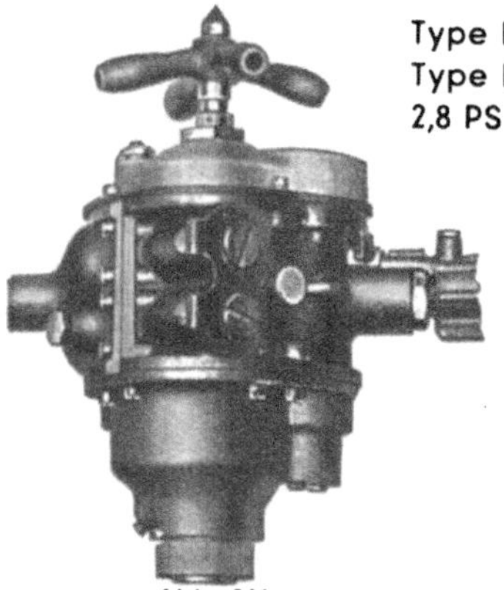

Abb. 266

Type RN 80—26
Type RN 80U—26U
2,8 PS 45—250 n/min

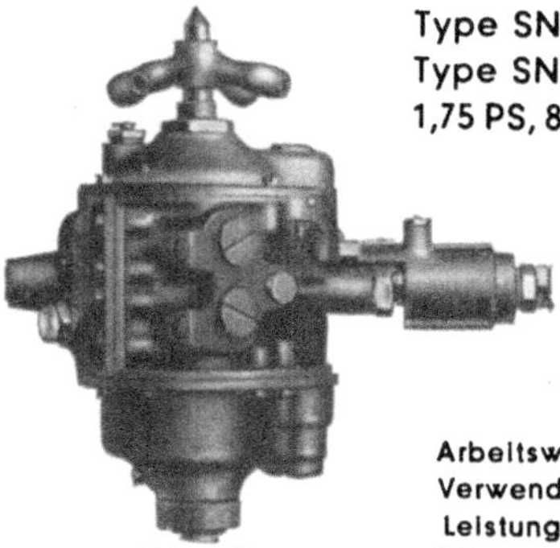

Abb. 267

Type SN 40—18
Type SN 40U—18U
1,75 PS, 87 370 n/min

Motor

Vierzylinder paarweise unter einem rechten Winkel angeordnet. Wirkung der Kolben nacheinander auf die 180° gekröpfte Kurbelwelle. Große Anzugskraft und ruhiger Gang.

Kurbelwelle

geteilt, in Kugellagern laufend. Verbindung der Pleuelstangen mit Kurbelzapfen durch Rollenlager. Fettschmierung der Rollenlager von außen mittels Fettspritze durch die hohle Kurbelwelle. Sichere Befestigung des Kolbens an der Pleuelstange durch Kolbenbolzen.

Keine Verschraubung am Triebwerk, größte Betriebssicherheit und niedrige Unterhaltungskosten.

Steuerung

Durch Zahnräder angetriebene Expansions-Drehschieber-Steuerung. Völlig entlasteter Drehschieber. Im Drehschieber eingebauter, verstellbarer Leistungsregler zur Regulierung der Leerlaufdrehzahlen. Große Luftersparnis bei hoher Leistung.

Material

Maschinengehäuse aus hochwertigem Temperguß. Type SN und T aus Leichtmetall. Triebswerksteile aus bestem Baustahl gehärtet und nach Toleranzen austauschbar geschliffen.

Arbeitsweise der Maschine . . . . Seite 56 Abb. 32
Verwendungsgebiete . . . . Seite 68 Abb. 60-65
Leistungsumfang und Größe . . . . Seite 249 Nr. 132
Pflege- und Gebrauchsanweisung . . . . Seite 139

FMA-Kolben-Bohrmaschinen

Einzelteile des Antriebsmotors ohne Räderkasten Type PN und PNU

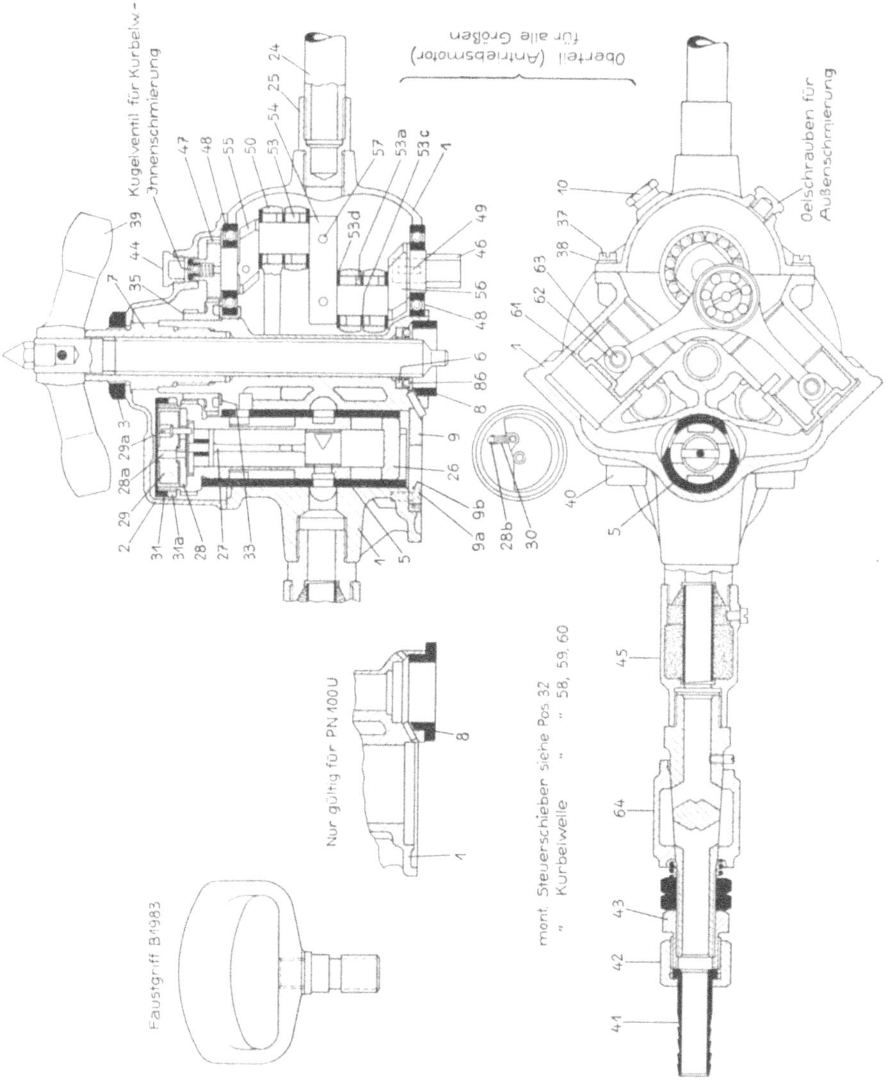

Abb. 268

FMA-Kolbenbohrmaschinen Type PN, PNU

Einzelteile des Antriebsmotors ohne Räderkasten

Lfd. Nr.	Benennung u. Bemerkung	Stück Zahl	Lagernummern für		
			PN 36-80	PN 36U-80U	PN 100 U
1	Gehäuse mit Seitendeckel und darin montierten Teilen: Steuerbüchse Pos. 5 oberer Kugelring Pos. 6 Gewindestück Pos. 7 Lagerkappe Pos. 9 Ölschraube Pos. 10	1	B 1710	für umkehrbare Typen: Gehäuse mit Seitendeckel und Gewindestück Pos. 7 Ölschraube Pos. 10 Umsteuerung Pos. 21 B 1713	B 1713
2	oberer Deckel	1	B 1614	B 1614	B 1614
3	Mutter	1	B 928	B 928	B 928
5	Steuerbüchse	1	B 1859	—	—
6	oberer Kugelring	1	B 1254	B 1254	—
7	Gewindestück	1	B 1649	B 1649	B 1649
8	Lagerbuchse	1	B 1319	B 1319	B 1648
9	Lagerscheibe	1	B 1667	B 1667	—
10	Ölschraube	2	Z 521	Z 521	Z 521
11	Drehhülse	1	—	B 1645	B 1645
12	Konushülse	1	—	B 1662	B 1662
13	Arretierstift	1	—	B 1664	B 1664
14	Feder	1	—	B 1665	B 1665
15	Verschlußschraube	1	—	B 1620	B 1620
16	Drehhülse montiert mit Pos. 11—15 ..	1	—	B 1659	B 1659
17	Hahnkörper	1	—	B 1661	B 1661
18	Mutter		—	B 1666	B 1666
19	Feder	1	—	L 583	L 583
20	Mutter	1	—	Z 454	Z 454
21	Umsteuerung montiert mit Pos. 16—20	1	—	B 1660	B 1660
22	Umsteuerbüchse mit Drehscheibe und Stift	1	—	B 1653	B 1653
23	Anschlagstift	2	—	L 586	L 586
24	Griff, nicht f. PN 80	1	B 138	B 138	—
25	Zwischenstück, nicht f. PN 80	1	B 847	B 847	—
26	Steuerschieber	1	B 1654A	B 1654A	B 1654A
27	Reglerschieber	1	B 2686	B 2686	B 2686
27 a	Führungsstück	1	B 2685	B 2685	B 2685
27 b	Kappe	1	B 2687	B 2687	B 2687
27 c	Sicherungsschraube	1	L 201	L 201	L 201
28	Stift	2	L 375	L 375	L 375
29	Reglergewicht	2	B 2684	B 2684	B 2684
29 a	Lagerplatte	1	B 2683	B 2683	B 2683
30	Reglerfeder	1	B 2689	B 2689	B 2689
30 a	Stellschraube	1	B 2688	B 2688	B 2688
31	Reglerdeckel	1	B 2682	B 2682	B 2682
31 a	Mutter	1	B 2377	B 2377	B 2377

Lfd. Nr.	Benennung u. Bemerkung	Stück Zahl	Lagernummern für		
			PN 36-80	PN 36U-80U	PN 100U
32	Steuerschieber mont. m. Pos. 26—31a	1	B 1655A	B 1655A	B 1655A
33	Unterlagring	1	B 1412	B 1412	B 1412
35	Zwischenrad	1	B 1642	B 1642	B 1642
37	Schlitzschraube	20	L 44	L 44	L 44
38	Unterlagscheibe	20	L 383	L 383	B 383
39	Nachstellspindel montiert mit Handkreuz und Körner	1	B 1169	B 1169	B 1169
40	Auspuffschraube	2	B 730	B 730	B 730
41	Schlauchtülle	1	Z 545	Z 545	Z 546
42	Überwurfmutter	1	Z 532	Z 532	Z 532
43	Reduziernippel	1	Z 190	Z 190	Z 190
44	Ölschraube	1	B 1517	B 1517	B 1517
45	Öler	1	Z 544	Z 544	Z 544
46	Antriebsritzel	1	B 925	B 925	B 1612
47	Steuerzahnrad	1	B 1613	B 1613	B 1613
48	Kugellager	2	B 914	B 914	B 914
49	Woodruffkeil	1	L 358	L 358	L 358
50	Pleuelstange	4	B 1913B	B 1913B	B 1913B
51					
52	Rollen 6x10	40	B 1603	B 1603	B 1603
53					
53a	Äußerer Rollenkäfig	4	B 2256	B 2256	B 2256
53c	Zwischenscheiben	2	B 2257	B 2257	B 2257
53d	Laufscheiben	4	B 2258	B 2258	B 2258
54	Brücke	1	B 1912	B 1912	B 1912
55	Kurbelschenkel	1	B 1910	B 1910	B 1910
56	Kurbelschenkel	1	B 1911	B 1911	B 1911
57	Konischer Stift	1	L 720	L 720	L 720
58	Kurbelwelle vormontiert bestehend aus Pos. 54—57	1	B 1890c	B 1890c	B 1890c
59	Kurbelwelle ohne Pleuelstange mit Pos. 54—57 und 46—49	1	B 1891b	B 1891b	B 1892b
60	Kurbelwelle montiert bestehend aus Pos. 46—57	1	B 1891B	B 1891B	B 1892B
61	Kolben	4	B 2545	B 2545	B 2545
62	Bolzen	4	B 2546	B 2546	B 2546
63	Kolbenzäpfchen	8	B 2547	B 2547	B 2547
64	Konushahn montiert	1	Z 537	—	—

Einlaß für Rechts- und Linkslauf

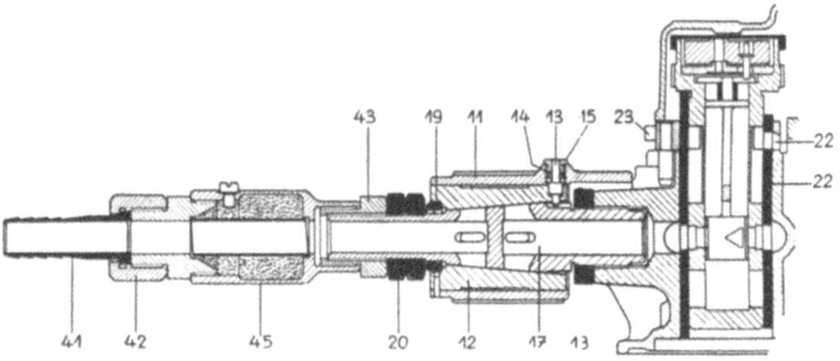

mont. Drehhülse siehe Pos. 16
Umsteuerung " " 21

Abb. 269

Einzelteile für Vorgelege (Räderkasten) zu dem Antriebsmotor in Normal-Ausführung Type PN 100 U

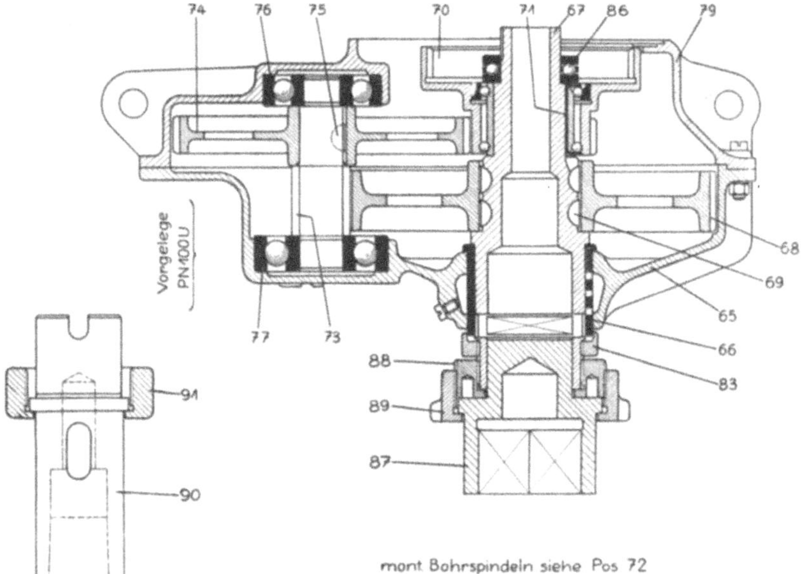

mont. Bohrspindeln siehe Pos 72
" Zwischenräder " " 78
" Vorgelege " " 85
" Kugelring (gezeichn. bei Antriebsmotor) siehe Pos 86

Abb. 270

Einzelteile für Typen PN80, PN50, PN40, PN36 und umkehrbar

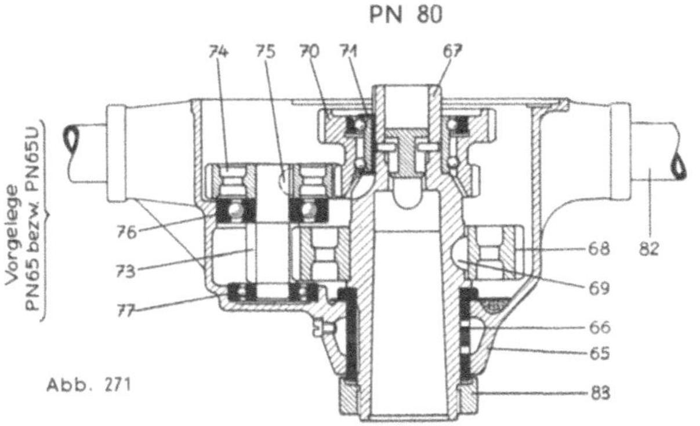

Abb. 271

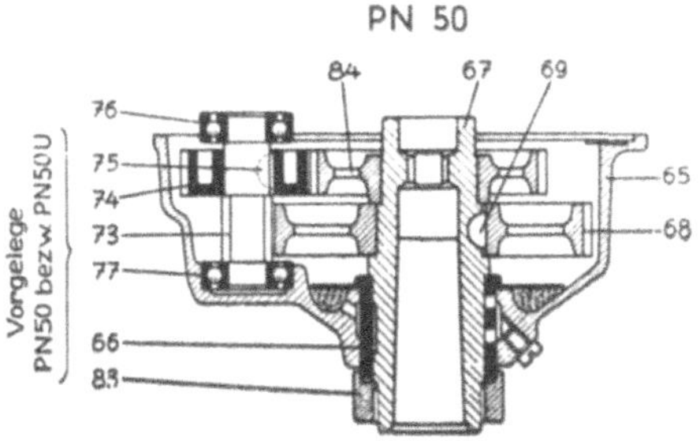

Abb. 272

mont. Bohrspindeln siehe Pos 72
" Zwischenräder " " 78
" Vorgelege 85
" Kugelring (gezeichn bei Antriebsmotor) siehe Pos. 86

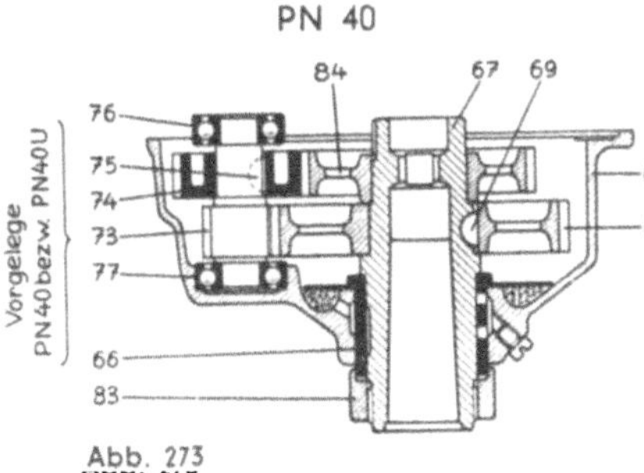

Abb. 273

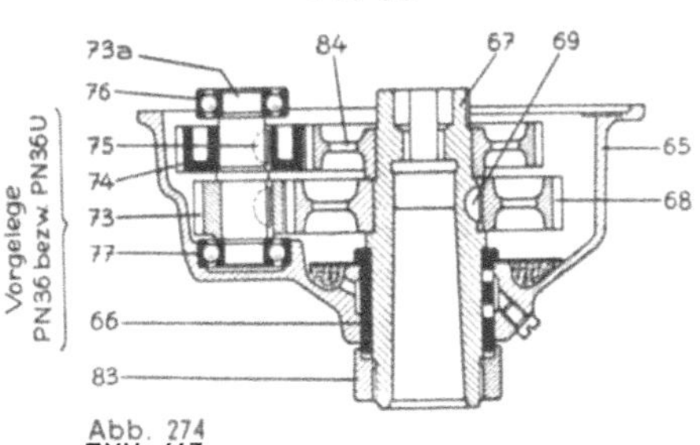

Abb. 274

Einzelteile für Vorgelege (Räderkasten) Type PN

Lfde. Nr.	Benennung und Bemerkung	Stückzahl	Lagernummern für				
			PN 100U	PN 80 PN 80 U	PN 50 PN 50 U	PN 40 PN 40 U	PN 36 PN 36 U
65	unt. Deckel mit Pos. 66	1	B 1628	B 1138	B 956	B 956	B 956
66	Lagerbüchse	1	B 1721	B 1140	B 964	B 964	B 964
67	Bohrspindel	1	B 1718	B 1273	B 1264	B 1264	B 1264
68	Großes Antriebsrad	1	B 1634	B 1144	B 961	B 951	B 1939
69	Woodruffkeil	1	L 321	L 321	L 320	L 320	L 320
70	Doppelzahnrad mit Kugeln, Kugelring und Haltering	1	B 1643	B 1157	—	—	—
71	Sicherungsblech	1	B 1641	B 1407	—	—	—
72	Bohrspindel montiert mit Pos. 67-71	1	B 1720	B 1272	B 1269	B 1270	B 1940
73	Zwischenritzel	1	B 1635	B 1150	B 959	B 953	B 1942
73a	Zwischenwelle	1	—	—	—	—	B 1943
74	Kleines Antriebsrad	1	B 1637	B 1151	B 954	B 954	B 954
75	Woodruffkeil	1	L 321	L 320	L 320	L 320	L 320
76	Kugellager	1	B 1625	B 1153	B 955	B 955	B 955
77	Kugellager	1	B 1626	B 1152	B 955	B 955	B 955
78	Zwischenritzel mit Pos. 73-77	1	B 1636	B 1149	B 960	B 958	B 1944
79	Zwischendeckel	1	B 1619	—	—	—	—
82	Griff	1	B 1644	B 1154	—	—	—
83	Uberwurfmutter		—	B 1155	B 192	B 192	B 192
84	Zwischenrad		—	—	B 952	B 952	B 952
85	Vorgelege montiert mit Pos. 65-84	1	B 1621	B 1277	B 1275	B 1274	B 1941
86	Kugellager	1	B 1624	B 1262	B 1262	B 1262	B 1262
87	Vierkantmitnehmer	1	B 1723	—	—	—	—
88	Reduziermutter	1	B 1724	—	—	—	—
89	Spannmutter	1	B 1725	—	—	—	—
90	Konuseinsatz	1	B 1726	—	—	—	—
91	Uberwurfmutter	1	B 1727	—	—	—	—

FMA-Kolben-Bohrmaschinen Type RN, RNU

Einzelteile des Antriebsmotors ohne Räderkasten

Abb. 275

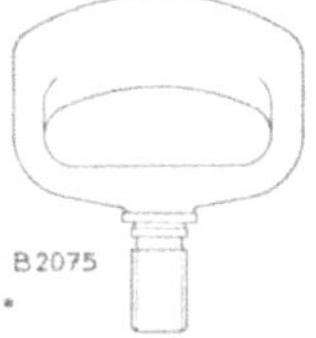

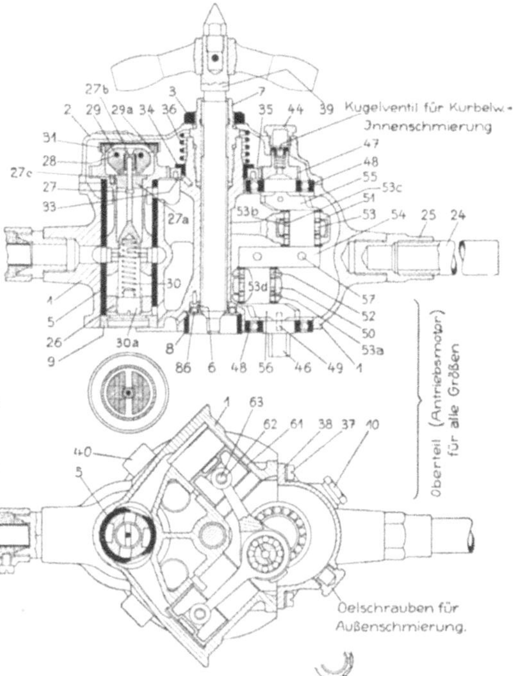

mont: Steuerschieber siehe Pos. 32
" Kurbelwelle " " 58, 59, 60

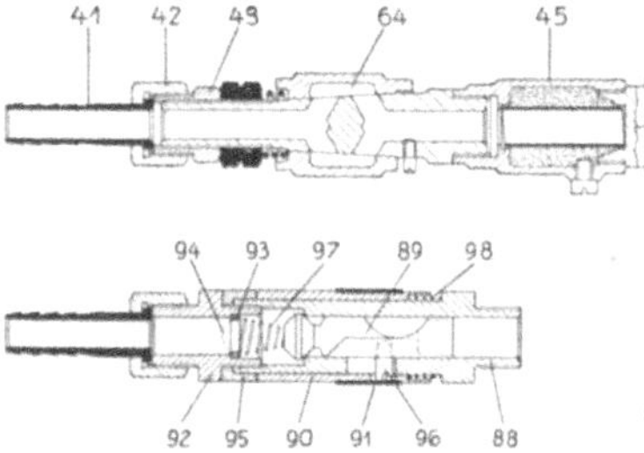

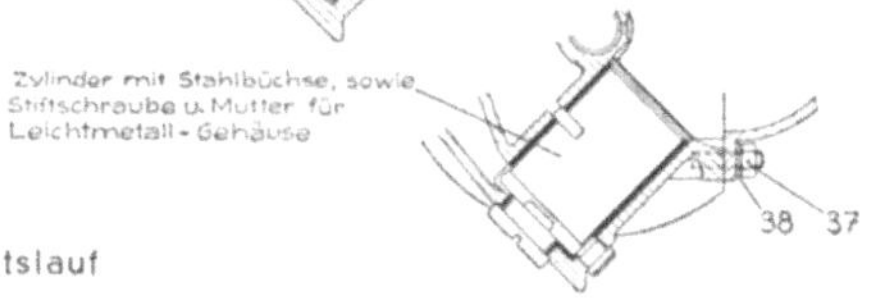

mont: Einlaßhahn siehe Pos. 99

Cylindrischer Einlaß für Rechtslauf

Einlaß für Rechts- und Linkslauf.

Abb. 276

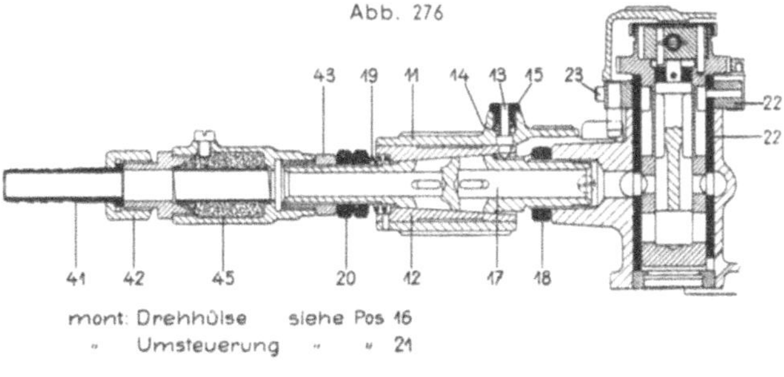

mont: Drehhülse siehe Pos. 16
" Umsteuerung " " 21

FMA-Kolbenbohrmaschinen Type RN, RNU

Einzelteile des Antriebsmotors ohne Räderkasten

Lfd. Nr.		Benennung und Bemerkung	Stück Zahl	Lagernummern für Rechtslauf-Typen	Lagernummern für Umsteuerbare Typen
1	. .	Gehäuse mit Seitendeckel und Steuerbüchse P 5 (nur f. B. 1694) oberer Kugellagerring Pos. 6 Gewindestück Pos. 7 Lagerbüchse Pos. 8 Lagerkappe Pos. 9 Ölschraube Pos. 10	1	B 1695	—
		mit Umsteuerung Pos. 21		—	B 1696
2	. .	oberer Deckel	1	B 1674	B 1674
3	. .	Mutter	1	B 1238	B 1238
	5	Steuerbüchse	1	B 1682	—
	6	oberer Kugellagerring	1	B 1708	B 1708
	7	Gewindestück	1	B 1241	B 1241
	8	Lagerbüchse	1	B 1318	B 1318
	9	Lagerkappe	1	B 1705	B 1705
	10	Ölschraube	2	Z 521	Z 521
	11	Drehhülse	1	—	B 1700
	12	Konushülse	1	—	B 969
	13	Arretierstift	1	—	B 1664
	14	Feder	1	—	B 1665
	15	Verschlußschraube	1	—	B 1620
	16	Drehhülse montiert mit Pos. 11—15	1	—	B 1701
	17	Hahnkörper	1	—	B 984
	18	Mutter	1	—	B 985
	19	Feder	1	—	L 582
	20	Mutter	2	—	Z 453
	21	Umsteuerung montiert mit Pos. 16—20	1	—	B 1702
	22	Umsteuerbüchse mit Drehscheibe und Stift	1	—	B 1684
	23	Anschlagstift	2	—	L 586
24	. .	Griff	1	B 138	B 138
25	. .	Zwischenstück	1	B 847	B 847
	26	Steuerschieber	1	B 1680 A	B 1680 A
	27	Reglerschieber	1	B 2694	B 2694
	27a	Führungsstück	1	B 2693	B 2693
	27b	Kappe	1	B 2695	B 2695
	27c	Sicherungsschraube	1	L 201	L 201
	28	Stift	2	L 342	L 342
	29	Reglergewicht	1 Paar	B 2692	B 2692
	29a	Lagerplatte	1	B 2691	B 2691
	30	Reglerfeder	1	B 2697	B 2697
	30a	Stellschraube	1	B 2696	B 2696
	31	Reglerdeckel	1	B 2690	B 2690
32	. .	Steuerschieber montiert mit Pos. 26—31	1	B 1681 A	B 1681 A
33	. .	Unterlagerung	1	B 1692	B 1692

Lfd. Nr.		Benennung und Bemerkung	Stück Zahl	Lagernummern für Rechtslauf-Typen	Lagernummern für Umsteuerbare Typen
34	. .	Zwischenbüchse	1	B 1685	B 1685
35	. .	Zwischenrad	1	B 1691	B 1691
36	. .	Feder	1	B 1690	B 1690
37	. .	Schlitzschraube für Temperguß-Geh.	20	B 44	L 44
		Stiftschraube und Mutter für Leichtmetall-Gehäuse	20	L 259 / L 448	L 259 / L 448
38	. .	Unterlagscheibe	20	L 383	L 383
39	. .	Nachstellspindel montiert mit Handkreuz und Körner	1	B 1699	B 1699
39 a	. .	Faustgriff	1	B 2075	B 2075
40	. .	Auspuffschraube	2	B 1707	B 1707
41	. .	Schlauchtülle	1	Z 314	Z 314
42	. .	Überwurfmutter	1	Z 120	Z 120
43	. .	Reduziernippel	1	B 1852	B 1852
44	. .	Ölschraube	1	B 1517	B 1517
45	. .	Öler	1	Z 119	Z 119
	46	Antriebsritzel	1	B 696	B 696
	47	Steuerzahnrad	1	B 1688	B 1688
	48	Kugellager	2	B 1184	B 1184
	49	Woodruffkeil	1	L 358	L 358
	50	Pleuelstange	2	B 1671 B	B 1671 B
	51	Gabelstange	2	B 1672 B	B 1672 B
	52	Rollen 4x4	48	B 1600	B 1600
	53	Rollen 4x6	24	B 1601	B 1601
	53a	Äußerer Rollenkäfig	4	B 2227	B 2227
	53b	Innerer Rollenkäfig	2	B 2226	B 2226
	53c	Zwischenscheiben	4	B 2229	B 2229
	53d	Laufscheiben	4	B 2228	B 2228
	54	Brücke	1	B 1670	B 1670
	55	Kurbelschenkel	1	B 1668	B 1668
	56	Kurbelschenkel	1	B 1669	B 1669
	57	Konische Stifte	2	L 704	L 704
	58	Kurbelwelle vormontiert bestehend aus Pos. 54—57	1	B 1870 c	B 1870 c
	59	Kurbelwelle wie vorher und mit Pos. 46, 47, 48, 49	1	B 1871 b	B 1871 b
	60	Kurbelwelle vollständig mit Pos. 46—57	1	B 1871 B	B 1871 B
61	. .	Kolben	4	B 2539	B 2539
62	. .	Kolbenbolzen mit Pos. 63	4	B 2540	B 2540
	63	Anlaufzapfen	8	B 2541	B 2541
64	. .	Konushahn montiert	1	Z 460	—
	88	Ventilgehäuse	1	D 64	—
	89	Ventilbolzen	1	D 65	—
	90	Drehhülse	1	D 66	—
	91	Ring	1	D 67	—
	92	Siebträger	1	D 68	—
	93	Ring dazu	1	H 720	—
	94	Sieb dazu	1	H 721	—
	95	Kappe	1	D 71	—
	96	Schraube	1	D 72	—
	97	Konische Feder	1	H 717	—
	98	Feder	1	L 826	—
99	. .	Einlaßhahn montiert mit Pos. 88—98	1	D 75	—

Einzelteile für Vorgelege (Räderkasten) Type RN

Vorgelege RN 26 bzw. RN 26 U

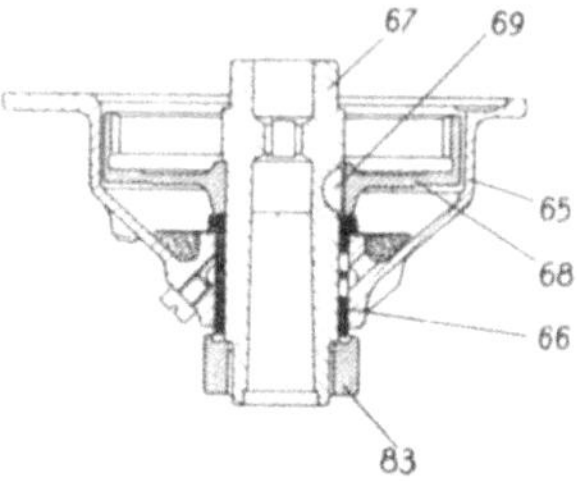

Abb. 277

Vorgelege RN 50 bzw. RN 50 U

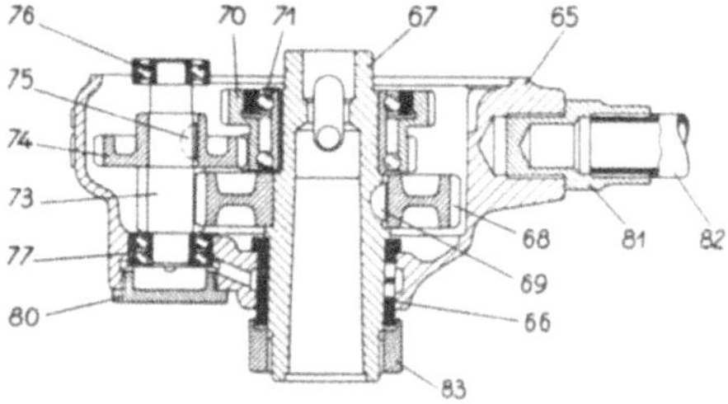

Abb. 280

Vorgelege RN 32 bzw. RN 32 U

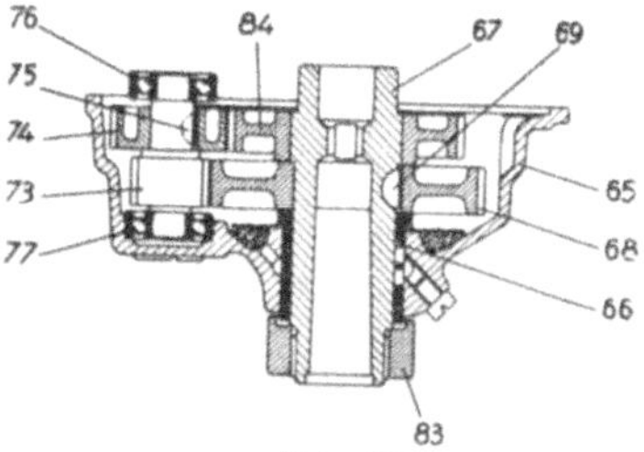

Abb. 279

Vorgelege RN 80 bzw. RN 80 U

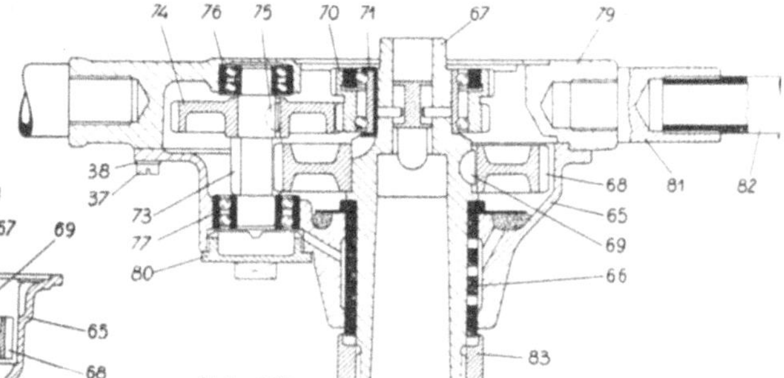

Abb. 282

mont. Bohrspindeln siehe Pos. 72
" Zwischenräder " " 78
" Vorgelege " " 85
" Kugelring (gezeichn. bei Antriebsmotor) siehe Pos. 86

Vorgelege RN 40 bzw. RN 40 U

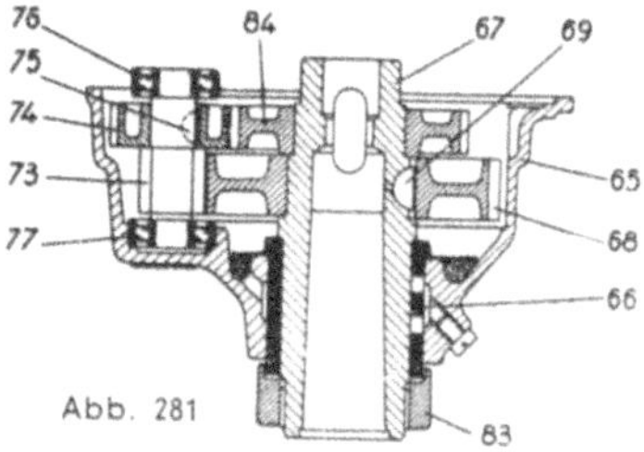

Abb. 281

mont. Bohrspindeln siehe Pos. 72
" Zwischenräder " " 78
" Vorgelege " " 85
" Kugelring (gezeichn. bei Antriebsmotor) siehe Pos. 86

Einzelteile für Vorgelege (Räderkasten) Type RN und RNU

Lfde. Nr.	Benennung und Bemerkung	Stückzahl	Lagernummern für				
			RN 80 RN 80 U	RN 50 RN 50 U	RN 40 RN 40 U	RN 32 RN 32 U	RN 26 RN 26 U
65	unt. Deckel mit Pos. 66	1	B 1121	B 866	B 677	B 711	B 710
66	Lagerbüchse	1	B 1104	B 860	B 701	B 732	B 732
67	Bohrspindel	1	B 1232	B 1229	B 1227	B 1217	B 1217
68	Antriebsrad	1	B 1115	B 1118	B 841	B 700	B 689
69	Woodruffkeil	1	L 321	L 320	L 320	L 320	L 320
70	Doppelzahnrad mit Kugeln A 324 Kugelring B 859 und Haltering B 1263	1	B 1106	B 1131	—	—	—
71	Sicherungsblech	1	B 1407	B 1407	—	—	—
72	Bohrspindel montiert mit Ps. 67-71	1	B 1231	B 1230	B 1228	B 1218	B 1219
73	Zwischenritzel	1	B 1112	B 1113	B 840	B 699	—
74	Zahnrad	1	B 1110	B 1122	B 694	B 694	—
75	Woodruffkeil	1	L 320	L 320	L 319	L 319	—
76	Kugellager	1	B 1107	B 686	B 686	B 686	—
77	Kugellager	1	B 1108	871	B 686	B 686	—
78	Zwischenräder montiert mit Pos. 73-77	1	B 1114	B 1126	B 842	B 715	—
79	Zwischendeckel	1	B 1120	—	—	—	—
80	Verschlußdeckel	1	B 1111	B 861	—	—	—
81	Verbindungsstück	1	B 1132	B 847	—	—	—
82	Griff	2	B 1133	B 138	—	—	—
83	Uberwurfmutter	1	B 1109	B 192	B 192	B 117	B 117
84	Antriebsrad.................	1	—	—	B 687	B 687	—
85	Vorgelege montiert mit Pos. 65-84	1	B 1226	B 1129	B 1223	B 1222	B 1221
86	Kugelring montiert	1	B 1259	B 1259	B 1259	B 1259	B 1259

FMA-Ecken-Bohrmaschinen

mit selbsttätiger Drehzahl- und Luftverbrauchs-Regelung

Type RN 31 E — 51 E
Type RN 31 EU — 51 EU
2,8 PS 45 — 80 n/min

Abb. 283

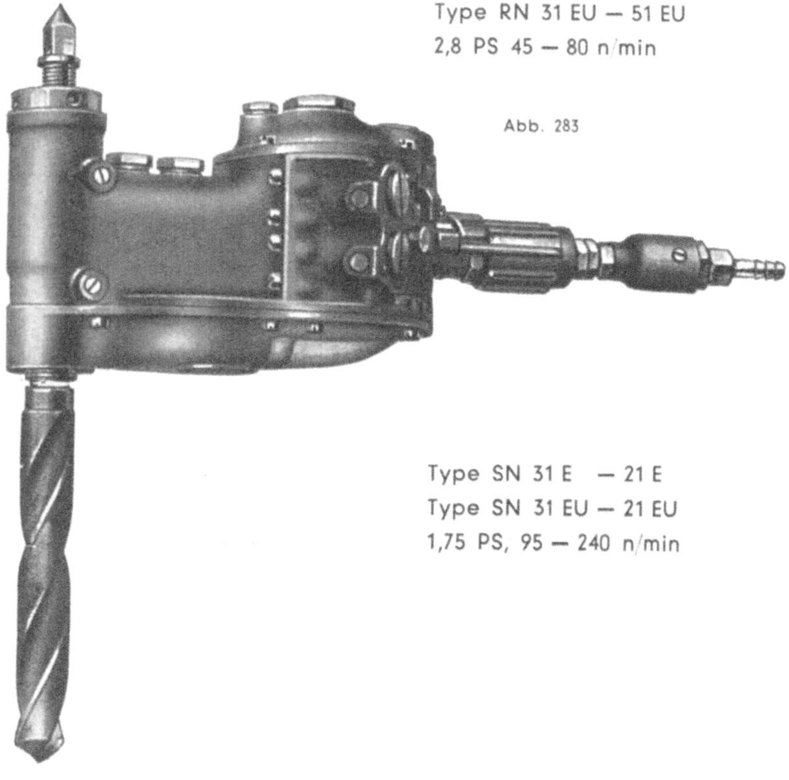

Type SN 31 E — 21 E
Type SN 31 EU — 21 EU
1,75 PS, 95 — 240 n/min

Arbeitsweise der Maschine .. .. **Seite 56 Abb. 32**
Verwendungsgebiete .. .. **Seite 68 Abb. 65**
Leistungsumfang und Größe .. .. **Seite 249 Nr. 21-22, 41-44**
Pflege- und Gebrauchsanweisung .. .. **Seite 139**

FMA-Kolbenbohrmaschinen Type RNE, RNEU

Einzelteile

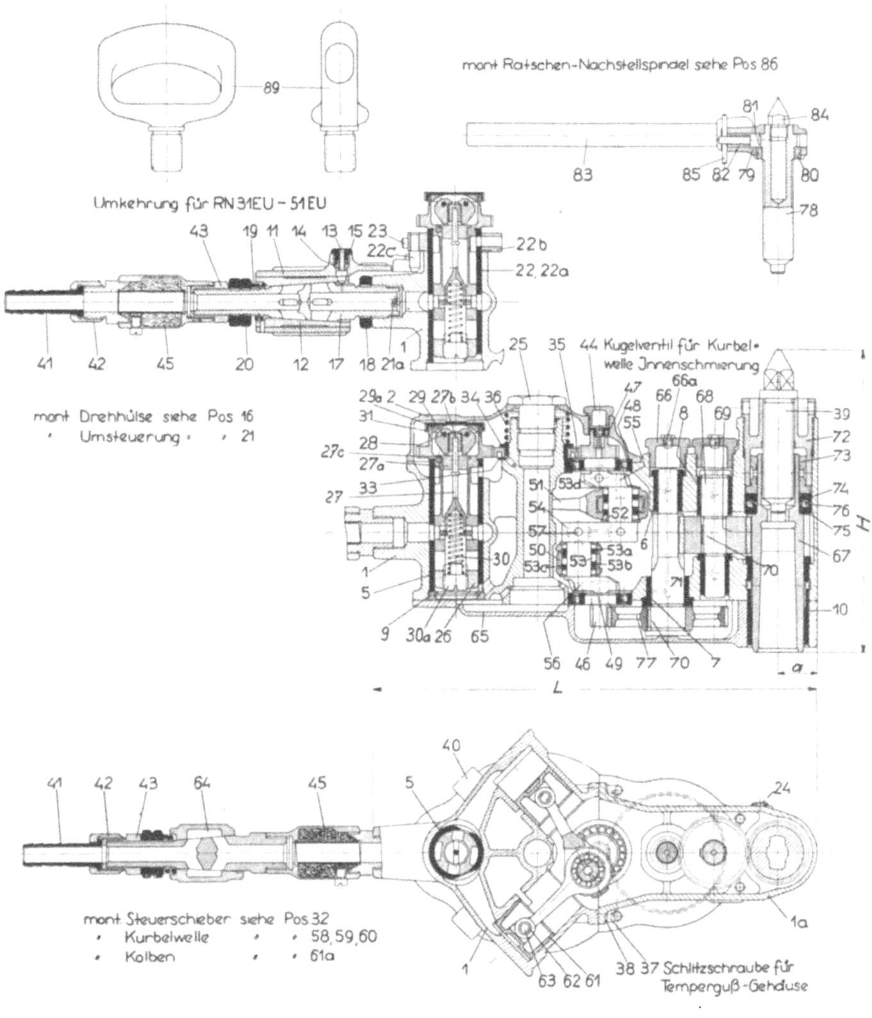

Abb. 284

FMA-Kolbenbohrmaschinen Type RNE, RNEU

Einzelteile

Lfd. Nr.	Benennung u. Bemerkung	Stück Zahl	Lagernummern für RN51E	RN31E	RN51EU	RN31EU
1	Gehäuse mit Nebengehäuse B 2026 N f. RN 51 E B 2360 N f. RN 31 E u. EU	1	B 2050	B 2048	—	—
	Steuerbüchse Pos. 5 Lagerbüchsen Pos. 6—10 Schmiernippel Pos. 24 mit Umsteuerung Pos. 21		—	—	B 2051	B 2049
2	oberer Deckel	1	B 1674	B 1674	B 1674	B 1674
5	Steuerbüchse	1	B 1682	B 1682	—	—
6	Lagerbüchse	2	B 2056	B 2478	B 2056	B 2478
7	Lagerbüchse	1	B 2058	B 2480	B 2058	B 2480
8	Lagerbüchse	1	B 2057	B 2479	B 2057	B 2479
10	Lagerbüchse	1	B 2054	B 2476	B 2054	B 2476
11	Drehhülse	1	—	—	B 1700	B 1700
12	Konushülse	1	—	—	B 969	B 969
13	Arretierstift	1	—	—	B 1664	B 1664
14	Feder	1	—	—	B 1665	B 1665
15	Verschlußschraube	1	—	—	B 1620	B 1620
16	Drehhülse montiert mit Pos. 11—15	1	—	—	B 1701	B 1701
17	Konushahn montiert bzw. Hahnkörper	1	Z 460	Z 460	B 984	B 984
18	Mutter	1	—	—	B 985	B 985
19	Feder	1	—	—	L 582	L 582
20	Mutter	2	—	—	Z 453	Z 453
21	Umsteuerung montiert mit Pos. 16—20	1	—	—	B 1702	B 1702
22	Umsteuerbüchse mit Drehscheibe und Stift B 979	1	—	—	B 1684	B 1684
23	Anschlagstift	2	—	—	L 586	L 586
24	Schmiernippel	2	L 452	L 452	L 452	L 452
25	Abschlußschraube	1	B 2066	B 2066	B 2066	B 2066
26	Steuerschieber	1	B 1680A	B 1680A	B 1680A	B 1680A
27	Reglerschieber	1	B 2694	B 2694	B 2694	B 2694
27a	Führungsstück	1	B 2693	B 2693	B 2693	E 2693
27b	Kappe	1	B 2695	B 2695	B 2695	B 2695
27c	Sicherungsschraube	1	L 201	L 201	L 201	L 201
28	Stift	2	L 342	L 342	L 342	L 342

Lfd. Nr.	Benennung u. Bemerkung	Stück Zahl	RN51E RN51EU	RN31E RN31EU
29	Reglergewichte	2	B 2692	B 2692
29a	Lagerplatte	1	B 2691	B 2691
30	Reglerfeder	1	B 2697	B 2697
30a	Stellschraube	1	B 2696	B 2696
31	Reglerschraube	1	B 2690	B 2690
32	Steuerschieber montiert mit Pos. 26—31	1	B 1681A	B 1681A
33	Unterlagerung	1	B 1692	B 1692
34	Zwischenbuchse	1	B 1685	B 1685
35	Zwischenrad	1	B 1691	B 1691
36	Feder	1	B 1690	B 1690
37	Schlitzschraube für Temperguß-Gehäuse	20	L 44	L 44
38	Unterlagscheibe	20	L 383	L 383
39	Nachstellspindel	1	B 2055	B 2477
40	Auspuffschraube	2	B 1707	B 1707
41	Schlauchtülle	1	Z 314	Z 314

Lfd. Nr.	Benennung u. Bemerkung	Stück Zahl	Lagernummern für RN 51 E RN 51 EU	RN 31 E RN 31 EU
42	Überwurfmutter	1	Z 120	Z 120
43	Reduziernippel	1	B 1852	B 1852
44	Ölschraube	1	B 1517	B 1517
45	Öler	1	Z 119	Z 119
46	Antriebsritzel für RN 51 E, 51 EU	1	B 996	—
	Antriebsritzel für RN 41 E, 41 EU	1	B 1918	—
	Antriebsritzel für RN 31 E, 31 EU	1	—	B 2366
47	Steuerzahnrad mit Kugelventil	1	B 1688	B 1688
48	Kugellager	2	B 1184	B 1184
49	Woodruffkeil	1	L 358	L 358
50	Pleuelstange	2	B 1671B	B 1671B
51	Gabelstange	2	B 1672B	B 1672B
52	Rollen 4x4	48	B 1600	B 1600
53	Rollen 4x6	24	B 1601	B 1601
53a	Äußerer Rollenkäfig	4	B 2227	B 2227
53b	Innerer Rollenkäfig	2	B 2226	B 2226
53c	Zwischenscheiben	4	B 2229	B 2229
53d	Laufscheiben	4	B 2228	B 2228
54	Brücke	1	B 1670	B 1670
55	Kurbelschenkel	1	B 1668	B 1668
56	Kurbelschenkel	1	B 1669	B 1669
57	Konische Stifte	2	L 704	L 704
58	Kurbelwelle vormontiert bestehend aus Pos. 54—57	1	B 1870c	B 1870c
59	Kurbelwelle wie vorher u. m. 46—49 für RN 51 E u. EU	1	B 1871b	—
	Kurbelwelle wie vorher u. m. 46—49 für RN 31 E u. EU	1	—	B 1874b
60	Kurbelwelle vollständig mit Pos. 46—57 für RN 51 E u. EU	1	B 1871B	—
	Kurbelwelle vollständig mit Pos. 46—57 für RN 31 E u. EU	1	—	B 1874B
61	Kolben	4	B 2539	B 2539
62	Kolbenbolzen m. Pos. 63	4	B 2540	B 2540
63	Pilze (Anlaufzapfen)	8	B 2541	B 2541
65	unterer Deckel	1	B 2027	B 2361
66	Ölschraube mit Schmiernippel L 452	2	B 2059	B 2481
67	Bohrspindel	1	B 2060	B 2482
68	Lagerbolzen	1	B 2061	B 2483
69	Zwischenrad	1	B 2063	B 2485
70	Woodruffkeil	2	L 320	L 320
71	Ritzelwelle	1	B 2062	B 2484
72	Gewindestück mit Pos. 73	1	B 2052	B 2474
73	Lagerbüchse	1	B 2053	B 2475
74	oberer Kugellagerring	1	BU II 42	BU II 42
75	unterer Kugellagerring	1	BU II 43	BU II 43
76	Kugeln 1/4″ engl.	21	A 130	A 130
77	Großes Antriebsrad für RN 51 E u. EU	1	B 2065	—
	Großes Antriebsrad für RN 31 E u. EU	1	—	B 2486
78	Nachstellspindel für Ratsche	1	B 1961	B 2499
79	Kopfstück	1	WB 111	WB 111
80	Deckel	1	WB 135	WB 135
81	Sperrstift für Ratsche	1	WB 113	WB 113
82	Feder für Ratsche	1	L 532	L 532
83	Griff	1	WB 114	WB 114
84	Körner	1	B III 37	B III 37
85	Stift	1	L 374	L 374
86	Ratschen-Nachstellspindel montiert mit Pos. 78—85	1	B 1962	B 2500
89	Faustgriff	1	B 2077	B

FMA-Kolben-Bohrmaschinen Type SN, SNU

Einzelteile des Antriebsmotors ohne Räderkasten

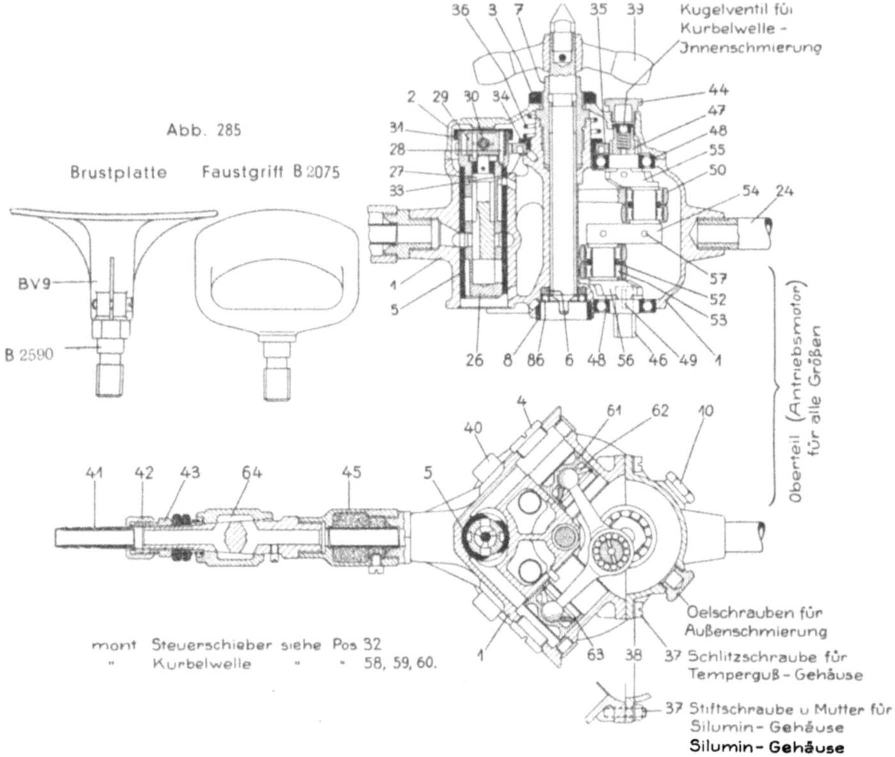

Abb. 285

Silumin-Gehäuse

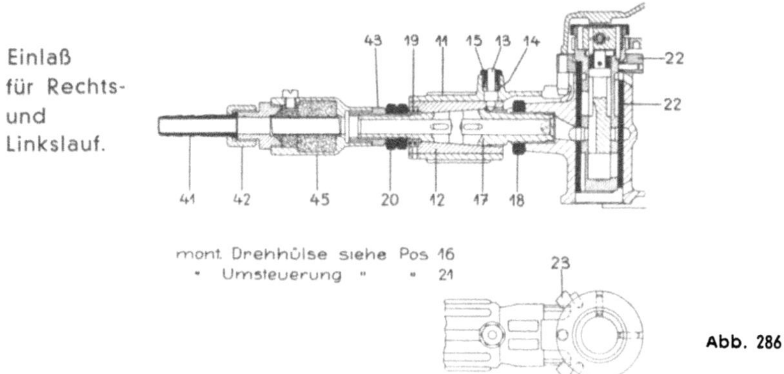

Abb. 286

FMA-Kolbenbohrmaschinen Type SN, SNU

Einzelteile des Antriebsmotors ohne Räderkasten

Lfd. Nr.	Benennung und Bemerkung	Stückzahl	Lagernummern für SN 18—SN 40	Lagernummern für SN 18 U - SN 40 U
1	Gehäuse mit Seitendeckel B 1072 und Steuerbüchse Pos. 5 (nur f. B 2571) oberer Kugellagerring Pos. 6 Gewindestück Pos. 7 Lagerbüchse Pos. 8 Ölschraube Pos. 10	1	B 2571	—
	mit Umsteuerung Pos. 21		—	B 2572
2	oberer Deckel	1	B 1056	B 1056
3	Mutter	1	B 1238	B 1238
5	Steuerbüchse	1	B 2551	—
	Zwischenbüchse für Vorgelege-Lagerung	1	B 2586	B 2586
6	oberer Kugellagerring	1	B 1288	B 1288
7	Gewindestück	1	B 1241	B 1241
8	Lagerbüchse	1	B 1320	B 1320
10	Ölschraube	2	Z 521	Z 521
11	Drehhülse	1	—	B 1302
12	Konushülse	1	—	B 1304
13	Arretierstift	1	—	B 1664
14	Feder	1	—	B 1665
15	Verschlußschraube	1	—	B 1620
16	Drehhülse montiert mit Pos. 11—15	1	—	B 1310
17	Hahnköiper	1	—	B 1311
18	Mutter	1	—	Z 453
19	Feder	1	—	L 584
20	Mutter	2	—	Z 452
21	Umsteuerung montiert m. Pos. 16—20	1	—	B 1312
22	Umsteuerbüchse mit Drehscheibe und Stift B 2589	1	—	B 2553
23	Anschlagstift	2	—	L 348
24	Griff	1	B 1082	B 1082
	dazu: Zwischenstück	1	B 2347	B 2347
26	Steuerschieber	1	B 2554	B 2554
27	Reglerschieber	1	B 1322	B 1322
28	Stift	2	B 1053	B 1053
29	Reglergewichte	2	B 1041	B 1041
30	Reglerfeder	1	B 1479	B 1479
31	Reglerdeckel	1	B 1044	B 1044
32	Steuerschieber montiert m. Pos. 26-31	1	B 2555	B 2555
33	Unterlagring	1	B 2563	B 2563
34	Zwischenbuchse	1	B 2561	B 2561
35	Zwischenrad	1	B 1282	B 1282
36	Feder	1	B 1299	B 1299
37	Schlitzschraube für Temperguß-Geh.		L 52	L 52
	Stiftschraube und Mutter für Siluminguß-Gehäuse	20	L 257 / L 446	L 257 / L 446

Lfd. Nr.	Benennung und Bemerkung	Stückzahl	Lagernummern für SN 18—SN 40	Lagernummern für SN 18 U - SN 40 U
38	Unterlagscheibe	20	L 382	L 382
39	Nachstellspindel montiert mit Handkreuz B 415 u. Körner BV 46	1	B 2557	B 2557
40	Auspuffschraube	2	B 1084	B 1084
41	Schlauchtülle	1	Z 313	Z 313
42	Überwurfmutter	1	Z 141	Z 141
43	Reduziernippel	1	B 1576	B 1576
44	Ölschraube	1	B 1517	B 1517
45	Öler	1	Z 21	Z 21
46	Antriebsritzel	1	B 1073 n.f.SN 18-SN 40 u.umkehrb.	
47	Steuerzahnrad	1	B 1904	B 1904
48	Kugellager	2	B 1066	B 1066
49	Woodruffkeil	1	L 319	L 319
50	Pleuelstange	4	B 1903 B	B 1903 B
52	Zwischenscheibe	2	B 2233	B 2233
53	Rollen 4x6	40	B 1601	B 1601
	dazu Rollenkäfig	4	B 2232	B 2232
	dazu Äußere Laufscheibe	4	B 2234	B 2234
54	Brücke	1	B 1902	B 1902
55	Kurbelschenkel	1	B 1900	B 1900
56	Kurbelschenkel	1	B 1901	B 1901
57	konische Stifte	2	L 701	L 701
58	Kurbelwelle vormontiert bestehend aus Pos. 54—57	1	B 1880 c	B 1880 c
59	Kurbelwelle wie vorher und mit Pos. 46, 47 und 49	1	B 1881 b f.SN 18-SN 40 u.umkehrb.	
60	Kurbelwelle vollständig mit Pos. 46—57	1	B 1881 B f.SN 18-SN 40 u.umkehrb.	
61	Kolben für Bolzenausführung	4	B 2536	B 2536
62	Kolbenbolzen mit Pilzen Pos. 63	4	B 2537	B 2537
63	Pilze (Anlaufzapfen dazu)	8	B 2541	B 2541
	oder Kolben in alter Ausführung			
61	Kolben .... } Alte Kolbenausführung f. Pleuelstangen m. Kugelkopf	4	B 1090	B 1090
62	Kolbenscheibe . }	4	B 1092	B 1092
63	Kolbenfederring }	4	B 2410	B 2410
64	Konushahn montiert	1	Z 174	—

In dem Schnittbild auf Seite 266 sind die Kolben noch in der früheren Ausführung mit „Scheibe und Federring" dargestellt. Die Liste gibt neben diesen auch die neue Ausführung mit Kolbenbolzen an.

Die Zusatzbezeichnung „B" z. B. bei Pos. 50 = B 1903 B gilt bei Ausführung für „Bolzen".

Einzelteile für Vorgelege (Räderkasten) Type SN und SNU

Vorgelege SN 18 und SN 18 U

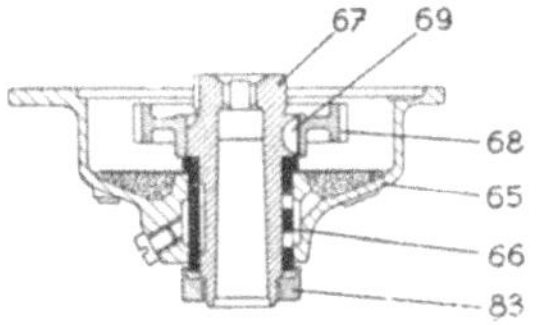

Abb. 287

Vorgelege SN 40 und SN 40 U

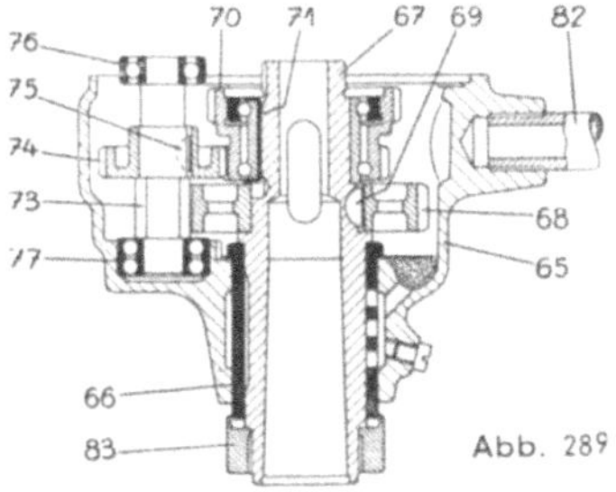

Abb. 289

mont. Bohrspindel siehe Pos. 72
„ Zwischenräder „ „ 78
„ Vorgelege „ „ 85
„ Kugelring (gezeichn. bei Antriebsmotor) siehe Pos. 86

Vorgelege
SN 23 und SN 23 U
SN 32 und SN 32 U

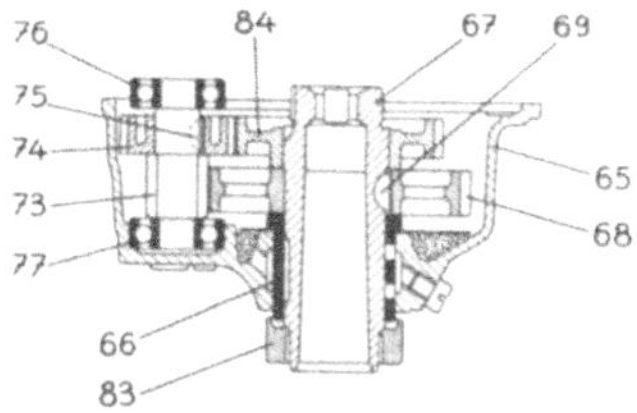

Abb. 288

Vorgelege SN 26 und SN 26 U

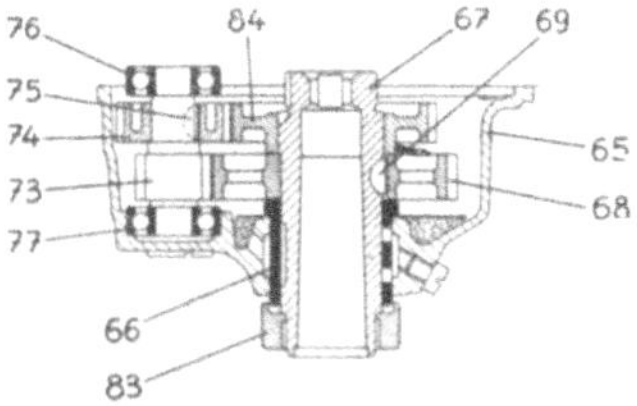

Abb. 290

Lfde. Nr.	Benennung und Bemerkung	Stückzahl	Lagernummern für SN 18 SN 18 U	SN 23 SN 23 U	SN 32 SN 32 U	SN 40 SN 40 U
65	unt. Deckel mit Pos. 66	1	B 1086	B 1346	B 1346	B 1348
66	Lagerbüchse	1	B 1058	B 1315	B 1315	B 1359
67	Bohrspindel	1	B 1349	B 1356	B 1356	B 1379
68	Antriebsrad	1	B 1321	B 2441	B 1326	B 1371
69	Woodruffkeil	1	L 319	L 319	L 319	L 320
70	Doppelzahnrad mit Kugeln A 301, Kugelring B 1378 und Halterg. B 1377	1	—	—	—	B 1376
71	Sicherungsblech	1	—	—	—	B 1392
72	Bohrspindel montiert mit Pos. 67-71	1	B 1350	B 2443	B 1358	B 1380
73	Zwischenritzel	1	—	B 2442	B 1354	B 1372
74	Zahnrad	1	—	B 1316	B 1316	B 1374
75	Woodruffkeil	1	—	L 319	L 319	L 319
76	Kugellager	1	—	B 686	B 686	B 686
77	Kugellager	1	—	B 686	B 686	B 871
78	Zwischenräder montiert mit Pos. 73-77	1	—	B 2444	B 1355	B 1373
82	Griff	1	—	—	—	B 1082
83	Überwurfmutter	1	B 1059	B 260	B 260	B 1381
84	Antriebsrad	1	—	B 1321	B 1321	—
85	Vorgelege montiert mit Pos. 65-84	1	B 1340	B 2440	B 1343	B 1344
86	Kugelring montiert	1	B 1296	B 1296	B 1296	B 1296

FMA-Kolbenbohrmaschinen Type SNE, SNEU

Einzelteile

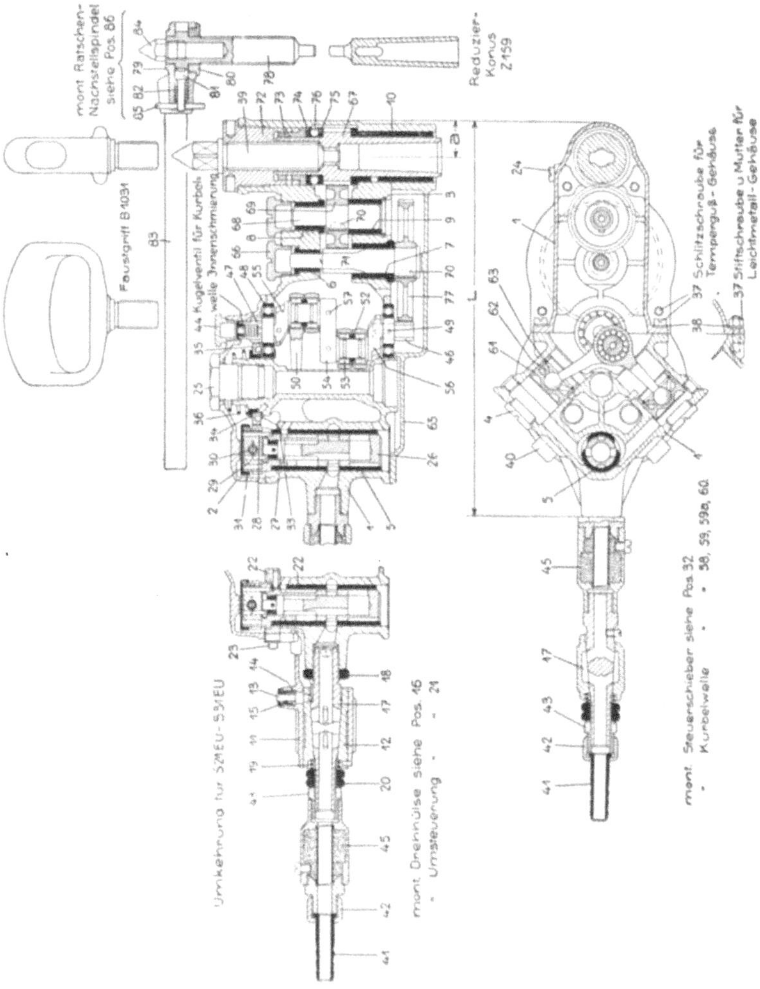

Abb. 291

FMA-Kolbenbohrmaschinen Type SNE, SNEU

Einzelteile

Lfd. Nr.	Benennung und Bemerkung	Stückzahl	Lagernummern für SN 21 E - SN 31 E	Lagernummern für SN 21 EU - SN 31 EU
1	Gehäuse mit Nebengehäuse B 2111 N Steuerbüchse Pos. 5 (nur für B 2574)	1	B 2574	—
	Federring Pos. 3 Lagerbüchsen Pos. 6—10 Schmiernippel Pos. 24 mit Umsteuerung Pos. 21		—	B 2575
2	oberer Deckel	1	B 1056	B 1056
3	Federring	1	B 1091	B 1091
5	Steuerbüchse	1	B 2551	—
6	Lagerbüchse	1	B 2114	B 2114
7	Lagerbüchse	1	B 2115	B 2115
8	Lagerbüchse	1	B 2116	B 2116
9	Lagerbüchse	1	B 2117	B 2117
10	Lagerbüchse	1	B 2118	B 2118
11	Drehhülse	1	—	B 1302
12	Konushülse	1	—	B 1304
13	Arretierstift	1	—	B 1664
14	Feder	1	—	B 1665
15	Verschlußschraube	1	—	B 1620
16	Drehhülse montiert mit Pos. 11—15	1	—	B 1310
17	Konushahn montiert bzw. Hahnkörper	1	Z 174	B 1311
18	Mutter	1	—	Z 453
19	Feder	1	—	L 584
20	Mutter	2	—	Z 452
21	Umsteuerung montiert m. Pos. 16—20	1	—	B 1312
22	Umsteuerbüchse mit Drehscheibe und Stift B 2589	1	—	B 2353
23	Anschlagstift	2	—	L 348
24	Schmiernippel	2	L 452	L 452
25	Abschlußschraube	1	B 2123	B 2123
26	Steuerschieber	1	B 2554	B 2554
27	Reglerschieber	1	B 1322	B 1322
28	Stift	2	B 1053	B 1053
			Lagernummern	
29	Reglergewichte	2	B 1041	
30	Reglerfeder	1	B 1479	
31	Reglerdeckel	1	B 1044	
32	Steuerschieber montiert mit Pos. 26—31	1	B 2555	
33	Unterlagerung	1	B 2563	
34	Zwischenbuchse	1	B 2561	
35	Zwischenrad	1	B 1282	
36	Feder	1	B 1299	
37	Schlitzschraube f. Tempergußgehäuse		L 52	
	Stiftschraube und Mutter für Leichtmetall-Gehäuse	20	L 257/L 466	
38	Unterlagscheibe	20	L 382	
39	Nachstellspindel	1	B 2122	
40	Auspuffschraube	2	B 1084	
41	Schlauchtülle	1	Z 313	
42	Überwurfmutter	1	Z 141	
43	Reduziernippel	1	B 1576	
44	Ölschraube	1	B 1517	
45	Öler	1	Z 21	
46	Antriebsritzel für			
	S 21 E, 21 EU	1	B 1906	
	S 24 E, 24 EU	1	B 2078	
	S 25 E, 25 EU	1	B 1323	
	S 31 E, 31 EU	1	B 1073	

Lfd. Nr.	Benennung und Bemerkung	Stück-zahl	Lagernummern
47	Steuerzahnrad mit Kugelventil	1	B 1904
48	Kugellager	2	B 1066
49	Woodruffkeil	1	L 319
50	Pleuelstange	4	B 1903 B
52	Zwischenscheibe	2	B 2233
	Rollen 4x6	40	B 1601
53	dazu Rollenkäfig	4	B 2232
	dazu Äußere Laufscheibe	4	B 2234
54	Brücke	1	B 1902
55	Kurbelschenkel	1	B 1900
56	Kurbelschenkel	1	B 1901
57	konische Stifte	2	L 701
58	Kurbelwelle vormontiert bestehend aus Pos. 54—57	1	B 1880 c
59	Kurbelwelle wie vorher und mit Pos. 46, 47 und 49		
	für S 25 E u. EU	1	B 1880 b
	für S 31 E u. EU	1	B 1881 b
59a	Kurbelwelle wie Pos. 59 und mit Kugellager Pos. 48		
	für S 21 E u. EU	1	B 1882 b
	für S 24 E u. EU	1	B 1884 b
60	Kurbelwelle vollständig mit Pos. 46—57		
	für S 21 E u. EU	1	B 1882 B
	für S 24 E u. EU	1	B 1884 B
	für S 25 E u. EU	1	B 1880 B
	für S 31 E u. EU	1	B 1881 B
61	Kolben für Bolzenausführung	4	B 2536
62	Kolbenbolzen mit Pos. 63	4	B 2537
63	Pilze (Anlaufzapfen) dazu	8	B 2541
	oder Kolben in früherer Ausführung:		
61	Kolben .... } frühere Kolbenausführung für Pleuelstangen mit Kugelkopf	4	B 1090
62	Kolbenscheibe .... }	4	B 1092
63	Kolbenfederring .. }	4	B 2410
65	unterer Deckel	1	B 2134
66	Ölschraube mit Schmiernippel L 452	2	B 2123
67	Bohrspindel	1	B 2123
68	Lagerbolzen	1	B 2126
69	Zwischenrad	1	B 2127
70	Woodruffkeil	2	L 358
71	Ritzelwelle	1	B 2129
72	Gewindestück mit Pos. 73	1	B 2120
73	Lagerbüchse	1	B 2121
74	oberer Kugellagerring	1	B 2124
75	unterer Kugellagerring	1	B 2125
76	Kugeln 1/4″ engl.	18	A 130
77	Großes Antriebsrad		
	für S 21 E u. EU	1	B 2132
	für S 24 E u. EU	1	B 2079
	für S 25 E u. EU	1	B 2131
	für S 31 E u. EU	1	B 2130
78	Nachstellspindel für Ratsche	1	B 1958
79	Kopfstück	1	WB 111
80	Deckel	1	WB 135
81	Sperrstift für Ratsche	1	WB 113
82	Feder für Ratsche	1	L 532
83	Griff	1	WB 114
84	Körner	1	BIII 37
85	Stift	1	L 330
86	Ratschen-Nachstellspindel montiert mit Pos. 78—85	1	B 1959

FMA-Kolben-Bohrmaschinen Type T und UN

mit selbsttätiger Drehzahl- und Luftverbrauchsregelung

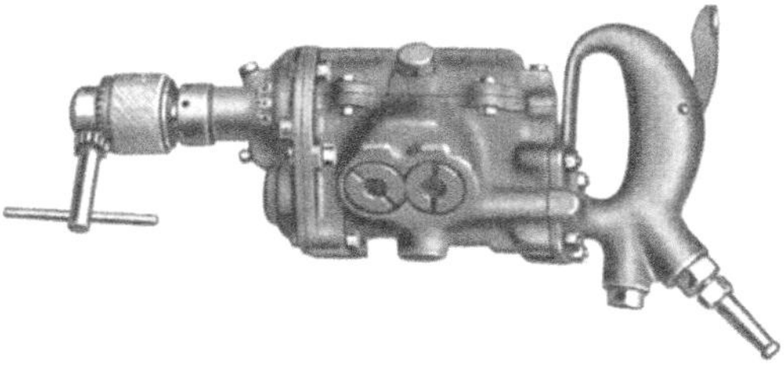

Abb. 292

Type T 18 — T 10
Type T 18 U — T 10 U
1,25 PS, 325 und 700 n/min

mit Zweihandgriffen und Vorschubspindel, Faustgriff oder Brustplatte, Morsekonus

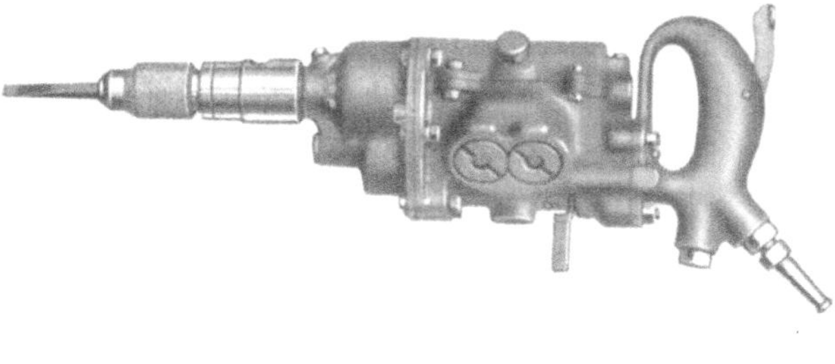

Abb. 293

Type UN 12 — UN 10
Type UN 12 U — UN 10 U
0,75 PS, 270 und 880 n/min

mit Zweihandgriffen und Vorschubspindel, Faustgriff oder Brustplatte, Morsekonus oder Bohrfutter

Arbeitsweise der Steuerung .... Seite 56 Abb. 32
Verwendungsgebiete .... Seite 68
Leistungsumfang und Größe .... Seite 249 Nr. 51—62
Pflege- und Gebrauchsanweisung .... Seite 139

FMA-Kolbenbohrmaschinen Type T, TU

Einzelteile des Antriebsmotors ohne Räderkasten

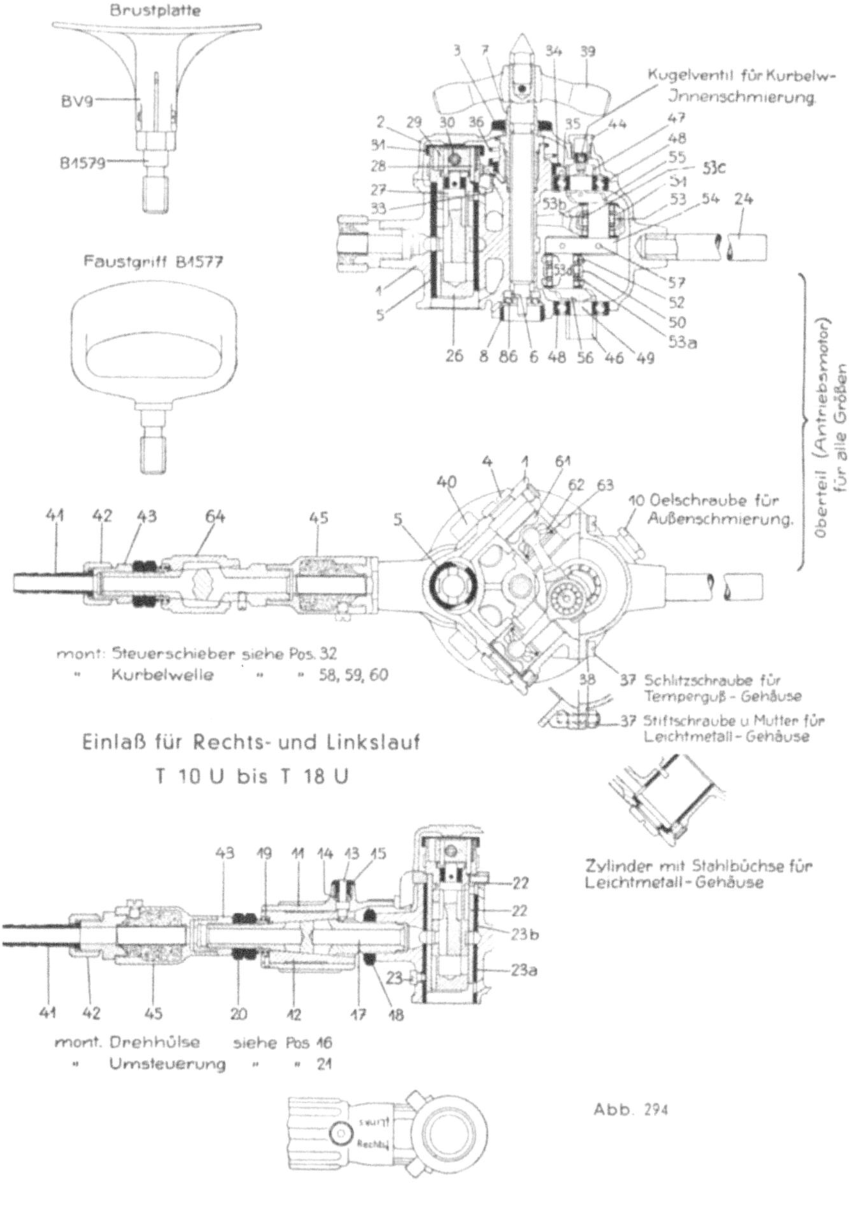

Abb. 294

FMA-Kolbenbohrmaschinen Type T, TU

Einzelteile des Antriebsmotors ohne Räderkasten

Lfd. Nr.	Benennung u. Bemerkung	Stückzahl	Lagernummern für T 10—T 12	Lagernummern für T 10 U—T 12 U
1	Gehäuse mit Seitendeckel und Bodenschrauben Pos. 4, Steuerbüchse Pos. 5 (nur f. B 1521), oberer Kugellagerring Pos. 6, Gewindestück Pos. 7, Lagerbüchse Pos. 8, Ölschraube Pos. 10	1	B 1521	—
	mit Umsteuerung Pos. 21		—	B 1522
2	oberer Deckel	1	B 1567	B 1567
3	Mutter	1	B 1568	B 1568
4	Bodenschrauben	4	B 1558	B 1558
5	Steuerbüchse	1	B 1523	—
6	oberer Kugellagerring	1	B 1553	B 1553
7	Gewindestück	1	B 1557	B 1557
8	Lagerbüchse	1	B 1552	B 1552
10	Ölschraube	2	Z 521	Z 521
11	Drehhülse	1	—	B 1302
12	Konushülse	1	—	B 1304
13	Arretierstift	1	—	B 1664
14	Feder	1	—	B 1665
15	Verschlußschraube	1	—	B 1620
16	Drehhülse montiert mit Pos. 11—15	1	—	B 1310
17	Hahnkörper	1	—	B 1311
18	Mutter	1	—	Z 453
19	Feder	1	—	L 584
20	Mutter	2	—	Z 452
21	Umsteuerung montiert m. Pos. 16—20	1	—	B 1312
22	Umsteuerbüchse mit Drehscheibe	1	—	B 1560
23	Feststellschraube	2	—	L 268
23a	untere Hilfsbüchse	1	—	B 2109
23b	obere Hilfsbüchse	1	—	B 2110
24	Griff	1	B 1569	B 1569
26	Steuerschieber	1	B 1549	B 1549
27	Reglerschieber	1	B 1550	B 1550
28	Stift	2	B 1053	B 1053
29	Reglergewichte	2	B 1041	B 1041
30	Reglerfeder	1	B 1651	B 1651
31	Reglerdeckel	1	B 1044	B 1044
32	Steuerschieber mont. m. Pos. 26—31	1	B 1548	B 1548

Lfd. Nr.	Benennung u. Bemerkung	Stückzahl	Lagernummern für T 10—T 18	Lagernummern für T 10 U—T 18 U
33	Unterlagring	1	B 1563	B 1563
34	Zwischenbuchse	1	B 1564	B 1564
35	Zwischenrad	1	B 1565	B 1565
36	Feder	1	B 1566	B 1566
37	Stiftschraube und Mutter für Leichtmetall-Gehäuse	18	L 257/L 446	L 257/L 446
38	Unterlagscheibe	18	L 382	L 382
39	Nachstellspindel montiert mit Handkreuz und Körner	1	B 1575	B 1575
40	Auspuffschraube	2	B 1084	B 1084
41	Schlauchtülle	1	Z 313	Z 313
42	Überwurfmutter	1	Z 141	Z 141
43	Reduziernippel	1	B 1576	B 1576
44	Ölschraube	1	B 1571	B 1571
45	Öler	1	Z 21	Z 21
46	Antriebsritzel	1	B 1537 für T 10 u. umkehrb. B 1538 für T 14 u. T 14 U B 1539 für T 18 u. T. 18 U	
47	Steuerzahnrad	1	B 1541	B 1541
48	Kugellager	2	B 1490	B 1490
49	Woodruffkeil	1	L 319	L 319
50	Pleuelstange	2	B 1543 B	B 1543 B
51	Gabelstange	2	B 1542 B	B 1542 B
52	Rollen 3,5x3,5	40	B 1604	B 1604
53	Rollen 3,5x5	20	B 1605	B 1605
53a	äußerer Rollenkäfig	4	B 2252	B 2252
53b	innerer Rollenkäfig	2	B 2251	B 2251
53c	Zwischenscheiben	4	B 2253	B 2253
53d	Laufscheiben	4	B 2254	B 2254
54	Brücke	1	B 1536	B 1536
55	Kurbelschenkel	1	B 1534	B 1534
56	Kurbelschenkel	1	B 1535	B 1535
57	konische Stifte	2	L 702	L 702
58	Kurbelwelle vormontiert bestehend aus Pos. 54—57	1	B 1525 c	B 1525 c
59	Kurbelwelle wie vorher und mit Pos. 46, 47, 48 und 49	1	B 1525b für T 10 u. umkehrb.	
60	Kurbelwelle vollständig mit Pos. 46—57	1	B 1525 B für T 10 u. umkehrb.	
61	Kolben für Bolzenausführung	4	B 2533	B 2533
62	Kolbenbolzen mit Pilzen Pos. 63 ..	4	B 2534	B 2534
63	Pilze (Anlaufzapfen dazu) oder Kolben in alter Ausführung ..	8	B 2532	B 2532
64	Kolben	4	B 1545	B 1545
65	Kolbenscheibe	4	B 1546	B 1546
66	Kolbenfederring	4	B 1547	B 1547
67	Konushahn montiert	1	Z 174	—

Einzelteile für Vorgelege (Übersetzungsgetriebe) Type T

Lfd. Nr.	Benennung und Bemerkung	Stückzahl	Lager-Nr. für T 10 T 10 U	T 14 T 14 U	T 18 T 18 U
65	unt. Deckel mit Pos. 66	1	B 1584	B 1584	B 1586
66	Lagerbüchse	1	B 1332	B 1332	B 1058
67	Bohrspindel	1	B 1588	B 1588	B 1591
68	Antriebsrad	1	B 1594	B 1595	B 1596
69	Woodruffkeil	1	L 319	L 319	L 319
72	Bohrspindel mont. mit Pos. 67-69	1	B 1589	B 1590	B 1592
83	Überwurfmutter	1	B 411	B 411	B 1059
85	Vorgelege mont. mit Pos. 65-72	1	B 1580	B 1581	B 1582
86	Kugelring montiert	1	B 1554	B 1554	B 1554
94	Konusdorn	1	B 1865	B 1867	—
95	Bohrfutter.....................	1	B 1864	B 1866	—

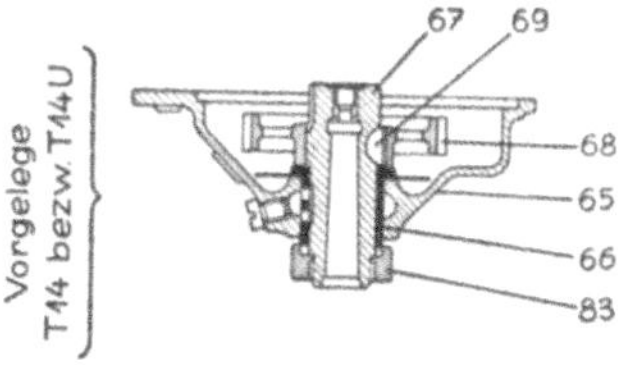

Abb. 295

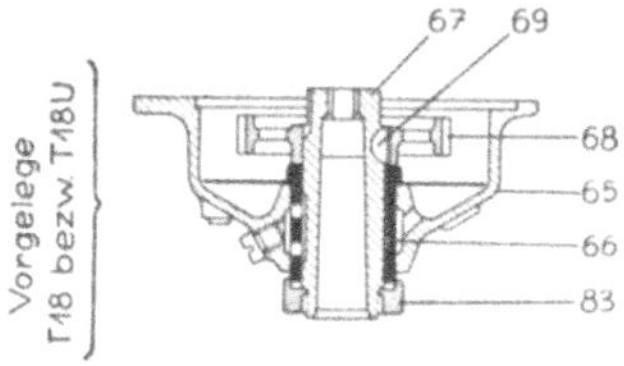

Abb. 295a

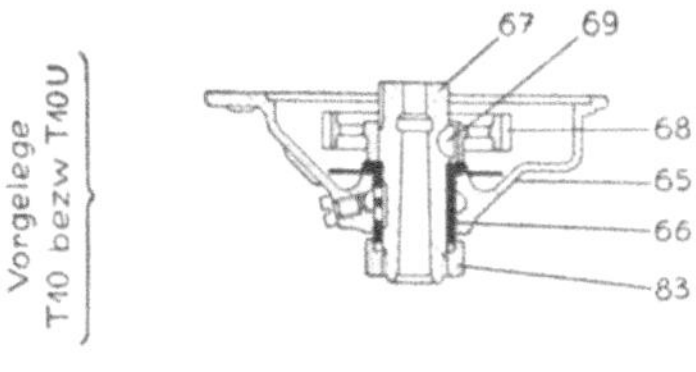

Abb. 296

mont. Bohrspindel siehe Pos. 72

mont. Vorgelege siehe Pos. 85

mont. Kugelring (gezeichnet bei Antriebsmotor) siehe Pos. 86

FMA-Kolben-Bohrmaschinen Type UN und UNU

Einzelteile

Abb. 297

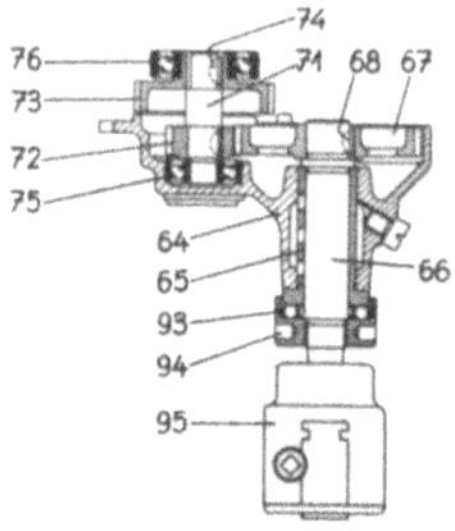

Vorgelege mit doppelter Übersetzung
UN 10 und UN 10U

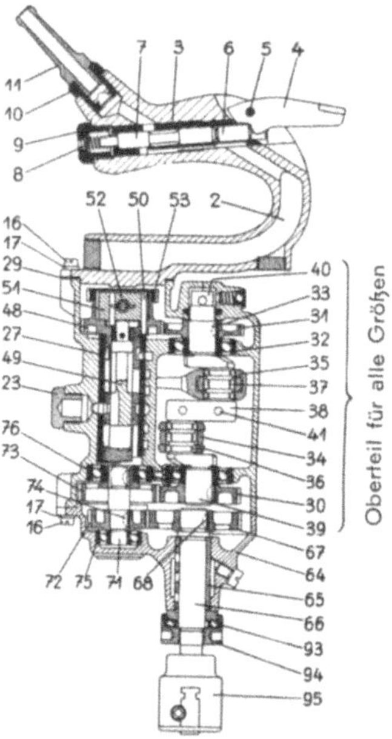

Vorgelege mit dreifacher Übersetzung
UN 12 und UN 12U

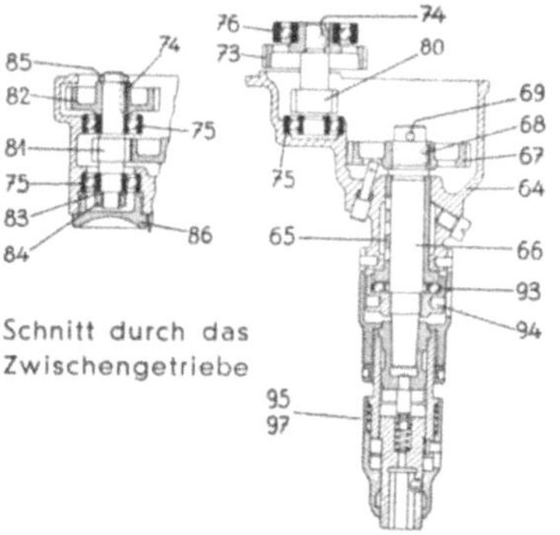

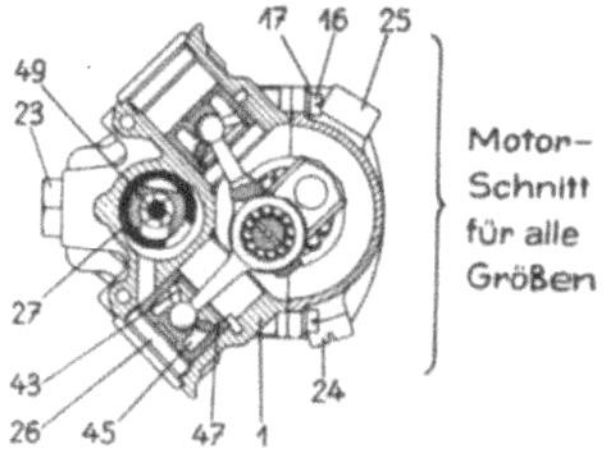

Die Type UN 12 eignet sich außer für Bohrarbeiten besonders zum Schraubeneinziehen und Schraubenlösen und erhält für diesen Zweck besondere Werkzeuge

Umkehrung
für UN 12U und 10U

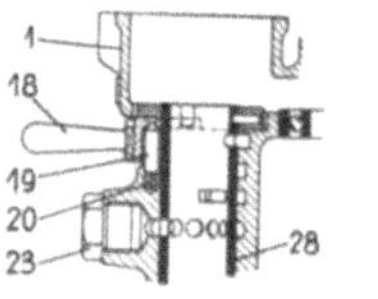

mont: Kurbelwellen siehe Pos. 42, 43, 44
„ Steuerschieber „ „ 54
„ Bohrspindeln „ „ 70
„ Zwischenräder „ „ 79
„ Vorgelege „ „ 96

FMA-Kolbenbohrmaschinen Type UN, UNU

Einzelteile

Lfd. Nr.	Benennung und Bemerkung	Stückzahl	Lagernummern für UN 12-UN 10	Lagernummern für UN 12U-UN 10U
1	Gehäuse mit Seitendeckel B 1773 S u. Bodenschrauben Pos. 26	1	B 2604S	—
	Auspuffschraube Pos. 25			
	Steuerbüchse Pos. 27 nur b. B 2604 S		—	B 2605S
2	Ventil-Faustgriff mit Pos. 2a—10	1	B 2622	B 2622
2a	Ventil-Faustgriffkörper mit Pos. 3 ..	1	B 2621	B 2621
3	Einlaßventilbüchse	1	N 290	N 290
4	Drücker	1	M 173A	M 173A
5	Stift	1	L 302	L 302
6	Druckstück (Kugel)	1	A 362	A 362
7	Einlaßventil	1	N 291	N 291
8	Feder	1	L 510	L 510
9	Verschlußschraube	1	M 105	M 105
10	Siebträger	1	M 112	M 112
11	Schlauchtülle	1	K 117	K 117
12	Steuerkastendeckel	1	B 2634	B 2634
13	Brustplatte ..... } Für Sonder-Ausführung nach Seite	1	BV 9	BV 9
14	Anschlußstück .	1	B 1858	B 1858
15	Handgriff	1	B 1854	B 1854
	Gegenmutter dazu	1	Z 453	Z 453
16	Stiftschraube	4	L 256	L 256
	Schlitzschrauben	8	L 53	L 53
	Schlitzschrauben	2	L 54	L 54
17	Unterlagscheibe	14	L 707	L 707
	Mutter	14	L 445	L 445
18	Umsteuergriff	1	—	B 2609
19	Arretierstift	1	—	B 1848
20	Feder	1	—	B 1849
25	Auspuffschraube	1	B 1089	B 1084
26	Bodenschrauben	4	B 1794	B 1794
27	Steuerbüchse	1	B 2606	—
28	Steuerbüchse umkehrbar mit Drehscheibe B 1789	1	—	B 2608
29	Dichtungsscheibe	1	B 2633	B 2633
30	Antriebszahnrad	1	B 1809	B 1809
31	Steuerzahnrad	1	B 2616	B 2616
32	Kugellager	2	B 1490	B 1490
33	Woodruffkeil	2	L 705	L 705
34	Pleuelstange	2	B 1788B	B 1788B
35	Gabelstange	2	B 1787B	B 1787B
36	Rollen 3,5x3,5	56	B 1604	B 1604

Lfd. Nr.	Benennung und Bemerkung		Stückzahl	Lagernummern für UN 12-UN 10	Lagernummern für UN 12U-UN 10U
37	Innerer Rollenkäfig		2	B 2236	B 2236
	Äußerer Rollenkäfig		4	B 2237	B 2237
	dazu Zwischenscheiben		4	B 2246	B 2246
	dazu Laufscheiben		4	B 2247	B 2247
38	Brücke		1	B 1785	B 1785
39	Kurbelschenkel		1	B 1784	B 1784
40	Kurbelschenkel		1	B 1783	B 1783
41	konische Stifte		2	L 702	L 702
42	Kurbelwelle vormontiert bestehend aus Pos. 38, 39, 40 u. 41		1	B 1780c	B 1780c
43	Kurbelwelle wie vorher und aufmontierten Pleuelstangen Pos. 34, 35, 36 u. 37		1	B 1780Ba	B 1780Ba
44	Kurbelwelle vollständig montiert Pos. 30—41		1	B 2610	B 2610
45	Kolben für Bolzenausführung		4	B 2530	B 2530
46	Kolbenbolzen mit Pos. 47		4	B 2531	B 2531
47	Pilze		8	B 2532	B 2532
	oder Kolben in alter Ausführung				
45	Kolben	Alte Kolben-Ausführung	4	B 1791	B 1791
46	Kolbenscheibe ...	Alte Kolben-Ausführung	4	B 1792	B 1792
47	Federring	Alte Kolben-Ausführung	4	B 1793	B 1793
48	Steuerschieber		1	B 2619	B 2619
49	Reglerschieber		1	B 1797	B 1797
50	Stifte		2	B 1053	B 1053
51	Reglergewichte		2	B 1041	B 1041
52	Reglerfeder		1	B 1651	B 1651
53	Reglerdeckel		1	B 1044	B 1044
54	Steuerschieber montiert bestehend aus Pos. 48—53		1	B 2620	B 2620
55	Anschlußstück ...	Für Sonder-Ausführung	1	B 1856	B 1856
56	Gewindestück ...	Für Sonder-Ausführung	1	B 1857	B 1857
57	Nachstellspindel	Für Sonder-Ausführung	1	BV 50	BV 50
58	Konushahn	Für Sonder-Ausführung	1	Z 174	Z 174
59	Öler	Für Sonder-Ausführung	1	Z 109	Z 109
60	Muffe	Für Sonder-Ausführung	1	L 402	L 402
61	Nippel	Für Sonder-Ausführung	1	L 433	L 433
62	Überwurfmutter .	Für Sonder-Ausführung	1	M 177	M 177
63	Schlauchtülle ...	Für Sonder-Ausführung	1	Z 312	Z 312

In dem Schnittbild auf Seite 278 sind die Kolben noch in der alten Ausführung mit „Scheibe und Federring" dargestellt. Die Liste gibt neben diesen auch die neue Ausführung mit „Kolbenbolzen" an. Die Zusatz-Bezeichnung „B" z. B. bei Pos. 34 B 1788 B gilt bei Ausführung für „Bolzen".

FMA-Druckluft-Motoren

als Antriebs-Motoren

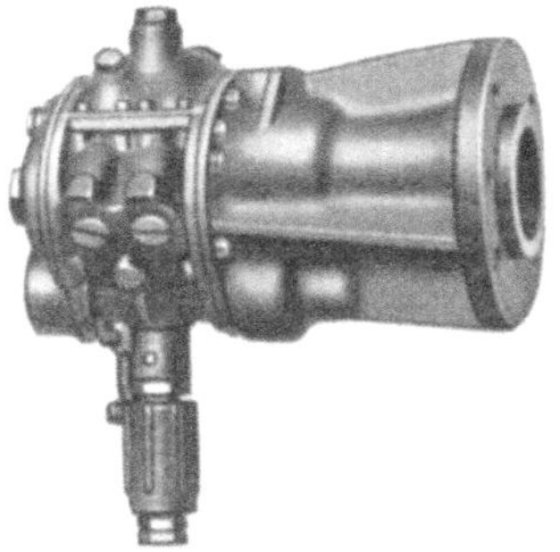

Abb. 298

Zu diesen Motoren verwenden wir die eigentlichen Antriebsmotore von unseren verschiedenen Druckluft-Bohrmaschinen-Typen. Die Motore eignen sich zum Antrieb von Lokomotiv-Drehscheiben, Förderbändern, Ventilatoren, Absperrschiebern, Wasserpumpen als Steuermotoren für Schiffsmaschinen, Zement-Mischmaschinen etc. Wir können die Motoren in Sonderausführung für verschiedene Befestigungsarten und zwar als Flanschmotoren nach Abbildung 298, als Lager-Motoren nach Abbildung 300 und als Standmotoren nach Abbildung 299 liefern.

Abb. 299

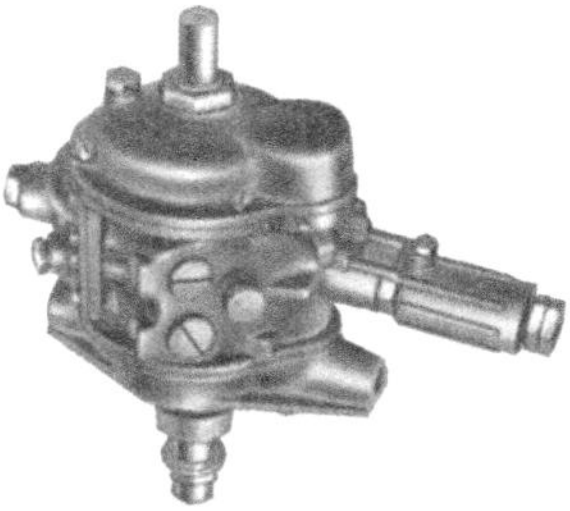

Abb. 300

Arbeitsweise der Steuerung	Seite 56 Abb. 32
Verwendungsgebiete	Seite 90
Leistungsumfang und Größe	Auf Anfrage
Pflege- und Gebrauchsanweisung	Seite 139

FMA-Sandsiebmaschinen Type SS

Abb. 301

Leistung pro Stunde	Luft-verbrauch	Sieb-durchmesser	Lichte Weite des Schlauches	Gewicht
1—3 cbm	ca. 0,6 cbm	600 mm	10 mm	160 kg

FMA-Druckluft-Nietfeuer

Abb. 302

Luftverbrauch etwa 0,1 cbm freie Luft pro Minute

Unsere normale Ausführung besteht aus einer in 5 mm starkem Stahlblech gepreßten kugelförmigen Schale für die Feuerung und einem kräftigen Gestell von Winkeleisen mit Rädern und Handgriffen für den Transport. Schnelle und gleichmäßige Erwärmung der Nieten ohne Stichflamme ist insofern gewährleistet, als das mit strahlenförmigen Schlitzen versehene Esseisen den Wind gleichmäßig über die reichlich bemessene Heizfläche verteilt, wobei ein Verbrennen ausgeschlossen ist. Unmittelbar im Anschluß an die Preßluftleitung sitzt ein Injektor, der die Luft von 6 at. auf den für Nietfeuer notwendigen Druck umformt und dessen Düse auf jede gewünschte Windstärke eingestellt werden kann. Mittels einer drehbaren Klappe können Asche und Schlacke leicht entfernt werden, wodurch ein gleichmäßiger Betrieb gewährleistet ist. Esseisen und Injektor und beide Verbindungsstücke sind austauschbar. Als Brennmaterial wird Kohle oder Koks verwendet.

FMA-Druckluft-Messer

Abb. 303

Eine genaue Gebrauchsanweisung zur Behandlung des Luftmessers wird jedem Apparat beigegeben. Im Interesse der Haltbarkeit und eines stets ordnungsmäßigen Funktionierens ist es erforderlich, daß das Absperrventil sowohl bei Beginn, als auch bei Beendigung der Messung nur langsam geöffnet bzw. geschlossen wird, um heftige Luftstöße auf den Apparat zu vermeiden. Auf eine gute und eine ausreichende Schmierung beim Arbeiten des Messers ist ebenfalls zu achten, und ist der Kompressionsöler hierzu mit gutem, dünnflüssigem harzfreiem Öl zu füllen und alsdann die Ölabgabe in richtiger Weise zu regulieren.

Größe . . . . Nr.	1	2	3
Lichter Durchgang . . . . mm	15	20	30
Rohranschluß des Gasgewindes . .	1/2"	3/4"	1 1/4"
Schlauchanschluß	Moment-Kupplung 42 mm Nockenabstand		
Leistung min. freie Luft . . . . . m^3	0,06	0,09	0,12
Leistung max. freie Luft . . . . m^3	1,2	1,8	2,7
Länge . . . . mm	365	430	525
Breite . . . . mm	140	180	210
Höhe . . . . mm	160	190	210
Gewicht . . . . netto kg	6	9	14
Gewicht . . . . brutto kg	14	18	22

Die in der Tabelle angegebenen Maximalleistungen sollen nicht überschritten werden. Jede höhere Beanspruchung geschieht auf Kosten der Haltbarkeit des Messers und der Genauigkeit der Messungen. Die kleinste von dem Zifferblatt der Luftmesser abzulesende Menge Preßluft beträgt 1 Liter. Nach Durchfluß der größten Menge von 1000 cbm beginnt der Messer von neuem zu zählen. Das Zählwerk zeigt jeweils das durchgegangene Luftquantum in komprimierter Luft an, ist also gegebenenfalls in frei angesaugte Luft umzurechnen.

Beispiel: Durchgegangenes Luftquantum während einer Zeiteinheit war 5000 Liter. Die Luft passierte den Messer laut Manometer ständig mit 6 Atm. Überdruck. Mithin $6 + 1 = 7 \times 500 = 3500$ Liter (3,5 m^3) frei angesaugte Luft von atmosphärischer Spannung oder 0 Atm. Überdruck.

FMA-Druckluft-Blasdüsen „HERMETIKUS"

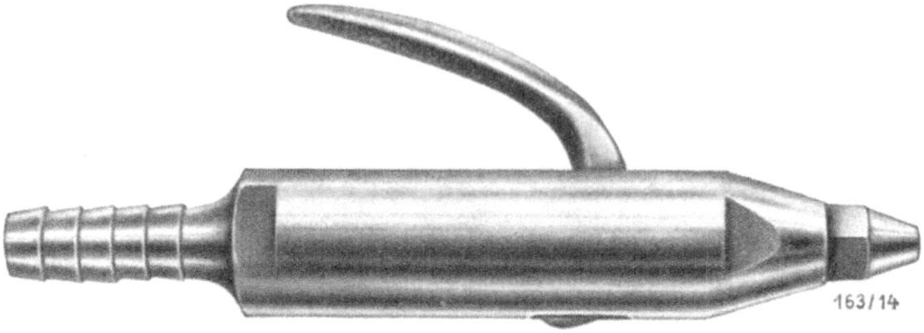

2/3 nat. Größe

Abb. 304

Die Tatsache, daß der Abblasehahn „HERMETIKUS" in verblüffend kurzer Zeit bei Hunderten von Betrieben Eingang gefunden hat und daß überall, wo der Hahn ausprobiert wird, auch stets die allgemeine Einführung desselben folgt, sind Belege für die überlegenen Eigenschaften des Apparates.

„HERMETIKUS" ist besonders gekennzeichnet durch die überaus praktische und handliche Form, die leichte und äußerst feine Regulierbarkeit des Luftdurchlasses und insbesondere durch das unbedingt zuverlässige Dichthalten.

Das Zerstören zarter Formenkonturen durch zu plötzlichen Luftdruck ist bei „HERMETIKUS" vollkommen ausgeschlossen.

Abb. 305

Sie vermeiden Verluste

wenn Sie Ihre Abblasehähne durch Eintauchen in Wasser auf Dichthalten prüfen.

Vergleiche werden stets zu Gunsten von „HERMETIKUS" ausfallen.

Abb. 306

Verwendungsgebiete .. .. Seite 74 Abb. 98—101

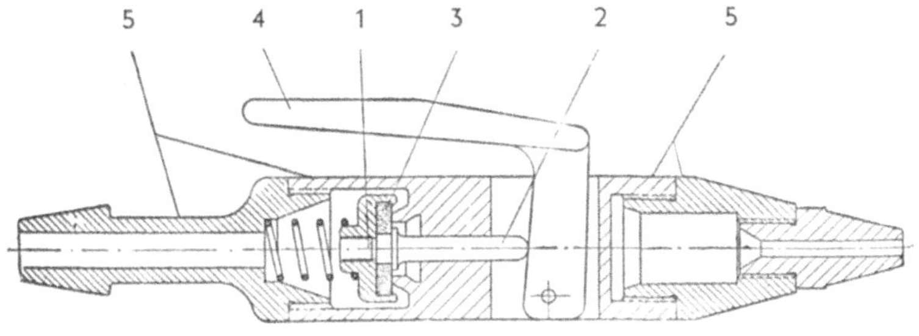

Abb. 307

Fünf Punkte sind von besonderer Bedeutung:

Lage des Ventils: Zweckmäßig — in Richtung der Längsachse des Hahnes! Konzentrisch schließend! Luftdurchlaß allseitig gleichmäßig! Keine einseitige Abnützung der Dichtungsflächen!

Einbau des Ventils: Ventil vollständig — auch Führungsstift innenliegend, gegen jede Beschädigung geschützt!

Ventil-Dichtung: Spezial-Gummikompositionsscheibe, vertieft und gesichert im Ventilteller liegend, jahrelang einwandfrei dichthaltend!

Ventil-Betätigung: Durch mehrfach übersetzten Winkelhebel, feinfühlig regelbar! (Der Hebel dient gleichzeitig als Haken zum Aufhängen.)

Äußere Form: Leicht, schlank, handlich, durch Längseinbau des Ventils reine Zweckform! Außer dem Hebel keine hervorstehenden Teile.

Tab. 27

Abmessungen:

Außendurchmesser des Hahns	mm	24
Ganze Länge mit Anschlußdüse	,,	150
Ganze Länge ohne Anschlußdüse	,,	100
Verlängerungsdüse zum Auswechseln, ganze Länge	,,	150
Normale Bohrung der Düsen	,,	3
Gewicht	ca. kg	0,3

Die Preßluft-Blasdüse „HERMETIKUS“

hat sich vor allem in Gießereien bewährt und wird an kleineren und mittleren Formmaschinen verwendet. Beim Formen und Kernmachen dient der Apparat zum Abblasen der Modellplatten, Modelle, Formen, Kerne, Kokillen, ferner zum Ausblasen von Formen und Kernbüchsen. Er wird auch zum Ausblasen bzw. Reinigen von Maschinen und Motoren verwendet.

Die Verwendungsmöglichkeit erfährt eine wesentliche Erweiterung durch die **Verlängerungsdüse** und durch den Zerstäuberaufsatz.

Die **Verlängerungs-Blasdüse** wird an Stelle der normalen Düse eingeschraubt und er-

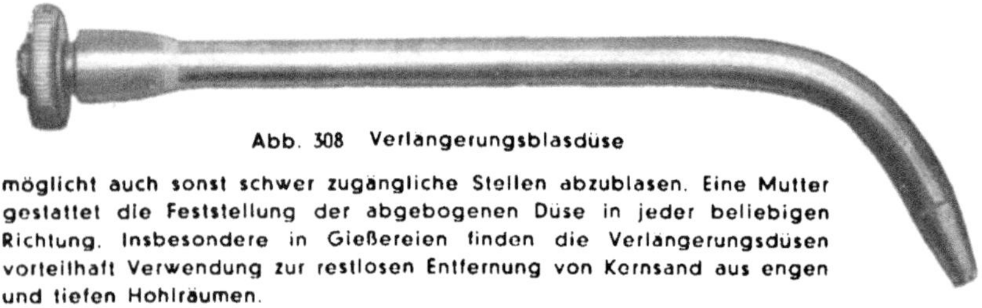

Abb. 308 Verlängerungsblasdüse

möglicht auch sonst schwer zugängliche Stellen abzublasen. Eine Mutter gestattet die Feststellung der abgebogenen Düse in jeder beliebigen Richtung. Insbesondere in Gießereien finden die Verlängerungsdüsen vorteilhaft Verwendung zur restlosen Entfernung von Kernsand aus engen und tiefen Hohlräumen.

Der **Zerstäuberaufsatz** wird in einfachster Weise durch eine Art Bajonettverschluß, wie in untenstehender Abbildung ersichtlich, auf dem Apparat befestigt.

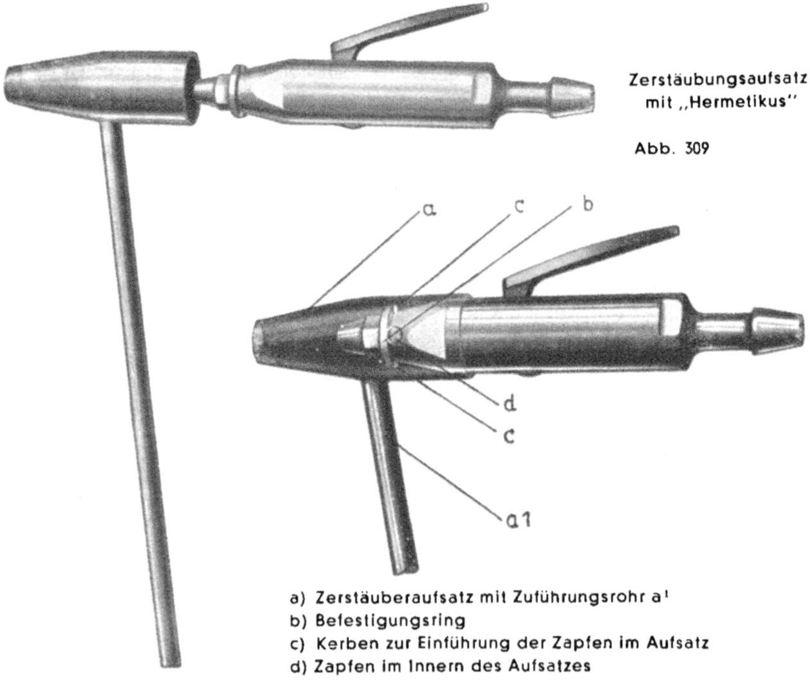

Zerstäubungsaufsatz mit „Hermetikus“

Abb. 309

a) Zerstäuberaufsatz mit Zuführungsrohr a[1]
b) Befestigungsring
c) Kerben zur Einführung der Zapfen im Aufsatz
d) Zapfen im Innern des Aufsatzes

Mittels der normalen Düse wird ein mit zwei Kerben versehener Ring vorn aufgeschraubt. Zwei Stifte, die sich im Innern des Aufsatzes befinden, werden durch die vorbezeichneten Kerben geschoben und der Aufsatz dann durch eine kurze Drehung fest aufgepaßt. Alles Nähere ist aus der vorstehenden Abbildung ersichtlich. Das Aufsetzen und Abnehmen des Zerstäuberaufsatzes ist das Werk eines Augenblicks.

Durch den Zerstäuberaufsatz ergeben sich für „HERMETIKUS" folgende Verwendungsmöglichkeiten:

Schwärzen von Formen, Kernen, Kokillen usw., Anfeuchten von ausgetrockneten Formen oder Kernen

Einstäuben von hohen senkrechten Formwänden (Naßguß)

Anblasen von Modellen, Platten, Maschinen usw. mit Petroleum

Entfernen von Staub, Sand usw. aus schon mit Kernen versehenen Formen.

Abb. 310 Anfeuchten einer Form mit dem Zerstäuber

Das Saugrohr kann in ein Gefäß eingetaucht werden, das mit der linken Hand gehalten wird und in welchem die zu zerstäubende Flüssigkeit enthalten ist, oder aber das Saugrohr wird durch einen Schlauch verlängert, so daß aus einem am Boden stehenden Gefäß die zu zerstäubende Flüssigkeit aufgenommen werden kann. Die Saugwirkung wird durch die mit großer Geschwindigkeit dem Auslauf der Düse zuströmende Preßluft erzielt. Die dem „HERMETIKUS"-Zerstäuber eigentümliche feine Zerstäubung ergibt sich durch die im vorderen Teil des Aufsatzes untergebrachte Zerstäubungskammer.

FMA - Rohrleitungs - Ausrüstung

Lukra-Armaturen

Hähne mit geradem Durchgang

Z 512
Einfach-Lukrahahn

Abb. 311

Z 530
Doppel-Lukrahahn
mit Kugelstück Z 507

Abb. 312

Z 510
Doppel-Lukrahahn
mit Kugelstück Z 507

Abb. 313

Hähne mit gebogenem Durchgang

Z 498
Einfach-Lukrahahn

Abb. 314

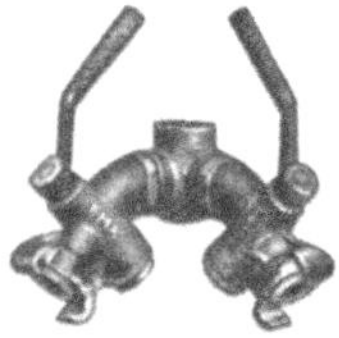

Z 499
Doppel-Lukrahahn
mit Kugeleckstück Z 504

Abb. 315

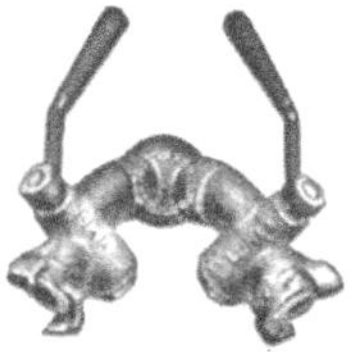

Z 509
Doppel-Lukrahahn
mit Kugeleckstück Z 504

Abb. 316

Z 501
Doppel-Lukrahahn
mit Kugel-T-Stück Z 508

Abb. 317

Z 503
Doppel-Lukrahahn
mit Kugelstück Z 507

Abb. 318

Z 500
Dreifach-Lukrahahn
mit Kugelkreuzstück Z 505

Abb. 319

Z 502
Vierfach-Lukrahahn
mit Kugelkreuzstück Z 506

Abb. 320

Sämtliche Lukrahähne besitzen 1 Zoll Gasgewinde-Anschluß
Der Einfachhahn hat Außengewinde, die übrigen Lukrahähne Innengewinde

FMA-Rohrleitungs-Ausrüstung

Kugelstücke für Lukrahähne

Z 504 Kugeleckstück — Z 508 Kugel-T-Stück — Z 507 Kugelstück

Abb. 321

Z 505
Kugelkreuzstück

Abb. 323

Z 506
Kugelkreuzstück

Abzweigstück

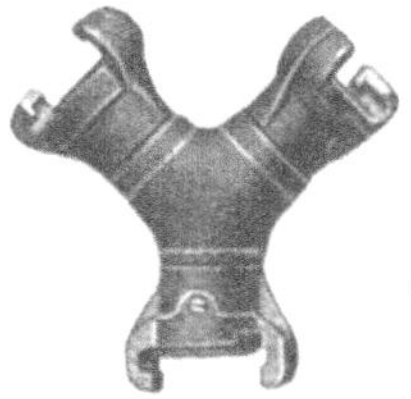

Abb. 322

Z 284

($^3/_4$" Gasgewinde für Kupplung) ist das Zwischenglied einer einfachen Rohr- bzw. Schlauchleitung und der gewünschten doppelten Schlauchanschlüsse für **zwei** Entnahmestellen.

Abb. 324

Kupplungshälften mit Außengewinde

Diese Kupplungshälften mit Momentverschluß werden vielfach in die Preßluftwerkzeuge an Stelle von Schlauchtüllen, ferner in Rohrleitungen, vor Behälter, Ventile, Hähne usw. eingeschraubt.

Gasgewinde . . .	$^1/_4$"	$^3/_8$"	$^1/_2$"	$^3/_4$"	1"
Bohrung . . . mm	7	10	12	17	19
Lager Nr. aus Eisen	ZE 78	ZE 79	ZE 81	ZE 83	ZE 85

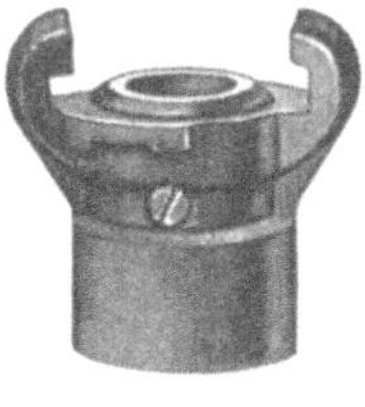

Abb. 325

Kupplungshälften mit Innengewinde

Diese Kupplungshälften mit Momentverschluß werden vielfach in die Preßluftwerkzeuge an Stelle von Schlauchtüllen, ferner in Rohrleitungen, vor Behälter, Ventile, Hähne usw. eingeschraubt.

Gasgewinde . . .	$^1/_4$"	$^3/_8$"	$^1/_2$"	$^3/_4$"	1"
Lager Nr. aus Eisen	ZE 89	ZE 91	ZE 93	ZE 95	ZE 97

Abb. 326

Kupplungshälften mit Tülle

Lichte Weite d. Schl.	10	13	16	19	22	25
Äuß. Durchm. d. Tülle	12	15	18	21,5	24,5	27,5
Bohrung . . . . mm	7	10	13	16	19	22
Lager Nr. aus Eisen	ZE 71	ZE 73	ZE 75	ZE 77	ZE 127	ZE 145

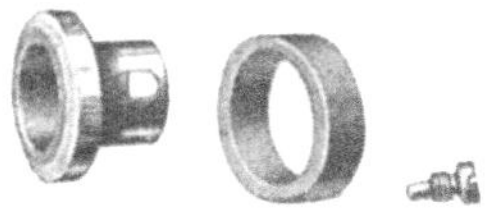

Metallhülse A 42 — Gummiring A 44 — Schraube A 63

Abb. 327

Ersatzteile für Kupplungshälften

Diese Ersatzteile passen für sämtl. Kupplungshälften, auch für solche die in den Lukra-Einfach und Doppelhähnen Verwendung finden.

Doppel-Konushähne.

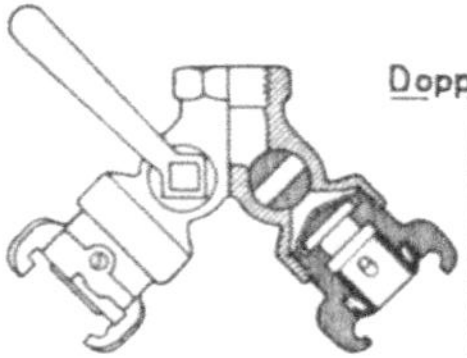

	Ohne Sieb
Gewinde am Eintritt	1"
" für Kupplung	3/4"
lichter Durchgang m/m	19
Lager N°	A56
Sieb dazu	

Abzweigstück Z 284.

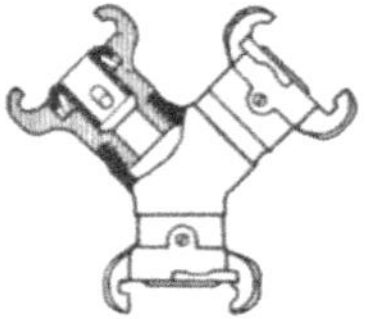

20447
5652

Kupplungshälften mit Tülle.

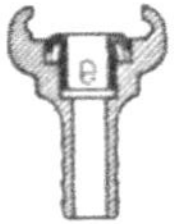

Lichte Weite des Schl.		10	13	16	19	22	25
äuß. Durchm. d. Tülle		12	15	18	21,5	24,5	27,5
Bohrung		7	10	13	16	19	22
Lager N°	aus Messing	Z_M71	Z_M73	Z_M75	Z_M77	Z_M127	Z_M145
	aus Eisen	Z_E71	Z_E73	Z_E75	Z_E77	Z_E127	Z_E145

Ersatzteile für Kupplungshälften.

Metall-Hülse	A42
Gummiring	A44
Schraube	A63

Einfach-Konushähne.

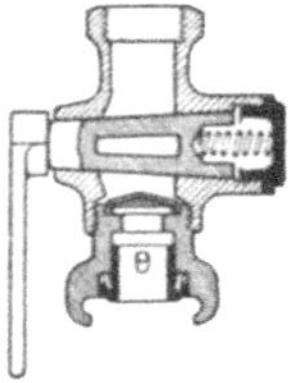

	Ohne Sieb
Gewinde am Eintritt	1"
" für Kupplung	3/4"
lichter Durchgang m/m	19
Lager N°	A49
Sieb dazu	

Verschlusskappe Z 307.

Konus-Hähne.

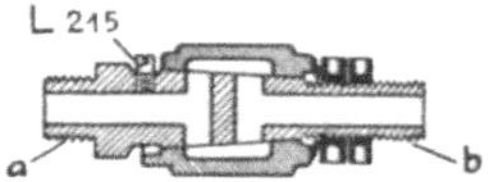

Gewinde a		1/2"	5/8"	3/4"	7/8"
" b		3/8"	1/2"	5/8"	3/4"
Bohrung		10	13	16	19
6 kt. f. Schlüssel		25	28	32	39
Lager N°		Z 174	Z 175	Z 176	Z 177
Einzelteile	Hahnkörper	Z 178	Z 181	Z 184	Z 187
	Hahnhülse	Z 179	Z 182	Z 185	Z 188
	Federscheibe	L 519	L 520	L 522	L 524
	Gegenmutter	Z 180	Z 183	Z 186	Z 189

Kupplungshälften mit Aussengewinde.

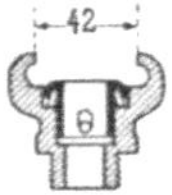

Gewinde		1/4"	3/8"	1/2"	3/4"	1"	1 1/8"	
Bohrung		7	10	12	17	19	19	
Lager N°	aus Messing	Z_M78	Z_M79	Z_M81	Z_M83	Z_M85	Z_M87	
	aus Eisen	Z_E78	Z_E79	Z_E81	Z_E83	Z_E85	Z_E87	

Kupplungshälften mit Innengewinde.

Gewinde		1/4"	3/8"	1/2"	3/4"	7/8"	1"	1 1/4"
Lager N°	aus Messing	Z_M89	Z_M91	Z_M93	Z_M95		Z_M97	
	aus Eisen	Z_E89	Z_E91	Z_E93	Z_E95	Z_E155	Z_E97	Z305

20478
5653

Siebe.

Für Hähne mit einem Durchgang von m/m	19
Innen & Außengewinde	3/4"
Lager N°	Z 273
Sieb dazu	A 124

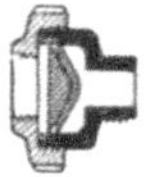

FMA-Rohrleitungs-Ausrüstung

Abb. 328 Abb. 329 Abb. 330

Preßluftschläuche

Ohne Umwicklung	Lichte Weite	10	13	16	19	25
	Äußerer ∅	18	21	24	27	33
	Lager-Nr.	A 71	A 72	A 73	A 74	A 75
Mit Draht-Umwicklung	Lichte Weite	10	13	16	19	25
	Äußerer ∅	18	21	24	27	33
	Lager-Nr.	A 76	A 77	A 78	A 79	A 80
Mit Teerkordel-Umklöppe-lung	Lichte Weite	—	12	16	19	25
	Äußerer ∅	—	26	30	34	41
	Lager-Nr.	—	A 82	A 83	A 84	A 85

Abb. 331

Zweiteilige Schelle für Teerkordelschlauch

Für äußeren Schlauch ∅ von mm	26 bis 28	29 bis 32	33 bis 37	38 bis 42
Lager-Nr.	A 68	A 69	A 240	A 167

Universal-Schlauchbinder A 334

für Preßluftschläuche

Tabelle zur Feststellung der Bandlänge

Abb. 332

Äußerer Schlauch ∅ in mm	15 bis 16	17 bis 19	20 bis 22	23 bis 25	26 bis 28
Bandlänge in mm	140	160	180	200	220
Äußerer Schlauch ∅ in mm	29 bis 32	33 bis 37	38 bis 42	43 bis 47	48 bis 52
Bandlänge in mm	250	280	310	350	380

Schlauchschellen

Einteilige Schelle für Schlauch ohne Umwicklung

Abb. 333

Für äußeren Schlauch ∅ von mm	15 bis 16	17 bis 19	20 bis 22	23 bis 25	26 bis 28
Lager-Nr.	A 58	A 64	A 65	A 66	A 67

Aussengewinde	3/8"	1/2"		3/4"	1"
Innengewinde	1/4"	3/8"		1/2"	3/4"
6 kt. für Schlüssel	19	22		28	35
Lager N°	Z125	Z126		L430	Z190

Glatte Nippel.

Gewinde	1/4"	3/8"	1/2"		3/4"	1"
Bohrung	7	10	13		19	26
Länge	27	30	35		40	47
Lager N°	L427	Z124	L413		L424	Z288

Nippel mit Bund.

Gewinde	3/8"	1/2"	1/2"	1/2"		3/4"		27,5 Ø 14 Gg.
	1/4"	1/4"	3/8"	1/2"		1/2"		3/4"
Schlüsselweite	19	22	22	22		28		28
Bohrung	7	7	10	13		13		19
Länge	34	37	40	42		46		50
Lager N°	Z122	L422	L433	Z311		L432		Z123

Gas T Stücke.

Gewinde	1/4"	3/8"	1/2"		3/4"	1"
Lager N°	A266	A267	A268		A269	Z332

Reduzier T Stücke.

Gewinde	3/8"	1/2"		3/4"		1"
	1/4"	3/8"		1/2"		3/4"
Lager N°	A264	A265		L411		Z335

Gas Verschlußkappen.

Gewinde	1/4"	3/8"	1/2"		3/4	1"
Lager N°	A294	A295	A296		L410	Z337

20478
5653

Für Hähne mit einem Durchgang von m/m	19
Innen & Außengewinde	3/4"
Lager N°	Z 273
Sieb dazu	A 124

Siebträger.

Außengewinde	3/8"	1/2"	1/2"	27,5 Ø 14 Gg.
Innengewinde	1/4"	1/4"	3/8"	1/2"
6 kt. für Schlüssel	19	22	22	28
Lager N°	M231	M112	M223	N104

Schlauchtüllen.

Für Schlauch l. W.	8	10	13	13	16	19		25
äuß. Durchm. d. T.	9,5	11,5	14,5	14,5	18	21		27,5
Gewinde	1/8"	1/4"	1/4"	3/8"	1/2"	3/4"		7/8"
Bohrung	5	7	8,5	10	13	16		22
6 kt. für Schlüssel	12	17	17	17	22	28		32
Lager N°	Z249	K117	M111	M224	N105	Z168		Z150

Siebträger mit Konus.

Gewinde a	3/8"	1/2"	27,5 Ø 14 Gg.
" b	3/8"	1/2"	3/4"
6 kt. für Schlüssel	19	22	28
Lager N°	M174	Z138	GB145

Schlauchtülle mit Konus.

Für Schlauch l. W.	10	13	16
äuß. Durchm. d. T.	11,5	14,5	18
Bohrung	7	10	13
Lager N°	M176	Z139	Z140

Drehbarer Anschluß.

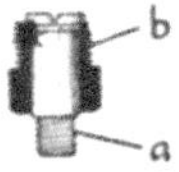

Gewinde a	1/4"	3/8"
" b	1/2"	27,5 Ø 14 Gg.
Bohrung d. Drehzapfens	7,5	11,5
Lager N°: - - a	Z116	Z114
- d. Lagerschr. b	Z115	Z113

Kniestücke.

Gewinde	1/4	3/8
Lager N°:	Z263	Z264

20483
5655

Gaskrümmer.

Gewinde	1/4"	3/8"	1/2"		3/4"	1"
Lager N°:	L426	L408	L414		A291	Z327

Reduzierkrümmer.

Gewinde	3/8"	1/2"		3/4"		1"
	1/4"	3/8"		1/2"		3/4"
Lager N°:	A292	L409		A293		Z330

Schlauchtülle mit Bund.

Für Schlauch l. W.	10	13	16
äuß. Durchm. d. T.	11,5	14,5	18
Bohrung	7	10	13
Lager N°:	Z312	Z313	Z314

Oberwurfmutter.

Gewinde	3/8"	1/2"		3/4"
6 Kt. für Schlüssel	19	25		32
Lager N°:	M177	Z141		Z120

Doppel-Schlauchtülle.

Für Schlauch l. W.	10	13	16	19
äuß. Durchm. d. T.	11,5	14,5	18	21
Bohrung	8	11	14	17
Lager N°:	Z134	Z135	Z136	Z137

20460
5654

Verschlußschrauben.

Gewinde	1/4"	3/8"	1/2"	3/4"	3/4"
Gewindelänge	9	10	15	14	19
6 kt. für Schlüssel	17	19	25	28	32
Lager N°:	Z128	Z129	Z130	Z131	Z289

20471
5656

Glatte Muffen.

Gewinde	1/4"	3/8"	1/2		3/4"	1"
äußerer Ø	20	23	28		32	40
Länge	30	32	38		42	50
Lager N°:	Z121	L428	L402		L406	Z323

Reduziermuffen.

Gewinde	3/8"	1/2"	1/2"		3/4"		27,5 Ø 14 Gg.	27,5 Ø 14 Gg.		27,5 Ø 14 Gg.	1"	1 1/4"
	1/4"	1/4"	3/8"		1/2"		3/8"	1/2"		3/4"	3/4"	1"
äußerer Ø	23	28	28		32		35	35		35	40	58
Länge	35	37	38		43		44	46		48	50	33
Lager N°:	L401	L429	L403		L404		Z151	L407		L405	Z324	Z304

Tab. 28

FMA - Einsteckwerkzeuge
Ausgearbeitete Meißel

L.Nr.	LAGER Nr.	SCHNEIDENFORM:	ART DER VERWENDNG:	SCHAFTFORM	FÜR HAMMERTYPEN:
1	M 205	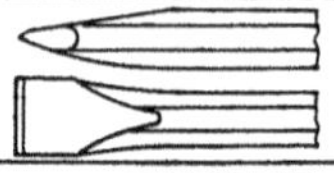	FLACHMEISSEL FÜR SCHMIEDEEISEN UND GUSS.	M 151	M 91 — M 94 MH 21 — MH 23 H 20 — H 23 H 24 b — H 28 b
2	M 248	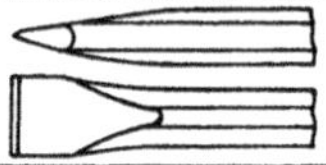		M 240	H 26 Nb–H 28 Nb
3	M 188	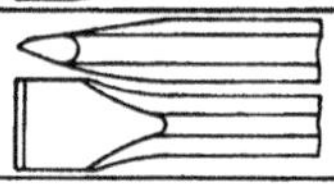		H 113	N 87 — N 88 H 5 — H 7
4	M 215			M 202	M 18 — M 19 H 58 — H 59 H 60a
5	M 216	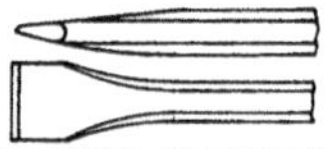		M 200	M 95 — M 96 M 17
6	M 208	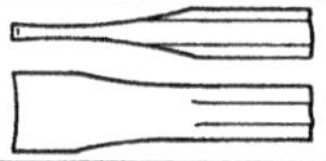	ZUM DURCHSCHNEIDEN VON BLECHEN UND DÜNNWANDIGEN ROHREN BIS ETWA 5 mm STÄRKE.	M 151	M 91 — M 94 MH 21 — MH 23 H 24 — H 28 H 20 — H 22
7	M 209		ZUM AUSMEISSELN DER SCHLECHTEN STELLEN AN GUSSBARREN.	M 151	
8	M 206	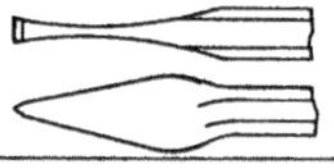	KREUZMEISSEL FÜR SCHMIEDEEISEN UND GUSS.	M 151	
9	M 207		SPEZIALMEISSEL FÜR NIETEN UND HOHLKEHLEN.	M 151	
10	M 211		STEMM-MEISSEL FÜR NIETKÖPFE.	M 152	
11	M 213	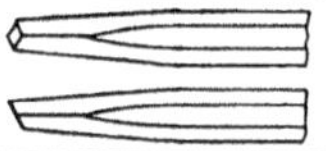	SPEZIALKREUZMEISSEL FÜR GUSSEISERNE ROHRE.	M 151	
12	M 210		STEMM-MEISSEL FÜR KESSELNÄHTE.	M 152	
13	M 212	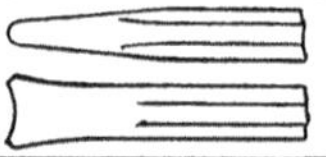	ZUM VORBÖRDELN FÜR SIEDEROHRE.	M 152	
14	M 212a	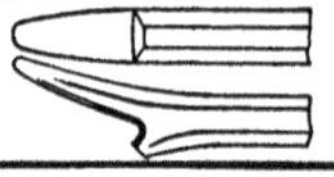	ZUM FERTIGBÖRDELN FÜR SIEDEROHRE.	M 152	FMA/POKORNY

Tab. 29

FMA - Einsteckwerkzeuge
Unausgearbeitete Meißel

L. Nr.	LAGER Nr.	ABMESSUNGEN	FÜR HÄMMERTYPEN
1	H 118	8 KANT 225 – 65 – 28 – 23	N 87 — N 88 H 5 — H 7 H 26 Nb – H 28 Nb
2	H 113	8 KANT 225 – 75 – 48 – 24 – 20 – 17	
3	RZ 690	RUND 230 – 65 – 43 – 27 – 38 – 17	
4	M 158	8 KANT 260 – 60 – 24 – 20	M 91 — M 94 MH 21 — MH 23 H 20 — H 23 H 24b — H 28b
5	M 152	8 KANT L – 60 – 19 – 17,5; M 152 L=200, M 152 a L=250, M 152 b L=320	
6	M 143	8 KANT 260 – 60 – 43 – 24 – 20 – 17,3	
7	M 151	8 KANT L – 60 – 43 – 19 – 17,3 – 14,9; M 151 L=200, M 151a L=250, M 151b L=320	
8	M 155	8 KANT 200 – 60 – 35 – 19 – 17,3 – 14,9; Konus d. Flächen 1:12, " d. Kegels 1:10,5	
9	M 240	8 KANT L – 24 – 16 – 33; M 240 L=240, M 240a L=290, M 240b L=350	
10	M 156	8 KANT 200 – 65 – 30 – 24 – 17,4; KONUS 1:8	
11	H 401	8 KANT 225 – 63,5 – 38 – 24 – 18,8 – 17; KONUS 1:7	
12	GB 467	8 KANT 225 – 85 – 21 – 13; KONUS 1:10	H 20 Gb – H 22 Gb H 24 Gb – H 27 Gb
13	GB 468	8 KANT 245 – 75 – 24 – 16; KONUS 1:10	
14	M 201	8 KANT 235 – 55 – 16,5 – 15	M 95 — M 96 M 17
15	M 200	8 KANT L – 55 – 40 – 20 – 16,5 – 15 – 12,5 – 12; M 200 L=175, M 200a L=225	
16	M 202	8 KANT L – 50 – 38 – 16,5 – 14 – 11,5 – 10,5 – 10; M 202 L=150, M 202a L=200	M 18 — M 19 H 58 — H 59 H 60 a
17	M 203	8 KANT 220 – 50 – 14 – 12,5	
18	H 165	4 KANT 200 – 40 – 25 – 10	H 60
19	VM 695	RUND 184 – 30 – 8 – 8	H 61
20	RVZ 1914	RUND 200 – 50 – 14 – 14,3	H 18b — H 19b

FMA/POKORNY

Tab. 30

FMA - Einsteckwerkzeuge

Ausgearbeitete Döpper für versenkte Nietköpfe

L.Nr.	LAGER Nr.	ABMESSUNGEN.	FÜR NIET-Ø	VORGEARB. DÖPPER.	HAMMER-TYPEN.	DÖPPERSTELLUNG BEIM NIETEN.
1	Z 265	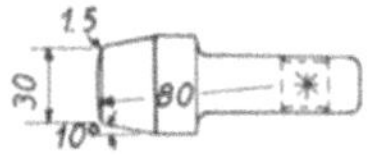	8-16	Z 163	N87 – N88 H5 – H7	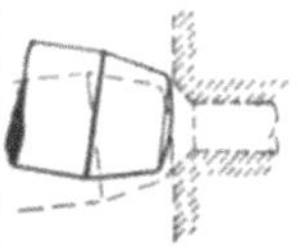
2	Z 266	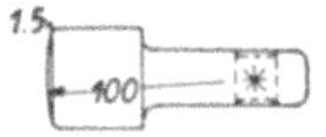	12-22	Z 163	H28Nb-26Nb G65	
3	Z 267	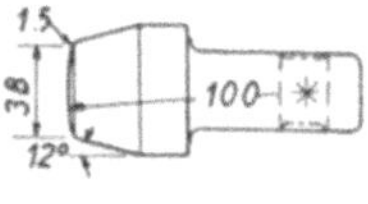	12-22	N 125a	N80-N84 N85 – N86 SP80-SP84 N49. G75	
4	Z 268	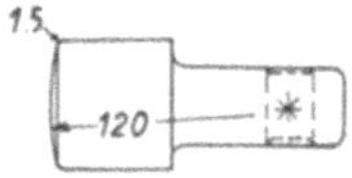	23-30	N 125a	G90 u. G130 H35b-H30b H30bE	✱MIT KLEMMRINGNUTEN NUR AUF AUSDRÜCKLICHEN WUNSCH. FMA/POKORNY

Meißelschäfte und Döpperschäfte

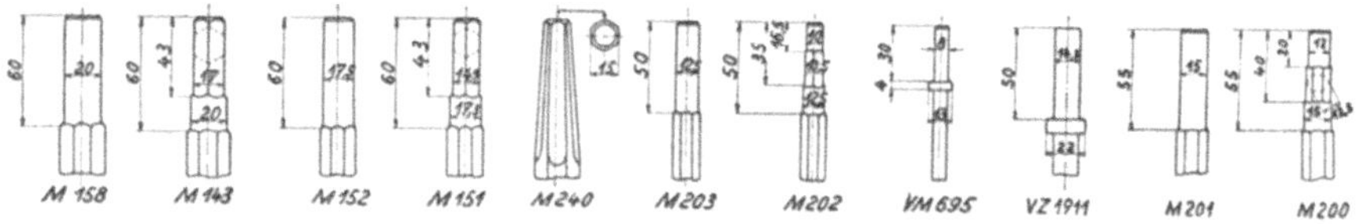

M 158 M 143 M 152 M 151 M 240 M 203 M 202 VM 695 VZ 1911 M 201 M 200

Tab. 31

FMA - Einsteckwerkzeuge

Unausgearbeitete Döpper und Döpperbefestigungen

DÖPPER					DÖPPERBEFESTIGUNGEN			HAMMER-
L.Nr	LAGER Nr	ABMESSUNGEN	d	l	L.Nr	LAGER Nr	ABMESSUNGEN	TYPEN
1	Z 474	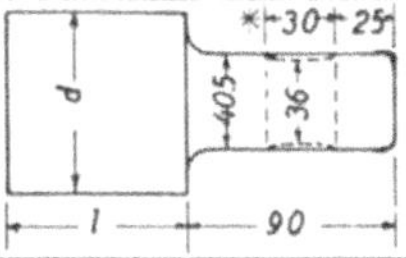	80	60	1	KLEMM-RING Z 470	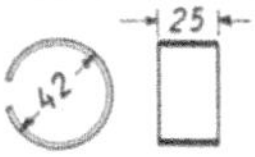	NH 00
2	Z 475		100	75				
3	Z 295	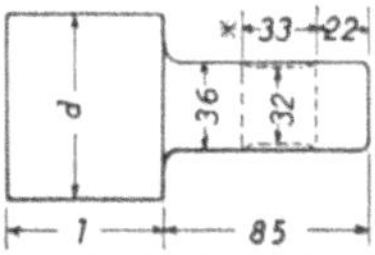	75	53	2	KLEMM-RING Z 296	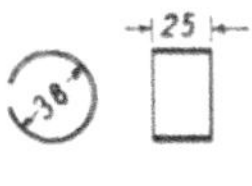	NH 02
4	Z 476		90	70				
5	N 125a	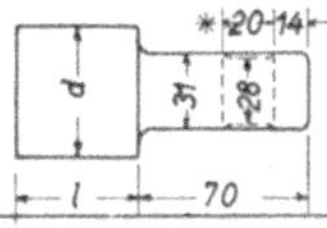	53	50	3	KLEMM-RING N 127		N80 – N84 N85 – N86 SP80 – SP84 N49. G75 G90 u. G130 SNO -SNII H35b-H30b H30bE
6	Z 59		60	52				
7	Z 60		70	55				
8	Z 403		80	60				
9	N 125b	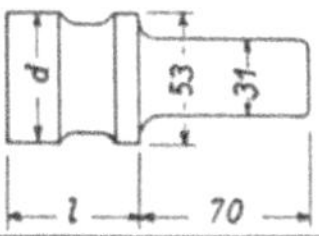	53	55	4	BLECH-SCHELLE N 179	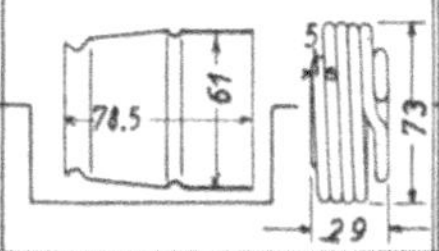	N85 – N86 SNO -SNI H35b – H30b H30bE
10	Z 61		60	62				
11	Z 62		70	70	5	DRAHT-SCHELLE N 129		N81 – N84 SP81 -SP84 SNII H30bE H35b-H30b
12	Z 467		80	80				
13	Z 163	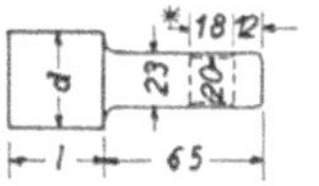	40	40	6	KLEMM-RING SN 152		N87 - N88 H5 - H7 G 65 SNIII - SNIV H28Nb-H26Nb
14	Z 464		45	45				
15	Z 468	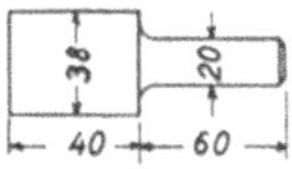						M91 - M94 MH21-MH23 H28b-H24b H20 -H23
16	Z 469	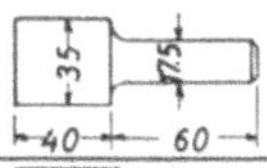						M91 - M94 MH21-MH23 H 28b H24b
17	Z 570	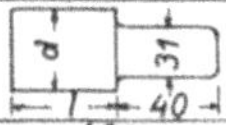	50	30				H30b Spez.
18	Z 511		60	32				H30bE Spez.
19	RVZ 1911	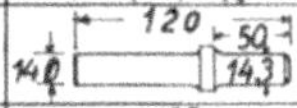						H18b-H19b
20	RVZ 1866							H58 - H60a
21	RVZ 1884						* MIT KLEMMRINGNUTEN NUR AUF AUSDRÜCKLICHEN WUNSCH	H61

FMA/POKORNY

Tab. 32

FMA-Einsteckwerkzeuge

Einsteckwerkzeuge mit rundem Schaft

12,5 mm Ø × 50 mm lang für Gesteins-Bearbeitung für Typen H 58-60 a

Pos.	Benennung und Verwendung	Stck. Nr.
1	Halbfertiger Meißel	GB 399
2	Hacker, mittel, für Fälze, Fasen usw.	GB 429
3	Stocker für Profil-Stockarbeiten	GB 428
4	Feinstocker für Profil-Stockarbeiten	GB 427
5	Mittelstocker für Profil-Stockarbeiten	GB 426
6	Grobstocker für Profil-Stockarbeiten	GB 425
7	Hacker, gekröpft, für Füllungen, Kaniesen usw. .	GB 424
8	Schlagnachzieheisen z. Schlagnachziehen	GB 423
9	Schlageisen z. Schlagvorziehen	GB 422
10	Nuteneisen für Nuten mit schmalem und breitem Grund	GB 421
11	Nuteneisen für besonders feine Bilhauerarbeiten	GB 420
12	Hacker, mittel, halbrund, für Hohlkehlen u. dergl.	GB 419
13	Hacker, grob, halbrund, für Hohlkehlen u. dergl.	GB 418
14	Hacker, fein, für Fälze, Fasen usw.	GB 417
15	Hacker, schräg, für Füllungen usw.	GB 416
16	Hacker, fein, halbrund, für Hohlkehlen usw. . . .	GB 415
17	Hacker, grob, für Fälze, Fasen usw.	GB 414
18	Beizeisen	GB 413
19	Zahneisen, halbrund, für weiches Gestein	GB 412
20	Zahneisen, spitz, für weiches Gestein	GB 411
21	Zahneisen, flach, für weiches Gestein	GB 410
22	Nuteneisen	GB 409
23	Zahneisen für weiches Gestein	GB 408
24	Hohlkehleneisen	GB 407
25	Scharriereisen für weiches Gestein	GB 406
26	Schlageisen	GB 405

Die Einsteckwerkzeuge zu den Hämmern werden nur auf besonderen Wunsch mitgeliefert.

FMA-Einsteckwerkzeuge

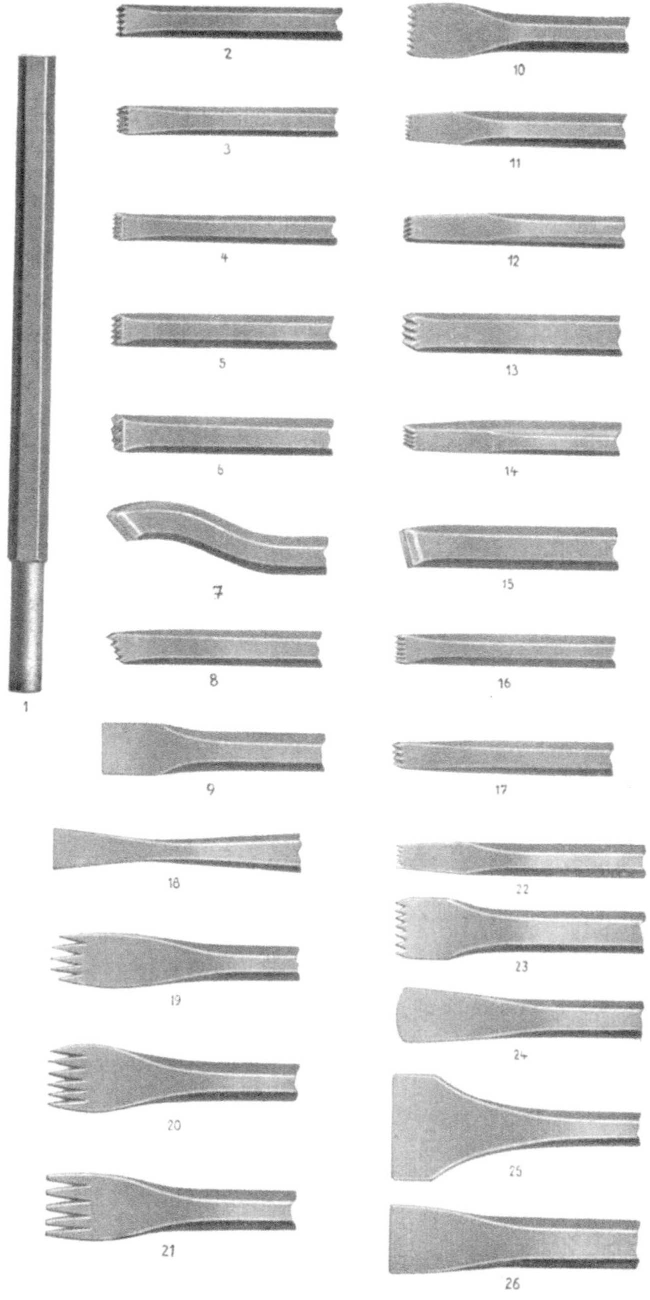

20

FMA-Einsteckwerkzeuge

Einsteckwerkzeuge mit Sechskantschaft

Für Aufbrucharbeiten von Beton- und Asphaltstraßen, zum Aufreißen von Holz- und Steinpflaster, zum Abtragen von Betonfundamenten, Mauerwerk usw.

Z 681 Spitzeisen

Z 700 3 Kant-Keileisen

Z 701 4 Kant-Keileisen

Z 703 Keileisen mit Flachschneide

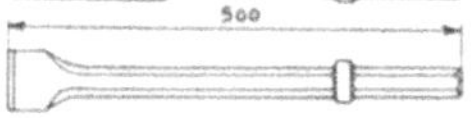

Z 696 Flachmeißel

Für Aufbrucharbeiten von mit Geröll durchsetztem Erdreich und für gefrorenen Erdboden.

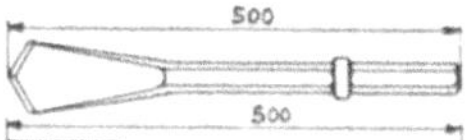

Z 692 Spatenmeißel

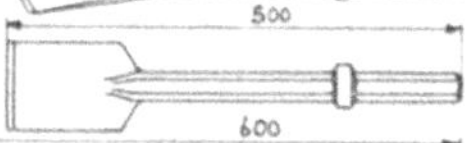

Z 695 Spaten

Z 693 Grabstahl

Für Stampfarbeiten bei Straßen-Aufbruch. Außerdem geeignet für Kleinpflaster-Rammarbeiten.

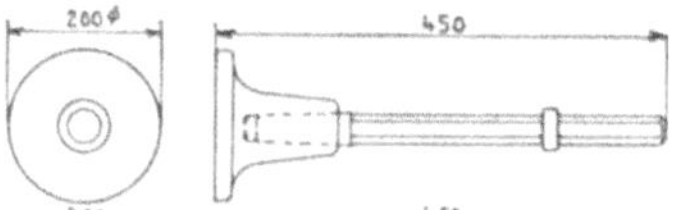

Z 689 Stampfplatte mit Aufsteckdorn Z 688

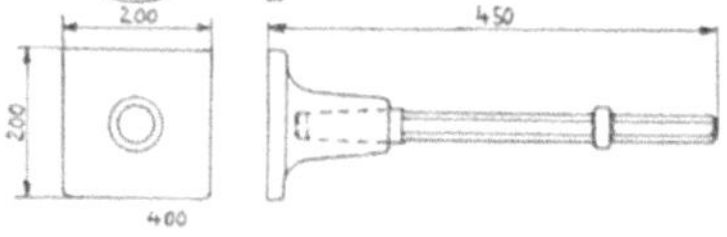

VZ 1864 Stampfplatte mit Z 688

Der Apparat wird mittels Kette und Griff über die zu stampfende Ebene gezogen. Die schweren Schläge des Hammers komprimieren die Betonschicht besonders fest. Die Qualität und Arbeitsleistung ist gegenüber den bisherigen Stampfverfahren als vollendet zu bezeichnen. Das Stampfwerkzeug wird ohne Arbeitsunterbrechungen über die Betonstraßen gezogen.

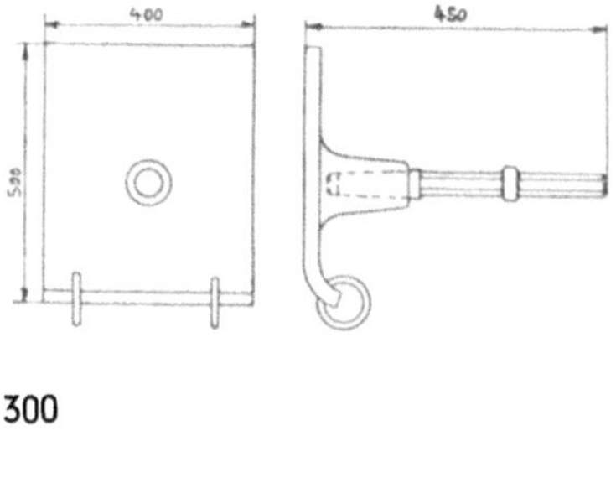

Z 694 Zugstampfplatte mit Z 688

FMA - Einsteckwerkzeuge

Tab. 33

Ausgearbeitete Döpper für Halbrundniete.

Nach den Deutschen Industrie Normalien (DIN 123.124.660)

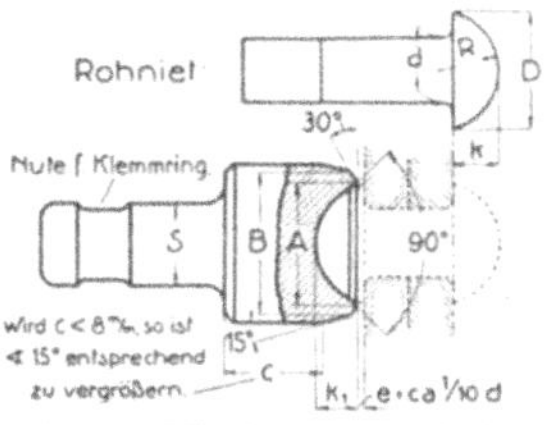

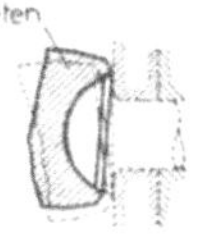

Für Nietmaschinen ist der Döpper in voller Form auszuarbeiten, da hierbei keine schrägen Döpperstellungen möglich sind.

Kesselbau: Roh-Niet ⌀ = d	Kesselbau: Geschlag. Niet⌀ (Loch⌀)	Eisenbau: Roh-Niet ⌀ = d	Eisenbau: Geschlag. Niet⌀ (Loch⌀)	Zeichen der Döpper	D	R	k	k_1	e	A	B
Gleiche Niete wie für Eisenbau.	(siehe auch Blechniete DIN 660)	6	6,3	6K u. 6E	10,5	5,5	4	3,4	0,6	10,7	16
		(7)	7,4	7K u. 7E	12	6,3	4,5	3,8	0,7	12,2	17,5
		8	8,5	8K u. 8E	14	7,2	5,5	4,7	0,8	14,3	20
		(9)	9,5	9K u. 9E	15,5	8	6	5,1	0,9	15,8	21,5
–	–	10	11	10E	16	8	6,5	5,5	1	16,3	22,3
10	11	–	–	10K	18	9,5	7	6	1	18,5	24,5
–	–	13	14	13E	21	11	8,5	7,2	1,3	21,5	28
13	14	–	–	13K	23	12	9	7,7	1,3	23,5	30
–	–	16	17	16E	26	13,5	10	8,4	1,6	27	34,5
16	17	19	20	16K bzw. 19E	30	15,5	12	10,4	1,6	31	38
19	20	22	23	19K bzw. 22E	35	18	14	12,1	1,9	36	44
22	23	25	26	22K bzw. 25E	40	20,5	16	13,8	2,2	41,5	50
25	26	28	29	25K bzw. 28E	45	23	18	15,5	2,5	46,5	55,5
28	29	31	32	28K bzw. 31E	50	25,5	20	17,2	2,8	51,5	61
31	32	34	35	31K bzw. 34E	55	28	22	18,9	3,1	56,5	67
34	35	37	38	34K bzw. 37E	60	30,5	24	20,6	3,4	61,5	72,5
37	38	–	–	37K	67	34,5	26	22,3	3,7	69	80
–	–	40	41	40E	64	32,5	26	22	4	65,5	77,5
40	41	–	–	40K	72	37	28	24	4	74	86
–	–	43	44	43E	69	35,5	28	23,7	4,3	71	83,5
43	44	–	–	43K	77	40	30	25,7	4,3	79	91,5
–	–	46	47	46E	74	38,5	30	25,4	4,6	76	89
46	47	–	–	46K	83	43	32	27,4	4,6	85	98

Lager Nº für verschiedene Schäfte

Zeichen der Döpper	S = 40,5 unausgearb.	S = 40,5 ausgearbeitet	S = 36 unausgearb.	S = 36 ausgearbeitet	S = 31 unausgearb.	S = 31 ausgearbeitet	S = 23 unausgearb.	S = 23 ausgearbeitet	S = 20 unausgearb.	S = 20 ausgearbeitet	S = 17,5 unausgearb.	S = 17,5 ausgearbeitet
6K u. 6E											Z469	Z485 mit Angabe des Döpperzeichens
7K u. 7E											Z469	
8K u. 8E									Z468	Z484 mit Angabe des Döpperzeichens	Z469	
9K u. 9E							Z163	Z199 mit Angabe des Döpperzeichens	Z468		Z469	
10E					N125a	Z221	Z163		Z468		Z469	
10K					N125a	Z218	Z163		Z468		Z469	
13E					N125a	Z222	Z163		Z468		Z469	
13K					N125a	Z219	Z163		Z468		Z469	
16E					N125a	Z215	Z163		Z468		Z469	
16K bzw. 19E					N125a	Z224	Z163		Z468			
19K bzw. 22E					N125a	Z225	Z464					
22K bzw. 25E			Z295	Z478 mit Angabe des Döpperzeichens	Z59	Z226						
25K bzw. 28E			Z295		Z59	Z220						
28K bzw. 31E	Z474	Z477 mit Angabe des Döpperzeichens	Z295		Z60	Z483						
31K bzw. 34E	Z474		Z295		Z60	Z482						
34K bzw. 37E	Z474		Z295		Z403	Z481						
37K	Z475		Z476		Z403	Z480						
40E	Z474		Z476		Z403	Z479						
40K	Z475		Z476									
43E	Z475		Z476									
43K	Z475											
46E	Z475											
46K	Z475											

Die eingeklammerten Größen sind möglichst zu vermeiden.

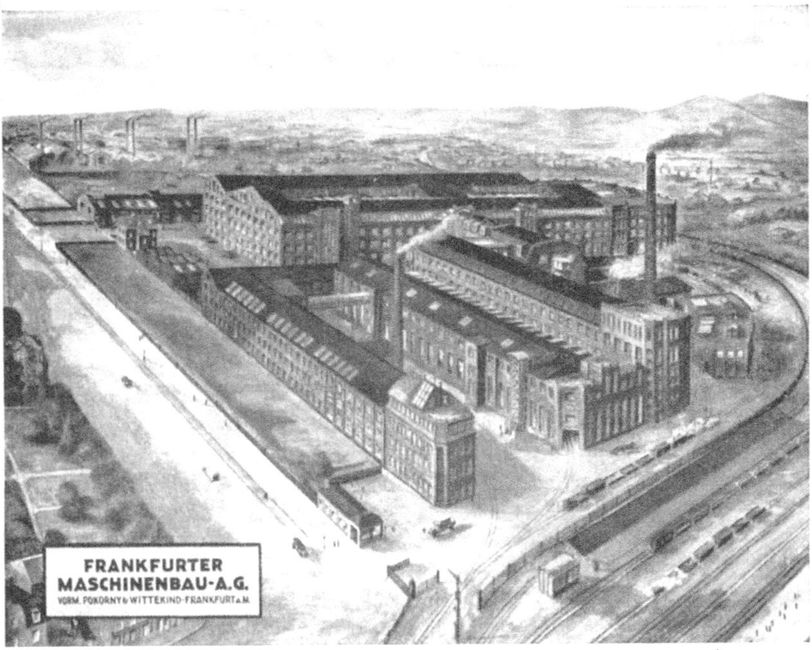

FRANKFURTER MASCHINENBAU A. G.

VORM. POKORNY & WITTEKIND · FRANKFURT A. M.-WEST

Das Unternehmen wurde im Jahre 1872 gegründet und arbeitete zunächst als offene Handelsgesellschaft unter der Firma Gendebien und Naumann. Später übernahmen die Herren Pokorny und Wittekind die Firma und änderten sie auf den Namen der Inhaber.

Im Jahre 1900 wurde das Unternehmen in eine Aktiengesellschaft unter der Firma Pokorny und Wittekind, Maschinenbau Akt.-Ges., umgewandelt und erhielt im Jahre 1913 den jetzigen Namen.

In den Jahren 1872—78 wurden mit etwa 40 Arbeitern kleine Dampfmaschinen und Müllerei-Maschinen und gegen Ende der 80er Jahre auch größere Dampfmaschinen von über 100 PS gebaut. Mit Beginn der Elektro-Industrie wurden vorübergehend Elektromotoren angefertigt.

In den 90er Jahren des vergangenen Jahrhunderts erhielt die Firma einen starken Impuls durch die Konstruktionen des Dipl. ing. E. W. Köster auf dem Gebiete der Großkompressoren. Um die Jahrhundertwende wurden Dampfmaschinen und dampfangetriebene Kompressoren mit mehr als 1000 PS pro Einheit zur Ablieferung gebracht.

Aufbauend auf den Erfindungen des Dipl. ing. und späteren Generaldirektors Baurat Dr. e. h. Köster wurden zu Beginn des laufenden Jahrhunderts Kolbenkompressoren in allen Größen bis zu 25000 cbm/stündl. Saugleistung und für alle Gase und Drücke gebaut. Sie begründeten den Weltruf des Unternehmens.

Schließlich wurde im Jahre 1907 als Ergänzung zu den Großkolbenkompressoren der Bau von Turbo-Kompressoren und -Gebläsen und Dampfturbinen aufgenommen. und zu hoher Vollkommenheit entwickelt.

Bei den vor dem Krieg üblichen Industrie-Ausstellungen beteiligte sich die FMA mit gutem Erfolg und erhielt:

Düsseldorf 1902 Goldene Medaille,

Mailand 1906 Grand prix,

Brüssel 1910 Grand prix, Diplom d'honneur, Goldene Medaille.

Die Kriegs- und Nachkriegszeit erforderte von dem Unternehmen die übliche Umstellung auf die Herstellung von Kriegsmaterial und wieder zurück auf Friedenserzeugnisse.

Die Herstellung von Lastkraftwagen und Omnibussen, ferner von Luft- und Gaszerlegungsanlagen und Sauerstoff-Erzeugungsanlagen wurde aufgenommen. Es lag im Zuge der Entwicklung, daß trotz beträchtlicher Erfolge auf manchem dieser Arbeitsgebiete eine Konzentration auf das ursprüngliche Fabrikationsprogramm notwendig wurde. Seit dem Frühjahr 1932 stellen wir her:

Mittel- und Kleinkompressoren bis zu 3000 cbm/st Saugleistung und 12 atü Enddruck,

Hochdruckkompressoren bis 300 cbm/st Saugleistung und 250 atü Enddruck,

Fahrbare Drucklufterzeuger (Motorkompressoren),

Druckluftwerkzeuge für Metallbearbeitung, Bauindustrie u. Bergbau, Dieselmotoren, die in erster Linie in unseren fahrbaren Preßluftanlagen Verwendung finden, sowie

Vakuumpumpen.

Das Aktienkapital beträgt RM 1 320 000.—, das Werk beschäftigte am 1. 1. 1936 rund 550 Gefolgschaftsmitglieder.

In den vergangenen drei Jahren haben wir bedeutende Summen dafür aufgewendet, um unserem Werk die Spitzenstellung die es in dem Industriezweig innehat, nicht nur zu erhalten, sondern auch zu verbreitern und zu vertiefen. In personeller Hinsicht haben wir alles getan und verfügen über einen ausgezeichneten Stamm erfahrener Angestellter und Facharbeiter. In materieller Hinsicht haben wir in der Ausrüstung unserer Werkstätten mit modernsten Werkzeugmaschinen und in der Ausstattung unseres Laboratoriums für Materialprüfung und der Prüfeinrichtungen jede Vorsorge getroffen, um unseren Abnehmern völlige Sicherheit dafür zu bieten, daß in der Auswahl der Werkstoffe und in der Genauigkeit der Bearbeitung die Höchstleistung geboten wird, die sie von unseren Erzeugnissen verlangen können.

TECHNISCHE TABELLEN

Technische Einheiten

LÄNGE:

m	Meter
km	Kilometer
dm	Dezimeter
cm	Zentimeter
mm	Millimeter
µ	Mikron
mµ	Millimikron
µµ	Mimikron
Å	Ångström

FLÄCHE:

m^2	Quadratmeter
km^2	Quadratkilometer
dm^2	Quadratdezimeter
cm^2	Quadratzentimeter
mm^2	Quadratmillimeter
a	Ar
ha	Hektar

RAUM:

m^3	Kubikmeter
dm^3	Kubikdezimeter
cm^3	Kubikzentimeter
mm^3	Kubikmillimeter
l	Liter
hl	Hektoliter
dl	Deziliter
cl	Zentiliter
ml	Milliliter

GEWICHT:

g	Gramm
kg	Kilogramm
t	Tonne
dg	Dezigramm
cg	Zentigramm
mg	Milligramm

DRUCK:

at	technische Atmosphäre
ata	Atmosphäre absolut
atü	Atmosphäre-Überdruck
atu	Atmosphäre-Unterdruck

ZEIT:

h	Stunde
min	Minute
s	Sekunde

LEISTUNG:

PS	Pferdestärke
W	Watt
kW	Kilowatt
mkg/s	Meterkilogramm in der Sekunde

ARBEIT:

PSH	Pferdekraftstunde
Wh	Wattstunde
kWh	Kilowattstunde

ELEKTRIZITÄT:

A	Ampere
V	Volt
W	Watt (Volt-Ampere)
kW	Kilowatt
kWh	Kilowattstunde

Tab. 34 **Umrechnung** von engl. Zoll in mm

		1	2	3	4	5	6	7	8	9	10	11	12
		25,3995	50,7990	76,1989	101,598	126,998	152,397	177,797	203,196	228,596	253,995	279,394	304,794
1/64	0,3968	25,7964	51,1959	76,5954	101,995	127,394	152,794	178,193	203,593	228,992	254,392	279,791	305,191
1/32	0,7937	26,1932	51,5928	76,9923	102,391	127,791	153,190	178,590	203,990	229,389	254,789	280,188	305,588
3/64	1,1906	26,5901	51,9896	77,3892	102,788	128,188	153,588	178,987	204,386	229,786	255,186	280,585	306,985
1/16	1,5874	26,9870	52,3865	77,7860	103,185	128,585	153,984	179,384	204,783	230,183	255,582	280,982	306,381
5/64	1,9843	27 3838	52,7834	78,1829	103,582	128,982	154,381	179,781	205,180	230,580	255,979	281,379	306,778
3/32	2,3812	27,7807	53,1802	78 5798	103,979	129,378	154,778	180,177	205,577	230,977	256,376	281,776	307,175
7/64	2,7780	28,1776	53,5771	78,9766	104,376	129,775	155,175	180,574	205,974	231,373	256,773	282,173	307,572
1/8	3,1749	28,5744	53,9740	79,3735	104,773	130,172	155,572	180,971	206,370	231,770	257,170	282,569	307,969
9/64	3,5718	28,9713	54,3708	79,7704	105,169	130,569	155,969	181,368	206,768	232,167	257,567	282,966	308,366
5/32	3,9686	29,3682	54,7677	80,1672	105,566	130 966	156,365	181,765	207,164	232,564	257,964	283,363	308,763
11/64	4,3655	29,7650	55,1646	80,5641	105,963	131,363	156,762	182,162	207 561	232,961	258,360	283,760	309,160
3/16	4,7624	30,1619	55,5614	80,9610	106,360	131,760	157,159	182,559	207,958	233,358	258,757	284,157	309,556
13/64	5,1592	30,5588	55 9583	81,3579	106 757	132,156	157 556	182,956	208,355	233,755	259,154	284,554	309,953
7/32	5,5561	30,9556	56,3552	81,7547	107,154	132,553	157 953	183,352	208,752	234,152	259 551	284,951	310,359
15/64	5,9530	31,3525	56,7520	82,1516	107,551	132,950	158,350	183,749	209,149	234,548	259,948	285,347	310,747
1/4	6,3498	31,7494	57,1489	82 5485	107,948	133,347	158,747	184,146	209,546	234,945	260,345	285,744	311,144
17/64	6,7467	32,1462	57 5458	82,9453	108,344	133,744	159 143	184,543	209 943	235,342	260,742	286,141	311,541
9/32	7,1436	32,5431	57,9426	83,3422	108,741	134,141	159,540	184,940	210,339	235 739	261,139	286,538	311,938
19/64	7,5404	32 9400	58,3395	83,7391	109,138	134,538	159,937	185,337	210 736	236 136	261,535	286,935	312,334
5/16	7,9373	33,3368	58,7364	84,1359	109,535	134,935	160,334	185,734	211,133	236,532	261,932	287,332	312,731
21/64	8,3342	31,7337	59 1333	84,5328	109,932	135,331	160,731	186,131	211 530	236,930	262,329	287,729	313,128
11/32	8,7310	34,1306	59,5301	84,9297	110,329	135,728	161,128	186,527	211,927	237,326	262 726	288,126	313,525
23/64	9,1279	34 5274	59,9270	85,3265	110,726	136,125	161,525	186,924	212,324	237,723	263,123	288,522	313,922
3/8	9,5248	34,9243	60,3230	85 7234	111,122	136,522	161,922	187,321	212,721	238,120	263,520	288,919	314,319
25/64	9,9216	35,3212	60,7207	86,1203	111,529	136,919	162,318	187,718	213,118	238,517	263,917	289,316	314,716
13/32	10,3185	35,7180	61,1176	86 5171	111,916	137,316	162,715	188,115	213 514	238,914	264,313	289,714	315,116
27/64	10,7154	36,1149	61,5145	86,9140	112,313	137,713	163,112	188,512	213,911	239 311	264,710	200,110	315,509
7/16	11,1112	36,5118	61,9113	87,3109	112,710	118,109	163,509	188,909	214,308	239,708	265,107	290,507	315,906
29/64	11,5091	36,9087	62,3082	87,7077	113 107	138 506	163,906	189,305	214 705	240,105	265,504	290,903	316,303
15/32	11,9060	37,3055	62,7051	88,1046	113,504	338,903	164,303	189,702	215,102	240,501	265,901	291,300	316,700
81/64	12,3029	37,7024	63,1019	88,5015	113,901	139 300	164,700	190,099	215,499	240,898	266,298	291,697	317,097

Tab. 35 **Umrechnung** von engl. Zoll in mm (Fortsetzung)

		1	2	3	4	5	6	7	8	9	10	11	12
1/2	12,6997	38,0993	63,4988	88 8983	114,297	139,697	165,097	190,496	215,896	241,295	266,695	292,094	317,494
33/64	13,0966	38,4951	63,8957	89,2952	114,694	140,094	165.493	190,893	216,292	241,692	267,092	292,491	317,891
17/32	13,4934	38,8930	64,2925	89,6921	115,091	140,491	165,890	191,290	216,689	242,089	267,488	292,888	318,287
35/64	13,8903	39,2899	64,6894	90,0989	115,489	140,888	166,287	191,687	217,086	242,486	267,885	293,285	318,684
9/16	14,2872	39,6867	65,0863	90,4858	115,885	141,284	166.684	192,084	217,483	242,883	268,282	593,682	319,081
37/64	14,6341	40,0836	65,4831	90,8827	116,282	141,681	167,081	192,480	217,880	243,279	268,679	294 079	319,478
19/32	15,0809	40,4805	65,8800	91,2795	116,679	142,078	167,478	192,877	218,277	243,676	269,076	294,475	319,875
39/64	15,4778	40,8773	66,2769	91,6764	117,075	142,475	167,875	193,274	218,674	244,073	269,473	294,872	320,272
5/8	15,8747	41,2742	66,6737	92,0733	117,472	142,872	168,27	193,671	219,071	244,470	269,870	295,269	320,669
41/64	16 2715	41,6711	67,0706	92,4701	117,869	143,269	168,668	194,068	219,467	244,867	270,266	295,666	321,066
21/32	16,6684	42,0679	67,4675	92,8670	118,265	143,666	169,065	194,465	219,864	245 263	270,663	296,063	321,462
43/64	17,0653	42.4648	67,8643	93.2639	118,663	144,063	169,462	194,862	220,261	245,601	271,060	296,460	321,859
11/16	17,4621	42,8617	68,2612	93,6608	119,060	144,459	169 859	195,258	220,658	246,058	271,457	296,857	322,256
45/64	17,8590	43,2585	68,6581	94,0576	119,457	144,856	170,256	195,655	221,055	246,454	271,854	297,253	322,653
23/32	18,2559	43,6554	69,0549	94 4545	119,854	145,253	170,653	196,052	221,452	246,851	272,251	297,650	323,050
47/64	18,6527	44,0523	69,4518	94,8513	120,250	145,650	171,050	196,449	221,849	247,248	272,648	298,047	323,447
3/4	19,0496	44,4491	69,4887	95,2482	120,647	146,047	171,446	196,846	222,245	247.645	273,045	298,444	323,844
49/64	19,4465	44,8460	70.2455	95,6451	121,044	146.444	171,843	197,243	222,642	248 042	273,441	298,841	324,241
25/32	19,8433	45,2429	70,6424	96,0419	121,441	146,841	172,240	197,640	223,039	248,439	273.838	299,238	324,638
51/64	20,2402	45,6397	71,0393	96,4398	121,838	147,237	172,637	198,037	223,436	248,836	274,235	299,635	325 035
13/16	20,6371	46,0366	71,4362	96,8357	122,235	147,634	173,034	198,433	223,883	249.232	274,632	300,032	325,431
53/64	21,0339	46,4335	71,8330	97,2329	122,632	148,031	173,431	198,830	224,230	249,629	275,029	300,428	325,828
27/32	21,4308	46,8303	72,2299	97,6294	123,029	148,428	173,828	199.227	224,627	250.026	275,426	300,825	326,225
55/64	21,8277	47,2272	72,6267	98,0263	123,425	148,825	174,224	199,624	225,024	250,423	275,823	301,222	326,622
7/8	22,2245	47,6241	73,0236	98,4232	123,822	149,222	174,621	200,021	225,420	250,820	276,220	301,619	327,019
57/64	22,6214	48,0209	73,4205	98.8200	124,219	149.619	175,018	200,418	225,817	251,217	276,616	302,016	327,415
29/64	23,0183	48,4178	73,8173	99,2169	124,616	150,016	175,415	200,815	226,214	251,614	277,013	302,413	327,812
59/64	23,4151	48,8147	74,2142	99,6137	125,013	150,412	175,812	201,211	226,611	252,011	277,410	302,810	328,209
15/16	23,8120	49,2116	74,6111	100,001	125,410	150,809	176.209	201,608	227,008	252,407	277,807	303,207	328,606
61/64	24,2089	49,6084	75,0080	100,408	125,807	151,206	176,606	202,005	227,405	252,804	278,204	303,603	329,003
31/32	24,6057	50,0053	75,4048	100.804	126,203	151,603	177.003	202,402	227,802	253,201	278,601	304,000	329,400
63/64	25,0026	50,4021	75,8017	101,201	126,600	152,000	177,399	202,799	228,198	253.598	278,998	304.397	329,797

Tab. 36

Quadrate, Kuben, Quadrat- und Kubikwurzeln, Reziproken, Kreisumfänge, Kreisinhalte.

n	n^2	n^3	$\sqrt{n}$	$\sqrt[3]{n}$	$1000\cdot\frac{1}{n}$	$n\pi$	$\frac{n^2\pi}{4}$
1	1	1	1,0000	1,0000	1000,000	3,142	0,7854
2	4	8	1,4142	1,2599	500,000	6,283	3,1416
3	9	27	1,7321	1,4422	333,333	9,425	7,0686
4	16	64	2,0000	1,5874	250,000	12,566	12,5664
5	25	125	2,2361	1,7100	200,000	15,708	19,6350
6	36	216	2,4495	1,8171	166,667	18,850	28,2743
7	49	343	2,6458	1,9129	142,857	21,991	38,4845
8	64	512	2,8284	2,0000	125,000	25,133	50,2655
9	81	729	3,0000	2,0801	111,111	28,274	63,6173
10	100	1000	3,1623	2,1544	100,000	31,416	78,5398
11	121	1331	3,3166	2,2240	90,9091	34,558	95,0332
12	144	1728	3,4641	2,2894	83,3333	37,699	113,097
13	169	2197	3,6056	2,3513	76,9231	40,841	132,732
14	196	2744	3,7417	2,4101	71,4286	43,982	153,938
15	225	3375	3,8730	2,4662	66,6667	47,124	176,715
16	256	4096	4,0000	2,5198	62,5000	50,265	201,062
17	289	4913	4,1231	2,5713	58,8235	53,407	226,980
18	324	5832	4,2426	2,6207	55,5556	56,549	254,469
19	361	6859	4,3589	2,6684	52,6316	59,690	283,529
20	400	8000	4,4721	2,7144	50,0000	62,832	314,159
21	441	9261	4,5826	2,7589	47,6190	65,973	346,361
22	484	10648	4,6904	2,8020	45,4545	69,115	380,133
23	529	12167	4,7958	2,8439	43,4783	72,257	415,476
24	576	13824	4,8990	2,8845	41,6667	75,398	452,389
25	625	15625	5,0000	2,9240	40,0000	78,540	490,874
26	676	17576	5,0990	2,9625	38,4615	81,681	530,929
27	729	19683	5,1962	3,0000	37,0370	84,823	572,555
28	784	21952	5,2915	3,0366	35,7143	87,965	615,752
29	841	24389	5,3852	3,0723	34,4828	91,106	660,520
30	900	27000	5,4772	3,1072	33,3333	94,248	706,858
31	961	29791	5,5678	3,1414	32,2581	97,389	754,768
32	1024	32768	5,6569	3,1748	31,2500	100,531	804,248
33	1089	35937	5,7446	3,2075	30,3030	103,673	855,299
34	1156	39304	5,8310	3,2396	29,4118	106,814	907,920
35	1225	42875	5,9161	3,2711	28,5714	109,956	962,113
36	1296	46656	6,0000	3,3019	27,7778	113,097	1017,88
37	1369	50653	6,0828	3,3322	27,0270	116,239	1075,21
38	1444	54872	6,1644	3,3620	26,3158	119,381	1134,11
39	1521	59319	6,2450	3,3912	25,6410	122,522	1194,59
40	1600	64000	6,3246	3,4200	25,0000	125,66	1256,64
41	1681	68921	6,4031	3,4482	24,3902	128,81	1320,25
42	1764	74088	6,4807	3,4760	23,8095	131,95	1385.44
43	1849	79507	6,5574	3,5034	23,2558	135,09	1452,20
44	1936	85184	6,6332	3,5303	22,7273	138,23	1520,53
45	2025	91125	6,7082	3,5569	22,2222	141,37	1590,43
46	2116	97336	6,7823	3,5830	21,7391	144,51	1661,90
47	2209	103823	6,8557	3,6088	21,2766	147,65	1734,94
48	2304	110592	6,9282	3,6342	20,8333	150,80	1809,56
49	2401	117649	7,0000	3,6593	20,4082	153,94	1885,74
50	2500	125000	7,0711	3,6840	20,0000	157,08	1963,50

n	n^2	n^3	$\sqrt{n}$	$\sqrt[3]{n}$	$1000 \cdot \frac{1}{n}$	$n\pi$	$\frac{n^2\pi}{4}$
50	2500	125000	7,0711	3,6840	20,0000	157,08	1963,50
51	2601	132651	7,1414	3,7084	19,6078	160,22	2042,82
52	2704	140608	7,2111	3,7325	19,2308	163,36	2123,72
53	2809	148877	7,2801	3,7563	18,8679	166,50	2206,18
54	2916	157464	7,3485	3,7798	18,5185	169,65	2290,22
55	3025	166375	7,4162	3,8030	18,1818	172,79	2375,83
56	3136	175616	7,4833	3,8259	17,8571	175,93	2463,01
57	3249	185193	7,5498	3,8485	17,5439	179,07	2551,76
58	3364	195112	7,6158	3,8709	17,2414	182,21	2642,08
59	3481	205379	7,6811	3,8930	16,9492	185,35	2733,97
60	3600	216000	7,7460	3,9149	16,6667	188,50	2827,44
61	3721	226981	7,8102	3,9365	16,3934	191,64	2922,47
62	3844	238328	7,8740	3,9579	16,1290	194,78	3019,07
63	3969	250047	7,9373	3,9791	15,8730	197,92	3117,25
64	4096	262144	8,0000	4,0000	15,6250	201,06	3216,99
65	4225	274625	8,0623	4,0207	15,3846	204,20	3318,31
66	4356	287496	8,1240	4,0412	15,1515	207,35	3421,19
67	4489	300763	8,1854	4,0615	14,9254	210,49	3525,65
68	4624	314432	8,2462	4,0817	14,7059	213,63	3631,68
69	4761	328509	8,3066	4,1016	14,4928	216,77	3739,28
70	4900	343000	8,3666	4,1213	14,2857	219,91	3848,45
71	5041	357911	8,4261	4,1408	14,0845	223,05	3959,19
72	5184	373248	8,4853	4,1602	13,8889	226,19	4071,50
73	5329	389017	8,5440	4,1793	13,6986	229,34	4185,39
74	5476	405224	8,6023	4,1983	13,5135	232,48	4300,84
75	5625	421875	8,6603	4,2172	13,3333	235,62	4417,86
76	5776	438976	8,7178	4,2358	13,1579	238,76	4536,46
77	5929	456533	8,7750	4,2543	12,9870	241,90	4656,63
78	6084	474552	8,8318	4,2727	12,8205	245,04	4778,36
79	6241	493039	8,8882	4,2908	12,6582	248,19	4901,67
80	6400	512000	8,9443	4,3089	12,5000	251,33	5026,55
81	6561	531441	9,0000	4,3267	12,3457	254,47	5153,00
82	6724	551368	9,0554	4,3445	12,1951	257,61	5281,02
83	6889	571787	9,1104	4,3621	12,0482	260,75	5410,61
84	7056	592704	9,1652	4,3795	11,9048	263,89	5541,77
85	7225	614125	9,2195	4,3968	11,7647	267,04	5674,50
86	7396	636056	9,2736	4,4140	11,6279	270,18	5808,80
87	7569	658503	9,3274	4,4310	11,4943	273,32	5944,68
88	7744	681472	9,3808	4,4480	11,3636	276,46	6082,12
89	7921	704969	9,4340	4,4647	11,2360	279,60	6221,14
90	8100	729000	9,4868	4,4814	11,1111	282,74	6361,73
91	8281	753571	9,5394	4,4979	10,9890	285,88	6503,88
92	8464	778688	9,5917	4,5144	10,8696	289,03	6647,61
93	8649	804357	9,6437	4,5307	10,7527	292,17	6792,91
94	8836	830584	9,6954	4,5468	10,6383	295,31	6939,78
95	9025	857375	9,7468	4,5629	10,5263	298,45	7088,22
96	9216	884736	9,7980	4,5789	10,4167	301,59	7238,23
97	9409	912673	9,8489	4,5947	10,3093	304,73	7389,81
98	9604	941192	9,8995	4,6104	10,2041	307,88	7542,96
99	9801	970299	9,9499	4,6261	10,1010	311,02	7697,69
100	10000	1000000	10,0000	4,6416	10,0000	314,16	7853,98

Tab. 37 **Luftdruck**

1 metr. (neue) Atmosphäre (at)
= 1 kg/qcm = 737,4 mm Q.-S. von 15° = 10 m W.-S. von 4° = 0,908 at

1 alte Atmosphäre (at)
= 1,033 kg/cm² = { 762 mm Q.-S. von 15° = 10,333 m W.-S. von 4° = 1,0333 at; 760 mm Q.-S. von 0° }

Tab. 38 **Umrechnung von mm Q.-S. in Wasserdruck bei 1 at/15°**

mm Q.-S.	W.-S. in cm Gewicht in g	mm Q.-S.	W.-S. in cm Gewicht in g	mm Q.-S.	W.-S. in cm Gewicht in g	mm Q.-S.	W.-S. in cm Gewicht in g
1000	1356,1	100	135,6	10	13,6	1	1,4
900	1220,5	90	122,1	9	12,2	0,9	1,2
800	1084,9	80	108,5	8	10,8	0,8	1,1
700	949,3	70	94,9	7	9,5	0,7	0,9
600	813,7	60	81,4	6	8,1	0,6	0,8
500	678,1	50	67,8	5	6,8	0,5	0,7
400	542,4	40	54,2	4	5,4	0,4	0,5
300	406,8	30	40,7	3	4,1	0,3	0,4
200	271,2	20	27,1	2	2,7	0,2	0,3
100	135,6	10	13,6	1	1,4	0,1	0,1

Beispiel:

775 mm Q.-S., auf 15° reduziert;
? cm W.-S. bzw. ? g?

700 mm Q.-S. = 949,3
70 mm Q.-S. = 94,9
5 mm Q.-S. = 6,8
1051,0
cm W.-S. bzw. g

837 cm W.-S. ? mm Q.-S.

837 cm W.-S.
813,7 cm W.-S. = 600 mm Q.-S.
23,3 cm W.-S.
13,6 cm W.-S. = 10 mm Q.-S.
9,7 cm W.-S.
9,5 cm W.-S. = 7 mm Q.-S.
0,2 cm W.-S.
0,1 cm W.-S. = 0,1 mm Q.-S.
837 cm W.-S. = 617,1 mm Q.-S. bei 15°

Tab. 39 **Zusammensetzung der atmosph. Luft**

1 cbm Luft (15° und 1 at) = 1,1862 kg

Kohlensäure	0,04 Raum %	0,06 Gew. %
Stickstoff	78,06 Raum %	75,5 Gew. %
Sauerstoff	20,96 Raum %	23,14 Gew. %
Argon	0,94 Raum %	1,3 Gew. %
	100,00 Raum %	100,00 Gew.
Wasserdampf	~1,30 Raum %	~0,84 Gew. %

Tab. 40 **Verflüssigungsdaten verschiedener Gase**

Gasart	Kritisch. Druck	Kritisch. Temp.
Ammoniak	115 at	130°
Stickoxydul	75 at	35°
Kohlensäure	75 at	31°
Aethylen	52 at	10°
Stickoxyd	71 at	— 93°
Sauerstoff	51 at	—119°
Atmosphär. Luft	39 at	—140°
Stickstoff	35 at	—146°
Wasserstoff	20 at	—232°

Tab. 41 **Umrechnungen** (englisch Maß — metrisch Maß)

	Längenmaße					
	m	Fuß (ft.)	mm	Zoll (in.)	km	st. mile
↓	in Fuß ft.	in m	in Zoll in.	in mm s.Tab. 34	in st. mile	in km
1,0	3,281	0,305	0,0394	25,4	0,621	1,609
1,1	3,609	0,335	0,0434	27,94	0,683	1,770
1,2	3,937	0,366	0,0473	30,48	0,745	1,931
1,3	4,265	0,396	0,0512	33,02	0,807	2,092
1,4	4.593	0,427	0,0551	35,56	0,869	2,253
1,5	4,922	0,457	0,0591	38,10	0,932	2,414
1,6	5,250	0,488	0,0630	40,64	0,994	2,574
1,7	5,578	0,518	0,0670	43,18	1,056	2,735
1,8	5,906	0,549	0,0709	45,72	1,118	2,896
1,9	6,234	0,579	0,0748	48,26	1,180	3,057
2,0	6,562	0,610	0,0787	50,80	1,242	3,218
2,1	6,890	0,640	0,0827	53,34	1,304	3,379
2,2	7,218	0,671	0,0866	55,88	1,366	3,540
2,3	7,546	0,701	0,0906	58,42	1,428	3,701
2,4	7,874	0,732	0,0945	60,96	1,490	3,862
2,5	8,203	0,762	0,0984	63,50	1,553	4,023
2,6	8,531	0,793	0,101	66,04	1,615	4,183
2,7	8,859	0,823	0,106	68,58	1,677	4,344
2,8	9,187	0,853	0,110	71,12	1,739	4,505
2,9	9,515	0,884	0,114	73,66	1,801	4,666
3,0	9,843	0,914	0,118	76,20	1,863	4,827
3,5	10,48	1,067	0,138	88,90	2,173	5,632
4,0	13,12	1,219	0,157	101,6	2,484	6,436
4,5	14,76	1,372	0,177	114,3	2,794	7,241
5,0	16,41	1,524	0,197	127,0	3,105	8,045
5,5	18,05	1,677	0,217	139,7	3,414	8,850
6,0	19,69	1,829	0,236	152,4	3,726	9,654
6,5	21,33	1,982	0,256	165,1	4,135	10,46
7,0	22,97	2,134	0,276	177,8	4,347	11,26
7,5	24,61	2,286	0,295	190,5	4,658	12,07
8,0	26,25	2,438	0,315	203,2	4,968	12,87
8,5	27,89	2,591	0,335	215,9	5,279	13,68
9,0	29,53	2,743	0,354	228,6	5,589	14,48
9,5	31,17	2,896	0,374	241,3	5,900	15,29

Diese Tabelle ist aus „Bosch Kraftfahrtechnisches Taschenbuch" entnommen.

Tab. 42 Umrechnungen (englisch Maß — metrisch Maß)

	Flächenmaße					
	m²	sq. ft.	cm²	(sq. in.)	km²	sq. mile
↓	in sq. ft.	in m²	in sq. in.	in cm²	in sq. mile	in km²
1,0	10,76	0,093	0,155	6,452	0,386	2,589
1,1	11,84	0,102	0,171	7,097	0,425	2,848
1,2	12,92	0,112	0,186	7,742	0,463	3,107
1,3	13,99	0,121	0,202	8,388	0,502	3,366
1,4	15,07	0,130	0,217	9,033	0,540	3,625
1,5	16,15	0,139	0,233	9,678	0,579	3,884
1,6	17,22	0,149	0,248	10,32	0,618	4,142
1,7	18,38	0,158	0,264	10,97	0,656	4,401
1,8	19,33	0,167	0,279	11,61	0,695	4,660
1,9	20,45	0,177	0,295	12,26	0,733	4,919
2,0	21,51	0,186	0,310	12,90	0,772	5,178
2,1	22,60	0,195	0,326	13,55	0,811	5,437
2,2	23,68	0,204	0,341	14,19	0,849	5,696
2,3	24,76	0,214	0,357	14,84	0,888	5,955
2,4	25,83	0,223	0,372	15,49	0,926	6,214
2,5	26,91	0,232	0,388	16,13	0,965	6,473
2,6	27,99	0,242	0,403	16,78	1,004	6,731
2,7	29,06	0,251	0,419	17,42	1,042	6,990
2,8	30,14	0,260	0,434	18,07	1,081	7,249
2,9	31,22	0,270	0,450	18,71	1,119	7,508
3,0	32,29	0,279	0,465	19,36	1,158	7,767
3,5	37,68	0,326	0,543	22,58	1,351	9,062
4,0	43,06	0,372	0,620	25,81	1,544	10,36
4,5	48,44	0,419	0,698	29,03	1,737	11,65
5,0	53,82	0,465	0,775	32,26	1,930	12,95
5,5	59,21	0,512	0,853	35,48	2,123	14,24
6,0	64,58	0,557	0,930	38,71	2,316	15,53
6,5	69,97	0,604	1,008	41,93	2,509	16,83
7,0	75,35	0,650	1,085	45,16	2,702	18,12
7,5	80,73	0,697	1,163	48,39	2,895	19,42
8,0	86,11	0,743	1,240	51,62	3,088	20,71
8,5	91,49	0,790	1,318	54,84	3,281	22,01
9,0	96,88	0,836	1,395	58,07	3,474	23,30
9,5	102,3	0,883	1,473	61,29	3,667	24,60

Diese Tabelle ist aus „Bosch Kraftfahrtechnisches Taschenbuch" entnommen.

Tab. 43 **Umrechnungen** (englisch Maß — metrisch Maß)

↓	Raummaße				Gewichte	
	cm³ in cu. in.	cu- in. in cm³	m³ in cu. ft.	cu. ft. in m³	lb. in kg	kg in lb.
1,0	0,061	16,39	35,31	0,028	0,454	2,206
1,1	0,067	18.03	38,84	0,031	0,499	2,426
1,2	0,073	19,67	42,37	0,034	0,544	2,646
1,3	0,079	21,31	45,90	0,037	0,590	2,865
1,4	0,085	22,95	49,43	0,040	0,635	3,085
1,5	0,092	24,59	52,97	0,043	0,680	3,307
1,6	0,098	26,22	56,50	0,045	0,726	3,527
1,7	0,104	27,86	60,03	0,048	0,771	3,748
1,8	0,110	29,50	63,56	0,051	0,817	3,968
1,9	0,116	31,14	67,09	0,054	0,862	4,189
2,0	0,122	32,78	70,62	0,057	0,907	4,409
2,1	0,128	34,42	74,15	0,060	0,953	4,630
2,2	0,134	36,06	77,68	0,062	0,998	4,850
2,3	0,140	37,70	81,21	0,065	1,043	5,071
2,4	0,146	39,34	84,74	0,068	1,089	5,291
2,5	0,153	40,98	88,28	0,071	1,134	5,512
2,6	0,159	42,61	91,81	0,074	1,179	5,732
2,7	0,165	44,25	95,34	0,077	1,225	5,952
2,8	0,171	45,89	98,87	0,079	1,270	6,173
2,9	0,177	47,53	102,40	0,082	1,315	6,393
3,0	0,183	49,17	105,93	0,085	1,361	6,614
3,5	0,214	57,37	123,59	0,099	1,588	7,716
4,0	0,244	65,56	141,24	0,113	1,814	8,818
4,5	0,275	73,76	158,90	0,127	2,041	9,920
5,0	0,305	81,95	176,55	0,141	2,268	11,02
5,5	0,336	90,15	194,21	0,155	2,595	12,12
6,0	0,366	98,34	211,86	0,170	2,722	13,23
6,5	0,397	106,54	229,52	0,184	2,949	14,33
7,0	0,427	114,7	247,17	0,198	3,175	15,43
7,5	0,458	122,9	264,83	0,212	3,402	16,53
8,0	0,488	131,1	282,48	0,227	3,629	17,64
8,5	0,519	139,3	300,14	0,241	3,856	18,74
9,0	0,549	147,5	917,79	0,255	4,082	19,84
9,5	0,580	155,7	335,45	0,269	4,309	20,94

Diese Tabelle ist aus „Bosch Kraftfahrtechnisches Taschenbuch" entnommen.

Tab. 44 **Umrechnungen** (englisch Maß — metrisch Maß)

	Längengewichte (Gewicht / Länge)		Druck (Gewicht / Fläche)		Raumgewicht (Gewicht / Raum)	
	kg/m	lb./ft.	kg/cm² at	lb./sq. in.	kg/m³	lb./cu. ft.
↓	in lb./ft.	in kg/m	in lb./sq. in.	in kg/cm²	in lb./cu. ft.	in kg/m³
1,0	0,6725	1,487	14,22	0,070	0,0624	16,02
1,1	0,7398	1,636	15,64	0,077	0,0686	17,62
1,2	0,8070	1,785	17,06	0,084	0,0749	19,22
1,3	0,8743	1,933	18,48	0,091	0,0811	20,82
1,4	1,415	2,082	19,90	0,098	0,0874	22,42
1,5	1,009	2,231	21,33	0,105	0,0936	24,03
1,6	1,076	2,380	22,75	0,112	0,0993	25,63
1,7	1,143	2,528	24,17	0,119	0,1061	27,23
1,8	1,211	2,677	25,59	0,126	0,1123	28,83
1,9	1,278	2,826	27,01	0,133	0,1186	30,43
2,0	1,345	2,974	28,44	0,140	0,1248	32,03
2,1	1,412	3,123	29,86	0,147	0,1310	33,64
2,2	1,480	3,272	31,28	0,154	0,1373	35,24
2,3	1,537	3,421	32,60	0,161	0,1435	36,84
2,4	1,614	3,569	34,12	0,168	0,1498	38,44
2,5	1,681	3,718	35,55	0,175	0,1560	40,04
2,6	1,749	3,867	36,97	0,182	0,1622	41,64
2,7	1,816	4,015	38,39	0,189	0,1685	43,25
2,8	1,883	4,164	39,81	0,196	0,1747	44,85
2,9	1,951	4,313	41,23	0,203	0,1810	46,45
3,0	2,018	4,462	42,66	0,210	0,1873	48,05
3,5	2,354	5,205	49,77	0,245	0,2185	56,06
4,0	2,690	5,949	56,88	0,280	0,2497	64,07
4,5	3,026	6,692	63,99	0,315	0,2809	72,08
5,0	3,362	7,436	71,10	0,350	0,3121	80,08
5,5	3,689	8,179	78,21	0,385	0,3433	88,10
6,0	4,035	8,923	85,32	0,420	0,3745	96,11
6,5	4,371	9,665	92,43	0,455	0,4057	104,1
7,0	4,707	10,41	99,54	0,490	0,4369	112,1
7,5	5,043	11,15	106,65	0,525	0,4681	120,1
8,0	5,380	11,90	113,76	0,560	0,4994	128,1
8,5	5,716	12,64	120,87	0,595	0,5306	136,1
9,0	6,053	13,38	127,98	0,630	0,5618	144,2
9,5	6,389	14,13	135,09	0,665	0,5930	152,2

Diese Tabelle ist aus „Bosch Kraftfahrtechnisches Taschenbuch" entnommen.

Tab. 45 **Umrechnungen** (englisch Maß — metrisch Maß)

	Geschwindigkeit (Länge/Zeit)		Gewicht/(Zeit) Arbeit (Leistung)	
↓	km/h in miles/h	miles/h in km/h	mkg/(s) in ft. lb./(s)	ft. lb./(s) in mkg/(s)
1,0	0,621	1,609	7,229	0,1383
1,1	0,683	1,770	7,952	0,1521
1,2	0,745	1,931	8,675	0,1660
1,3	0,807	2,092	9,398	0,1798
1,4	0,869	2,253	10,121	0,1936
1,5	0,932	2,414	10,844	0,2074
1,6	0,994	2,574	11,566	0,2213
1,7	1,056	2,735	12,289	0,2351
1,8	1,118	2,896	13,012	0,2489
1,9	1,180	3,057	13,735	0,2628
2,0	1,242	3,218	14,458	0,2766
2,1	1,304	3,379	15,181	0,2904
2,2	1,366	3,540	15,904	0,3042
2,3	1,428	3,701	16,627	0,3181
2,4	1,490	3,862	17,350	0,3319
2,5	1,553	4,023	18,073	0,3457
2,6	1,615	4,183	18,795	0,3596
2,7	1.677	4,344	19,518	0,3734
2,8	1,739	4,505	20,241	0,3872
2,9	1,801	4,666	20,964	0,4011
3,0	1,863	4,827	21,687	0,4149
3,5	2,173	5,632	25,302	0,4840
4,0	2,484	6,436	28,916	0,5532
4,5	2,794	7,241	32,531	0,6223
5,0	3,105	8,045	36,145	0,6915
5,5	3,414	8,850	39,760	0,7606
6,0	3,726	9,654	43,374	0,8298
6,5	4,135	10,46	46,990	0,8989
7,0	4,347	11,26	50,603	0,9681
7,5	4,658	12,07	54,218	1,0372
8,0	4,968	12,87	57,832	1,1064
8,5	5,279	13,68	61,447	1,1755
9,0	5,589	14,48	65,061	1,2447
9,5	5,900	15 29	68,676	1,3138

Diese Tabelle ist aus „Bosch Kraftfahrtechnisches Taschenbuch" entnommen.

Tab. 46 Stoffwerte fester Stoffe

Stoff (G = Grundstoff)	Wichte [g/cm³]	Schmelz- bzw. Erstarrgs-temperatur [°C]	Siedetemp. bei 760 mm QS [°C]	Wärme-leitzahl [kcal/mh°]	Mittlere spez. Wärme bei 0 ÷ 100° [kcal/kg°]
Achat	2,5 ÷ 2,8	≈1600	≈2590	9,36	0,19
Aluminium G	2,70	658	≈2000	181	0,21
„ **-Bronze**	8,35	900	≈2300	110	0,104
„ **-Oxyd** siehe Korund					
Antimon G	6,67	630,5	1440	19,37	0,05
Arsen G	5,72	814	subl. 633	—	0,08
Asbest	2,1 ÷ 2,8	1150 ÷ 1550	—	0,15	0,195
Asphalt	1,1 ÷ 1,5	80 ÷ 100	≈300	0,60	0,4 ÷ 0,5
Barium G	3,5	658	1537	—	0,07
Bariumchlorid	3,10	960[3])	—	—	0,090
Basalt, Natur-	3,14	—	—	1,12	0,20
Bernstein	1,0 ÷ 1,1	280 ÷ 320	zerfällt	—	—
Beryllium G	1,85	1279	—	144	0,2442
Beton	1,8 ÷ 2,45	—	—	0,7 ÷ 1,2	0,21
Blei G	11,34	327,4	1540	32,4	0,031
Bleioxyd	9,3	880	1470	—	0,052
Bor (amorph) G	2,53	2300	—	—	0,306
Borax	1,72	741	—	—	0,238
Brauneisenstein	3,4 ÷ 3,9	1565	—	—	0,175
Bronze	7,4 ÷ 8,9	900	2300	100 ÷ 160	0,086
Cäsium G	1,87	28,5	670	—	0,05
Cer G	6,77	630	—	—	0,22
Chlorbarium siehe Bariumchlorid					
Chlorkalzium	2,2	772	—	—	0,164
Chrom, rein G	6,7	1520	2200	—	0,104
Chromoxyd	5,21	2140	—	0,36 (pulv.)	0,18
Deltametall	8,6	950	—	90	0,0917
Diamant	3,5	—	subl. 3540	7,20	0,112
Duralumin	2,80	650	2000	111	0,22
Eis	0,9	0	100	1,5	0,50
Eisen, rein G	7,86	1533	2450	40 ÷ 50	0,1045
Eisenoxyd (Rost)	5,1	1565	—	0,50 (pulv.)	0,16
Elektron	1,8 ÷ 1,83	650	1500	140	0,24
Fette	0,92 ÷ 0,94	30 ÷ 150	≈300	0,18	0,15 ÷ 0,19
Flußstahl, hart	7,85	1400	2500	40 ÷ 50	0,118
„ **weich**	7,86	1400	2500	30 ÷ 40	0,116
Gallium G	5,9	29,75	≈2300	—	0,08
Gips, wasserfrei	2,97	1450	—	0,3 ÷ 0,4	0,20
Glas, Fenster-	2,4 ÷ 2,7	≈700	—	0,5 ÷ 0,9	0,20
Glimmer	2,6 ÷ 3,2	≈1300	—	0,3	0,207
Gold G	19,33	1063	1677	265	0,032
Gummi siehe Kautschuk					
Gußeisen	7,25	1150 ÷ 1250	2500	42	0,127
Guttapercha	0,96 ÷ 0,99	148	180	—	—
Graphit	2,25	—	subl. 3540	4,32	0,20
Harz (Kolophonium)	1,07	100 ÷ 130	zerfällt	0,273	0,45
Holz[1]), **Ahorn** / „ **Esche**	0,66 ÷ 0,93	—	—	0,3 ÷ 0,4	0,38
„ **Birke**	0,60 ÷ 0,88	—	—	0,122	0,45
„ **Eiche**	0,74 ÷ 1,03	—	—	0,18 (0,35)	0,57
„ **Erle** / „ **Linde**	0,47 ÷ 0,82	—	—	0,131	0,34
„ **Fichte**	0,47 ÷ 0,80	—	—	0,06	0,288
„ **Föhre** / „ **Kiefer**	0,49 ÷ 0,86	—	—	0,14 (0,30)	0,31
„ **Lärche**	0,47 ÷ 0,83	—	—	0,1	0,31
„ **Pockholz**	1,28	—	—	0,16	0,60
„ **Rotbuche**	0,73 ÷ 0,97	—	—	0,123	0,32
„ **Rottanne**	0,50 ÷ 0,83	—	—	0,1 ÷ 0,2	0,35
„ **Weißbuche**	0,72 ÷ 0,99	—	—	0,123	0,32
„ **Weißtanne**	0,50 ÷ 0,83	—	—	0,1 ÷ 0,2	0,35
Holzkohle	0,4	—	subl. 3540	0,072	0,20
Iridium G	22,4	2350	—	—	0,032
Jod G	4,94	113,5	subl. 184	—	0,048
Kadmium G	8,64	321	770	79,2	0,055
Kalium G	0,86	63,5	762,2	—	0,056
Kalk, gebrannt siehe Kalziumoxyd					
Kalkstein	1,8 ÷ 2,4	zerfällt in CaO und CO_2		0,13 ÷ 0,18	0,217
Kalzium G	1,54	850	851	—	0,150
Kalziumoxyd	3,2	2572	—	—	—
Kautschuk, roh	0,92 ÷ 0,96	125	—	0,17 ÷ 0,3	—
Kesselstein	≈2,5	≈1200	≈2800	1 ÷ 3	0,190
Kobalt G	8,80	1490	2375	60	0,104
Kohlenstoff G	3,51	—	subl. 3540	7,20	0,20
Koks	1,40	—	—	0,158	0,20
Konstantan	8,89	≈1600	≈2400	20	0,098
Kork	0,24	—	—	0,26	0,485
Korund	3,9 ÷ 4,0	2050	2980	0,6	0,200

Diese Tabelle ist aus „Bosch Kraftfahrtechnisches Taschenbuch" entnommen.

Stoff (G = Grundstoff)	Wichte [g/cm³]	Schmelz- bzw. Erstarrgs-temperatur [°C]	Siedetemp. bei 760 mm QS [°C]	Wärme-leitzahl [kcal/mh°]	Mittlere spez. Wärme bei 0 ÷ 100° [kcal/kg°]
Kreide	1,8 ÷ 2,6	zerfällt in CaO und CO_2		0,8 ÷ 1,0	0,200
Kunstharz-Preßstoff	1,3 ÷ 2	—	zerfällt	0,12 ÷ 0,15	0,21
Kupfer G	8,93	1083	2360	320	0,092
Leder, trocken	0,85 ÷ 1,02	—	—	0,15	0,357
Lithium G	0,534	180	1336	259	0,837
Magnesium G	1,74	650	1120	135	0,25
Mangan G	7,3	1260	1900	—	0,12
Marmor	2,5 ÷ 2,8	1290	2870	1,8 ÷ 3,0	0,21
Mennige, Blei-	8,6 ÷ 9,1	900	zerfällt	0,6	0,061
Messing, gegoss.	8,4 ÷ 8,7	900 ÷ 1000	≈2300	70 ÷ 90	0,093
„ gewalzt	8,5 ÷ 8,6	900 ÷ 1000	≈2300	75 ÷ 100	0,093
Molybdän G	10,2	2500	3560	—	0,0647
Natrium G	0,97	97,5	880	115	0,29
Neusilber	8,4 ÷ 8,7	1000 ÷ 1100	—	25	0,095
Nickel, gewalzt	8,6 ÷ 9,0	1460	2400	45	0,106
„ rein G	8,85	1452	2840	50	0,11
Osmium G	22,5	2500	—	—	0,031
Palladium G	11,5	1553	—	61	0,059
Papier, Filtrier-	0,7 ÷ 1,1	—	—	—	0,319
Paraffin	0,9	52	300	0,18	0,780
Phosphor (gelb) G	1,83	44	280,5	—	0,190
Phosphorbronze	8,8	900	—	90 ÷ 100	0,087
Platin, gewalzt G	21,3 ÷ 21,5	1771	≈3800	60	0,032
Porzellan	2,3 ÷ 2,5	1670	—	0,7 ÷ 0,9	0,2 ÷ 0,25
Pyranit	2,6	—	—	1,6	—
Quarz	2,5 ÷ 2,8	1500 ÷ 1600	2590	0,936	0,19
Radium G	5	700	—	—	—
Resitex	1,3 ÷ 1,4	zerfällt	zerfällt	0,46	0,3
Rhenium G	21,4	3170	—	—	0,0349
Rhodium G	12,3	1970	—	128	0,058
Roheisen, weiß	7,0 ÷ 7,8	1560	2500	45	0,13
Rotguß	8,78	950	2300	110	0,0913
Ruß	1,6 ÷ 1,7	—	subl. 3540	0,06	0,20
Rubidium G	1,52	39,0	696	—	0,08
Sand, trocken	1,2 ÷ 1,6	1500 ÷ 1600	2600	0,28	0,191
Sandstein	2,2 ÷ 2,5	≈1500	2600	1,1 ÷ 1,5	0,174
Schamottestein	1,8 ÷ 2,2	≈2000	2900	0,40	0,21
Schiefer	2,6 ÷ 2,7	≈2000	—	0,36	0,181
Schlacke, Hochof.-	2,5 ÷ 3,0	1300 ÷ 1400	—	0,10	0,189
Schmirgel	4,0	2200	—	2,8	0,23
Schnellstahl	8,4 ÷ 9,0	1600 ÷ 1700	2600	22	0,119

Stoff (G = Grundstoff)	Wichte [g/cm³]	Schmelz- bzw. Erstarrgs-temperatur [°C]	Siedetemp. bei 760 mm QS [°C]	Wärme-leitzahl [kcal/mh°]	Mittlere spez. Wärme bei 0 ÷ 100° [kcal/kg°]
Schwefel, kristallin G	2,07	112,8	444,6	0,23	0,18
Schweißstahl	7,8	1600	2500	46,8	0,123
Schwerspat	4,5	1580	—	—	0,1104
Selen, rot G	4,47	144	688	—	0,095
„ grau	4,80	220,2	688	—	0,084
Silber G	10,5	960,5	1940	360	0,056
Silizium G	2,34	≈1414	2400	—	0,171
Siliziumkarbid	3,12	zerf. über 3000° in C u. Si		13,1	0,16
Sillimanit	2,4	1816	—	1,45	0,25
Sinterkorund	3,78	2050	2980	10,5	0,23
Stahl	7,86	1300 ÷ 1500	2500	40 ÷ 50	0,117
Steatit	2,6 ÷ 2,7	1650	—	1,4 [3])	0,25
Steinkohle	1,2 ÷ 1,3	—	—	0,12 ÷ 0,15	0,312
Strontium G	2,60	797	1366	—	0,055
Talg, Rinder-	0,9 ÷ 0,97	40 ÷ 50	≈350	—	0,209
Tantal G	16,6	3030	—	63	0,033
Thorium G	11,0	1845	—	—	0,027
Titan G	4,87	1850	—	—	0,1125
Tombak	8,65	900	≈2300	80 ÷ 100	0,0913
Ton	1,8 ÷ 2,6	1500 ÷ 1700	2980	0,72	0,224
Torf	0,64	—	—	0,04 ÷ 0,15	0,443
Uran G	18,7	1850	—	—	0,062
Vanadium G	5,6	1715	—	—	0,1153
Vulkanfiber	1,28	—	—	0,18	0,300
Wachs	0,95 ÷ 0,98	60	65 ÷ 70	0,072	0,82
Weißmetall	7,5 ÷ 10,1	300 ÷ 400	2100	30 ÷ 60	0,0345
Widia N	14,75	über 2000	≈4000	70	18
„ XX	11,1	über 2000	—	30	—
Wismut, G	9,8	271	1420	9	0,0292
Wolfram G	19,1	2900	4850	107	0,0338
Zement, abgebund.	0,82 ÷ 1,9	—	—	0,9	0,271
Ziegel	1,4 ÷ 1,6	—	—	0,7	0,220
Ziegelmauerwerk, trocken	1,42 ÷ 1,46	—	—	0,35	0,18
Zink, gegossen G	6,85	418	920	95	0,094
„ gewalzt	7,14	418	920	91	0,092
Zinkspritzguß	6,8	393	≈1000	120	0,090
Zinn, gegossen	7,2	232	2200	55	0,054
„ gewalzt	7,8	232	2200	55	0,052
„ rein G	7,28	231,8	2200	55	0,054
Zirkon, rein G	6,4	1530	2500 ÷ 3000	—	0,066

Diese Tabelle ist aus „Bosch Kraftfahrtechnisches Taschenbuch" entnommen.

Tab. 47 Stoffwerte flüssiger Stoffe

Stoff (G = Grundstoff)	Wichte [g/cm³]	bei °C	Erstarrungstemp. [°C]	Siedetemp. bei 760 mm QS [°C]	Wärmeleitzahl [kcal/mh°]	Mittlere spez. Wärme bei 0÷100° [kcal/kg°]
Äther	0,72	20	−18	35	0,12	0,54
Äthylchlorid	0,92	15	−139	12,5	0,09÷0,1	0,428[1]
Alkohol, wasserfrei	0,793	15	−114	78,5	0,15÷0,2	0,58
Anthrazenöl	1,05	15	−20	270÷400	0,40	0,318
Benzin	0,680÷0,750	15	−50[2]	40÷220	≈0,14	≈0,5
Benzol, rein	0,879	15	+5,4	80	0,118	0,40
Dieselöl	0,88	15	−5	175	0,11	—
Dixol, rein	1,20	15	—	—	0,281[2]	—
Dixol-Wassergemisch						
25 Gew.%	1,0509	15	−5	101,9	0,461[3]	0,7313÷0,6039
40 Gew.%	1,0836	15	−11	103,2	0,421[3]	
56 Gew.%	1,1195	15	−20	105,3	0,379[3]	
Gasöl	0,86	15	−30	200÷350	0,13	—
Glysantin-Wassergem.						
25 Gew.%	1,030	20	−11	101÷102	0,454	0,935[4]
40 Gew.%	1,051	20	−22	103	0,389	0,879[4]
56 Gew.%	1,072	20	−43	105	0,346	0,818[4]
Glyzerin	1,27	0	0[5]	290	0,25	0,85
Harzöl	0,96	20	−20	150÷300	0,13	—
Heizöl	0,92	20	−5	175÷350	0,10	—
Kochsalzlösung, gesättigt	1,2	15	−18	108,8	0,51	0,9889
Kohlensäure	0,940	0	−2	85	0,12	0,195
Leinöl	0,93	20	−15	316	0,13	0,45
Maschinenöl	0,91	15	−5	380÷400	0,108	0,43
Methylchlorid	0,95	15	−92	−24	0,03	0,33
Mineral-Schmieröl	0,91	20	−20	300÷380	0,108	0,50
Petroläther	0,66	20	−160	40÷70	0,12	0,42
Petroleum	0,81	15	−70	150÷300	0,137	0,50
Quecksilber G	13,595	0	−38,9	357,25	7,2	0,0332
Rüböl	0,91	20	0	300	0,15	0,47
Salpetersäure, rein	1,56	0	−41,3	86	0,46	0,65
Salzsäure 10%	1,05	15	−14	102	0,43	0,749
Schwefelsäure, konz.	1,84	15	10÷0	338	0,4	0,33
Spiritus 95%	0,816	20	−90	78	0,14	0,58
Teer	1,2	20	−15	300	0,16	0,77
Terpentinöl	0,87	16	−10	160	0,09	0,458
Toluol	0,88	15	−94,5	110	0,12	0,353
Transformatorenöl	0,87	15	−5	170	0,13	0,45
Trichloräthylen	1,47	—	−86	87	0,14	0,31
Wasser, destilliert	1,00	4	0	100	0,50	1,00

1) bei −28° bis +4° 2) oberste Grenze 3) bei 25° 4) zwischen 0° und 100°
5) Schmelztemperatur liegt bei 19°

Tab. 48 Stoffwerte gasförmiger Stoffe

Stoff (G = Grundstoff, E = Edelgas[1])		Normkubikmeter-Gew. [kg/m³N]	Bezog. Wichte (Luft = 1)	Erstarrungstemp. [°C]	Siedetemp.[2] [°C]	Wärmeleitzahl (Luft = 100)[3]	Spez. Wärme[4] [kcal/kg°] c_p	c_v	$\varkappa = \frac{c_p}{c_v}$
Äthan		1,356	1,048	−172	−93	82,5	0,413	—	1,22
Äthylen		1,26	0,98	−169	−102	154	0,37	0,292	1,25
Alkoholdampf		2,07	1,60	−114	+78	128	0,453	0,39	1,13
Ammoniak		0,77	0,60	−77,7	−33,4	90,2[5]	0,53	0,41	1,29
Argon	E	1,78	1,38	−190	−186	72	0,13	0,08	1,667
Azetylen		1,17	0,91	−84	−81	77,4	0,402	0,323	1,26
n-Butan		2,673	2,067	−135	+1	—	—	—	—
iso-Butan		2,67	2,07	−145	−10,2	—	—	—	1,11
Chlor	G	3,21	2,49	−102	−34	64,8	0,12	0,074	1,365
Chlorwasserstoff		1,639	1,30	−111	−85	—	0,19	0,14	1,41
Fluor	G	1,60	1,31	−223	−187	—	—	—	—
Generatorgas		1,22	0,94	−210	−170	90	0,25	0,18	1,40
Gichtgas		1,28	0,99	−210	−170	90	0,25	0,18	1,40
Helium	E	0,18	0,14	−272	−269	612	1,25	0,76	1,66
Kohlenoxyd		1,25	0,97	−205	−191,5	95,5	0,25	0,18	1,40
Kohlendioxyd		1,98	1,53	−57[6]	−78,5	59,7	0,21	0,16	1,40
Krypton	E	3,7	2,86	−157	−151,7	—	0,06	0,036	1,667
Leuchtgas		0,56	0,43	−230	−210	250	0,51	0,38	1,40
Luft		1,29	1	−220	−192	100[3]	0,24	0,17	1,40
Methan		0,72	0,55	−184	−164	127	0,53	0,41	1,30
Neon	E	0,89	0,69	−249	−246	198	0,245	0,148	1,67
Normgas		0,61	0,47	−230	−210	250	0,50	0,31	1,60
Ozon	G	2,14	1,65	−251	−112	—	—	—	1,29
Propan		2,019	1,562	−190	−45	—	—	—	—
Propylen		1,937	1,498	—	−50	—	—	—	—
Sauerstoff	G	1,43	1,11	−218,5	−183	101,5	0,22	0,16	1,40
Schwefelkohlenstoff		3,41	2,64	−112	+46	28,4	0,16	0,13	1,19
Schwefeldioxyd		2,93	2,26	−73	−10	72	0,15	0,12	1,26
Schwefelwasserstoff		1,539	1,191	−83	−60,2	—	0,23	—	1,34
Stickstoff	G	1,25	0,97	−210	−195,7	99,8	0,25	0,18	1,40
Wasserdampf bei 100°		0,89	0,62	0	+100	75	0,46	0,35	1,31
Wasserstoff	G	0,09	0,07	−257,3	−252,8	733	3,41	2,42	1,41
Xenon	E	5,8	4,48	−140	−106,1	—	0,038	0,023	1,67
Zyan		2,33	1,80	−34,4	−21	—	—	—	1,27

Heizwerte gasförmiger Kraftstoffe

1) Edelgase sind Grundstoffe
2) bei 760 mm QS
3) Wärmeleitzahl von Luft 0,019 kcal/mh°
4) bei 20° und 760 mm QS;
5) bei 0°
6) bei 5,1 Atm.

Diese Tabelle ist aus „Bosch Kraftfahrtechnisches Taschenbuch" entnommen.

Leistungsberechnungen an Elektromotoren.

Die Leistung eines Elektromotors wird in PS oder kW ausgedrückt. (1 PS = 0,736 kW.)

Ist die vom Motor bei einer bestimmten Netzspannung (in Volt = U) aufgenommene Stromstärke (in Ampere = I) bekannt, so ist die Leistung des Motors bestimmt durch:

bei Gleichstrom:

$$L = \frac{U \times I}{1000} \times \eta_{mot} \text{ kW, oder}$$

$$L = \frac{U \times I}{736} \times \eta_{mot} \text{ PS.}$$

und bei Drehstrom:

$$L = \frac{U \times I \times \sqrt{3}}{1000} \times \eta_{mot} \times \cos \varphi \text{ kW, oder}$$

$$L = \frac{U \times I \times \sqrt{3}}{736} \times \eta_{mot} \times \cos \varphi \text{ PS.}$$

Der Wirkungsgrad η mot des Elektromotors beträgt 88—90 v. H.

cos φ ist ein von der Phasenverschiebung des Motors abhängiger Leistungsfaktor, der auf dem Leistungsschild eines jeden Drehtrommotors angegeben ist.

Das Anlassen und Regeln von Elektromotoren erfolgt durch Vorschalten von Widerständen, soweit es sich nicht um Kurzschlußankermotoren (Käfiganker-, Doppelkäfiganker- Stabankermotoren) handelt, die durch unmittelbares Einschalten ohne Vorschaltwiderstände angelassen werden. Solche Motoren haben naturgemäß höhere Anlaufstromstärken als die mit Vorschaltwiderständen stufenweise angelassenen Motoren.

Bei Gleichstrom genügen für die Berechnung eines Anlassers Angaben der Netzspannung und der Leistung des Motors. Soll der Anlasser auch Regelwiderstände enthalten, so muß außer dem Regelbereich noch die Wicklungsart des Motors (Hauptstrom-, Nebenschluß- oder Hauptstrom-Nebenschluß-Wicklung) angegeben werden.

Widerstandserhöhungen in der Hauptstromwicklung setzt die Drehzahl herab, aber in der Nebenschlußwicklung h e r a u f.

Bei Drehstrommotoren sind Spannung und Stromstärke des Ankers, die von der Netzspannung und dem vom Netz aufgenommenen Strom abweichen, maßgebend für die Bestimmung der Widerstände. Das Leistungsschild des Motors enthält Angaben über diese beiden Größen. Sollten sie bei einem vorhandenen Motor nicht mehr zu erkennen sein, so kann die Spannung zwischen den drei Schleifringen mit einem Voltmeter gemessen werden, wenn bei abgehobenen Schleifkontakten der Motor (also der Stator) eingeschaltet wird. (Bei abgehobenen Schleifkontakten bleibt der Motor stehen, aber dieses Einschalten darf nur wenige Minuten dauern.)

Tab. 49 Schicht- bzw. Schüttwichten

Stoff	kg/m³
Asbest, faserförmig	700
Basalt	3200
Baumwolle	80
Beton mit Ziegelbrocken	1800
„ „ Kalksteinbrocken	2000
„ „ Granitbrocken	2200
Braunkohlen in Stücken	650÷780
Buchenholz in Scheiten	400
Chilesalp., aufgeschüttet	1000
Eichenholz in Scheiten	420
Fettkalk, gebr. u. pulvr.	500
Fichtenholz in Scheiten	320
Formsand, aufgeschüttet	1200
„ eingestampft	1650
Granit	2700
Gras und Klee	350
Hafer	450
Holzkohlen v. Weichholz	150
„ v. Hartholz	220
Kalk, gebrannt	900÷1100
Kalkmehl	490÷590
Kalk- u. Bruchsteine	2000
Kartoffeln	650÷700
Kochsalz, grob	745
„ fein	785
Kohlen, niederschlesische	820÷870
Kohlen, oberschlesische	760÷800
„ Ruhr-	800÷860
„ Saar-	720÷800
„ Zwickauer	770÷800
Kohlens. Magnesia, pulverförmig	130
Koks, Gas-	360÷470
„ Zechen-	380÷530
Mörtel (Kalk-, Sand-)	1700÷1800
Papier	1000
Roggen	650
Sand, Lehm, Erde, trocken	1600
„ „ „ naß	2000
Schnee, frisch gefallen	80÷190
„ feucht u. wässerig	200÷800
Seide	100
Soda	700÷800
Steinsalz, gemahlen	1015
Ton, Kies, trocken	1800
„ „ naß	2000
Torf, lufttrocken	325÷410
„ feucht	550÷650
Weißtannenholz in Scheiten	340
Ziegelsteine, gewöhnliche	1800
„ Klinker-	1900

Diese Tabelle ist aus „Bosch Kraftfahrtechnisches Taschenbuch" entnommen.

Tab. 50 Wärmeausdehnung der Stoffe

Längenausdehnung $l_t = l_0\,(1+\alpha t)$

α = Längenausdehnungszahl
= Verlängerung der Längeneinheit eines Körpers bei 1° Temperaturerhöhung

l_t = Länge bei t°
l_0 = Länge bei 0°
t = Temperatur in °C

Stoff	α (zwischen 0 u. 100°)	Stoff	α (zwischen 0 u. 100°)
Aluminium	$23,8 \cdot 10^{-6}$	Resiform	$40 \div 90 \cdot 10^{-6}$
Antimon	$10,8 \cdot 10^{-6}$	Resitex	$30 \div 50 \cdot 10^{-6}$
Bakelit	$40 \cdot 10^{-6}$	Schweißeisen	$11,5 \cdot 10^{-6}$
Blei	$29,2 \cdot 10^{-6}$	Silber	$19,7 \cdot 10^{-6}$
Bronze	$17,5 \cdot 10^{-6}$	Silizium	$7,6 \cdot 10^{-6}$
Chrom	$8,4 \cdot 10^{-6}$	Sinterkorund	$7,8 \cdot 10^{-6}$
Elektron	$24,0 \cdot 10^{-6}$	Stahl:	
Glas, Jenaer	$3,0 \cdot 10^{-6}$	Chrom-Molybdän	$12,7 \cdot 10^{-6}$
Gold	$14,2 \cdot 10^{-6}$	Chromstahl 11 %	$10,0 \cdot 10^{-6}$
Gußeisen	$10,5 \cdot 10^{-6}$	„ 13 %	$11,0 \cdot 10^{-6}$
Hartgummi	$50 \div 90 \cdot 10^{-6}$	Flußstahl	$11,5 \cdot 10^{-6}$
Iridium	$6,5 \cdot 10^{-6}$	Kohlenstoffstahl	$11,5 \cdot 10^{-6}$
Kadmium	$30,0 \cdot 10^{-6}$	Kruppstahl V 3 M	$10,0 \cdot 10^{-6}$
Kobalt	$12,7 \cdot 10^{-6}$	„ V 2 A	$16,0 \cdot 10^{-6}$
Konstantan	$15,2 \cdot 10^{-6}$	Kupferstahl	$12,0 \cdot 10^{-6}$
Kupfer	$17,0 \cdot 10^{-6}$	Manganstahl 14 %	$14,0 \cdot 10^{-6}$
Magnesium	$26,0 \cdot 10^{-6}$	Nickelstahl 30 % Ni	$12,0 \cdot 10^{-6}$
Mangan	$23,0 \cdot 10^{-6}$	„ 36 % Ni	$1,5 \cdot 10^{-6}$
Messing	$18,5 \cdot 10^{-6}$	„ 40 % Ni	$6,0 \cdot 10^{-6}$
Molybdän	$5,2 \cdot 10^{-6}$	„ 47 % Ni	$7,5 \cdot 10^{-6}$
Neusilber	$18,0 \cdot 10^{-6}$	Siliziumstahl	$12,5 \cdot 10^{-6}$
Nickel	$13,0 \cdot 10^{-6}$	Vanadiumstahl	$12,0 \cdot 10^{-6}$
Palladium	$11,9 \cdot 10^{-6}$	Wolframstahl	$9,5 \cdot 10^{-6}$
Platin	$9,0 \cdot 10^{-6}$	Stahlguß, hart	$14,0 \cdot 10^{-6}$
Platin-Iridium	$8,8 \cdot 10^{-6}$	Steatit	$8,5 \cdot 10^{-6}$
Porzellan	$4,5 \cdot 10^{-6}$	Tantal	$6,5 \cdot 10^{-6}$
Pyranit	$4,5 \cdot 10^{-6}$	Wismut	$13,4 \cdot 10^{-6}$
Quarz ‖ Krist.achse	$8 \cdot 10^{-6}$	Wolfram	$4,5 \cdot 10^{-6}$
Quarz ⊥ Krist.achse	$14,4 \cdot 10^{-6}$	Zink	$29,7 \cdot 10^{-6}$
Quarzglas	$0,5 \cdot 10^{-6}$	Zinn	$23,0 \cdot 10^{-6}$

Diese Tabelle ist aus „Bosch Kraftfahrtechnisches Taschenbuch" entnommen.

Tab. 51

Raumausdehnung $v_t = v_0 (1 + \beta t)$

β = Raumausdehnungszahl
= Vergrößerung der Raumeinheit bei 1° Temperaturerhöhung

v_t = Raum bei t°
v_0 = Raum bei 0°
t = Temperatur in °C

Stoff	Raumausdehnungszahl bei 18°	Stoff	Raumausdehnungszahl bei 18°
Aether	0,0016	Quecksilber . . .	0,00018
Alkohol	0,0011	Rüböl	0,0009
Benzin	0,001	Schwefelsäure . .	0,00055
Benzol	0,00125	Terpentinöl . . .	0,001
Glyzerin	0,0005	Tetralin	0,00078
Olivenöl	0,00072	Toluol	0,00108
Paraffinöl	0,000764	Trichloräthylen . .	0,00119
Petroleum	0,001÷0,0009	Wasser	0,00018

Für homogene feste Körper ist $\beta = 3\alpha$

Diese Tabelle ist aus „Bosch Kraftfahrtechnisches Taschenbuch" entnommen.

Tab. 52

Luftzustand[1])

Höhe über NN[2]) [m]	Temp. t [°]	Druck[4]) p [mm QS]	p [mb]	Verhältnis p/p_0	Wichte γ [kg/m³]	Verhältnis γ/γ_0	Dampfdruck p_w [5]) [mm QS]	Siedepkt. des Wassers [°]
0	15	760	1012	1	1,22	1	12,8	100
200	13,7	742	986	0,98	1,20	0,98	11,8	99
500	11,8	716	952	0,94	1,17	0,95	10,4	98
1000	8,5	673	894	0,89	1,11	0,91	8,3	97
1500	5,3	632	840	0,83	1,06	0,86	6,7	95
2000	2	595	792	0,78	1,01	0,82	5,3	93
3000	−4,5	540	718	0,71	0,92	0,76	3,1	91
4000	−11	475	629	0,62	0,84	0,70	1,8	87
5000	−17,5	423	561	0,56	0,76	0,63	1,0	84
6000	−24	370	490	0,49	0,69	0,57	0,5	81
8000	−37	280	371	0,37	0,55	0,45	0,1	74
10000	−50	215	285	0,28	0,44	0,37	—	68
15000	−56,5	95	126	0,12	0,20	0,16	—	51
20000	−56,5	46	61	0,06	0,10	0,08	—	37
25000	−56,5	19	25	0,03	0,04	0,03	—	21
30000	−56,5	11	17	0,02	0,03	0,02	—	15

Diese Tabelle ist aus „Bosch Kraftfahrtechnisches Taschenbuch" entnommen.

Auszüge aus den Unfallverhütungsvorschriften der Berufsgenossenschaften

Die umfassende Großausgabe der Unfall-Verhütungs-Vorschriften ist erschienen in Carl Heymanns Verlag, Berlin W. 8.

Dampfkessel.

§ 1. Für Niederdruckkessel gelten die nachstehenden Bestimmungen nicht. Die Kessel müssen jedoch den Forderungen entsprechen, die für sie in § 1 der „Allgemeinen polizeilichen Bestimmungen über die Anlegung von Landdampfkesseln" enthalten sind.

Betriebsanlage.

§ 2. Geschlossene Kesselräume müssen mindestens einen Ausgang haben, der unmittelbar ins Freie führt; ins Freie führende Ausgänge müssen nach außen aufschlagende Türen haben. Das Kesselhaus darf keine unmittelbare Verbindung (Türen und sonstige Öffnungen) mit feuer- oder explosionsgefährdeten Betriebsräumen haben.

§ 3. Die Plattform eingemauerter Kessel muß sachgemäß umwehrt sein, wenn sie höher als 2 m über dem Erdboden liegt.

§ 4. Die Kesselanlagen, besonders Wasserstandsvorrichtungen und Manometer, sind mit ausreichender Beleuchtung zu versehen.

§ 5. Die Manometer und Wasserstandsvorrichtungen müssen im Gesichtskreis des Wärters liegen und von seinem Standort leicht zugänglich sein. Zur gefahrlosen Bedienung hochgelegener Armaturen müssen feste Tritte, Treppen oder Bühnen mit Handleisten vorhanden sein. Rohrleitungen über der Kesseldecke sind so zu verlegen, daß die Bedienung der Apparate nicht behindert wird.

§ 6. Wasserstandsgläser, die nicht schon durch ihre Bauart Schutz gegen Zerspringen bieten, müssen zuverlässige Schutzvorrichtungen haben, die die Beobachtung des Wasserstandes nicht beeinträchtigen.

§ 7. Zu Mannlochpackungen und Flanschendichtungen dürfen nur geschlossene oder fest zusammengenähte Ringe verwendet werden.

§ 8. Bei Hochhubsicherheitsventilen von Kesseln, die nicht im Freien benutzt werden, ist dafür zu sorgen, daß der abblasende Dampf ins Freie entweicht.

§ 9. Ausblasevorrichtungen sind so anzulegen, daß bei ihrer Benutzung niemand verbrüht wird.

Betriebsführung.

Allgemeines.

§ 10. Die Bedienung und Wartung von Dampfkesseln darf nur zuverlässigen, männlichen Personen übertragen werden, die damit vertraut und über 18 Jahre alt sind.

§ 11. Das Betreten der Kesselräume durch Unbefugte ist verboten und darf nicht geduldet werden. Das Verbot ist anzuschlagen.

§ 12. (1) Der Kessel muß unter sachkundiger Aufsicht bleiben, solange sich Feuer auf dem Rost befindet oder die Beheizung nicht abgestellt ist.

(2) Der Kesselwärter darf vor Ablösung und der ordnungsmäßigen Übergabe des Kessels seinen Posten nicht verlassen.

§ 13. Die Kesselanlage ist rein, ausreichend beleuchtet und von allen nicht dahin gehörigen Gegenständen frei zu halten. Die vorgeschriebenen Ausgänge des Kesselhauses müssen stets unverschlossen und frei bleiben. Andere Ausgänge müssen, wenn sie versperrt sind, als versperrt gekennzeichnet werden.

§ 14. Die für den Betrieb erforderlichen Werkzeuge, Ersatzteile und sonstigen Bedarfsgegenstände müssen vorhanden sein und geordnet aufbewahrt werden.

Inbetriebsetzung des Kessels.

§ 15. Wenn der Kessel geöffnet war, ist vor dem Schließen festzustellen, daß sich keine fremden Gegenstände in ihm befinden. Alle zum Kessel gehörigen Vorrichtungen müssen gangbar, ihre Verbindungen mit dem Kessel müssen frei und die Entleerungsvorrichtungen geschlossen sein.

§ 16. Das Anheizen muß vorsichtig geschehen; es darf erst erfolgen, wenn der Kessel so weit gefüllt ist, daß der Wasserstand mit Sicherheit als genügend erkannt werden kann.

§ 17. Rauchschieber, Zugdrehklappen usw. müssen vor dem Anheizen geöffnet werden, damit Rauchgasverpuffungen nicht eintreten können.

§ 18. Das Brennmaterial darf, besonders zum Zwecke des leichteren Anzündens, nicht mit Petroleum oder anderen leicht entzündlichen Brennstoffen übergossen werden.

§ 19. (1) Während des Anheizens ist der Dampfraum des Kessels durch Öffnen der Sicherheitsventile oder anderer Vorrichtungen mit der äußeren Luft zu verbinden.

(2) Dichtungen sind nachzusehen und erforderlichenfalls vorsichtig nachzuziehen.

§ 20. Vor Beginn und während des Anheizens sind alle Ausrüstungs- und Zubehörteile, besonders die Wasserstandsvorrichtungen, unter Benutzung aller Hähne oder Ventile zu prüfen; das Manometer ist während des Anheizens zu beobachten.

Betrieb des Kessels.

§ 21. (1) Hähne und Ventile sind vorsichtig zu öffnen und zu schließen. Besondere Sorgfalt ist bei Benutzung von Entleerungsvorrichtungen anzuwenden. Dampfleitungen und Überhitzer sind beim Anwärmen unter Berücksichtigung der Eigenart der Anlage zu entwässern. Dampfleitungen dürfen nur langsam angewärmt werden.

(2) Die Entnahme von heißem Wasser aus Dampfkesseln für Gebrauchszwecke ist unzulässig, soweit nicht in Ausnahmefällen besondere Einrichtungen hierfür genehmigt sind.

§ 22. Der Wasserstand muß stets in ausreichender Höhe gehalten werden. Er darf im Betrieb im allgemeinen nicht unter die Marke des niedrigsten Wasserstandes sinken. Kann der Wasserstand nicht mehr erkannt werden, ist sofort die Einwirkung des Feuers zu unterbrechen und dem Vorgesetzten unverzüglich Anzeige zu erstatten.

§ 23. Die Wasserstandsvorrichtungen sind sämtlich zu benutzen und sauber zu halten. Alle Hähne und Ventile sind täglich, nach Bedarf öfter, zu prüfen. Sie sind langsam und vorsichtig zu öffnen und zu schließen. Mängel, besonders Verstopfungen, sind sofort zu beseitigen. Die Wasserstandsgläser sind gut zu beleuchten.

§ 24. Alle Speisevorrichtungen sind stets in brauchbarem Zustand zu erhalten, möglichst abwechselnd zu benutzen, zum mindesten aber öfter auf ihre Betriebsfähigkeit zu prüfen.

§ 25. Das Manometer ist zeitweise vorsichtig auf seine Gangbarkeit zu prüfen. Hierbei ist danach zu sehen, ob die Zeigerstellung mit dem Abblasen der Sicherheitsventile übereinstimmt, ob der Zeiger beim vorsichtigen Schließen des Hahnes ohne Hemmung auf den Nullpunkt sinkt und beim langsamen Wiederöffnen auf den früheren Stand zurückgeht. Eine erhebliche Unstimmigkeit zwischen dem Anzeigen des Manometers und dem Abblasen der Sicherheitsventile ist dem Vorgesetzten zu melden.

§ 26. Der Dampfdruck soll die festgesetzte, auf dem Fabrikschild angegebene und am Manometer durch eine rote Marke bezeichnete, höchstzulässige Spannung nicht überschreiten. Steigt der Druck zu hoch, ist der Kessel aufzuspeisen und der Zug zu vermindern. Blasen dabei die Sicherheitsventile nicht ab, sind sie sofort nachzusehen.

§ 27. Die Sicherheitsventile sind regelmäßig auf ihren ordnungsmäßigen Zustand zu prüfen. Jede eigenmächtige Änderung der Ventile oder ihrer Belastung, besonders jedes Überlasten und Unwirksammachen, ist verboten.

§ 28. Beim Abschlacken und bei der Handbeschickung des Rostes ist gebotenenfalls der Zug zu vermindern.

§ 29. In Betriebspausen ist der Kessel nach Bedarf aufzuspeisen und der Zug zu vermindern.

§ 30. Gegen Ende des Kesselbetriebs ist die Zufuhr von Brennstoff einzustellen, der Dampf so weit wie möglich wegzuarbeiten und der Kessel nach Bedarf aufzuspeisen; erforderlichenfalls sind die Absperrvorrichtungen, besonders die der Wasserstandsvorrichtungen und die der Speiseleitung, zu schließen. Die Einwirkung des Feuers ist aufzuheben und dann der Rauchschieber zu schließen.

§ 31. Das Decken des Feuers nach Beendigung des Betriebs ist nur gestattet, wenn der Kessel unter sachkundiger Aufsicht bleibt. Dabei darf der Rauchschieber nicht ganz geschlossen werden.

§ 32. (1) Die Kesselwärter haben den Zustand der Kessel, der Kesselmauerung und der Zugführung, besonders auch der Gewölbe zum Schutz einzelner Kesselteile gegen die Einwirkung heißer Gase (namentlich den Zustand der Schutzgewölbe unterhalb der Wasserkammern bei Wasserrohrkesseln) zu beobachten.

(2) Auffallende Erscheinungen an Nietnähten und an Schweißnähten, besonders an solchen von Wasserkammern, undichte und schadhafte Stellen, starke Verrostungen und ungewöhnliche Erscheinungen am Kessel, Beschädigungen am Mauerwerk, Einsturz von Schutzgewölben sind dem Vorgesetzten unverzüglich zu melden.

(3) Vor Leckwasser und ausströmendem Dampf sind alle Teile des Dampfkessels und seiner Einmauerung sorgfältig zu schützen.

§ 33. Schäden sind baldigst zu beseitigen. Bei gefahrdrohenden Schäden ist der Kessel sofort außer Betrieb zu setzen.

Reinigen und Entleeren des Kessels.

§ 34. (1) Mit dem Entleeren des Kessels darf erst begonnen werden, wenn das Feuer und die glimmende Flugasche entfernt sind und das Mauerwerk genügend abgekühlt ist.

(2) Muß der Kessel aus zwingenden Gründen unter Dampfdruck entleert werden, so hat dies mit größter Vorsicht und bei möglichst niedrigem Druck zu geschehen. Damit der Kessel vollständig ausläuft, ist für Luftzutritt zu sorgen.

§ 35. Einlassen von kaltem Wasser in den entleerten, heißen Kessel ist verboten.

§ 36. Bei Frostgefahr sind außer Betrieb gesetzte Kessel und Rohrleitungen gegen Einfrieren zu schützen.

§ 37. Außer Betrieb gesetzte Kessel und Rohrleitungen sind sorgfältig gegen die Einwirkung von Feuchtigkeit, besonders auch gegen die Einwirkung von Grundwasser, zu schützen.

§ 38. (1) Der zu befahrende Kessel muß von den mit ihm verbundenen, unter Dampf stehenden Kesseln in allen Rohrverbindungen durch genügend starke Blindflanschen oder durch Abnehmen von Zwischenstücken sicher und sichtbar abgetrennt werden.

(2) Gemeinschaftliche Feuerungseinrichtungen sind sicher abzusperren. Der Kessel und die Züge sind gut zu lüften.

§ 39. Kesselstein und Schlamm sind aus dem Kessel gründlich zu entfernen. Der Kesselstein darf nicht mit zu scharfen Werkzeugen abgeklopft und nicht mit gesundheitsschädlichen Mitteln entfernt werden.

§ 40. Die Züge und die äußeren Kesselwandungen sind gründlich von Flugasche und Ruß zu reinigen

§ 41. (1) Nach jeder Reinigung haben die Kesselwärter oder andere hierfür bestimmte geeignete Personen den Kessel und seine Feuerzüge zu befahren und genau zu untersuchen.

(2) Dabei sind besonders stark beanspruchte Stellen, z. B. Krempen an Böden, Kammerhälse und Stutzen, Nietnähte und Schweißnähte, die Durchgangsöffnungen der Wasserstandsvorrichtungen, die Mündungen der Speise- und Entleerungsvorrichtungen sorgfältig auf ihren Zustand zu prüfen. Mängel sind dem Vorgesetzten zu melden. Vgl. § 32.

§ 42. Bei Anstrich des Kesselinnern ist mit Vorsicht zu verfahren. Der Anstrich ist möglichst dünn aufzutragen. Die Verwendung von Stoffen, die betäubende oder leicht entzündliche Gase entwickeln, ist verboten.

§ 43. (1) Zur Beleuchtung beim Befahren der Kessel und Züge dürfen leicht entzündliche Brennstoffe nicht benutzt werden.

(2) Bei Benutzung elektrischer Lampen ist darauf zu achten, daß die Handlampen und Kabel den Vorschriften des VDE entsprechen und in Ordnung sind. Die Lampen müssen mit einem sicher befestigten Überglas und mit Schutzkorb versehen sein und dürfen keine Schalter haben. Die Spannung muß bei Wechselstrom durch Schutztransformatoren mit getrennter Wicklung auf 42 Volt oder weniger herabgesetzt werden. Der Schutztransformator muß unmittelbar an der festverlegten Netzleitung oder nahe am Stecker angeschlossen sein. Stecker für Kleinspannungen dürfen nicht in Dosen für höhere Spannungen passen.

§ 44. Gelegentlich der Reinigung eines Kessels sind die Ausrüstungs- und Zubehörteile zu untersuchen und erforderlichenfalls instand zu setzen.

Kraftmaschinen.

§ 1. Unbefugten ist der Zutritt zu den Maschinenräumen verboten, ihr Aufenthalt ist nicht zu dulden. Das Verbot ist anzuschlagen.

§ 2. (1) Zahn- und Kettenräder im Verkehrs- oder Arbeitsbereich*) sind völlig und fest zu umkleiden. Soweit sie außerhalb des Verkehrs- und Arbeitsbereichs liegen, sind sie an den Eingriffen vorn und auf beiden Seiten vollkommen zu sichern; dabei sind alle Endkanten der Schutzbleche um etwa 4 cm von der Zahnaußenkante abzuheben.

(2) Keilnuten, hervorstehende Staufferbüchsen, Keile, Schrauben u. dgl. an bewegten Teilen sind zu verdecken oder glatt rundlaufend zu verkleiden, auch wenn sie außerhalb des Verkehrs- und Arbeitsbereichs liegen.

(3) Wellenenden und ähnliche sich drehende Teile sind zu verkleiden, wenn sie um mehr als ein Viertel ihres Durchmessers hervorstehen. Glatte Wellenenden unter 5 cm Länge bedürfen keiner Verkleidung, sind aber abzurunden.

---

*) Bei der Vielgestaltigkeit der Betriebseinrichtungen und der Mannigfaltigkeit der Arbeitsverfahren kann der Begriff „Verkehrs- und Arbeitsbereich" nicht allgemein festgelegt werden. So hängt der Umfang des „Verkehrs- und Arbeitsbereichs" von der Örtlichkeit ab; z. B. ist von Bedeutung, ob Stufen, Bühnen, Podeste, Galerien usw., die dem Zutritt offen stehen, vorhanden sind.
Für die Begrenzung des „Verkehrsbereichs" darf davon ausgegangen werden, daß die Arbeiter nur die ihnen gestatteten Verkehrswege benutzen und abgesperrte Räume nicht betreten (Abschn. 1 § 21 Abs. 2).
Im „Arbeitsbereich" liegen alle Stellen, an denen Arbeiter regelmäßig und öfter zu tun haben. Auch ist zu berücksichtigen, mit welchen Gegenständen und Werkzeugen üblicherweise gearbeitet wird. Ein Arbeiter z. B., der mit langen Eisenstangen hantiert, kann mit ihnen leicht in ein Triebwerk oder an eine spannungführende elektrische Leitung geraten.

(4) Quetsch- und Scherstellen sind zu vermeiden, falls das nicht möglich ist, zu sichern.

(5) Im übrigen sind auch andere bewegte Teile an Kraftmaschinen zu umkleiden oder zu umwehren, wenn sie erfahrungsgemäß Unfälle verursachen können.

(6) Umwehrungen müssen weit genug von den bewegten Teilen entfernt oder so beschaffen sein, daß man nicht hindurchgreifen kann.

(7) Von den in den Absätzen 1 bis 4 aufgestellten Forderungen darf nur abgesehen werden, wenn die Maschinenteile und -stellen schon durch den Bau der Maschine gegen Berührung ausreichend geschützt sind.

(8) Schwungrad- und sonstige Gruben für bewegte Teile sind außer mit der Umwehrung mit einer ausreichend hohen Fußleiste zu umgeben.

(9) Die Schwungräder größerer Maschinen sind von Zeit zu Zeit zu untersuchen (Nachsehen der Verschraubungen, Abklopfen des Schwungrades).

§ 3. (1) Verbrennungskraftmaschinen, die in ihrer Drehrichtung angeworfen werden und deren Leistung in PS je Zylinder kleiner oder gleich 1 : 120 der minutlichen Umdrehungszahl ist, müssen, wenn sie ohne Kurbel von Hand angedreht werden, glatt ausgekleidete oder volle Schwungräder haben. Werden sie mit einer Handkurbel angedreht, muß sich diese beim Anlaufen des Motors selbsttätig ausschalten.

(2) Verbrennungskraftmaschinen, die in ihrer Drehrichtung angeworfen werden und deren Leistung in PS je Zylinder größer als 1 : 120 der minutlichen Umdrehungszahl ist, müssen eine Andrehkurbel, die sich beim Anlaufen des Motors selbsttätig ausschaltet und gegen Rückschlag gesichert ist, oder eine ähnliche, den gleichen Schutz gewährleistende Einrichtung haben. Die Rückschlagsicherung der Kurbel ist nicht erforderlich, wenn beim Andrehen Spätzündung zwangsläufig sichergestellt ist.

(3) Bei Dieselmotoren und Glühkopfmotoren genügen Andrehkurbeln, die sich beim Anlaufen des Motors selbsttätig ausschalten; Rückschlagsicherungen brauchen diese Kurbeln nicht zu haben.

(4) Bei Verbrennungskraftmaschinen, die gegen ihre Drehrichtung angeworfen werden, ist, wenn die Leistung in PS je Zylinder 1 : 15 der minutlichen Umdrehungszahl nicht übersteigt und das Schwungrad glatt ausgekleidet oder voll ist, ein Anpendeln am Schwungrad, mit Verschwindgriffen oder mit einer anderen, von der Berufsgenossenschaft anerkannten Einrichtung zulässig. Sonst ist mechanisch anzulassen.

(5) An Verbrennungskraftmaschinen, für die nach Abs. 1, 2 und 4 keine rückschlagsicheren Kurbeln notwendig sind, müssen Umdrehungszahl und Leistung auf einem Schild angegeben sein.

(6) Anlassen mit Sauerstoff oder brennbaren Gasen ist verboten.

§ 4. Kraftmaschinen aller Art dürfen nur mit den dafür vorgesehenen Andrehvorrichtungen in Gang gesetzt werden. Dampfmaschinen bis zu 20 PS dürfen bei geschlossener Dampfzuleitung und geöffneten Zylinderhähnen von Hand über den toten Punkt gebracht werden.

§ 5. (1) Das Ingangsetzen und Abstellen der Kraftmaschine muß in jedem Raum, in dem sich von ihr abhängige Triebwerke oder Arbeitsmaschinen befinden, rechtzeitig und deutlich angekündigt werden. Steht die Kraftmaschine außerhalb dieser Räume, muß bei ihr eine Warnvorrichtung vorhanden sein, die von jedem dieser Räume aus betätigt werden kann. Bei Betätigung der Warnvorrichtung ist die Kraftmaschine sofort stillzusetzen; sie darf erst wieder in Gang gebracht werden, nachdem der Grund für das Stillsetzen fortgefallen ist.

(2) Abgestellte Wasser- und Windräder sowie -turbinen sind gegen unbeabsichtigtes Ingangkommen zu sichern.

§ 6. (1) Bei Ausbesserungsarbeiten sind besondere Maßnahmen gegen ein unbeabsichtigtes Anlaufen sowie gegen unbefugtes und irriges Ingangsetzen und Bewegen der Kraftmaschine zu treffen.

(2) Ausbesserungen an den Maschinen während des Ganges sind verboten, ebenso das Reinigen und Putzen laufender Teile, soweit es nicht bei durchlaufenden Maschinen erforderlich ist.

(3) Schmieren bewegter Teile ist nur gestattet, wenn dazu Einrichtungen benutzt werden, die es ohne Gefahr ermöglichen.

§ 7. (1) Die Bedienung und Wartung von Dampf- und Verbrennungs-Kraftmaschinen darf nur zuverlässigen Personen übertragen werden, die damit vertraut und über 18 Jahre alt sind.

(2) Bei Schichtwechsel darf der abtretende Wärter sich erst entfernen, wenn der antretende die Maschine übernommen hat.

Triebwerke (Transmissionen).

§ 1. (1) Zahn- und Kettenräder im Verkehrs- oder Arbeitsbereich sind völlig und fest zu umkleiden. Soweit sie außerhalb des Verkehrs- und Arbeitsbereichs liegen, sind sie an den Eingriffen vorn und auf beiden Seiten vollkommen sicher; dabei sind alle Endkanten der Schutzbleche um etwa 4 cm von der Zahnaußenkante abzuheben.

(2) Keilnuten, hervorstehende Staufferbüchsen, Keile, Schrauben u. dgl. an bewegten Teilen sind zu verdecken oder glatt rundlaufend zu verkleiden, auch wenn sie außerhalb des Verkehrs- und Arbeitsbereichs liegen.

(3) Im übrigen sind auch andere bewegte Teile an Triebwerken zu umkleiden oder zu umwehren, wenn sie erfahrungsgemäß Unfälle verursachen können.

(4) Umwehrungen müssen weit genug von den bewegten Teilen entfernt oder so beschaffen sein, daß man nicht hindurchgreifen kann.

(5) Gruben und Fußbodenöffnungen für bewegte Teile sind außer mit der Umwehrung mit einer ausreichend hohen Fußleiste zu umgeben.

§ 2. Schnellaufende (etwa 10 m/s) Riemen, Seile und Stahlbänder sowie alle Riemen, die breiter als 15 cm sind, müssen in sicherer Weise unterfangen werden, wenn sie sich über einer Arbeits- oder Verkehrsstelle bewegen. Verbindungen ungeschützter Riemen müssen glatt und fest hergestellt werden.

§ 3. (1) Das Auflegen und Abwerfen der Riemen und Seile von Hand darf nur bei Stillstand oder langsamem Gang, das Harzen, Fetten und Reinigen der Riemen darf nur am ablaufenden Teil durch Personen, die dazu ermächtigt sind, erfolgen.

(2) Zum Auflegen und Abwerfen der Riemen während des normalen Ganges sind Riemenaufleger oder sonstige zweckmäßige Einrichtungen bereitzustellen und zu benutzen.

(3) Das Ausbessern und Kürzen der Riemen darf bei laufender Welle nur geschehen, wenn sie durch Aufhängen außer Berührung mit der Welle gebracht sind. Das Abhalten der Riemen mit der Hand ist in diesen Fällen verboten. Soweit angängig, sind diese Arbeiten während des Stillstandes vorzunehmen.

§ 4. Durch Vorkehrungen ist zu verhindern, daß abzuwerfende Riemen mit bewegten Triebwerken oder Maschinenteilen in Berührung kommen. Abgefallene Riemen und Seile sind sofort wieder aufzulegen oder so aufzuhängen, daß sie bewegte Teile der Triebwerke oder Maschinen nicht berühren können.

§ 5. Von der gleichen Kraftmaschine angetriebene Wellenleitungen, die in verschiedenen Betriebsräumen liegen, müssen unabhängig voneinander ausrückbar sein. Die Ausrückung muß gegen unbeabsichtigtes Wiedereinrücken gesichert und stets zugänglich sein. Das gilt auch für Zwischenvorgelege.

§ 6. (1) Müssen Arbeiten in gefahrdrohender Nähe bewegter Maschinen oder Triebwerke ausgeführt werden, sind Schutzvorkehrungen zu treffen.

(2) Reinigen, Putzen und Ausbessern während des Ganges ist verboten. Das Verbot ist anzuschlagen. Bei Vornahme dieser Arbeiten sind besondere Maßnahmen gegen unbefugtes oder irriges Ingangsetzen und Bewegen des Triebwerks zu treffen, z. B. Anbringen eines Schildes mit der Aufschrift: „Ausbesserung! Nicht einrücken!"

(3) Schmieren bewegter Teile ist nur gestattet, wenn dazu Einrichtungen benutzt werden, die es ohne Gefahr ermöglichen.

§ 7. (1) Die selbständige Bedienung und Wartung von Triebwerken darf nur zuverlässigen Personen übertragen werden, die damit vertraut und über 18 Jahre alt sind.

(2) Ohne besonderen Auftrag dürfen an laufenden Triebwerken keine Verrichtungen vorgenommen werden.

(3) Liegen Triebwerke in besonderen vom Arbeitsraum getrennten Räumen, ist Unbefugten das Betreten verboten. Das Verbot ist anzuschlagen.

§ 8. Bei Arbeiten an Triebwerken sind nur die dazu bestimmten Leitern zu benutzen; Stehleitern (Bockleitern) dürfen nicht benutzt werden.

Arbeitsmaschinen.

a) Allgemeines.

§ 1. Die Bestimmungen für Triebwerke (Abschn. 6) mit Ausnahme des § 7 Abs. 1 und 2 gelten entsprechend für Einrichtung und Bedienung der Arbeitsmaschinen.

§ 2. (1) Jede Arbeitsmaschine mit Kraftantrieb muß für sich allein ein- und ausrückbar sein. Die Ein- und Ausrückvorrichtungen müssen vom Standplatz des die Maschine Bedienenden leicht erreichbar sein, sicher wirken und ein unbeabsichtigtes Einrücken ausschließen.

(2) Eine gemeinschaftliche Ausrückvorrichtung für mehrere Arbeitsmaschinen ist zugelassen, wenn die Maschinen durch gemeinschaftlichen Antrieb zu einer Gruppe vereinigt sind, stets nur gleichzeitig eine ineinandergreifende Arbeit verrichten und die gemeinschaftliche Ausrückvorrichtung an den einzelnen Arbeitsstellen betätigt werden kann.

(3) Jeder, der eine Arbeitsmaschine einrückt oder bewegt, hat darauf zu achten, daß niemand gefährdet wird. Dies gilt besonders, wenn mehrere Personen an der Maschine beschäftigt sind.

§ 3. (1) Schwungräder, Riemenscheiben sowie alle schnellaufenden Speichenräder, die im Verkehrs- oder Arbeitsbereich liegen, sind zu umkleiden oder zu umwehren.

(2) Zahn- und Kettenräder im Verkehrs- oder Arbeitsbereich sind völlig und fest zu umkleiden. Soweit sie außerhalb des Verkehrs- und Arbeitsbereichs liegen, sind sie an den Eingriffen vorn und auf beiden Seiten vollkommen zu sichern; dabei sind alle Endkanten der Schutzbleche um etwa 4 cm von der Zahnaußenkante abzuheben.

(3) Keilnuten, hervorstehende Staufferbüchsen, Keile, Schrauben u. dgl. an bewegten Teilen sind zu verdecken oder glatt rundlaufend zu verkleiden, auch wenn sie außerhalb des Verkehrs- und Arbeitsbereichs liegen.

(4) Wellenenden und ähnliche sich drehende Teile sind zu verkleiden, wenn sie um mehr als ein Viertel ihres Durchmessers hervorstehen. Glatte Wellenenden unter 5 cm Länge bedürfen keiner Verkleidung, sind aber abzurunden. Innengewinde sind zu sichern.

(5) Quetsch- und Scherstellen sind zu vermeiden, falls das nicht möglich ist, zu sichern.

(6) Bewegen sich Maschinenteile bis dicht über den Fußboden, sind Vorkehrungen gegen Verletzungen zu treffen.

(7) Schnurtriebe und Riementriebe in Augenhöhe sind durch Schutzblech oder Schutzbügel zu sichern.

(8) Umwehrungen müssen weit genug von den bewegten Teilen entfernt oder so beschaffen sein, daß man nicht hindurchgreifen kann.

(9) Von den in den Absätzen 2 bis 7 aufgestellten Forderungen darf nur abgesehen werden, wenn die Maschinenteile und -stellen schon durch den Bau der Maschine gegen Berührung ausreichend geschützt sind.

(10) Gruben und Fußbodenöffnungen für bewegte Teile sind außer mit der Umwehrung mit einer ausreichend hohen Fußleiste zu umgeben.

§ 4. Sobald der Wärter der Kraftmaschine durch ein Zeichen das Stillsetzen der Kraftmaschine ankündigt, sind die Arbeitsmaschinen außer Betrieb zu setzen.

§ 5. (1) Ausbesserungen an Arbeitsmaschinen während des Ganges, ebenso das Reinigen und Putzen laufender Teile sind verboten. Schmieren bewegter Maschinenteile, Ausbessern von Riemen ist nur gestattet, wenn Einrichtungen vorhanden sind, die es ohne Gefahr ermöglichen.

(2) Müssen Walzen während des Ganges geputzt werden, darf es nur auf der Auslaufseite geschehen oder es sind Maßnahmen zu treffen, die Verletzungen ausschließen.

(3) Bei Ausbesserungs-, Einrichtungs- und Reinigungsarbeiten an unübersichtlichen Arbeitsmaschinen, beim Befahren von Bottichen, Apparaten und Behältern, die sich selbst drehen oder mit kraftbetriebenen Rührwerken versehen sind, sind besondere Maßnahmen gegen unbefugtes oder irriges Ingangsetzen und Bewegen der Arbeitsmaschinen und Apparate zu treffen, z. B. Abwerfen des Riemens, Anbringen eines Schildes mit der Aufschrift „Ausbesserung! Nicht einrücken!"

§ 6. Soweit in den folgenden Abschnitten Vorschriften für kraftbetriebene Arbeitsmaschinen enthalten sind, gelten sie entsprechend für hand- oder fußbetriebene Arbeitsmaschinen, die mit schweren Schwungrädern ausgerüstet sind.

Druckluftbehälter.

Geltungsbereich.

§ 1. (1) Die nachstehenden Bestimmungen gelten für alle Druckluftbehälter, in denen Luft mit einem höheren Druck als 0,5 atü zu Kraftzwecken aufgespeichert wird.

(2) Für Druckluftbehälter mit einem Rauminhalt unter 10 l, bei denen das Produkt aus der Literzahl des Rauminhalts und der Zahl des höchstzulässigen Betriebsdrucks in atü die Zahl 20 nicht übersteigt, gelten die §§ 4 und 7 Abs. 2 nicht.

(3) Ortsbewegliche Preßluftflaschen gelten nicht als Druckluftbehälter; für sie gelten als Unfallverhütungsvorschriften die behördlichen Bestimmungen.

Bau und Ausrüstung.

§ 2. Werkstoff, Bauart, Herstellung und Ausrüstung der Druckluftbehälter müssen den anerkannten Regeln der Technik entsprechen.

§ 3. Druckluftbehälter mit lichtem Durchmesser von mehr als 800 mm müssen, soweit eine Besichtigung des Innern nicht anders möglich ist, befahrbar eingerichtet sein. Ovale Mannlöcher müssen mindestens 300 mal 400 mm, runde 400 mm weit sein. Druckluftbehälter mit lichtem Durchmesser bis 800 mm müssen, soweit es möglich und erforderlich ist, Besichtigungsöffnungen (Handlöcher) haben.

§ 4. An jedem Druckluftbehälter oder in der Druckzuleitung unmittelbar am Druckluftbehälter muß eine Vorrichtung vorhanden sein, durch die er für sich von der Druckzuleitung abgesperrt werden kann.

§ 5. (1) Druckluftbehälter müssen ein zuverlässiges Sicherheitsventil, ein Manometer mit Kontrollflansch und eine Entwässerungseinrichtung haben. Am Manometer muß der höchstzulässige Betriebsdruck durch eine Marke bezeichnet sein. Die Einstellung des Sicherheitsventils ist in geeigneter Weise zu sichern.

(2) Druckluftbehälter bedürfen eines Sicherheitsventils und eines Manometers nicht, wenn ihre Wandstärken dem Betriebsdruck des zugehörigen Druckerzeugers entsprechen und dieser mit den Sicherheitseinrichtungen ausgestattet ist. Diese Ausnahme gilt nicht für Behälter, die, wenn auch nur gelegentlich, durch transportable Flaschen aufgefüllt werden.

§ 6. (1) Die Druckzuleitung für Druckluftbehälter, die für einen Betriebsdruck gebaut sind, der mehr als 2 at geringer ist als der des Druckerzeugers, muß ein Druckminderventil haben, das den Druck selbsttätig entsprechend herabsetzt.

(2) Das Druckminderventil ist so einzustellen, daß der Druck im Druckluftbehälter nicht über den höchstzulässigen Betriebsdruck steigen kann. Werden mehrere Druckluftbehälter mit gleichem Betriebsdruck an dieselbe Druckzuleitung angeschlossen, genügt ein Druckminderventil in der gemeinsamen Leitung.

Prüfung.

§ 7. (1) Vor der ersten Inbetriebnahme, nach jeder größeren Ausbesserung und nach jeder wesentlichen Änderung eines Druckluftbehälters hat der Unternehmer ihn durch einen Sachverständigen prüfen zu lassen. Die Prüfung hat sich zu erstrecken auf eine Prüfung der Bauart, eine innere Untersuchung, soweit sie möglich ist, und eine Druckprobe nach § 9. Die Prüfung ist vom Sachverständigen zu bescheinigen.

(2) Mindestens alle 4 Jahre hat der Unternehmer durch einen Sachverständigen eine äußere und innere Untersuchung vornehmen zu lassen, alle 8 Jahre außerdem eine Druckprobe nach § 9. Bei Gefäßen, die nicht befahrbar sind, ist die Druckprobe alle 4 Jahre vorzunehmen.

§ 8. (1) Mit der Prüfung der Bauart und mit der Druckprobe hat der Sachverständige die Einstellung der zum Druckluftgefäß gehörigen Sicherheits- und Druckminderventile zu verbinden. Die Einstellung darf nicht unter Wasserdruck vorgenommen werden. Die Sicherheitsventile dürfen höchstens so belastet werden, daß sie beim Eintreten des höchstzulässigen Betriebsdrucks abblasen.

(2) Auch Änderungen an der Einstellung der Sicherheitsventile darf nur ein Sachverständiger vornehmen. Die Änderung hat der Sachverständige in der Bescheinigung (§ 7 Abs. 1) zu vermerken.

§ 9. Für die Höhe des Probedrucks gelten die behördlichen Bestimmungen für Druckgefäße.

Kompressoren.

§ 1. Die nachstehenden Bestimmungen gelten nicht für Kompressoren an Kältemaschinen.

§ 2. (1) Für jede Druckstufe eines Kompressors muß ein zuverlässiges Manometer vorhanden sein sowie eine Sicherheitseinrichtung, die eine gefährliche Drucksteigerung verhindert. Bei Überdruck entweichende gesundheitsschädliche oder brennbare Gase sind gefahrlos abzuführen. Besteht eine Druckstufe aus mehreren Zylindern, muß für jeden Zylinder ein Manometer und die Sicherheitseinrichtung vorhanden sein, wenn die einzelnen Zylinder für sich betriebsmäßig abgesperrt werden. Die Manometer müssen gut beleuchtet und mit deutlich sichtbaren Marken versehen sein, die den zulässigen Höchstdruck bezeichnen.

(2) Bei zweistufigen Kompressoren mit einer Leistung bis 10 cbm/min kann das Manometer der ersten Stufe fehlen.

(3) Kleine Kompressoren bis 5 l Inhalt und 10 atü Enddruck, die mit Riemen angetrieben werden, bedürfen der Sicherheitseinrichtung zur Verhütung einer Drucksteigerung nicht.

§ 3. Die Sicherheitseinrichtungen sind laufend auf sicheres Arbeiten und richtige Einstellung zu überwachen.

§ 4. Wenn erforderlich, muß durch Einrichtungen dafür gesorgt sein, daß die von den Kompressoren angesaugten Gase und Dämpfe frei von gefährlichen Beimengungen sind.

§ 5. Hinter den einzelnen Stufen der Kompressoren müssen Abscheider für Schmiermittel und Wasser angeordnet sein, wenn nicht die Sammler und Kühler als solche dienen. Die Abscheider sind durch Ablaßvorrichtungen, die an der tiefsten Stelle liegen müssen, in bestimmten Zeitabschnitten, mindestens einmal am Tage, zu entleeren.

§ 6. (1) Zum Schmieren der Luftkompressoren sind Kompressoröle zu verwenden. Zähigkeit und Flammpunkt der Öle müssen den auftretenden Höchstdrucken und Höchsttemperaturen entsprechen; maßgebend dafür sind die „Richtlinien für Schmiermittel, Öle für Verdichter"*) des Fachnormenausschusses für Schmiermittelanforderungen. Auf Verlangen der Berufsgenossenschaft hat der Unternehmer die Eigenschaften des Schmiermittels nachzuweisen.

(2) Zu reichliches Schmieren ist zu vermeiden (Gefahr der Krustenbildung).

§ 7. (1) Die Temperatur gepreßter Luft darf, unmittelbar am Druckstutzen der einzelnen Stufen gemessen, 160° C nicht überschreiten. Zum Messen müssen zuverlässige Thermometer an dem Druckstutzen so angebracht sein, daß die Temperatur richtig angezeigt wird. Ist bei kleinen Maschinen diese Anordnung der Meßeinrichtung nicht möglich, darf die Meßstelle unmittelbar hinter dem Kompressor in der Druckleitung liegen.

(2) Bei einstufigen Luftkompressoren darf die Lufttemperatur 200° C erreichen. Das gleiche gilt für mehrstufige Luftkompressoren bei intermittierendem Betrieb.

§ 8. Bei Kompressoren für oxydierend wirkende Gase, wie Sauerstoff und Stickstoffoxydul, dürfen animalische, vegetabilische, mineralische Fette und Öle als Schmiermittel nicht verwendet werden. Glyzerin, das auf mindestens 20 v. H. verdünnt ist, ist zugelassen.

Verdichtung und Verflüssigung von Gasen.

§ 1. Anlagen zur Gewinnung verschiedener Gasarten, die bei ihrer Vereinigung explosible Gasgemische hervorrufen können, sind voneinander entweder durch ihre Lage oder durch widerstandsfähige, feuerbeständige Wände so zu trennen, daß bei Explosionen oder sonstigen Beschädigungen der Rohrleitungen oder Apparate explosionsgefährliche Vermischungen nicht eintreten können. Das gilt nicht für die elektrolytische Gewinnung von Sauerstoff und Wasserstoff.

§ 2. (1) Bei Anlagen, in denen die Verdichtung oder Verflüssigung von Gasen mit einem Druck von 30 atü und mehr erfolgt, müssen Verdichtungs- und Füllanlage so liegen, daß bei einer Explosion der einen Anlage die in der anderen Anlage Beschäftigten nicht verletzt werden können. Liegen Verdichtungs- und Füllanlage in benachbarten Räumen, muß die Trennungswand widerstandsfähig sein. Liegen Verdichtungs- und Füllanlage in demselben Raum, müssen die Anlagen, soweit das Füllen nicht in Panzerkammern erfolgt, durch eine mindestens 2½ m hohe widerstandsfähige Schutzwand getrennt sein.

(2) In der Trennungswand zwischen Verdichtungs- und Füllanlage ist eine Tür nur zulässig, wenn sie so angeordnet ist, daß bei einer Explosion Personen im Nachbarraum nicht verletzt werden können. Die Tür muß aus Eisen und selbstschließend sein.

(3) Bei Anlagen mit nur einem Bedienungsmann kann von der Trennung der Anlage abgesehen werden.

§ 3. (1) Die Anschlußvorrichtungen zum Füllen und Entleeren der Behälter (Verschraubungen und Bügelanschlüsse) müssen so eingerichtet sein, daß die Möglichkeit einer Verwechslung ausgeschlossen ist.

(2) Anschlußverschraubungen und Zwischenstücke müssen für brennbare Gase Linksgewinde, sonst Rechtsgewinde haben. Die Gewinde müssen den Normen**) des Deutschen Normenausschusses entsprechen. Bei Gasen, für die keine besonderen Gewindevorschriften bestehen, ist das Normalgewinde für Kohlensäure zu wählen.

§ 4. (1) Bei Gasen mit oxydierender Wirkung dürfen öl- und fetthaltige Dichtungs- und Schmiermittel nicht benutzt werden. Armaturen und Dichtungen sind auch sonst von Öl und Fett freizuhalten; selbst mit ölhaltigen Putzlappen dürfen sie nicht behandelt werden. Armaturen, auch Druckminderventile sind vor ihrer ersten Verwendung und nach

---

*) Siehe das vom Deutschen Normenausschuß herausgegebene Normblatt DIN 6545.

**) Siehe das vom Deutschen Normenausschuß herausgegebene Normblatt DIN 477.

jeder Ausbesserung sorgfältig zu entfetten. Die mit den Gasen in Berührung kommenden Federn der Manometer müssen von Fett befreit, die vollzogene Entfettung muß äußerlich gekennzeichnet sein.

(2) Brennbare Dichtungsstoffe sind zu vermeiden, soweit sie durch nichtbrennbare ersetzt werden können.

§ 5. (1) Die Behälter für verdichtete und verflüssigte Gase müssen den behördlichen Bestimmungen entsprechen.

(2) Versandbehälter dürfen nicht gefüllt werden, wenn die für ihre Füllung zugelassene Frist abgelaufen ist.

§ 6. Für den höchstzulässigen Druck und das höchstzulässige Gewicht der Füllung gelten die behördlichen Bestimmungen als Unfallverhütungsvorschriften.

§ 7. (1) Versandbehälter für verdichtete Gase dürfen nicht mit einem höheren Druck in Verkehr gebracht werden als auf ihnen angegeben ist. Er gilt für eine Temperatur von 15° C, das gleiche gilt für gelöstes Azetylen.

(2) Das auf den Versandbehältern angegebene höchstzulässige Gewicht der Füllung für verflüssigte Gase darf nicht überschritten werden.

§ 8. Wird vor dem Füllen festgestellt, daß sich fremde Bestandteile im Behälter befinden, so ist namentlich bei Behältern für brennbare und oxydierende Gase eine gründliche Reinigung vor der Füllung vorzunehmen.

§ 9. Vor dem Füllen der Behälter für verflüssigte Gase ist durch Verwiegen und durch Öffnen der Ventile festzustellen, ob sie völlig leer sind. Sind sie nicht leer, ist zu prüfen, ob ihr Inhalt der Aufschrift des Behälters entspricht. Wird eine bemerkenswerte Änderung des Leergewichts festgestellt, ist der Behälter vor der Neufüllung durch den amtlichen Sachverständigen erneut zu prüfen. Behälter sind auf der Waage zu füllen und zur Feststellung von Überfüllungen einer nachfolgenden Wägung zu unterziehen.

§ 10. In Versandbehälter für Azetylenlösung darf nur soviel von dem Lösungsmittel, z. B. Azeton eingefüllt werden, wie in der Zulassung der verwendeten porösen Masse festgelegt ist.

§ 11. (1) Bei der elektrolytischen Gewinnung von Sauerstoff und Wasserstoff muß die Elektrolyse in einem besonderen Raum erfolgen.

(2) Durch sachgemäße Kontrolle muß sichergestellt sein, daß größere gegenseitige Verunreinigungen der Gase nicht entstehen können. In den Wasserstoffgasleitungen ist vor und hinter den Reinigungsapparaten je eine Sicherheitseinrichtung einzuschalten, die bei Zündung das Zurückschlagen der Flamme wirksam verhindert.

(3) Nach einem Betriebsstillstand darf Wasserstoff erst verdichtet und abgefüllt werden, nachdem durch Analyse die einwandfreie Beschaffenheit des Gases festgestellt worden ist.

§ 12. (1) Bei Luftverflüssigungsanlagen muß dafür gesorgt sein, daß die angesaugte Luft möglichst frei von gefährlichen Beimengungen, z. B. Azetylen ist. Sollten trotzdem Anreicherungen von Azetylen eintreten, sind diese zu entfernen.

(2) Trennapparate in Luftverflüssigungsanlagen dürfen nur mit nichtbrennbaren Wärmeschutzstoffen isoliert werden.

(3) Vereisungen an den Trennapparaten dürfen nur mit warmer Luft, heißem Wasser u. dgl. beseitigt werden, keinesfalls mit Feuer oder glühenden Drähten.

§ 13. Sollen verdichtete Gase aus Versandbehältern in Gefäße umgefüllt werden, die für einen geringeren Druck gebaut sind als die Versandbehälter, ist ein Druckminderventil einzuschalten.

§ 14. Druckrohrleitungen sind vor Erschütterungen, Verlagerungen und Verspannungen zu schützen. Sie sind vor ihrem Einbau einer Wasserdruckprobe mit dem 1,5fachen Betriebsdruck, bei Azetylen mit mindestens 300 at, zu unterziehen.

Schrifttum-Verzeichnis.

Experimentelle und theoretische Untersuchungen an Preßlufthämmern, von Dr.-Ing. E. E. Groedel, Verlag: VDI, Berlin 1914.

Die Preßluftwerkzeuge, von Dipl.-Ing. P. Iltis, Verlag: Walter de Gruyter & Co., Berlin 1921.

Bosch, Kraftfahrtechnisches Taschenbuch, Verlag: VDI, Berlin 1935.

Untersuchungen über die Leistungen und den Wirkungsgrad von Sandstrahldüsen, von Dr.-Ing. Nettmann, Verlag: VDI, Berlin 1930.

Vergleichende Versuche mit Farbspritzpistolen, von Dr.-Ing. Nettmann, Verlag: VDI, Berlin 1929.

Die Druckluft in der Technik, von Prof. Dipl.-Ing. Rudolf Vogdt, Verlag: Dr. Max Janecke, Leipzig 1932.

Regeln für die Durchflußmessung mit genormten Düsen und Blenden, VDI-Durchflußmesserregeln, Din 1952.

Regeln für Leistungs- und Abnahmeversuche an Verdichtern, 3. vollständig neubearbeitete Auflage der „Regeln für Leistungsversuche an Ventilatoren und Kompressoren". Din A 4, VIII/54 S. mit 30 Abb.

Die Strömung in Röhren, von Prof. Dr.-Ing. Blaeß, Verlag: R. Oldenbourg.

Die Messung von Wasser- und Luftmengen, von A. Hinz, Obering., Glückauf 1920, Nr. 5.

Thermodyn. Grundlagen der Kolben- und Turbokompressoren, Julius Springer, Berlin 1914.

Schaubildliche Ermittlung des Druckverlustes in Rohrleitungen, Glückauf 1916, Nr. 47.

Der Druckabfall in glatten Rohren und die Durchflußziffer von Normaldüsen, Z. d. VDI 1924, S. 581, von M. Jakob und S. Erk.

Der Druckabfall in glatten Rohren und die Durchflußziffer von Normaldüsen, von M. Jakob und S. Erk, VDI-Verlag, Berlin 1924.

Druckverlust strömender Luft in geraden zylindrischen Rohrleitungen, Forschungshefte 158 und 159, von Ombeck. Verlag VDI.

Kolben- und Turbo-Kompressoren, Theorie und Konstruktion von Prof. P. Ostertag, Julius Springer, Berlin. Dritte verb. Auflage 1923.

Technische Wärmelehre der Gase und Dämpfe, Prof. Obering. Franz Seufert, Julius Springer, Berlin 1921.

Druckverluste in Preßluftleitungen, von Bergassessor H. Bruch, Glückauf 1924, S. 49.

Vakuumpumpen und Kompressoren mit Schiebersteuerung, von Dr. E. W. Köster, Z. d. VDI, 1898, S. 1083.

Resonanzerscheinungen in der Saugleitung von Kompressoren und Gasmotoren, von P. Voissel, Z. d. VDI, 1912, S. 720.

Untersuchungen der Luftschwingungen in Rohrleitungen von Kolbenkompressoren, Doktordissertation, T. H. Braunschweig, Referat in Z. d. VDI, 1924, S. 462.

Stichwort-Verzeichnis.

GPSR Compliance

The European Union's (EU) General Product Safety Regulation (GPSR) is a set of rules that requires consumer products to be safe and our obligations to ensure this.

If you have any concerns about our products, you can contact us on ProductSafety@springernature.com

In case Publisher is established outside the EU, the EU authorized representative is:

Springer Nature Customer Service Center GmbH
Europaplatz 3
69115 Heidelberg, Germany

Batch number: 10844639

Printed by Printforce, the Netherlands